CAMBRIDGE LIBRARY COLLECTION

Books of enduring scholarly value

Mathematical Sciences

From its pre-historic roots in simple counting to the algorithms powering modern desktop computers, from the genius of Archimedes to the genius of Einstein, advances in mathematical understanding and numerical techniques have been directly responsible for creating the modern world as we know it. This series will provide a library of the most influential publications and writers on mathematics in its broadest sense. As such, it will show not only the deep roots from which modern science and technology have grown, but also the astonishing breadth of application of mathematical techniques in the humanities and social sciences, and in everyday life.

Oeuvres complètes

Augustin-Louis, Baron Cauchy (1789-1857) was the pre-eminent French mathematician of the nineteenth century. He began his career as a military engineer during the Napoleonic Wars, but even then was publishing significant mathematical papers, and was persuaded by Lagrange and Laplace to devote himself entirely to mathematics. His greatest contributions are considered to be the Cours d'analyse de l'École Royale Polytechnique (1821), Résumé des leçons sur le calcul infinitésimal (1823) and Leçons sur les applications du calcul infinitésimal à la géométrie (1826-8), and his pioneering work encompassed a huge range of topics, most significantly real analysis, the theory of functions of a complex variable, and theoretical mechanics. Twenty-six volumes of his collected papers were published between 1882 and 1958. The first series (volumes 1–12) consists of papers published by the Académie des Sciences de l'Institut de France; the second series (volumes 13–26) of papers published elsewhere.

Oeuvres complètes

Series 2

VOLUME 5

AUGUSTIN LOUIS CAUCHY

CAMBRIDGE
UNIVERSITY PRESS

CAMBRIDGE UNIVERSITY PRESS

Cambridge New York Melbourne Madrid Cape Town Singapore São Paolo Delhi

Published in the United States of America by Cambridge University Press, New York

www.cambridge.org
Information on this title: www.cambridge.org/9781108003186

This edition first published 1903
This digitally printed version 2009

ISBN 978-1-108-00318-6

ŒUVRES

COMPLÈTES

D'AUGUSTIN CAUCHY

ŒUVRES

COMPLÈTES

D'AUGUSTIN CAUCHY

PUBLIÉES SOUS LA DIRECTION SCIENTIFIQUE

DE L'ACADÉMIE DES SCIENCES

ET SOUS LES AUSPICES

DE M. LE MINISTRE DE L'INSTRUCTION PUBLIQUE.

IIᴱ SÉRIE. — TOME V.

PARIS,

GAUTHIER-VILLARS, IMPRIMEUR-LIBRAIRE

DU BUREAU DES LONGITUDES, DE L'ÉCOLE POLYTECHNIQUE,

Quai des Augustins, 55.

MCMIII.

SECONDE SÉRIE.

I. — MÉMOIRES PUBLIÉS DANS DIVERS RECUEILS
AUTRES QUE CEUX DE L'ACADÉMIE.

II. — OUVRAGES CLASSIQUES.

III. — MÉMOIRES PUBLIÉS EN CORPS D'OUVRAGE.

IV. — MÉMOIRES PUBLIÉS SÉPARÉMENT.

II.

OUVRAGES CLASSIQUES.

LEÇONS

SUR LES

APPLICATIONS DU CALCUL INFINITÉSIMAL

A LA GÉOMÉTRIE.

Les *Leçons sur les applications du Calcul infinitésimal à la Géométrie* devaient comprendre trois Volumes dont les deux premiers seuls ont été publiés par Cauchy.

LEÇONS

SUR

LES APPLICATIONS DU CALCUL INFINITÉSIMAL

A LA GÉOMÉTRIE ;

PAR M. AUGUSTIN-LOUIS CAUCHY,

INGENIEUR EN CHEF DES PONTS ET CHAUSSÉES, PROFESSEUR D'ANALYSE À L'ÉCOLE ROYALE POLYTECHNIQUE, PROFESSEUR ADJOINT À LA FACULTÉ DES SCIENCES, MEMBRE DE L'ACADÉMIE DES SCIENCES, CHEVALIER DE LA LEGION D'HONNEUR.

TOME PREMIER.

A PARIS,

DE L'IMPRIMERIE ROYALE.

Chez DE BURE frères, Libraires du Roi et de la Bibliothèque du Roi, rue Serpente, n.° 7.

1826.

AVERTISSEMENT.

CET ouvrage, destiné à faire suite au *Résumé des Leçons sur le Calcul infinitésimal*, offrira les applications de ce calcul à la géométrie. Il sera divisé en trois volumes, dont les deux premiers comprendront celles des applications géométriques du calcul différentiel et du calcul intégral qui sont relatives à la première année du Cours d'analyse de l'École royale polytechnique. Je publie aujourd'hui le premier volume, qui renferme les principales applications du calcul différentiel. Dans la solution des différens problèmes, j'ai cherché à concilier la rigueur des démonstrations avec la simplicité des méthodes. Lorsqu'on fait usage de coordonnées rectilignes, soit rectangulaires, soit obliques, l'un des principaux moyens d'abréger les calculs consiste à résoudre les questions proposées à l'aide de formules dont chacune exprime l'égalité de plusieurs fractions qui soient des fonctions semblables ou des fonctions symétriques des trois coordonnées. L'utilité de ces formules se fait remarquer même dans les applications de l'analyse algébrique aux problèmes qui concernent la ligne droite et le plan. C'est ce que l'on reconnaîtra sans peine en jetant les yeux sur les Préliminaires placés en tête de l'ouvrage.

On trouvera dans la neuvième, la vingt-unième et la vingt-deuxième Leçon, une nouvelle théorie des contacts des courbes et des surfaces courbes, qui a l'avantage de reposer sur des définitions indépendantes du système de coordonnées que l'on adopte, et de présenter en même temps une idée très-nette du rapprochement plus ou moins considérable de deux courbes ou de deux surfaces qui ont entre elles un contact d'un ordre plus ou moins élevé.

Du reste, en composant cet ouvrage, j'ai mis à profit les travaux des géomètres qui ont écrit sur le même sujet, ainsi que les lumières de MM. Ampère et Coriolis. Je dois à ce dernier, entre autres choses, la définition que j'ai donnée, dans la dix-septième Leçon, du rayon de courbure d'une courbe quelconque; et c'est d'après ses conseils que j'ai placé la théorie du cercle osculateur avant celle des contacts des divers ordres.

LEÇONS

SUR LES

APPLICATIONS DU CALCUL INFINITÉSIMAL

A LA GÉOMÉTRIE.

PRÉLIMINAIRES.

REVUE DE QUELQUES FORMULES DE GÉOMÉTRIE ANALYTIQUE.

Avant d'exposer les applications géométriques du Calcul infinitésimal, il sera fort utile d'établir quelques notions et quelques formules préliminaires : tel est l'objet dont nous allons d'abord nous occuper.

Nous déterminerons ordinairement la position d'un point dans l'espace à l'aide de trois *coordonnées rectilignes* x, y, z, relatives à trois axes des x, des y et des z, passant par l'*origine* des coordonnées, et formés par les intersections mutuelles des trois *plans coordonnés* des y, z, des z, x, et des x, y. Ces coordonnées seront *rectangulaires* lorsque les trois axes seront perpendiculaires entre eux.

Nous nommerons *axe* une droite menée par un point quelconque de l'espace, et prolongée indéfiniment dans les deux sens; et nous dirons qu'un axe de cette espèce se divise en deux *demi-axes* aboutissant au point que l'on considère, et dont chacun se prolonge indéfiniment dans un seul sens. Par conséquent, chacun de ces deux demi-axes aura toujours une direction déterminée. Si l'on considère en particulier les trois axes des x, y, z, chacun d'eux sera divisé, à l'origine, en deux demi-axes, sur l'un desquels se compteront les coordonnées positives, tandis que l'on comptera sur l'autre les coordonnées négatives.

D'après ces définitions, il est clair que, si l'on tient compte seulement des angles qui renferment au plus 200 degrés (*nouvelle division*), deux axes ou deux droites, tracés de manière à se couper, comprendront toujours entre eux deux angles, l'un aigu, l'autre obtus, tandis que deux directions ou deux demi-axes, aboutissant à un point donné, formeront un seul angle, tantôt aigu, tantôt obtus. Lorsque deux directions ou deux demi-axes aboutiront à deux points différents de l'espace, ils seront censés former entre eux le même angle que formeraient deux demi-axes parallèles et prolongés dans les mêmes sens à partir d'un point unique. Cela posé, l'angle que deux directions formeront entre elles sera toujours complètement déterminé, et l'on pourra en dire autant des angles formés par une direction avec les demi-axes des coordonnées positives.

Concevons maintenant que, par un point O pris à volonté dans l'espace, on ait mené deux demi-axes $\overline{OA}$, $\overline{OB}$, et qu'un rayon mobile, d'une longueur indéfinie, aboutissant au point O, tourne, dans le plan de ces deux demi-axes, avec un mouvement de rotation en vertu duquel il décrive l'angle AOB, en passant de la position $\overline{OA}$ à la position $\overline{OB}$. Supposons de plus que, par le point O, on ait élevé un troisième demi-axe situé hors du plan OAB. Un spectateur qui posera les pieds sur le plan, de manière à s'appuyer contre le demi-axe, verra le rayon vecteur se mouvoir, en passant devant lui, de sa droite à sa gauche ou de sa gauche à sa droite, ce que nous exprimerons en disant que le mouvement de rotation a lieu de *droite à gauche* ou de *gauche à droite* (¹). On doit observer, au reste, que, si par le point O on élevait à la fois deux demi-axes situés, le premier d'un côté du plan, le second de l'autre côté, le même mouvement de rota-

(¹) Le moyen que nous employons ici, et à l'aide duquel on distingue facilement les deux espèces de mouvements de rotation que peut prendre un plan tournant sur lui-même autour d'un point donné, est celui dont M. Ampère a fait usage dans la *Théorie de l'Électricité dynamique*.

tion paraîtrait s'effectuer autour de l'un de ces demi-axes de droite à gauche, et autour de l'autre de gauche à droite.

Considérons à présent un angle solide trièdre qui ait pour arêtes trois demi-axes, $\overline{OA}$, $\overline{OB}$, $\overline{OC}$, aboutissant au point O; et concevons qu'un rayon mobile, d'une longueur indéfinie, mené par le point O, fasse le tour de l'angle solide en s'appliquant successivement sur les trois faces AOB, BOC, COA. Son mouvement de rotation sur chaque face sera un mouvement de rotation de droite à gauche ou de gauche à droite autour de l'arête située hors du plan de cette face. De plus, il est facile de voir que les trois mouvements sur les trois faces seront de même espèce. Supposons, par exemple, que les trois demi-axes dont il s'agit se réduisent aux demi-axes des coordonnées positives et coïncident avec les directions $\overline{OX}$, $\overline{OY}$, $\overline{OZ}$. Si la disposition de ces demi-axes est celle que l'on adopte le plus ordinairement, les trois mouvements de rotation auront lieu de droite à gauche autour de ces trois demi-axes, lorsque le rayon mobile, en faisant le tour de l'angle solide, passera successivement de la position $\overline{OX}$ à la position $\overline{OY}$, et de celle-ci à la position $\overline{OZ}$. Si le demi-axe des z positives était transporté de l'autre côté du plan des x, y, alors les mouvements de rotation de droite à gauche auraient lieu dans le cas où le rayon mobile prendrait successivement les trois positions

$$\overline{OX},\quad \overline{OZ},\quad \overline{OY},$$

pour revenir ensuite directement de la position $\overline{OY}$ à la position $\overline{OX}$.

Afin de bien distinguer les deux espèces de mouvements que peut prendre un rayon mobile assujetti à passer par l'origine et à parcourir successivement les trois faces de l'angle solide OXYZ, nous dirons que ce rayon mobile a, dans chacun des plans coordonnés, un mouvement *direct* de rotation, s'il passe successivement de la position $\overline{OX}$ à la position $\overline{OY}$, et de celle-ci à la position $\overline{OZ}$. Nous dirons, dans le cas contraire, que le même rayon vecteur a un mouvement de rotation *rétrograde*. En conséquence, si l'on adopte la disposition la plus ordinaire pour les demi-axes des coordonnées positives, les mouvements directs de rotation autour de ces demi-axes auront lieu de droite à gauche, et les mouvements rétrogrades de gauche à droite.

Nous appliquerons les mêmes dénominations aux deux espèces de mouvements que peut prendre un rayon vecteur mobile en tournant autour d'un point de manière à parcourir successivement les trois faces d'un angle solide quelconque; et quand le mouvement de rotation du rayon vecteur sur chaque face aura lieu de droite à gauche autour de l'arête située hors de cette face, ce mouvement sera nommé *direct* ou *rétrograde*, suivant que les mouvements de rotation des plans coordonnés, tournant de droite à gauche autour des demi-axes $\overline{OX}$, $\overline{OY}$, $\overline{OZ}$, seront eux-mêmes directs ou rétrogrades.

Une droite $\overline{AB}$, menée d'un point A supposé fixe à un point B supposé mobile, sera généralement désignée sous le nom de *rayon vecteur*. Nommons R ce rayon vecteur,

$$x_0, \quad y_0, \quad z_0$$

les coordonnées du point A;

$$x, \quad y, \quad z$$

celles du point B; et

$$a, \quad b, \quad c$$

les angles formés par la direction $\overline{AB}$ avec les demi-axes des coordonnées positives;

$$\pi - a, \quad \pi - b, \quad \pi - c$$

seront les angles formés par le même rayon vecteur avec les demi-axes des coordonnées négatives. De plus, la *projection orthogonale* du rayon vecteur sur l'axe des x sera égale, d'après un théorème connu de Trigonométrie, au produit de ce rayon vecteur par le cosinus de l'angle aigu qu'il forme avec l'axe des x prolongé dans un certain sens. Cette projection se trouvera donc représentée : si l'angle a est aigu, par le produit

$$R \cos a,$$

et si l'angle a est obtus, par le produit

$$R \cos(\pi - a) = - R \cos a,$$

c'est-à-dire, dans les deux cas, par la valeur numérique du produit

$$R\cos a.$$

Il est d'ailleurs évident : 1° que le rayon vecteur projeté, si on lui donne pour origine la projection du point A, sera dirigé dans le sens des x positives ou dans le sens des x négatives, suivant que l'angle a sera aigu ou obtus; 2° que le produit $R\cos a$ sera positif dans le premier cas, négatif dans le second. Donc le produit $R\cos a$ sera équivalent à la projection du rayon vecteur R sur l'axe des x, prise avec le signe $+$ ou avec le signe $-$, suivant que cette projection sera dirigée dans le sens des x positives ou dans le sens des x négatives.

De même, les produits $R\cos b$, $R\cos c$ seront respectivement égaux aux projections orthogonales du rayon vecteur R sur les axes des y et z, prises tantôt avec le signe $+$, tantôt avec le signe $-$, suivant que chacune de ces projections sera dirigée dans le sens des coordonnées positives ou négatives.

Les trois projections orthogonales du rayon vecteur, prises avec les signes que nous venons d'indiquer, sont ce que nous appellerons désormais ses *projections algébriques* sur les axes des x, des y et des z; elles sont, en vertu de ce qui précède, équivalentes aux trois produits

$$R\cos a,\quad R\cos b,\quad R\cos c.$$

De plus, il est facile de s'assurer qu'elles sont respectivement égales aux trois différences

$$x - x_0,\quad y - y_0,\quad z - z_0,$$

quand les axes des coordonnées seront perpendiculaires entre eux. On aura donc alors

$$(1)\qquad x - x_0 = R\cos a,\qquad y - y_0 = R\cos b,\qquad z - z_0 = R\cos c.$$

Enfin, comme le rayon vecteur et ses projections orthogonales représentent la diagonale et les arêtes d'un parallélépipède rectangle, le carré du rayon vecteur sera équivalent à la somme des carrés des trois projections, et l'on aura encore, dans l'hypothèse admise,

$$(2)\qquad R^2=(x-x_0)^2+(y-y_0)^2+(z-z_0)^2$$

ou

$$(3)\qquad R=[(x-x_0)^2+(y-y_0)^2+(z-z_0)^2]^{\frac{1}{2}}.$$

Cela posé, on tirera des équations (1)

$$(4)\qquad \begin{cases} \cos a=\dfrac{x-x_0}{R}=\dfrac{x-x_0}{[(x-x_0)^2+(y-y_0)^2+(z-z_0)^2]^{\frac{1}{2}}}, \\ \cos b=\dfrac{y-y_0}{R}=\dfrac{y-y_0}{[(x-x_0)^2+(y-y_0)^2+(z-z_0)^2]^{\frac{1}{2}}}, \\ \cos c=\dfrac{z-z_0}{R}=\dfrac{z-z_0}{[(x-x_0)^2+(y-y_0)^2+(z-z_0)^2]^{\frac{1}{2}}} \end{cases}$$

et, par suite,

$$(5)\qquad \cos^2 a+\cos^2 b+\cos^2 c=1.$$

Les équations (4) suffisent pour déterminer les angles a, b, c, que forme avec les demi-axes des coordonnées positives le rayon vecteur mené du point (x_0, y_0, z_0) [1] au point (x, y, z). Elles peuvent être remplacées par la seule formule

$$(6)\qquad \frac{x-x_0}{\cos a}=\frac{y-y_0}{\cos b}=\frac{z-z_0}{\cos c}=R.$$

Quant à la formule (5), elle exprime la relation qui existe toujours entre les trois angles que forme une droite prolongée dans un sens quelconque avec les demi-axes des coordonnées positives.

Supposons à présent qu'au point (x_0, y_0, z_0) on substitue l'origine même des coordonnées. Si l'on désigne par r le rayon vecteur mené de cette origine au point (x, y, z) et par α, β, γ les angles que forme ce rayon vecteur avec les demi-axes des coordonnées positives, les

[1] Nous indiquerons souvent les points, comme nous le faisons ici, à l'aide de leurs coordonnées renfermées entre deux parenthèses. Quelquefois aussi nous indiquerons les courbes ou surfaces courbes par leurs équations.

formules (1), (2), (4) se trouveront remplacées par les suivantes

(7) $$x = r\cos\alpha, \qquad y = r\cos\beta, \qquad z = r\cos\gamma,$$

(8) $$r = (x^2 + y^2 + z^2)^{\frac{1}{2}},$$

(9) $$\cos\alpha = \frac{x}{r}, \qquad \cos\beta = \frac{y}{r}, \qquad \cos\gamma = \frac{z}{r},$$

et l'on aura encore, entre les angles α, β, γ, la relation

(10) $$\cos^2\alpha + \cos^2\beta + \cos^2\gamma = 1.$$

Si le point (A) est situé dans le plan des x, y, on aura $z = 0$, et les équations (8), (9) deviendront

(11) $$r = (x^2 + y^2)^{\frac{1}{2}},$$

(12) $$\cos\alpha = \frac{x}{r}, \qquad \cos\beta = \frac{y}{r}, \qquad \cos\gamma = 0.$$

De plus, la formule (10) étant alors réduite à

(13) $$\cos^2\alpha + \cos^2\beta = 1,$$

on en tirera

(14) $$\cos\beta = \pm\sqrt{1 - \cos^2\alpha} = \pm\sin\alpha.$$

Concevons que, dans la même hypothèse, un rayon vecteur mobile, partant de la position $\overline{\mathrm{OX}}$, dans laquelle il coïncidait avec le demi-axe des x positives, se meuve autour de l'origine dans le plan des x, y, avec un mouvement direct de rotation, et parvienne à la position $\overline{\mathrm{OA}}$ après une ou plusieurs révolutions effectuées autour de cette origine. Si l'on nomme p l'angle qu'il aura décrit, et qui peut être supérieur à 400 degrés (*nouvelle division*), r et p seront ce qu'on appelle les *coordonnées polaires du point* (A). Or, il est aisé de voir qu'on aura généralement

(15) $$x = r\cos p, \qquad y = r\sin p,$$

et par conséquent

(16) $$\cos p = \frac{x}{r}, \qquad \sin p = \frac{y}{r}.$$

Si l'on compare ces dernières équations aux formules (12), on en conclura

$$\cos p = \cos \alpha, \quad \sin p = \cos \beta. \tag{17}$$

Il ne s'ensuit pas que les angles α et β soient nécessairement égaux à l'angle p et à son complément : car les angles α et β doivent rester inférieurs à 200 degrés, tandis que l'angle p peut croître au delà de toute limite. On doit même observer qu'à un seul point (A) correspondent une infinité de valeurs de p, qui diffèrent les unes des autres par des multiples du nombre 2π. Enfin, rien n'empêche d'admettre que, pour passer de la position $\overline{\text{OX}}$ à la position $\overline{\text{OA}}$, le rayon vecteur mobile a décrit l'angle p, en vertu d'un mouvement de rotation rétrograde, et d'attribuer en conséquence à cet angle une valeur négative, tandis que les angles α, β sont, d'après les conventions faites, des quantités essentiellement positives, comprises entre les limites 0 et π.

Nous allons maintenant passer en revue quelques problèmes qui se résolvent facilement à l'aide des principes ci-dessus établis.

Problème I. — *Trouver les équations de la droite qui passe par le point* (x_0, y_0, z_0), *et qui, prolongée dans un certain sens, forme avec les demi-axes des coordonnées positives les angles* a, b, c.

Solution. — Les équations cherchées se trouvent comprises dans une formule que l'on tire des équations (1), savoir :

$$\frac{x - x_0}{\cos a} = \frac{y - y_0}{\cos b} = \frac{z - z_0}{\cos c}. \tag{18}$$

Cette formule exprime que les *projections algébriques d'un rayon vecteur*, compté sur la droite en question, *sont respectivement proportionnelles aux cosinus des angles formés par ce rayon vecteur avec les demi-axes des coordonnées positives.* Elle fournit les trois équations

$$\frac{y - y_0}{\cos b} = \frac{z - z_0}{\cos c}, \quad \frac{z - z_0}{\cos c} = \frac{x - x_0}{\cos a}, \quad \frac{x - x_0}{\cos a} = \frac{y - y_0}{\cos b}, \tag{19}$$

qui appartiennent aux projections de la droite sur les trois plans coordonnés, et dont la dernière est une conséquence des deux autres. De plus, comme, en vertu d'un théorème d'Analyse (*voir* l'*Analyse algébrique*, Note II, théorème XIV), la formule

$$\frac{u}{v} = \frac{u'}{v'} = \frac{u''}{v''} = \ldots$$

entraîne toujours la suivante

$$\frac{u}{v} = \frac{u'}{v'} = \frac{u''}{v''} = \ldots = \pm \frac{\sqrt{u^2 + u'^2 + u''^2 + \ldots}}{\sqrt{v^2 + v'^2 + v''^2 + \ldots}},$$

on conclura de la formule (18) et de l'équation (5)

$$(20) \qquad \frac{x - x_0}{\cos a} = \frac{y - y_0}{\cos b} = \frac{z - z_0}{\cos c} = \pm [(x - x_0)^2 + (y - y_0)^2 + (z - z_0)^2]^{\frac{1}{2}}.$$

Dans le second membre de cette dernière formule, on devra préférer le signe +, si, comme on l'a supposé, le rayon vecteur, qui forme avec les axes les angles a, b, c, se dirige du point (x_0, y_0, z_0) vers le point (x, y, z), attendu qu'alors chacune des fractions

$$\frac{x - x_0}{\cos a}, \quad \frac{y - y_0}{\cos b}, \quad \frac{z - z_0}{\cos c}$$

sera une quantité positive. On devrait, au contraire, préférer le signe −, si le rayon vecteur était censé dirigé du point (x, y, z) vers le point (x_0, y_0, z_0). Dans le premier cas, où l'on adopte le signe +, la formule (20) coïncide évidemment avec l'équation (6).

Corollaire. — Lorsque le point (x_0, y_0, z_0) est remplacé par l'origine des coordonnées, les formules (18) et (19) se réduisent à

$$(21) \qquad \frac{x}{\cos\alpha} = \frac{y}{\cos\beta} = \frac{z}{\cos\gamma},$$

$$(22) \qquad \frac{y}{\cos\beta} = \frac{z}{\cos\gamma}, \qquad \frac{z}{\cos\gamma} = \frac{x}{\cos\alpha}, \qquad \frac{x}{\cos\alpha} = \frac{y}{\cos\beta}.$$

Si, de plus, on supposait $\gamma = \frac{\pi}{2}$, ou $\cos\gamma = 0$, la droite cherchée serait comprise dans le plan des x, y, et les équations (22) donneraient

$$(23) \qquad z = 0, \qquad y = \frac{\cos\beta}{\cos\alpha}x = x \operatorname{tang} p = \pm x \operatorname{tang}\alpha.$$

Problème II. — *Trouver l'angle compris entre deux rayons vecteurs, tracés dans le plan des x, y, et menés de l'origine, le premier au point (x_0, y_0), le second au point (x, y); ainsi que la surface du triangle renfermé entre ces mêmes rayons vecteurs.*

Solution. — Soient A, B les deux points que l'on considère, et O l'origine des coordonnées. Soient, en outre, p_0, r_0 les coordonnées polaires du point A, et p, r celles du point B. Désignons par α_0 et α les angles que les rayons vecteurs $\overline{OA}$, $\overline{OB}$ forment avec le demi-axe des x positives, et par β_0, β les angles qu'ils forment avec le demi-axe des y positives. Enfin nommons δ l'angle AOB compris entre les deux rayons vecteurs. Un rayon vecteur mobile qui décrirait cet angle, nécessairement inférieur à 200 degrés, en passant directement de la position $\overline{OA}$ à la position $\overline{OB}$, aurait évidemment dans le plan des x, y un mouvement de rotation déterminé, ou direct, ou rétrograde. Cela posé, concevons que le rayon vecteur mobile, avant de parvenir à la position $\overline{OA}$, ait décrit, avec un mouvement de rotation direct, et en partant de la position $\overline{OX}$, un angle quelconque, qui pourra surpasser la somme de quatre angles droits : cet angle sera l'une des valeurs qu'il est permis d'attribuer à la coordonnée polaire p_0. De plus, si, en passant de la position $\overline{OA}$ à la position $\overline{OB}$, le rayon vecteur continue de se mouvoir dans le même sens, l'angle $p_0 + \delta$, qu'il aura décrit quand il sera parvenu à la position $\overline{OB}$, sera l'une des valeurs qu'il est permis d'attribuer à la coordonnée polaire p. On aura donc, dans cette hypothèse,

$$(24) \qquad p = p_0 + \delta.$$

Au contraire, si, pour revenir de la position $\overline{OA}$ à la position $\overline{OB}$, le rayon vecteur est obligé de prendre un mouvement de rotation rétrograde, l'une des valeurs de p sera évidemment

$$p = p_0 - \delta. \tag{25}$$

Donc, par suite, on pourra supposer

$$p - p_0 = \pm \delta, \tag{26}$$

le signe + ou le signe — devant être préféré, suivant que le mouvement de rotation d'un rayon vecteur mobile, passant de la position $\overline{\mathrm{OA}}$ à la position $\overline{\mathrm{OB}}$, de manière à décrire l'angle OAB, sera un mouvement direct ou rétrograde. Or on tirera de la formule (26)

$$\cos\delta = \cos(p - p_0) = \cos p_0 \cos p + \sin p_0 \sin p, \tag{27}$$

$$\pm \sin\delta = \sin(p - p_0) = \cos p_0 \sin p - \cos p \sin p_0, \tag{28}$$

et, comme on aura d'ailleurs, en vertu des formules (17),

$$\left\{\begin{array}{ll} \cos p = \cos\alpha, & \sin p = \cos\beta, \\ \cos p_0 = \cos\alpha_0, & \sin p_0 = \cos\beta_0, \end{array}\right. \tag{29}$$

on trouvera définitivement

$$\cos\delta = \cos\alpha_0 \cos\alpha + \cos\beta_0 \cos\beta, \tag{30}$$

$$\pm \sin\delta = \cos\alpha_0 \cos\beta - \cos\alpha \cos\beta_0. \tag{31}$$

Si, à la place des formules (29), on substituait les suivantes

$$\left\{\begin{array}{ll} \cos p = \dfrac{x}{r}, & \sin p = \dfrac{y}{r}, \\ \cos p_0 = \dfrac{x_0}{r_0}, & \sin p_0 = \dfrac{y_0}{r_0}, \end{array}\right. \tag{32}$$

les équations (30) et (31) deviendraient respectivement

$$\cos\delta = \frac{x_0 x + y_0 y}{r_0 r}, \tag{33}$$

$$\pm \sin\delta = \frac{x_0 y - x y_0}{r_0 r}. \tag{34}$$

Il suffit de recourir à l'équation (30) ou à l'équation (33) pour déterminer l'angle δ, qui est censé toujours positif et inférieur à π. Quant à la surface du triangle compris entre les rayons vecteurs r_0, r, elle sera, d'après un théorème connu de Trigonométrie, équivalente à la moitié du produit

$$r_0 r \sin\delta = \pm(x_0 y - x y_0). \tag{35}$$

Il est essentiel d'observer que la différence $x_0 y - x y_0$ devra être, dans le second membre de la formule (35), affectée du même signe que l'angle δ dans le second membre de l'équation (26). Par suite, l'expression

$$\tfrac{1}{2}(x_0 y - x y_0) \tag{36}$$

représentera la surface du triangle OAB ou la même surface prise en signe contraire, suivant que le mouvement de rotation d'un rayon vecteur mobile, passant de la position $\overline{\text{OA}}$ à la position $\overline{\text{OB}}$, sera direct ou rétrograde.

Corollaire I. — Lorsque les rayons vecteurs $\overline{\text{OA}}$, $\overline{\text{OB}}$ font partie d'une même droite, on a

$$\delta = 0 \quad \text{ou} \quad \delta = \pi, \quad \text{et} \quad \sin\delta = 0. \tag{37}$$

Alors on tire des équations (28), (31) et (34),

$$\operatorname{tang} p = \operatorname{tang} p_0, \tag{38}$$

$$\frac{\cos\alpha}{\cos\alpha_0} = \frac{\cos\beta}{\cos\beta_0} = \pm\frac{\sqrt{\cos^2\alpha + \cos^2\beta}}{\sqrt{\cos^2\alpha_0 + \cos^2\beta_0}} = \pm 1, \tag{39}$$

$$\frac{x}{x_0} = \frac{y}{y_0} = \pm\frac{\sqrt{x^2 + y^2}}{\sqrt{x_0^2 + y_0^2}} = \pm\frac{r}{r_0}. \tag{40}$$

Les doubles signes que renferment les formules (39) et (40) doivent se réduire au signe $+$, lorsque les rayons vecteurs r_0, r sont dirigés dans le même sens, et au signe $-$, lorsque ces rayons vecteurs sont dirigés en sens contraires.

Corollaire II. — Lorsque les rayons vecteurs $\overline{\text{OA}}$, $\overline{\text{OB}}$ sont perpendiculaires entre eux, on a

$$\delta = \frac{\pi}{2} \quad \text{et} \quad \cos\delta = 0. \tag{41}$$

Alors on tire des formules (27), (30) et (33)

$$(42) \qquad 1 + \operatorname{tang} p \operatorname{tang} p_0 = 0,$$

$$(43) \qquad \cos\alpha_0 \cos\alpha + \cos\beta_0 \cos\beta = 0,$$

$$(44) \qquad x_0 x + y_0 y = 0.$$

Ces trois dernières équations peuvent être facilement transformées l'une dans l'autre.

PROBLÈME III. — *Trouver l'angle compris entre deux rayons vecteurs tracés dans l'espace, et menés de l'origine, le premier au point* (x_0, y_0, z_0), *le second au point* (x, y, z); *ainsi que la surface du triangle formé par ces mêmes rayons vecteurs.*

Solution. — Soient toujours A et B les deux points que l'on considère; r_0, r les rayons vecteurs $\overline{OA}$, $\overline{OB}$, et δ l'angle qu'ils comprennent entre eux. Soient encore α_0, β_0, γ_0; α, β, γ les angles formés par ces rayons vecteurs avec les demi-axes des x, des y et des z, prolongés dans le sens des coordonnées positives. Enfin, nommons R la distance $\overline{AB}$. On aura, en vertu des formules déjà établies,

$$(45) \qquad \begin{cases} \cos\alpha = \dfrac{x}{r}, & \cos\beta = \dfrac{y}{r}, & \cos\gamma = \dfrac{z}{r}, \\ \cos\alpha_0 = \dfrac{x_0}{r_0}, & \cos\beta_0 = \dfrac{y_0}{r_0}, & \cos\gamma_0 = \dfrac{z_0}{r_0}; \end{cases}$$

$$(46) \qquad \begin{cases} r^2 = x^2 + y^2 + z^2, \\ r_0^2 = x_0^2 + y_0^2 + z_0^2; \end{cases}$$

$$(47) \qquad \begin{cases} R^2 = (x - x_0)^2 + (y - y_0)^2 + (z - z_0)^2 \\ = r^2 + r_0^2 - 2(x_0 x + y_0 y + z_0 z) \\ = r^2 + r_0^2 - 2 r_0 r(\cos\alpha_0 \cos\alpha + \cos\beta_0 \cos\beta + \cos\gamma_0 \cos\gamma). \end{cases}$$

De plus, dans le triangle OAB, qui a pour côtés r, r_0 et R, le cosinus de l'angle δ sera (en vertu d'un théorème connu de Trigonométrie)

$$(48) \qquad \begin{cases} \cos\delta = \dfrac{r^2 + r_0^2 - R^2}{2 r_0 r} = \dfrac{x_0 x + y_0 y + z_0 z}{r_0 r} \\ = \cos\alpha_0 \cos\alpha + \cos\beta_0 \cos\beta + \cos\gamma_0 \cos\gamma. \end{cases}$$

Cette dernière formule suffit pour déterminer l'angle δ compris entre les limites o et π. On en déduit facilement la valeur de

$$\sin\delta = \sqrt{1 - \cos^2\delta},$$

et l'on trouve

$$(49)\quad \begin{cases} \sin\delta = \dfrac{[(x_0^2 + y_0^2 + z_0^2)(x^2 + y^2 + z^2) - (x_0 x + y_0 y + z_0 z)^2]^{\frac{1}{2}}}{r_0 r} \\ \quad = \dfrac{[(y_0 z - y z_0)^2 + (z_0 x - z x_0)^2 + (x_0 y - x y_0)^2]^{\frac{1}{2}}}{r_0 r} \\ \quad = [(\cos\beta_0 \cos\gamma - \cos\beta \cos\gamma_0)^2 + (\cos\gamma_0 \cos\alpha - \cos\gamma \cos\alpha_0)^2 \\ \qquad + (\cos\alpha_0 \cos\beta - \cos\alpha \cos\beta_0)^2]^{\frac{1}{2}}. \end{cases}$$

Si maintenant on applique les rayons vecteurs r_0 et r par le sinus de l'angle δ, on obtiendra le produit

$$(50)\quad r_0 r \sin\delta = [(y_0 z - y z_0)^2 + (z_0 x - z x_0)^2 + (x_0 y - x y_0)^2]^{\frac{1}{2}},$$

dont la moitié, savoir

$$(51)\quad \tfrac{1}{2} r_0 r \sin\delta = \left[\left(\frac{y_0 z - y z_0}{2}\right)^2 + \left(\frac{z_0 x - z x_0}{2}\right)^2 + \left(\frac{x_0 y - x y_0}{2}\right)^2\right]^{\frac{1}{2}}$$

représentera précisément la surface du triangle OAB.

Corollaire I. — Lorsque les rayons vecteurs $\overline{OA}$, $\overline{OB}$ font partie d'une même droite, on a

$$(37)\quad \delta = 0 \quad \text{ou} \quad \delta = \pi \quad \text{et} \quad \sin\delta = 0.$$

Alors on tire de la formule (49)

$$(52)\quad y_0 z - y z_0 = 0, \qquad z_0 x - z x_0 = 0, \qquad x_0 y - x y_0 = 0,$$

$$(53)\quad \begin{cases} \cos\beta_0 \cos\gamma - \cos\beta \cos\gamma_0 = 0, \\ \cos\gamma_0 \cos\alpha - \cos\gamma \cos\alpha_0 = 0, \\ \cos\alpha_0 \cos\beta - \cos\alpha \cos\beta_0 = 0 \end{cases}$$

et, par suite,

$$(54)\quad \frac{x}{x_0} = \frac{y}{y_0} = \frac{z}{z_0} = \pm \frac{r}{r_0},$$

$$(55)\quad \frac{\cos\alpha}{\cos\alpha_0} = \frac{\cos\beta}{\cos\beta_0} = \frac{\cos\gamma}{\cos\gamma_0} = \pm 1.$$

Les doubles signes que renferment les formules (54) et (55) doivent être remplacés par le signe + lorsque les rayons vecteurs r_0, r sont dirigés dans le même sens, et par le signe — lorsque ces rayons vecteurs sont dirigés en sens contraires.

Corollaire II. — Lorsque les rayons vecteurs $\overline{\mathrm{OA}}$, $\overline{\mathrm{OB}}$ sont perpendiculaires entre eux, on a

$$(41) \qquad \delta = \frac{\pi}{2} \quad \text{et} \quad \cos\delta = 0;$$

et l'on tire de l'équation (48)

$$(56) \qquad x_0 x + y_0 y + z_0 z = 0$$

ou, ce qui revient au même,

$$(57) \qquad \cos\alpha_0 \cos\alpha + \cos\beta_0 \cos\beta + \cos\gamma_0 \cos\gamma = 0.$$

Réciproquement, si la condition (57) est remplie, l'angle δ sera droit, et les rayons vecteurs r_0, r seront perpendiculaires entre eux.

Corollaire III. — Les projections du triangle OAB sur les plans coordonnés sont respectivement égales (*voir* le second problème) aux valeurs numériques des quantités

$$(58) \qquad \frac{y_0 z - y z_0}{2}, \quad \frac{z_0 x - z x_0}{2}, \quad \frac{x_0 y - x y_0}{2}.$$

Cela posé, il résulte évidemment de la formule (51) que *la surface plane* OAB *est équivalente à la racine carrée de la somme des carrés de ses projections.* Ce théorème étant ainsi démontré pour la surface d'un triangle, il sera facile de l'étendre à une surface plane quelconque.

Corollaire IV. — Considérons maintenant deux demi-axes qui, aboutissant, non plus à l'origine des coordonnées, mais à deux points différents de l'espace, forment toujours, avec les axes des x, y et z prolongés dans le sens des coordonnées positives, des angles représentés par les lettres α_0, β_0, γ_0; α, β, γ. Ces deux demi-axes seront censés former entre eux le même angle que deux demi-axes parallèles et prolongés dans le même sens à partir de l'origine des coordonnées. Donc, si l'on nomme δ l'angle des deux demi-axes proposés, on aura encore

$$(48) \qquad \cos\delta = \cos\alpha_0 \cos\alpha + \cos\beta_0 \cos\beta + \cos\gamma_0 \cos\gamma$$

et

$$(49) \quad \left\{ \begin{aligned} \sin\delta = [(\cos\beta_0 \cos\gamma - \cos\beta \cos\gamma_0)^2 + (\cos\gamma_0 \cos\alpha - \cos\alpha \cos\gamma_0)^2 \\ + (\cos\alpha_0 \cos\beta - \cos\alpha \cos\beta_0)^2]^{\frac{1}{2}}. \end{aligned} \right.$$

Si l'angle δ se réduit à zéro ou à 200 degrés, les deux demi-axes deviendront *parallèles*, et l'on aura

$$(55) \qquad \frac{\cos\alpha}{\cos\alpha_0} = \frac{\cos\beta}{\cos\beta_0} = \frac{\cos\gamma}{\cos\gamma_0} = \pm 1,$$

le signe + ou le signe − devant être préféré suivant que les deux demi-axes seront prolongés dans le même sens ou en sens contraires. Si l'angle δ se réduit à un angle droit, on pourra mener par l'un des demi-axes un plan perpendiculaire à l'autre, et l'on trouvera

$$(57) \qquad \cos\alpha_0 \cos\alpha + \cos\beta_0 \cos\beta + \cos\gamma_0 \cos\gamma = 0.$$

Corollaire V. — En s'appuyant sur la formule (48), on peut facilement transformer les coordonnées rectangulaires x, y, z en d'autres coordonnées rectangulaires ξ, η, ζ comptées sur des axes qui passent toujours par le point O et qui, prolongés dans le sens des coordonnées positives, forment respectivement avec les demi-axes des x, y, z positives le premier les angles α_0, β_0, γ_0, le second les angles α_1, β_1, γ_1, le troisième les angles α_2, β_2, γ_2. En effet, soit toujours r le rayon vecteur mené de l'origine au point (x, y, z). On aura

$$(59) \quad \left\{ \begin{aligned} r^2 &= x^2 + y^2 + z^2 \\ &= \xi^2 + \eta^2 + \zeta^2. \end{aligned} \right.$$

De plus, les cosinus des angles que forment, d'une part, ce rayon vecteur, et de l'autre, le demi-axe des ξ positives, avec les demi-axes des x, y et z positives, étant respectivement

$$\frac{x}{r}, \quad \frac{y}{r}, \quad \frac{z}{r},$$

$$\cos\alpha_0, \quad \cos\beta_0, \quad \cos\gamma_0,$$

la somme des produits qu'on obtient en multipliant ces cosinus deux à deux, savoir

$$\frac{x\cos\alpha_0 + y\cos\beta_0 + z\cos\gamma_0}{r}, \tag{60}$$

représentera [en vertu de la formule (48)] le cosinus de l'angle compris entre le demi-axe des ξ positives et le rayon vecteur r. Ce dernier cosinus pouvant d'ailleurs être exprimé par le rapport $\frac{\xi}{r}$, on aura nécessairement

$$\frac{\xi}{r} = \frac{x\cos\alpha_0 + y\cos\beta_0 + z\cos\gamma_0}{r}$$

et, par suite,

(61)
$$\xi = x\cos\alpha_0 + y\cos\beta_0 + z\cos\gamma_0.$$

On trouvera de même

$$\eta = x\cos\alpha_1 + y\cos\beta_1 + z\cos\gamma_1,$$
$$\zeta = x\cos\alpha_2 + y\cos\beta_2 + z\cos\gamma_2.$$

Les équations (61) suffisent pour déterminer ξ, η, ζ en fonctions de x, y, z, et réciproquement. On peut y échanger les coordonnées ξ, η, ζ avec les coordonnées x, y, z, pourvu que l'on y échange en même temps α_1 avec β_0, α_2 avec γ_0 et β_2 avec γ_1. On trouvera de cette manière

$$\begin{cases} x = \xi\cos\alpha_0 + \eta\cos\alpha_1 + \zeta\cos\alpha_2, \\ y = \xi\cos\beta_0 + \eta\cos\beta_1 + \zeta\cos\beta_2, \\ z = \xi\cos\gamma_0 + \eta\cos\gamma_1 + \zeta\cos\gamma_2. \end{cases} \tag{62}$$

Enfin, comme les nouveaux axes des coordonnées sont perpendiculaires entre eux, les cosinus des angles qu'ils forment avec les axes de x, y, z ne satisferont pas seulement aux conditions

$$(63) \qquad \begin{cases} \cos^2\alpha_0 + \cos^2\beta_0 + \cos^2\gamma_0 = 1, \\ \cos^2\alpha_1 + \cos^2\beta_1 + \cos^2\gamma_1 = 1, \\ \cos^2\alpha_2 + \cos^2\beta_2 + \cos^2\gamma_2 = 1, \end{cases}$$

mais encore aux suivantes :

$$(64) \qquad \begin{cases} \cos\alpha_1 \cos\alpha_2 + \cos\beta_1 \cos\beta_2 + \cos\gamma_1 \cos\gamma_2 = 0, \\ \cos\alpha_2 \cos\alpha_0 + \cos\beta_2 \cos\beta_0 + \cos\gamma_2 \cos\gamma_0 = 0, \\ \cos\alpha_0 \cos\alpha_1 + \cos\beta_0 \cos\beta_1 + \cos\gamma_0 \cos\gamma_1 = 0. \end{cases}$$

On arriverait aux mêmes conditions en substituant les valeurs de ξ, η, ζ données par les formules (61) dans l'équation

$$(59) \qquad \xi^2 + \eta^2 + \zeta^2 = x^2 + y^2 + z^2,$$

puis égalant dans les deux membres les coefficients des carrés x^2, y^2, z^2 et des doubles produits $2yz$, $2zx$, $2xy$. Ajoutons que, à l'aide des conditions (63) et (64), on peut déduire immédiatement les formules (61) des formules (62).

Problème IV. — *Trouver les équations d'un plan passant par le point (x_0, y_0, z_0) et perpendiculaire à la droite qui, prolongée dans un certain sens, forme, avec les demi-axes des coordonnées positives, les angles λ, μ, ν.*

Solution. — Soient x, y, z les coordonnées d'un point quelconque du plan et R le rayon vecteur mené du point (x_0, y_0, z_0) au point (x, y, z). Les cosinus des angles que forme ce rayon vecteur avec les demi-axes des coordonnées positives étant respectivement

$$\frac{x - x_0}{R}, \quad \frac{y - y_0}{R}, \quad \frac{z - z_0}{R},$$

le cosinus de l'angle compris entre ce même rayon vecteur et la droite donnée sera [en vertu de la formule (48)]

$$(65) \qquad \frac{(x - x_0)\cos\lambda + (y - y_0)\cos\mu + (z - z_0)\cos\nu}{R}.$$

De plus, le rayon vecteur R, étant renfermé dans le plan, sera censé former un angle droit avec chacune des lignes perpendiculaires au plan. Donc le cosinus représenté par l'expression (65) sera nul, et l'on aura

(66) $$(x - x_0)\cos\lambda + (y - y_0)\cos\mu + (z - z_0)\cos\nu = 0.$$

Cette dernière équation est celle qu'il s'agissait d'obtenir.

Corollaire I. — Représentons par k la perpendiculaire abaissée de l'origine des coordonnées sur le plan que l'on considère, et supposons que les angles λ, μ, ν soient précisément ceux que forme cette perpendiculaire avec les demi-axes des coordonnées positives. Enfin désignons par r le rayon vecteur mené de l'origine au point (x, y, z). Le cosinus de l'angle aigu compris entre ce rayon vecteur et la perpendiculaire k sera évidemment

$$\frac{x}{r}\cos\lambda + \frac{y}{r}\cos\mu + \frac{z}{r}\cos\nu = \frac{x\cos\lambda + y\cos\mu + z\cos\nu}{r}.$$

Ce même cosinus pouvant être exprimé par $\frac{k}{r}$, on aura en conséquence

$$\frac{x\cos\lambda + y\cos\mu + z\cos\nu}{r} = \frac{k}{r},$$

et l'on en conclura

(67) $$x\cos\lambda + y\cos\mu + z\cos\nu = k.$$

Telle est la forme sous laquelle se présente l'équation du plan quand on y introduit la constante k à la place des coordonnées x_0, y_0, z_0. Au reste, pour revenir de l'équation (67) à la formule (66), il suffit d'attribuer à x, y, z les valeurs particulières x_0, y_0, z_0, puis d'éliminer la constante k entre la formule ainsi obtenue, savoir

(68) $$x_0\cos\lambda + y_0\cos\mu + z_0\cos\nu = k,$$

et l'équation (67).

Corollaire II. — Si l'on fait, pour abréger,

$$(69) \qquad \frac{\cos\lambda}{k} = A, \qquad \frac{\cos\mu}{k} = B, \qquad \frac{\cos\nu}{k} = C,$$

on en conclura, en supposant toujours la constante k positive,

$$(70) \qquad k = \frac{1}{\sqrt{A^2 + B^2 + C^2}},$$

$$(71) \qquad \begin{cases} \cos\lambda = \dfrac{A}{\sqrt{A^2 + B^2 + C^2}}, \\ \cos\mu = \dfrac{B}{\sqrt{A^2 + B^2 + C^2}}, \\ \cos\nu = \dfrac{C}{\sqrt{A^2 + B^2 + C^2}}, \end{cases}$$

et la formule (67) deviendra

$$(72) \qquad Ax + By + Cz = 1.$$

Cette dernière équation est donc celle d'un plan qui est perpendiculaire au demi-axe tracé de manière à former, avec les demi-axes des coordonnées positives, les angles λ, μ, ν déterminés par les formules (71), et qui coupe ce demi-axe à une distance k de l'origine, la valeur de k étant donnée par la formule (70).

Corollaire III. — Si l'on supposait

$$(73) \qquad \frac{\cos\lambda}{k} = \frac{A}{D}, \qquad \frac{\cos\mu}{k} = \frac{B}{D}, \qquad \frac{\cos\nu}{k} = \frac{C}{D},$$

les formules (70) et (71) se trouveraient remplacées par les suivantes

$$(74) \qquad k = \pm \frac{D}{\sqrt{A^2 + B^2 + C^2}},$$

$$(75) \qquad \begin{cases} \cos\lambda = \pm \dfrac{A}{\sqrt{A^2 + B^2 + C^2}}, \\ \cos\mu = \pm \dfrac{B}{\sqrt{A^2 + B^2 + C^2}}, \\ \cos\nu = \pm \dfrac{C}{\sqrt{A^2 + B^2 + C^2}}, \end{cases}$$

dans lesquelles on devrait préférer le signe + ou le signe —, suivant que la quantité D serait positive ou négative. De plus, l'équation (67), ramenée à la forme

$$(76) \qquad Ax + By + Cz = D,$$

serait celle d'un plan mené par l'extrémité du rayon vecteur k et perpendiculaire à ce rayon, que l'on suppose tracé de manière à former avec les demi-axes des coordonnées positives les angles λ, μ, ν.

Problème V. — *Étant donnés les angles α_0, β_0, γ_0, et α, β, γ, que deux rayons vecteurs $\overline{OA}$, $\overline{OB}$, menés de l'origine aux points* A *et* B, *forment avec les demi-axes des coordonnées positives, on demande les angles λ, μ, ν que forme, avec les mêmes demi-axes, la perpendiculaire $\overline{OP}$ élevée par l'origine sur le plan du triangle* AOB.

Solution. — La droite $\overline{OP}$ devant être perpendiculaire à chacun des demi-axes $\overline{OA}$, $\overline{OB}$, on aura [en vertu de la formule (57)]

$$(77) \qquad \begin{cases} \cos\alpha_0 \cos\lambda + \cos\beta_0 \cos\mu + \cos\gamma_0 \cos\nu = 0, \\ \cos\alpha \cos\lambda + \cos\beta \cos\mu + \cos\gamma \cos\nu = 0. \end{cases}$$

De plus, les angles λ, μ, ν devront satisfaire à l'équation de condition

$$(78) \qquad \cos^2\lambda + \cos^2\mu + \cos^2\nu = 1.$$

Les formules (77) et (78) suffisent pour déterminer, aux signes près, les valeurs des quantités $\cos\lambda$, $\cos\mu$, $\cos\nu$. Si entre les équations (77) on élimine successivement ces trois quantités, on obtiendra trois autres équations comprises dans la seule formule

$$(79) \qquad \begin{cases} \dfrac{\cos\lambda}{\cos\beta_0 \cos\gamma - \cos\beta \cos\gamma_0} = \dfrac{\cos\mu}{\cos\gamma_0 \cos\alpha - \cos\gamma \cos\alpha_0} \\ \qquad = \dfrac{\cos\nu}{\cos\alpha_0 \cos\beta - \cos\alpha \cos\beta_0}. \end{cases}$$

Soient maintenant x_0, y_0, z_0 les coordonnées du point A; x, y, z celles du point B; r_0, r les rayons vecteurs $\overline{OA}$, $\overline{OB}$ et δ l'angle compris entre ces mêmes rayons. On tirera de la formule (79), en ayant égard aux équations (49) et (78),

$$(80)\quad \begin{cases} \dfrac{\cos\lambda}{\cos\beta_0\cos\gamma - \cos\beta\cos\gamma_0} \\ \quad = \dfrac{\cos\mu}{\cos\gamma_0\cos\alpha - \cos\gamma\cos\alpha_0} \\ \quad = \dfrac{\cos\nu}{\cos\alpha_0\cos\beta - \cos\alpha\cos\beta_0} \\ \quad = \pm \dfrac{(\cos^2\lambda + \cos^2\mu + \cos^2\nu)^{\frac{1}{2}}}{[(\cos\beta_0\cos\gamma - \cos\beta\cos\gamma_0)^2 + (\cos\gamma_0\cos\alpha - \cos\gamma\cos\alpha_0)^2 + (\cos\alpha_0\cos\beta - \cos\alpha\cos\beta_0)^2]^{\frac{1}{2}}} \\ \quad = \pm \dfrac{1}{\sin\delta}, \end{cases}$$

et par suite

$$(81)\qquad \frac{\cos\lambda}{y_0 z - y z_0} = \frac{\cos\mu}{z_0 x - z x_0} = \frac{\cos\nu}{x_0 y - x y_0} = \pm \frac{1}{r_0 r \sin\delta}.$$

Le double signe dont se trouve affecté le dernier membre de chacune des formules (80) et (81) indique deux systèmes de valeurs des angles λ, μ, ν, qui correspondent aux deux directions suivant lesquelles on peut prolonger la droite $\overline{\mathrm{OP}}$ à partir du point O. Si cette droite est prolongée dans un certain sens, on devra réduire le double signe au signe $+$, et l'on tirera des formules (80) et (81)

$$(82)\qquad \begin{cases} \cos\lambda = \dfrac{\cos\beta_0\cos\gamma - \cos\beta\cos\gamma_0}{\sin\delta} = \dfrac{y_0 z - y z_0}{r_0 r \sin\delta}, \\ \cos\mu = \dfrac{\cos\gamma_0\cos\alpha - \cos\gamma\cos\alpha_0}{\sin\delta} = \dfrac{z_0 x - z x_0}{r_0 r \sin\delta}, \\ \cos\nu = \dfrac{\cos\alpha_0\cos\beta - \cos\alpha\cos\beta_0}{\sin\delta} = \dfrac{x_0 y - x y_0}{r_0 r \sin\delta}. \end{cases}$$

Si la droite $\overline{\mathrm{OP}}$ est prolongée en sens contraire, les cosinus des angles λ, μ, ν changeront de signe, et ces angles se trouveront remplacés par leurs suppléments. Il ne reste plus qu'à déterminer le sens dans lequel il faut prolonger la droite $\overline{\mathrm{OP}}$ pour que les équations (82) soient vérifiées ou, ce qui est encore plus simple, pour que chacune des trois fractions

$$(83)\qquad \frac{\cos\lambda}{y_0 z - y z_0},\quad \frac{\cos\mu}{z_0 x - z x_0},\quad \frac{\cos\nu}{x_0 y - x y_0},$$

et par conséquent la dernière des trois, ait une valeur positive. Or il est facile de s'assurer que cette condition sera remplie si la perpendiculaire $\overline{\mathrm{OP}}$ a été prolongée dans un sens tel qu'un rayon mobile, assujetti à tourner autour du point O, et à parcourir l'une après l'autre, avec un mouvement de rotation direct, les trois faces de l'angle solide OABP, soit obligé, pour décrire l'angle AOB, de passer de la position $\overline{\mathrm{OA}}$ à la position $\overline{\mathrm{OB}}$. Admettons, en effet, cette hypothèse. Le rayon mobile, en passant de la position $\overline{\mathrm{OA}}$ à la position $\overline{\mathrm{OB}}$, aura évidemment un mouvement de rotation direct, non seulement autour du demi-axe $\overline{\mathrm{OP}}$, mais encore autour du demi-axe des z positives, si ces deux demi-axes sont situés du même côté du plan AOB, c'est-à-dire s'ils forment entre eux un angle aigu, ou, ce qui revient au même, si le cosinus de cet angle, savoir $\cos\nu$, est positif. Au contraire, si $\cos\nu$ est négatif, ou si l'angle ν est obtus, les deux demi-axes n'étant plus situés du même côté par rapport au plan OAB, le mouvement du rayon mobile sera rétrograde autour du demi-axe des z positives. Soient d'ailleurs $\overline{\mathrm{OA}'}$, $\overline{\mathrm{OB}'}$ les projections des rayons vecteurs $\overline{\mathrm{OA}}$, $\overline{\mathrm{OB}}$ sur le plan des x, y, ou, en d'autres termes, les rayons vecteurs menés dans ce plan de l'origine des coordonnées aux points (x_0, y_0) et (x, y). Tandis que le rayon mobile passera, dans le plan OAB, de la position $\overline{\mathrm{OA}}$ à la position $\overline{\mathrm{OB}}$, sa projection sur le plan des x, y passera de la position $\overline{\mathrm{OA}'}$ à la position $\overline{\mathrm{OB}'}$; et le mouvement de cette projection autour de l'axe des z sera évidemment de même espèce que le mouvement du rayon mobile, c'est-à-dire direct ou rétrograde, suivant que la quantité $\cos\nu$ aura une valeur positive ou négative. De plus, il suit des remarques précédemment faites (*voir* le problème II), que la différence

$$x_0 y - x y_0$$

sera positive dans le premier cas, négative dans le second. Donc cette différence et $\cos\nu$ seront, dans l'hypothèse admise, des quantités de même signe, ou, en d'autres termes, la fraction

$$\frac{\cos\nu}{x_0 y - x y_0}$$

sera positive, ce qu'il s'agissait de démontrer.

PROBLÈME VI. — *Étant donnés les angles $\alpha_0, \beta_0, \gamma_0; \alpha_1, \beta_1, \gamma_1; \alpha_2, \beta_2, \gamma_2$, que forment avec les demi-axes des coordonnées positives trois rayons vecteurs menés de l'origine, le premier au point (x_0, y_0, z_0), le second au point (x_1, y_1, z_1), le troisième au point (x_2, y_2, z_2), on demande les angles que chaque rayon vecteur forme avec le plan des deux autres, et le volume de la pyramide triangulaire comprise entre ces rayons vecteurs.*

Solution. — Soient A, B, C les trois points que l'on considère, et désignons par r_0, r_1, r_2 les rayons vecteurs $\overline{OA}$, $\overline{OB}$, $\overline{OC}$. Soient en outre δ_0, δ_1, δ_2 les angles respectivement compris entre les rayons vecteurs r_1 et r_2, r_2 et r_0, r_0 et r_1. Enfin, représentons par ε_0, ε_1, ε_2 les angles que chacun des rayons vecteurs r_0, r_1, r_2 forme avec le plan des deux autres et supposons qu'un rayon mobile, assujetti à tourner autour du point O, et à parcourir avec un mouvement de rotation direct les trois faces de l'angle solide OABC, rencontre toujours les rayons vecteurs r_0, r_1, r_2 dans l'ordre qu'indiquent les indices

$$0, \quad 1, \quad 2,$$

rangés de manière à offrir les trois premiers termes d'une progression croissante. Dans cette hypothèse, si l'on nomme λ, μ, ν les angles que forme avec les demi-axes des coordonnées positives un demi-axe $\overline{OP}$ perpendiculaire au plan du triangle AOB, et situé par rapport à ce plan du même côté que le rayon vecteur r_2, on trouvera (problème précédent) :

$$(84)\quad \begin{cases} \cos\lambda = \dfrac{\cos\beta_0\cos\gamma_1 - \cos\beta_1\cos\gamma_0}{\sin\delta_2} = \dfrac{y_0 z_1 - y_1 z_0}{r_0 r_1 \sin\delta_2}, \\[2ex] \cos\mu = \dfrac{\cos\gamma_0\cos\alpha_1 - \cos\gamma_1\cos\alpha_0}{\sin\delta_2} = \dfrac{z_0 x_1 - z_1 x_0}{r_0 r_1 \sin\delta_2}, \\[2ex] \cos\nu = \dfrac{\cos\alpha_0\cos\beta_1 - \cos\alpha_1\cos\beta_0}{\sin\delta_2} = \dfrac{x_0 y_1 - x_1 y_0}{r_0 r_1 \sin\delta_2}. \end{cases}$$

De plus, l'angle COP, compris entre le rayon vecteur r_2 et le demi-axe OP, étant un angle aigu, son cosinus sera positif, et par conséquent égal au sinus de l'angle aigu ou obtus ε_2, compris entre le même rayon vecteur r_2 et le plan OAB perpendiculaire au demi-axe OP. On aura donc

$$\sin\varepsilon_2 = \cos(\text{COP}) = \cos\alpha_2 \cos\lambda + \cos\beta_2 \cos\mu + \cos\gamma_2 \cos\nu;$$

puis, en substituant aux quantités $\cos\lambda$, $\cos\mu$, $\cos\nu$ leurs valeurs tirées des équations (84), on trouvera

$$(85)\quad \left\{ \begin{aligned} \sin\varepsilon_2 &= \frac{\cos\alpha_0\cos\beta_1\cos\gamma_2 - \cos\alpha_0\cos\beta_2\cos\gamma_1 + \cos\alpha_1\cos\beta_2\cos\gamma_0 - \cos\alpha_1\cos\beta_0\cos\gamma_2 + \cos\alpha_2\cos\beta_0\cos\gamma_1 - \cos\alpha_2\cos\beta_1\cos\gamma_0}{\sin\delta_2} \\ &= \frac{x_0y_1z_2 - x_0y_2z_1 + x_1y_2z_0 - x_1y_0z_2 + x_2y_0z_1 - x_2y_1z_0}{r_0r_1r_2\sin\delta_2}. \end{aligned} \right.$$

Pour déduire de la formule précédente les valeurs de $\sin\varepsilon_0$ et de $\sin\varepsilon_1$, il suffira de remplacer successivement la quantité $\sin\delta_2$ par $\sin\delta_0$ et $\sin\delta_1$. On obtiendra par ce moyen deux équations nouvelles, qui seront, ainsi que l'équation (85), comprises dans la formule

$$(86)\quad \left\{ \begin{aligned} \sin\delta_0\sin\varepsilon_0 = \sin\delta_1\sin\varepsilon_1 = \sin\delta_2\sin\varepsilon_2 & \\ = \cos\alpha_0\cos\beta_1\cos\gamma_2 &- \cos\alpha_0\cos\beta_2\cos\gamma_1 \\ + \cos\alpha_1\cos\beta_2\cos\gamma_0 &- \cos\alpha_1\cos\beta_0\cos\gamma_2 \\ + \cos\alpha_2\cos\beta_0\cos\gamma_1 &- \cos\alpha_2\cos\beta_1\cos\gamma_0, \end{aligned} \right.$$

ou, ce qui revient au même, dans la suivante :

$$(87)\quad \left\{ \begin{aligned} r_0r_1r_2\sin\delta_0\sin\varepsilon_0 = r_0r_1r_2\sin\delta_1\sin\varepsilon_1 = r_0r_1r_2\sin\delta_2\sin\varepsilon_2 & \\ = x_0y_1z_2 &- x_0y_2z_1 \\ + x_1y_2z_0 &- x_1y_0z_2 \\ + x_2y_0z_1 &- x_2y_1z_0. \end{aligned} \right.$$

Quant au volume de la pyramide triangulaire OABC, il sera équivalent à la surface du triangle OAB, c'est-à-dire à l'expression

$$\frac{1}{2} r_0 r_1 \sin\delta_2,$$

multipliée par le tiers de la perpendiculaire abaissée du point C sur le plan de ce triangle. Or, cette perpendiculaire étant évidemment représentée par le produit

$$r_2 \cos(\mathrm{COP}) = r_2 \sin \varepsilon_2,$$

il en résulte que le volume cherché aura pour mesure la quantité

$$\frac{1}{6} r_0 r_1 r_2 \sin \delta_2 \sin \varepsilon_2, \tag{88}$$

à laquelle on peut substituer l'expression

$$\frac{1}{6}(x_0 y_1 z_2 - x_0 y_2 z_1 + x_1 y_2 z_0 - x_1 y_0 z_2 + x_2 y_0 z_1 - x_2 y_1 z_0). \tag{89}$$

Pour obtenir avec leurs signes les termes compris entre parenthèses dans cette dernière formule, il suffit de multiplier l'un par l'autre les trois facteurs x, y, z, en les écrivant dans l'ordre naturel qui indique le mouvement de rotation direct d'un rayon mobile assujetti à parcourir successivement les trois faces de l'angle solide formé par les demi-axes des coordonnées positives, puis de placer au bas de ces facteurs les indices 0, 1, 2, rangés dans un ordre quelconque. En formant toutes les combinaisons possibles, on obtiendra six produits différents, dont chacun devra être pris avec le signe + ou avec le signe −, suivant que l'ordre dans lequel se trouveront disposés les trois nombres 0, 1, 2, indiquera un mouvement direct ou rétrograde d'un rayon vecteur mobile assujetti à parcourir successivement les trois faces de l'angle solide OABC. La même règle s'applique à la détermination des signes des termes compris dans le second membre de la formule (86), quand on substitue aux facteurs x, y, z les facteurs $\cos\alpha$, $\cos\beta$, $\cos\gamma$. Ajoutons que cette règle, à laquelle nous sommes parvenus en supposant qu'un rayon mobile, assujetti à parcourir avec un mouvement de rotation direct les trois faces de l'angle solide OABC, rencontrait les rayons vecteurs r_0, r_1, r_2 dans l'ordre indiqué par la combinaison 0, 1, 2, subsisterait également si l'on admettait la supposition contraire. Alors, en effet, les valeurs de

$\cos\lambda$, $\cos\mu$, $\cos\nu$ venant à changer de signe (*voir* le problème précédent), l'expression (89) et les seconds membres des formules (86), (87) en changeraient aussi, de manière que les termes précédemment affectés du signe $+$, le terme $x_0 y_1 z_2$, par exemple, se trouveraient affectés du signe $-$. Mais il est clair que, dans la nouvelle supposition, la combinaison 0, 1, 2, au lieu d'indiquer un mouvement de rotation direct sur les faces de l'angle solide OABC, indiquerait un mouvement de rotation rétrograde.

Corollaire I. — Le parallélépipède dans lequel trois arêtes coïncident avec les rayons vecteurs r_0, r_1, r_2 a un volume six fois plus grand que celui de la pyramide OABC, et par conséquent égal à la valeur numérique du polynôme

$$(90)\qquad x_0 y_1 z_2 - x_0 y_2 z_1 + x_1 y_2 z_0 - x_1 y_0 z_2 + x_2 y_0 z_1 - x_2 y_1 z_0.$$

Corollaire II. — La formule (86) fournit le moyen de transformer les coordonnées rectangulaires x, y, z d'un point quelconque de l'espace en coordonnées rectilignes ξ, η, ζ comptées positivement sur les demi-axes $\overline{OA}$, $\overline{OB}$, $\overline{OC}$, c'est-à-dire sur les rayons vecteurs r_0, r_1, r_2. En effet, soit r le rayon vecteur mené de l'origine au point (x, y, z), et supposons les rayons vecteurs r_0, r_1, r_2 disposés comme ils doivent l'être pour que la formule (86) subsiste. Alors, si les rayons vecteurs r_0, r sont situés du même côté du plan OBC, l'expression qu'on obtiendra en divisant par $\sin\delta_0$ le second membre de la formule (86), et remplaçant dans ce second membre $\cos\alpha_0$ par $\frac{x}{r}$, $\cos\beta_0$ par $\frac{y}{r}$, $\cos\gamma_0$ par $\frac{z}{r}$, savoir

$$(91)\qquad \frac{x(\cos\beta_1\cos\gamma_2 - \cos\beta_2\cos\gamma_1) + y(\cos\gamma_1\cos\alpha_2 - \cos\gamma_2\cos\alpha_1) + z(\cos\alpha_1\cos\beta_2 - \cos\alpha_2\cos\beta_1)}{r\sin\delta_0},$$

représentera le sinus de l'angle formé par le rayon vecteur r avec le plan BOC, et le produit de cette expression par r, savoir

$$(92)\qquad \frac{x(\cos\beta_1\cos\gamma_2 - \cos\beta_2\cos\gamma_1) + y(\cos\gamma_1\cos\alpha_2 - \cos\gamma_2\cos\alpha_1) + z(\cos\alpha_1\cos\beta_2 - \cos\alpha_2\cos\beta_1)}{\sin\delta_0},$$

désignera la perpendiculaire abaissée du point (x, y, z) sur le plan dont il s'agit. Les expressions (91) et (92) représenteraient le même sinus et la même perpendiculaire, pris avec le signe $-$, si le rayon vecteur r n'était plus situé par rapport au plan BOC du même côté que le rayon vecteur r_0. De plus, il est facile de s'assurer que le produit

$$\xi \sin \varepsilon_0 \tag{93}$$

représentera encore la perpendiculaire en question, prise avec le signe $+$ dans le premier cas, et avec le signe $-$ dans le second. Cela posé, en égalant l'expression (92) au produit (93), on trouvera

$$\xi = \frac{x(\cos\beta_1\cos\gamma_2 - \cos\beta_2\cos\gamma_1) + y(\cos\gamma_1\cos\alpha_2 - \cos\gamma_2\cos\alpha_1) + z(\cos\alpha_1\cos\beta_2 - \cos\alpha_2\cos\beta_1)}{\sin\delta_0 \sin\varepsilon_0}. \tag{94}$$

Après avoir ainsi calculé la valeur de ξ, on formera de la même manière les valeurs des coordonnées η et ζ; puis, en ayant égard à la formule (86) et faisant, pour abréger,

$$\left\{\begin{aligned} \mathrm{D} = {} & \cos\alpha_0\cos\beta_1\cos\gamma_2 - \cos\alpha_0\cos\beta_2\cos\gamma_1 \\ & + \cos\alpha_1\cos\beta_2\cos\gamma_0 - \cos\alpha_1\cos\beta_0\cos\gamma_2 \\ & + \cos\alpha_2\cos\beta_0\cos\gamma_1 - \cos\alpha_2\cos\beta_1\cos\gamma_0, \end{aligned}\right. \tag{95}$$

on obtiendra les équations

$$\left\{\begin{aligned} \xi &= \frac{x(\cos\beta_1\cos\gamma_2 - \cos\beta_2\cos\gamma_1) + y(\cos\gamma_1\cos\alpha_2 - \cos\gamma_2\cos\alpha_1) + z(\cos\alpha_1\cos\beta_2 - \cos\alpha_2\cos\beta_1)}{\mathrm{D}}, \\ \eta &= \frac{x(\cos\beta_2\cos\gamma_0 - \cos\beta_0\cos\gamma_2) + y(\cos\gamma_2\cos\alpha_0 - \cos\gamma_0\cos\alpha_2) + z(\cos\alpha_2\cos\beta_0 - \cos\alpha_0\cos\beta_2)}{\mathrm{D}}, \\ \zeta &= \frac{x(\cos\beta_0\cos\gamma_1 - \cos\beta_1\cos\gamma_0) + y(\cos\gamma_0\cos\alpha_1 - \cos\gamma_1\cos\alpha_0) + z(\cos\alpha_0\cos\beta_1 - \cos\alpha_1\cos\beta_0)}{\mathrm{D}}, \end{aligned}\right. \tag{96}$$

qui déterminent ξ, η, ζ en fonctions de x, y, z, et réciproquement. Dans la supposition que nous avons admise pour établir ces équations, les mouvements de rotation directs, sur les faces de l'angle solide formé par les demi-axes des coordonnées positives, ne changent pas de nature, lorsque au système des coordonnées rectangulaires x, y, z

on substitue le système des coordonnées obliques ξ, η, ζ; et le mouvement de rotation direct dans chacun des plans coordonnés autour du demi-axe perpendiculaire à ce plan est, pour les deux systèmes à la fois, ou un mouvement de droite à gauche, ou un mouvement de gauche à droite. Dans la supposition contraire, le dernier membre de la formule (86) changerait de signe. Mais, comme le numérateur de la fraction comprise dans le second membre de la formule (94) en changerait aussi, on déduirait toujours de ces deux formules combinées la première des équations (96). Par conséquent, les formules (96), dans lesquelles la quantité D est déterminée par l'équation (95), subsistent, quelle que soit, dans chacun des deux systèmes de coordonnées, la disposition des demi-axes des coordonnées positives.

Pour éliminer des équations (96) les quantités y et z, il suffit d'ajouter ces équations, après les avoir respectivement multipliées par $\cos\alpha_0$, $\cos\alpha_1$, $\cos\alpha_2$. En opérant ainsi, et ayant égard à la formule (95), on trouvera

(97)
$$x = \xi\cos\alpha_0 + \eta\cos\alpha_1 + \zeta\cos\alpha_2.$$

On trouvera de même

$$y = \xi\cos\beta_0 + \eta\cos\beta_1 + \zeta\cos\beta_2,$$
$$z = \xi\cos\gamma_0 + \eta\cos\gamma_1 + \zeta\cos\gamma_2.$$

Ces dernières formules pourraient être établies directement par la simple considération du rayon vecteur r successivement projeté sur les trois axes des x, y, z. Elles ne diffèrent pas des formules (62), qui se trouvent ainsi étendues au cas même où il s'agit de remplacer un système de coordonnées rectangulaires par un système de coordonnées obliques.

Corollaire III. — La formule (86) subsiste évidemment, quel que soit le point auquel aboutissent les trois rayons vecteurs r_0, r_1, r_2, et dans le cas même où ce point ne coïncide pas avec l'origine des coordonnées.

Corollaire IV. — Si les rayons vecteurs r_0, r_1, r_2, au lieu d'aboutir à un point unique, aboutissaient à trois points différents de l'espace, chacune des trois quantités

$$\sin\varepsilon_0, \quad \sin\varepsilon_1, \quad \sin\varepsilon_2,$$

déterminées par la formule (86), représenterait le sinus de l'angle que forme un de ces rayons vecteurs avec un plan parallèle aux deux autres.

Corollaire V. — Lorsque les rayons vecteurs r_0, r_1, r_2 sont perpendiculaires l'un à l'autre, les quantités α_0, α_1, α_2, β_0, ... vérifient les équations (63) et (64). En même temps, chacun des angles

$$\delta_0, \quad \delta_1, \quad \delta_2, \qquad \varepsilon_0, \quad \varepsilon_1, \quad \varepsilon_2$$

se réduit à un angle droit; et, en supposant les rayons vecteurs r_0, r_1, r_2 disposés comme ils doivent l'être pour que la formule (86) subsiste, on tire de cette formule

$$(98) \qquad \left\{ \begin{aligned} 1 = {} & \cos\alpha_0\cos\beta_1\cos\gamma_2 - \cos\alpha_0\cos\beta_2\cos\gamma_1 \\ & + \cos\alpha_1\cos\beta_2\cos\gamma_0 - \cos\alpha_1\cos\beta_0\cos\gamma_2 \\ & + \cos\alpha_2\cos\beta_0\cos\gamma_1 - \cos\alpha_2\cos\beta_1\cos\gamma_0. \end{aligned} \right.$$

Si l'on adoptait la supposition contraire, le dernier membre de la formule (86) changerait de signe, et l'on trouverait

$$(99) \qquad \left\{ \begin{aligned} 1 = {} & -\cos\alpha_0\cos\beta_1\cos\gamma_2 + \cos\alpha_0\cos\beta_2\cos\gamma_1 \\ & - \cos\alpha_1\cos\beta_2\cos\gamma_0 + \cos\alpha_1\cos\beta_0\cos\gamma_2 \\ & - \cos\alpha_2\cos\beta_0\cos\gamma_1 + \cos\alpha_2\cos\beta_1\cos\gamma_0. \end{aligned} \right.$$

Les formules (98) et (99) sont comprises l'une et l'autre dans la suivante

$$(100) \quad 1 = (\cos\alpha_0\cos\beta_1\cos\gamma_2 - \cos\alpha_0\cos\beta_2\cos\gamma_1 + \cos\alpha_1\cos\beta_2\cos\gamma_0 - \cos\alpha_1\cos\beta_0\cos\gamma_2 + \cos\alpha_2\cos\beta_0\cos\gamma_1 - \cos\alpha_2\cos\beta_1\cos\gamma_0)^2,$$

à laquelle on peut arriver directement, en combinant ensemble les équations (63) et (64).

Problème VII. — *Trouver la plus courte distance entre la droite menée par le point* (x_0, y_0, z_0) *de manière à former avec les demi-axes des coordonnées positives les angles* α_0, β_0, γ_0, *et la droite menée par le point* (x_1, y_1, z_1) *de manière à former avec les mêmes demi-axes les angles* α_1, β_1, γ_1.

Solution. — Soit r le rayon vecteur mené du point (x_0, y_0, z_0) au point (x_1, y_1, z_1). Soit de plus δ l'angle compris entre les droites données, chacune étant prolongée dans le sens que déterminent les valeurs des angles α_0, β_0, γ_0 ou α_1, β_1, γ_1; et nommons ε l'angle formé par le rayon vecteur r avec un plan parallèle aux deux droites. Le produit

$$\sin\delta \sin\varepsilon$$

(*voir* le problème précédent et son corollaire III) sera équivalent, au signe près, à la quantité qu'on obtient en remplaçant, dans le dernier membre de la formule (86),

$$\cos\alpha_2 \quad \text{par} \quad \frac{x_1 - x_0}{r}, \qquad \cos\beta_2 \quad \text{par} \quad \frac{y_1 - y_0}{r}, \qquad \cos\gamma_2 \quad \text{par} \quad \frac{z_1 - z_0}{r}.$$

On aura en conséquence

$$(101) \quad \sin\varepsilon = \pm \frac{(x_1 - x_0)(\cos\beta_0 \cos\gamma_1 - \cos\beta_1 \cos\gamma_0) + (y_1 - y_0)(\cos\gamma_0 \cos\alpha_1 - \cos\gamma_1 \cos\alpha_0) + (z_1 - z_0)(\cos\alpha_0 \cos\beta_1 - \cos\alpha_1 \cos\beta_0)}{r \sin\delta}.$$

D'ailleurs, si, après avoir mené un plan parallèle aux deux droites données, on projette le rayon vecteur r sur un axe perpendiculaire à ce plan, la projection, représentée par le produit $r\sin\varepsilon$, sera évidemment égale en longueur à la plus courte distance entre les deux droites. Donc cette plus courte distance sera déterminée par la formule

$$(102) \quad \left\{ \begin{aligned} r\sin\varepsilon = \pm [&(x_1 - x_0)(\cos\beta_0 \cos\gamma_1 - \cos\beta_1 \cos\gamma_0) \\ &+ (y_1 - y_0)(\cos\gamma_0 \cos\alpha_1 - \cos\gamma_1 \cos\alpha_0) \\ &+ (z_1 - z_0)(\cos\alpha_0 \cos\beta_1 - \cos\alpha_1 \cos\beta_0)]. \end{aligned} \right.$$

Pour savoir si le dernier membre de cette formule doit être affecté du signe + ou du signe —, il suffira de mener par le point (x_0, y_0, z_0) deux demi-axes qui forment avec ceux des coordonnées positives, le premier les angles α_0, β_0, γ_0, le second les angles α_1, β_1, γ_1, et d'examiner si un rayon vecteur mobile, qui décrirait l'angle compris entre ces deux demi-axes de manière à rencontrer le premier avant le second, aura, autour du rayon vecteur r, un mouvement de rotation direct ou rétrograde.

Corollaire. — Lorsque les droites données se rencontrent, leur plus courte distance s'évanouit, et l'on a par suite

$$(103) \quad \left\{ \begin{aligned} &(x_1 - x_0)(\cos\beta_0 \cos\gamma_1 - \cos\beta_1 \cos\gamma_0) \\ &+ (y_1 - y_0)(\cos\gamma_0 \cos\alpha_1 - \cos\gamma_1 \cos\alpha_0) \\ &+ (z_1 - z_0)(\cos\alpha_0 \cos\beta_1 - \cos\alpha_1 \cos\beta_0) = 0. \end{aligned} \right.$$

CALCUL DIFFÉRENTIEL.

PREMIÈRE LEÇON.

INCLINAISON D'UNE COURBE PLANE EN UN POINT DONNÉ. ÉQUATIONS DE LA TANGENTE ET DE LA NORMALE A CETTE COURBE.

Considérons une courbe plane représentée par une équation entre deux coordonnées rectangulaires x, y. Désignons par Δx, Δy les accroissements simultanés que prennent x et y dans le passage d'un point à un autre. Menons par le point (x, y) un demi-axe parallèle à l'axe des x et dirigé dans le sens des x positives. Enfin, concevons qu'un rayon vecteur mobile, appliqué d'abord sur ce demi-axe, tourne autour du point (x, y) avec un mouvement de rotation direct ou rétrograde, et s'arrête, après une ou plusieurs révolutions, dans une position telle qu'il coïncide alors avec la corde menée du point (x, y) au point $(x + \Delta x, y + \Delta y)$. Si l'on nomme ϖ l'angle qu'aura décrit le rayon vecteur, cet angle étant pris avec le signe $+$ ou avec le signe $-$ selon que le mouvement de rotation aura été direct ou rétrograde, il suffira, pour déterminer $\tang\varpi$, de remplacer, dans la seconde des formules (23) de la page 20, x par Δx, y par Δy, et p par ϖ. On aura donc

$$\tang\varpi = \frac{\Delta y}{\Delta x}. \tag{1}$$

Si, de plus, on désigne par ξ, η les coordonnées variables de la corde ou sécante menée du point (x, y) au point $(x + \Delta x, y + \Delta y)$, on aura encore

(2) $$\frac{\eta - y}{\xi - x} = \tang \varpi,$$

et par suite

(3) $$\frac{\eta - y}{\xi - x} = \frac{\Delta y}{\Delta x}$$

ou

(4) $$\frac{\eta - y}{\Delta y} = \frac{\xi - x}{\Delta x}.$$

On pourrait, au reste, établir directement la dernière équation, en projetant successivement sur les axes des x et des y les deux longueurs comprises, d'une part, entre le point (x, y) et le point (ξ, η); de l'autre, entre les points (x, y) et $(x + \Delta x, y + \Delta y)$. En effet, il serait facile de reconnaître : 1° que chacune des fractions

$$\frac{\eta - y}{\Delta y}, \quad \frac{\xi - x}{\Delta x}$$

est équivalente, au signe près, au rapport entre les projections des deux longueurs sur le même axe, et par conséquent au rapport des longueurs elles-mêmes; 2° que ces deux fractions sont des quantités de même signe, savoir, des quantités positives, lorsque les points (ξ, η) et $(x + \Delta x, y + \Delta y)$ sont situés du même côté par rapport au point (x, y), et des quantités négatives dans le cas contraire. La formule (4), ainsi établie, s'étend évidemment au cas même où l'on désignerait par x et y des coordonnées rectilignes obliques.

Parmi les quantités positives ou négatives que l'on peut prendre pour ϖ, l'une est égale, au signe près, à l'angle aigu compris entre la sécante qui passe par les points (x, y), $(x + \Delta x, y + \Delta y)$ et l'axe des x. Cet angle lui-même est ce qu'on appelle l'*inclinaison de la sécante* par rapport à l'axe dont il s'agit.

Concevons à présent que le point $(x + \Delta x, y + \Delta y)$ vienne à se rapprocher indéfiniment du point (x, y). La sécante qui joint les deux points tendra de plus en plus à se confondre avec une certaine droite que l'on nomme *tangente* à la courbe donnee, et qui *touche* la courbe au point (x, y). Pour déterminer la direction de cette tangente, il suffira de chercher la limite vers laquelle converge l'angle ϖ tandis que les différences Δx, Δy deviennent infiniment petites. Si l'on désigne par ψ cette limite, et si l'on prend x pour variable indépendante, on tirera de l'équation (1)

$$\text{tang}\,\psi = \frac{dy}{dx} = y'. \tag{5}$$

Parmi les valeurs positives ou négatives de ψ qui vérifient l'équation précédente, celle qui sera la plus petite, abstraction faite du signe, fera connaître l'angle aigu compris entre la tangente et l'axe des x. Cet angle sera ce qu'on nomme l'*inclinaison de la tangente* ou l'*inclinaison de la courbe* au point (x, y) par rapport à l'axe des x. Soit τ l'angle dont il s'agit. On vérifiera la formule (5) en prenant

$$\psi = \pm\tau,$$

le signe $+$ devant être préféré si l'ordonnée y croît avec l'abscisse x, et le signe $-$ dans le cas contraire. Par suite, on aura dans le premier cas $\text{tang}\,\tau = y'$; dans le second, $\text{tang}\,\tau = -y'$; et l'on trouvera généralement

$$(6)\quad \begin{cases} \text{tang}\,\tau = \pm y', & \text{séc}\,\tau = \sqrt{1+y'^2}, & \sin\tau = \pm\dfrac{y'}{\sqrt{1+y'^2}}, \\[2ex] \cot\tau = \pm\dfrac{1}{y'}, & \text{coséc}\,\tau = \pm\dfrac{\sqrt{1+y'^2}}{y'}, & \cos\tau = \dfrac{1}{\sqrt{1+y'^2}}. \end{cases}$$

Concevons encore que, dans les équations (2), (3) et (4), on fasse converger vers zéro les différences Δx et Δy. En passant aux limites, et désignant par ξ, η les coordonnées variables, non plus de la sécante, mais de la tangente, on trouvera

$$\frac{\eta - y}{\xi - x} = \text{tang}\,\psi \tag{7}$$

et

$$\frac{\eta - y}{\xi - x} = \frac{dy}{dx} = y' \tag{8}$$

ou

$$\frac{\eta - y}{dy} = \frac{\xi - x}{dx}. \tag{9}$$

Les formules (8) et (9) s'étendent évidemment au cas même où l'on désigne par x et y des coordonnées rectilignes obliques.

Si par le point (x, y) de la courbe donnée on mène une droite perpendiculaire à la tangente, cette droite sera ce qu'on appelle la *normale* au point dont il s'agit. Pour déduire l'équation de cette normale de la formule (7), il suffira évidemment de remplacer l'angle ψ par $\psi \pm \frac{\pi}{2}$. On aura donc, en désignant par ξ et η les coordonnées de la normale

$$\frac{\eta - y}{\xi - x} = \operatorname{tang}\left(\psi \pm \frac{\pi}{2}\right) = -\cot\psi = -\frac{1}{\operatorname{tang}\psi}, \tag{10}$$

et par suite

$$\frac{\eta - y}{\xi - x} = -\frac{dx}{dy} = -\frac{1}{y'}, \tag{11}$$

ou

$$(\xi - x)\,dx + (\eta - y)\,dy = 0. \tag{12}$$

Soient maintenant

$$f(x, y) = 0 \tag{13}$$

l'équation de la courbe donnée, et $\varphi(x, y)$, $\chi(x, y)$ les dérivées partielles de $f(x, y)$ par rapport aux variables x et y. On tirera de l'équation (13)

$$\varphi(x, y)\,dx + \chi(x, y)\,dy = 0; \tag{14}$$

puis, en combinant cette dernière avec les formules (9) et (12), on trouvera, pour l'équation de la tangente,

$$(\xi - x)\,\varphi(x, y) + (\eta - y)\,\chi(x, y) = 0, \tag{15}$$

et pour l'équation de la normale

$$\frac{\xi - x}{\varphi(x, y)} = \frac{\eta - y}{\chi(x, y)}, \tag{16}$$

ou

$$(\xi - x)\chi(x, y) - (\eta - y)\varphi(x, y) = 0. \tag{17}$$

Il est bon de remarquer que, *pour obtenir l'équation de la tangente, il suffit de remplacer, dans l'équation différentielle de la courbe, les différentielles dx, dy, par les différences finies $\xi - x$, $\eta - y$.* Au contraire, pour obtenir l'équation de la normale, on devra remplacer dy par $\xi - x$, et dx par $-(\eta - y)$.

On peut observer encore que les formules (14), (15), (16), (17) ne changeraient pas, si la courbe donnée était représentée non par l'équation (13), mais par la suivante :

$$f(x, y) = c. \tag{18}$$

Enfin, si, dans les équations (15) et (17), on regarde les coordonnées ξ, η comme constantes, et les coordonnées x, y comme variables, on obtiendra non plus les équations de la tangente et de la normale à la courbe (13) ou (18), mais les équations de deux nouvelles courbes qui seront les lieux géométriques des points où la courbe (18), et celles qu'on en déduit en faisant varier la constante c, sont rencontrées par des droites normales ou tangentes qui concourent au point (ξ, η).

Lorsque la fonction $f(x, y)$ est une fonction entière du degré m, les premiers membres des équations (15) et (17), considérés comme fonctions des variables x, y, sont en général du même degré m. Alors les courbes représentées par les équations (13), (18), (15) et (17) sont ce qu'on appelle des *courbes du degré m*. Si l'on suppose en outre que la fonction $f(x, y)$ ne renferme pas de termes constants, et si l'on désigne par u la somme des termes du degré m, par v la somme des termes du degré $m - 1$, par w la somme des termes du degré $m - 2$, ..., les équations (18) et (15) deviendront

$$u + v + w + \ldots = c, \tag{19}$$

$$(\xi - x)\left(\frac{\partial u}{\partial x} + \frac{\partial v}{\partial x} + \frac{\partial w}{\partial x} + \ldots\right) + (\eta - y)\left(\frac{\partial u}{\partial y} + \frac{\partial v}{\partial y} + \frac{\partial w}{\partial y} + \ldots\right) = 0. \tag{20}$$

D'ailleurs, u, v, w, ... étant des fonctions homogènes, la première du degré m, la seconde du degré $m-1$, la troisième du degré $m-2$, ..., on aura, en vertu du théorème des fonctions homogènes,

$$(21)\quad \begin{cases} x\dfrac{\partial u}{\partial x}+y\dfrac{\partial u}{\partial y}=mu, \\ x\dfrac{\partial v}{\partial x}+y\dfrac{\partial v}{\partial y}=(m-1)v, \\ x\dfrac{\partial w}{\partial x}+y\dfrac{\partial w}{\partial y}=(m-2)w, \\ \dots\dots\dots\dots\dots\dots\dots \end{cases}$$

De ces dernières formules, combinées avec les équations (19) et (20), on tirera

$$(22)\quad \xi\left(\frac{\partial u}{\partial x}+\frac{\partial v}{\partial x}+\frac{\partial w}{\partial x}+\dots\right)+\eta\left(\frac{\partial u}{\partial y}+\frac{\partial v}{\partial y}+\frac{\partial w}{\partial y}+\dots\right)=mc-v-2w-\dots.$$

L'équation (22) représente, quand on regarde les coordonnées ξ, η comme seules variables, la tangente menée par le point (x, y) à la courbe (19), et, quand on regarde les coordonnées x, y comme seules variables, une courbe du degré $m-1$ qui renferme les points de contact de la courbe (19) avec les tangentes qui concourent au point (ξ, η). Si l'équation (18) se réduisait à

$$(23)\quad u=c,$$

u désignant une fonction homogène du degré m, l'équation (22) deviendrait

$$(24)\quad \xi\frac{\partial u}{\partial x}+\eta\frac{\partial u}{\partial y}=mc.$$

Exemple I. — Considérons le cercle représenté par l'équation finie

$$(25)\quad x^2+y^2=R^2.$$

L'équation différentielle de ce cercle sera

$$(26)\quad x\,dx+y\,dy=0.$$

Cela posé, on trouvera, pour l'équation de la tangente au point (x, y),

$$x(\xi - x) + y(\eta - y) = 0 \tag{27}$$

ou

$$x\xi + y\eta = R^2, \tag{28}$$

et, pour l'équation de la normale,

$$y(\xi - x) - x(\eta - y) = 0$$

ou

$$\frac{\xi}{x} = \frac{\eta}{y}. \tag{29}$$

L'équation (27), lorsqu'on y regarde les coordonnées (x, y) comme seules variables, représente un nouveau cercle qui ne dépend pas du rayon du premier, et qui a pour diamètre la distance comprise entre l'origine et le point (ξ, η). Il suffit, comme on sait, de construire ce nouveau cercle, pour résoudre le problème qui consiste à mener par le point (ξ, η) une tangente au cercle donné. On obtiendra une autre solution du même problème, si l'on construit la droite représentée par l'équation (28) dans le cas où l'on fait varier x et y. Or, pour tracer cette droite, il suffit d'observer : 1° qu'elle est perpendiculaire au rayon vecteur compris entre l'origine et le point (ξ, η); 2° que la distance de l'origine à laquelle elle coupe son rayon vecteur est une troisième proportionnelle au rayon du cercle donné et au rayon vecteur lui-même.

Quant à l'équation (29), elle reproduit toujours la même ligne, quel que soit, entre les deux points (ξ, η) et (x, y), celui dont on regarde les coordonnées comme variables; et elle représente dans tous les cas, ainsi qu'on devait s'y attendre, une droite passant par l'origine.

Exemple II. — Considérons l'ellipse ou l'hyperbole représentée par l'équation finie

$$Ax^2 + 2Bxy + Cy^2 = K. \tag{30}$$

L'équation différentielle de cette courbe sera

$$(31)\qquad (Ax + By)\,dx + (Bx + Cy)\,dy = 0.$$

Par suite, on trouvera, pour l'équation de la tangente au point (x, y),

$$(32)\qquad (Ax + By)(\xi - x) + (Bx + Cy)(\eta - y) = 0$$

ou

$$(33)\qquad Ax\xi + B(y\xi + x\eta) + Cy\eta = K,$$

et, pour l'équation de la normale,

$$(34)\qquad (Ax + By)(\eta - y) = (Bx + Cy)(\xi - x).$$

Lorsque, dans les équations (32) et (33), on regarde les coordonnées x, y comme seules variables, ces équations représentent, la première, une courbe semblable à la courbe donnée, et dont un diamètre coïncide avec le rayon vecteur mené de l'origine au point (ξ, η); la seconde, une droite qu'il suffira de construire, si l'on se propose de mener par le point (ξ, η) une tangente à l'ellipse ou à l'hyperbole proposée.

Si l'ellipse ou l'hyperbole est rapportée à ses axes, son équation sera de la forme

$$(35)\qquad \frac{x^2}{a^2} \pm \frac{y^2}{b^2} = \pm 1,$$

a, b désignant les longueurs des demi-axes. Alors l'équation (33) deviendra

$$(36)\qquad \frac{x\xi}{a^2} \pm \frac{y\eta}{b^2} = \pm 1.$$

Pour construire la droite représentée par cette dernière équation, dans le cas où l'on regarde les coordonnées x, y comme seules variables, il suffit de chercher les points où cette droite rencontre les axes. Or il est facile de trouver ces points, attendu que l'abscisse ou l'ordonnée de chacun d'eux, étant (abstraction faite du signe) une troisième proportionnelle à l'un des demi-axes et à l'abscisse ou à l'ordonnée du point (ξ, η), conserve, au signe près, la même valeur, quand l'ellipse ou l'hyperbole est remplacée par un cercle qui a l'un des axes $2a$, $2b$ pour diamètre. Si l'on suppose, en particulier, que la courbe soit une ellipse, et si l'on décrit trois cercles qui aient pour diamètres, le premier l'axe $2a$, le second l'axe $2b$, et le troisième le rayon vecteur mené de l'origine au point (ξ, η), alors, pour tracer la tangente menée par ce point à l'ellipse, et déterminer les points de tangence, il suffira de joindre par une droite le point où la corde d'intersection du premier et du troisième cercle rencontrera l'axe des x avec le point où la corde d'intersection du second et du troisième cercle rencontrera l'axe des y. Cette droite coupera l'ellipse aux points demandés.

Exemple III. — Considérons la parabole représentée par l'équation finie

$$y^2 = 2px. \tag{37}$$

L'équation différentielle de cette courbe sera

$$y\,dy = p\,dx. \tag{38}$$

Par suite, on trouvera, pour l'équation de la tangente au point (x, y),

$$y(\eta - y) = p(\xi - x) \tag{39}$$

ou

$$y\eta - p\xi = px, \tag{40}$$

et, pour l'équation de la normale,

$$y(\xi - x) + p(\eta - y) = 0. \tag{41}$$

L'équation (39), quand on y regarde les coordonnées x, y comme seules variables, représente une parabole de même forme que la proposée, et dont l'axe, parallèle à l'axe des x, coïncide avec la droite $y = \frac{\eta}{2}$. L'équation (40) représente, sous la même condition, la droite qui renferme les points de tangence des deux tangentes menées à la parabole proposée par le point (ξ, η). Or, pour construire cette droite, il suffira d'observer qu'elle coupe l'axe des x au point dont l'abscisse est égale à $-\xi$, et l'axe des y à une distance de l'origine deux fois plus grande que la perpendiculaire abaissée du foyer sur le rayon vecteur mené de l'origine au point (ξ, η).

Exemple IV. — Considérons la courbe qu'on nomme *logarithmique*, et dont l'ordonnée est équivalente au logarithme de l'abscisse. Si les logarithmes sont pris dans le système dont la base est A, et désignés par la caractéristique L, en faisant, pour abréger,

$$\mathrm{L}e = \frac{1}{\mathrm{l}\mathrm{A}} = a,$$

on trouvera, pour l'équation finie de la logarithmique,

$$(42) \qquad y = \mathrm{L}x = a\,\mathrm{l}x,$$

et, pour l'équation différentielle de cette courbe,

$$(43) \qquad dy = a\frac{dx}{x} \quad \text{ou} \quad x\,dy = a\,dx.$$

Par suite, les équations de la tangente et de la normale deviendront

$$(44) \qquad x(\eta - y) = a(\xi - x) \quad \text{ou} \quad x(\eta + a - y) = a\xi$$

et

$$(45) \qquad x(\xi - x) + a(\eta - y) = 0.$$

Lorsqu'on regarde les coordonnées ξ, η comme constantes et les coordonnées x, y comme variables, les équations (44) et (45) représentent, la première une hyperbole équilatère qui a pour asymptotes l'axe des y et la droite $y = a + \eta$, la seconde une parabole dont l'axe est parallèle à l'axe des y. Cette hyperbole et cette parabole coupent la logarithmique dans les points où elle est rencontrée par les droites tangentes et normales qui concourent au point (ξ, η).

Exemple V. — Considérons la courbe qui a pour équation, en coordonnées rectangulaires,

$$\frac{y}{x} = \operatorname{tang} \mathrm{L} \frac{\sqrt{x^2+y^2}}{\mathrm{R}} \tag{46}$$

ou

$$\operatorname{arc\,tang}\left(\left(\frac{y}{x}\right)\right) = \mathrm{L}\sqrt{x^2+y^2} - \mathrm{LR} = a(\mathrm{l}\sqrt{x^2+y^2} - \mathrm{l\,R}) \tag{47}$$ [1].

On s'assurera aisément que cette courbe est du genre de celles que l'on nomme *spirales*, qu'elle fait une infinité de révolutions autour de l'origine, enfin qu'elle se déplace et tourne autour de l'origine sans changer de forme, quand la constante R change de valeur. Cette même courbe, qu'on nomme la *spirale logarithmique*, aura pour équation différentielle

$$x\,dy - y\,dx = a(x\,dx + y\,dy). \tag{48}$$

Par suite, les équations de sa tangente et de sa normale deviendront

$$x\eta - y\xi = a[x(\xi - x) + y(\eta - y)] \tag{49}$$

et

$$x(\xi - x) + y(\eta - y) + a(x\eta - y\xi) = 0. \tag{50}$$

Lorsque, dans ces dernières formules, on regarde x, y comme seules variables, on obtient les équations de deux cercles qui ont pour corde commune le rayon vecteur mené de l'origine au point (ξ, η), qui ont pour diamètre ce rayon vecteur successivement multiplié par les deux expressions $\sqrt{1 + \frac{1}{a^2}}$, $\sqrt{1 + a^2}$, et que l'on trace en décrivant sur la corde commune des segments capables des deux angles, dont l'un a pour tangente trigonométrique et l'autre pour cotangente la quantité a. Comme les deux cercles dont il s'agit coupent la spirale logarithmique dans tous les points où elle est rencontrée par les droites

[1] Conformément aux conventions établies dans la première Partie du *Cours d'Analyse,* nous faisons usage de notations qui renferment des parenthèses doubles, toutes les fois qu'il s'agit de représenter des fonctions qui admettent plusieurs valeurs : par exemple, un quelconque des arcs de cercle qui répondent à une ligne trigonométrique donnée.

tangentes ou normales qui concourent au point (ξ, η), ils fournissent un moyen facile de construire ces mêmes droites.

En terminant cette Leçon, nous ferons observer que, si les demi-axes des x et des y positives, au lieu d'être perpendiculaires l'un à l'autre, comprenaient entre eux l'angle δ, l'équation (1) devrait être remplacée par la suivante

$$(51) \qquad \frac{\sin\varpi}{\sin(\delta-\varpi)} = \frac{\Delta y}{\Delta x},$$

à laquelle on parviendrait en considérant le triangle qui aurait pour côtés les valeurs numériques de Δx, Δy, et comparant ces côtés aux sinus des angles opposés. Alors il faudrait aux équations (5), (7) et (10) substituer les suivantes :

$$(52) \qquad \frac{\sin\psi}{\sin(\delta-\psi)} = y' = \frac{\operatorname{tang}\psi}{\sin\delta - \cos\delta\operatorname{tang}\psi},$$

$$(53) \qquad \frac{\eta - y}{\xi - x} = \frac{\sin\psi}{\sin(\delta-\psi)},$$

$$(54) \qquad \frac{\eta - y}{\xi - x} = \frac{\sin\left(\psi \pm \frac{\pi}{2}\right)}{\sin\left(\delta - \psi \mp \frac{\pi}{2}\right)} = -\frac{1}{\sin\delta\operatorname{tang}\psi + \cos\delta}.$$

Or, en vertu de la formule (52), l'inclinaison τ de la courbe donnée, par rapport à l'axe des x, aura sa tangente trigonométrique déterminée par la formule

$$(55) \qquad \operatorname{tang}\psi = \frac{y'\sin\delta}{1 + y'\cos\delta} = \pm\operatorname{tang}\tau.$$

De plus, en combinant les formules (52) et (53), on reproduira, comme on devait s'y attendre, l'équation (8), qui sera toujours celle de la tangente à la courbe. Enfin, si l'on élimine $\operatorname{tang}\psi$ entre les formules (54) et (55), on trouvera pour l'équation de la normale

$$(56) \qquad \frac{\eta - y}{\xi - x} = \frac{1 + y'\cos\delta}{y' + \cos\delta}.$$

DEUXIÈME LEÇON.

DES LONGUEURS APPELÉES SOUS-TANGENTES, SOUS-NORMALES, TANGENTES ET NORMALES DES COURBES PLANES.

Les équations (8) et (11) de la Leçon précédente, quand on considère ξ et η comme seules variables, représentent, ainsi qu'on l'a fait voir, les droites tangentes et normales menées à une courbe plane par le point (x, y). Si, dans ces mêmes équations, on pose $\eta = 0$, on tirera de la première

$$x - \xi = \frac{y}{y'}, \tag{1}$$

et de la seconde

$$\xi - x = yy'; \tag{2}$$

il en résulte que les valeurs numériques des expressions

$$\frac{y}{y'}, \quad yy'$$

expriment les distances comptées sur l'axe des x, entre le pied de l'ordonnée y et les points où cet axe est rencontré par la tangente et la normale à la courbe. Ces distances sont ce qu'on appelle la *sous-tangente* et la *sous-normale* de la courbe, relatives au point (x, y). Donc, si l'on désigne la sous-normale par U et la sous-tangente par V, on aura

$$U = \pm yy', \tag{3}$$

$$V = \pm \frac{y}{y'}, \tag{4}$$

les signes étant choisis de manière que les valeurs de U et de V soient positives.

On peut remarquer que l'ordonnée y est équivalente, au signe près, à la moyenne géométrique entre les deux distances U et V, puisque celles-ci, étant multipliées l'une par l'autre, donnent y^2 pour produit.

Les longueurs comptées sur les droites tangente et normale, entre la courbe et l'axe des x, sont ce qu'on appelle la *longueur de la tangente* et la *longueur de la normale*, ou, plus simplement, la *tangente* et la *normale* de la courbe. Elles servent d'hypoténuses à deux triangles rectangles qui ont pour côtés l'ordonnée y réduite à sa valeur numérique et la sous-tangente ou la sous-normale. Donc, si l'on désigne la tangente par T et la normale par N, on aura

$$N^2 = y^2 + (yy')^2, \qquad T^2 = y^2 + \left(\frac{y}{y'}\right)^2,$$

et, par suite,

$$N = \pm y\sqrt{1 + y'^2}, \tag{5}$$

$$T = \pm y\sqrt{1 + \frac{1}{y'^2}}; \tag{6}$$

le signe + ou le signe — devant être préféré suivant que l'ordonnée y sera positive ou négative.

Les équations (3), (4), (5) et (6) peuvent encore être facilement déduites des formules (6) de la Leçon précédente, dans lesquelles τ désigne l'inclinaison de la courbe proposée au point (x, y), c'est-à-dire l'angle aigu formé par la tangente avec l'axe des x. En effet, dans les triangles rectangles qui ont pour hypoténuse les longueurs appelées *tangente* et *normale*, le côté commun, c'est-à-dire l'ordonnée y réduite à sa valeur numérique, forme évidemment avec la tangente un angle égal à $\frac{\pi}{2} - \tau$, et avec la normale un angle égal à τ. Cela posé, si l'on construit un cercle qui ait le sommet de l'ordonnée pour centre et l'ordonnée elle-même pour rayon, on reconnaîtra immédiatement que les rapports de la sous-normale, de la sous-tangente, de la normale et de la tangente au rayon du cercle ont pour valeurs respectives

$$\text{tang}\,\tau,\quad \cot\tau,\quad \text{séc}\,\tau,\quad \text{coséc}\,\tau.$$

En conséquence, la sous-normale, la sous-tangente, la normale et la tangente seront représentées par les valeurs numériques des produits

$$(7)\qquad y\,\text{tang}\,\tau,\quad y\cot\tau,\quad y\,\text{séc}\,\tau,\quad y\,\text{coséc}\,\tau$$

ou, si l'on a égard aux formules (6) de la Leçon précédente, par les valeurs numériques des expressions

$$(8)\qquad yy',\quad \frac{y}{y'},\quad y\sqrt{1+y'^2},\quad y\sqrt{1+\frac{1}{y'^2}}.$$

Exemple I. — Si la courbe donnée coïncide avec le cercle représenté par l'équation

$$(9)\qquad x^2+y^2=R^2,$$

les valeurs de U, V, N, T deviendront respectivement

$$(10)\qquad U=\pm x,\qquad V=\pm\left(\frac{R^2}{x}-x\right),\qquad N=R,\qquad T=\pm\frac{R}{x}(R^2-x^2)^{\frac{1}{2}}.$$

La sous-normale se réduira donc à la valeur numérique de l'abscisse, et la normale au rayon, ce qu'il était facile de prévoir.

Exemple II. — Si la courbe donnée coïncide avec l'ellipse ou l'hyperbole représentée par l'équation

$$(11)\qquad \frac{x^2}{a^2}\pm\frac{y^2}{b^2}=\pm 1,$$

on trouvera

$$(12)\qquad \left\{\begin{aligned} U&=\pm\frac{b^2}{a^2}x,\\ V&=\pm\left(\frac{a^2}{x}\mp x\right),\\ N&=\frac{b}{a}\left[\left(\frac{b^2}{a^2}\mp 1\right)x^2\pm a^2\right]^{\frac{1}{2}},\\ T&=\left[\left(\frac{2a^4}{x^2}\pm b^2\right)\left(1\mp\frac{x^2}{a^2}\right)+x^2-\frac{a^4}{x^2}\right]^{\frac{1}{2}}. \end{aligned}\right.$$

Il suit des équations précédentes : 1° que, dans l'ellipse et dans l'hyperbole, le rapport de la sous-normale à l'abscisse est une quantité constante; 2° que la sous-tangente est indépendante du demi-axe désigné par b. Par conséquent, la sous-tangente conserve la même valeur dans l'ellipse qui a pour équation

$$\frac{x^2}{a^2}+\frac{y^2}{b^2}=1, \tag{13}$$

et dans le cercle décrit de l'origine comme centre avec le rayon a. Ces remarques fournissent le moyen de construire facilement les sous-normales et les sous-tangentes des courbes représentées par les équations (11) et (13). Si l'on veut obtenir en particulier le point de rencontre de l'axe des x et de la normale correspondante au point dont l'abscisse est x, il suffira de porter sur l'axe $2b$, et à partir de l'une des extrémités de cet axe, une longueur égale à $\frac{b^2}{a^2}b$, puis de mener par l'extrémité de cette longueur une parallèle à la droite qui joint l'extrémité de l'axe et le pied de l'ordonnée y. Cette parallèle rencontrera l'axe des x au point demandé.

Exemple III. — Si la courbe donnée coïncide avec la parabole

$$y^2=2px, \tag{14}$$

on trouvera

$$\mathrm{U}=p,\qquad \mathrm{V}=2x,\qquad \mathrm{N}=p^{\frac{1}{2}}(p+2x)^{\frac{1}{2}},\qquad \mathrm{T}=2x^{\frac{1}{2}}\left(x+\frac{p}{2}\right)^{\frac{1}{2}}. \tag{15}$$

Ainsi, dans la parabole, la sous-normale est constante, et la sous-tangente double de l'abscisse. Ces remarques fournissent les règles connues pour la construction de la normale et de la tangente.

Exemple IV. — Concevons que dans l'équation (42) de la Leçon précédente on échange entre elles les deux coordonnées x, y, et faisons toujours $\mathrm{L}e=a$. L'équation que l'on obtiendra, savoir

$$x=\mathrm{L}y \quad \text{ou} \quad x=a\,\mathrm{l}y, \tag{16}$$

représentera la logarithmique dans une nouvelle position. Or, on tirera de l'équation (16)

$$(17) \qquad y = e^{\frac{x}{a}}$$

et, par suite,

$$y' = \frac{1}{a} e^{\frac{x}{a}},$$

$$(18) \quad U = \frac{1}{a} e^{\frac{2x}{a}}, \qquad V = a, \qquad N = \frac{1}{a} e^{\frac{x}{a}} \sqrt{a^2 + e^{\frac{2x}{a}}}, \qquad T = \sqrt{a^2 + e^{\frac{2x}{a}}}.$$

Ainsi, dans la logarithmique représentée par l'équation (16), la sous-tangente est constante et la sous-normale proportionnelle au carré de l'ordonnée.

Exemple V. — Supposons qu'à partir de l'origine des coordonnées on porte sur l'axe des y, et dans le sens des y positives, une longueur égale à R. Concevons de plus qu'après avoir décrit de l'extrémité de cette longueur, et avec le rayon R, une circonférence de cercle, on fasse rouler le cercle sur l'axe des x. Le point de la circonférence qui coïncidait au premier instant avec l'origine des coordonnées décrira une courbe que l'on nomme *cycloïde,* et dont l'équation pourra être facilement établie par la méthode suivante :

Pendant que le cercle roulera sur l'axe des x, le centre se mouvra parallèlement au même axe, et le rayon qui aboutissait, dans le premier instant, à l'origine, tournera autour du centre en décrivant un angle qui croîtra sans cesse. Désignons par ω cet angle, par ξ, η les coordonnées du centre, et par x, y les coordonnées de l'extrémité du rayon mobile, qui seront aussi les coordonnées de la cycloïde. L'arc de cercle compris entre l'extrémité dont il s'agit et le point où le cercle touchera l'axe des x aura évidemment pour mesure le produit $R\omega$; et, puisque les diverses parties de cet arc se seront appliquées l'une après l'autre sur des parties égales de l'axe des x, comprises entre l'origine et le point de tangence, la droite qui joint ces deux derniers points ou, ce qui revient au même, l'abscisse du centre du cercle, aura elle-même une longueur équivalente à $R\omega$. Cela posé, on trouvera, en supposant, pour plus de commodité, que le cercle se soit mû du côté des x positives,

$$\xi = R\omega, \qquad \eta = R.$$

De plus, il est clair que les projections algébriques du rayon vecteur mobile sur les axes des x et des y pourront être également représentées, ou par

$$x - \xi, \quad y - \eta,$$

ou par

$$-R\sin\omega, \quad -R\cos\omega.$$

On aura donc

$$(19) \qquad x - \xi = -R\sin\omega, \qquad y - \eta = -R\cos\omega$$

et, par suite,

$$x = \xi - R\sin\omega, \qquad y = \eta - R\cos\omega;$$

puis, l'on en conclura, en remettant pour ξ et η leurs valeurs,

$$(20) \qquad x = R(\omega - \sin\omega), \qquad y = R(1 - \cos\omega).$$

Il suffira d'étendre les deux formules qui précèdent au cas où ω devient négatif, pour obtenir les coordonnées x, y des points de la cycloïde situés du côté des x négatives, c'est-à-dire des points avec lesquels coïncide successivement l'extrémité du rayon mobile quand le cercle se meut de ce côté. Si maintenant on tire la valeur de ω de la seconde des équations (20) pour la substituer dans la première, on trouvera : 1° en supposant l'angle ω renfermé entre les limites 0, π,

$$(21) \qquad x = R \arccos\frac{R - y}{R} - \sqrt{2Ry - y^2};$$

2° en prenant pour n un nombre entier, et supposant l'angle ω renfermé entre les limites $\pm n\pi$, $\pm n\pi + \pi$,

$$(22) \qquad x = R\left[\arccos\frac{(R - y)\cos n\pi}{R} \pm n\pi\right] - \cos n\pi\sqrt{2Ry - y^2}.$$

On peut remplacer les formules (21) et (22) par la suivante

$$(23)\qquad x = \mathrm{R} \arc\cos\left(\left(\frac{\mathrm{R}-y}{\mathrm{R}}\right)\right) \pm \sqrt{2\mathrm{R}y - y^2},$$

le radical devant être affecté du signe + ou du signe − suivant que le rapport

$$\frac{\arc\cos\left(\left(\frac{\mathrm{R}-y}{\mathrm{R}}\right)\right) - \arc\cos\left(\pm\frac{\mathrm{R}-y}{\mathrm{R}}\right)}{\pi}$$

se réduit à un nombre pair ou à un nombre impair. L'équation (23) représente la cycloïde entière, tandis que les formules (21) et (22) représentent seulement des portions de cette courbe correspondantes à des valeurs de ω comprises entre certaines limites.

La *base* de la cycloïde est la droite sur laquelle on fait rouler le cercle générateur, et que nous avons prise pour axe des x.

Quand on se propose de rechercher les propriétés de la cycloïde, on peut employer ou l'équation (23), ou le système des équations (20). On reconnaîtra sans peine, à l'aide de ces équations, que la cycloïde est composée d'une infinité de branches, toutes pareilles les unes aux autres, dont les points extrêmes, situés sur l'axe des x, répondent aux abscisses

$$x = 0, \qquad x = \pm 2\pi\mathrm{R}, \qquad x = \pm 4\pi\mathrm{R}, \qquad x = \pm 6\pi\mathrm{R}, \qquad \ldots,$$

et dont chacune est divisée en deux parties symétriques par une ordonnée correspondante à l'une des abscisses

$$x = \pm \pi\mathrm{R}, \qquad x = \pm 3\pi\mathrm{R}, \qquad x = \pm 5\pi\mathrm{R}, \qquad \ldots.$$

De plus, en différentiant les équations (20), et prenant x pour variable indépendante, on trouvera

$$(24)\qquad dx = \mathrm{R}(1-\cos\omega)\,d\omega = y\,d\omega, \qquad dy = \mathrm{R}\sin\omega\,d\omega,$$

$$(25)\qquad y' = \frac{dy}{dx} = \frac{\mathrm{R}\sin\omega}{y} = \pm\frac{\sqrt{2\mathrm{R}y - y^2}}{y} = \pm\sqrt{\frac{2\mathrm{R}}{y} - 1}.$$

On aura par suite

$$(26)\qquad \begin{cases} U = \pm R\sin\omega = \sqrt{2Ry - y^2}, & V = y\sqrt{\dfrac{y}{2R - y}}, \\ N = \sqrt{2Ry}, & T = y\sqrt{\dfrac{2R}{2R - y}}. \end{cases}$$

Enfin, on tirera de la formule (25), combinée avec la première des formules (19),

$$(27)\qquad \xi - x = R\sin\omega = yy',$$

ξ étant l'abscisse du centre du cercle générateur ou, ce qui revient au même, l'abscisse du point de tangence de ce cercle avec l'axe des x. Or, cette abscisse ne différant pas de celle que détermine l'équation (2), le point de tangence dont il s'agit se confondra nécessairement avec le point où l'axe des x est coupé par la normale à la cycloïde. Il est aisé d'en conclure que si l'on trace un diamètre parallèle à l'axe des y dans le cercle générateur de la cycloïde, les directions de la normale et de la tangente à cette courbe seront indiquées par les droites menées du point (x, y) pris sur la courbe aux deux extrémités du diamètre. Ajoutons que la longueur appelée *normale* sera précisément la corde qui sous-tendra, dans le cercle, l'angle ω, et que, pour obtenir la sous-normale de la cycloïde, il suffira de projeter le rayon mobile mené du point (ξ, η) au point (x, y) sur l'axe des x.

TROISIÈME LEÇON.

CENTRES, DIAMÈTRES, AXES ET ASYMPTOTES DES COURBES PLANES.

On nomme *centre* d'une courbe plane un point tel que les rayons vecteurs menés de ce point à la courbe soient deux à deux égaux et dirigés en sens contraires. Lorsqu'une courbe plane a un centre, et qu'on y a transporté l'origine des coordonnées, on n'altère point l'équation de la courbe en y remplaçant x par $-x$ et y par $-y$. Lorsque le centre coïncide avec le point qui a pour coordonnées a et b, alors, en posant

$$y - b = t(x - a)$$

ou

$$y = b + t(x - a),$$

on tire de l'équation de la courbe, pour chaque valeur de t, plusieurs valeurs de $x - a$, dont quelques-unes peuvent se réduire à zéro, tandis que les autres sont deux à deux égales et de signes contraires.

Exemples. — Les courbes

$$Ax^2 + 2Bxy + Cy^2 = K, \qquad y = x^3, \qquad y^3 = x^5, \qquad \ldots$$

ont pour centre commun l'origine des coordonnées, tandis que les courbes

$$(x-a)^2 + (y-b)^2 = R^2, \qquad y - b = (x-a)^3, \qquad (y-b)^3 = (x-a)^5, \qquad \ldots$$

ont pour centre commun le point (a, b).

Une courbe peut avoir un nombre infini de centres. Ainsi, par exemple, la courbe

$$(1) \qquad y = \sin x,$$

composée d'une infinité d'arcs semblables les uns aux autres et situés alternativement au-dessus et au-dessous de l'axe des x, a pour centre non seulement l'origine des coordonnées, mais encore chacun des points où elle coupe l'axe des x. En effet, l'équation de cette courbe ne changera pas de forme si l'on transporte l'origine en un de ces points, c'est-à-dire si l'on fait croître ou diminuer x d'une quantité égale à $n\pi$, n désignant un nombre entier quelconque.

Toute droite menée par le centre d'une courbe plane est un *diamètre* de cette courbe.

On appelle *axe* d'une courbe une droite qui partage cette courbe en deux parties symétriques. Lorsqu'une droite de cette espèce est prise pour axe des abscisses ou des ordonnées, à chaque valeur de x ou de y répondent deux valeurs de y ou de x, égales et de signes contraires.

Exemples. — La parabole

$$y^2 = 2px$$

a un seul axe qui coïncide avec l'axe des x. L'ellipse ou l'hyperbole

$$\frac{x^2}{a^2} \pm \frac{y^2}{b^2} = \pm 1$$

a deux axes qui coïncident avec les axes des coordonnées. La courbe représentée par l'équation (1) a une infinité d'axes parallèles à l'axe des y, et qui correspondent à des abscisses de la forme

$$x = \pm n\pi + \frac{\pi}{2},$$

n désignant un nombre entier quelconque.

Toutes les fois que deux axes d'une courbe se coupent à angles droits, leur point d'intersection est un centre de la courbe. Car, si on les prend pour axes des x et des y, on pourra, sans altérer l'équation de la courbe, remplacer : 1° y par $-y$; 2° x par $-x$. Par suite, on pourra changer à la fois les signes des deux coordonnées x, y, ce qui suffira pour établir l'existence d'un centre coïncidant avec l'origine.

On appelle *asymptote* d'une courbe plane une droite de laquelle cette courbe s'approche indéfiniment, sans pouvoir jamais la rencontrer. Il est facile de trouver les asymptotes d'une courbe représentée par une équation entre deux coordonnées rectangulaires x, y. En effet, considérons d'abord les asymptotes non parallèles à l'axe des y, et soit

$$(2) \qquad y = kx + l$$

l'équation de l'une d'entre elles. L'ordonnée correspondante à l'abscisse x dans la courbe proposée devra se réduire sensiblement, pour de très grandes valeurs numériques de x, à l'ordonnée de l'asymptote et se présenter sous la forme

$$(3) \qquad y = kx + l \pm \varepsilon,$$

$\pm\varepsilon$ désignant un terme qui deviendra nul avec $\frac{1}{x}$. Cela posé, si l'on fait converger $\frac{1}{x}$ vers la limite zéro, on tirera successivement de l'équation (3)

$$(4) \qquad \lim \frac{y}{x} = \lim\left(k + \frac{l \pm \varepsilon}{x}\right) = k;$$

$$(5) \qquad \lim(y - kx) = \lim(l \pm \varepsilon) = l.$$

Donc, pour déterminer la constante k, il suffira de poser dans l'équation de la courbe

$$\frac{y}{x} = s$$

ou

$$(6) \qquad y = sx,$$

puis de chercher la limite ou les limites vers lesquelles convergera la variable s, tandis que la valeur numérique de x croîtra indéfiniment. De plus, après avoir trouvé la constante k, on obtiendra la constante l en posant dans l'équation de la courbe

$$y - kx = t$$

ou

$$(7) \qquad y = kx + t,$$

et cherchant la limite de laquelle t s'approchera sans cesse, pour des valeurs numériques croissantes de la variable x. A chaque système de valeurs finies des quantités k et l correspondra une asymptote de la courbe proposée.

En raisonnant de la même manière, mais échangeant l'une contre l'autre les variables x et y, on trouverait évidemment les asymptotes non parallèles à l'axe des x.

Exemples. — Considérons la logarithmique

(8) $$y = A^x.$$

On aura, dans cette hypothèse,

$$s = \frac{y}{x} = \frac{A^x}{x};$$

puis, en faisant converger x vers la limite $-\infty$, on en conclura

$$k = \lim \frac{A^x}{x} = 0.$$

On trouvera par suite

$$t = y = A^x, \qquad l = \lim A^x = 0.$$

Donc la courbe proposée aura pour asymptote l'axe des x, dont elle s'approchera indéfiniment du côté des x négatives.

On prouvera de même que la logarithmique

(9) $$x = A^y$$

a pour asymptote l'axe des y.

Concevons maintenant que l'équation de la courbe donnée se présente sous la forme

(10) $$f(x, y) = c.$$

La recherche des asymptotes sera très facile si l'on parvient à décomposer $f(x,y)$ en plusieurs parties dont chacune soit une fonction homogène des variables x, y. En effet, nommons m, n, ... les degrés des fonctions homogènes fournies par la décomposition dont il s'agit, et soit en conséquence

$$(11)\qquad f(x, y) = x^m \mathrm{F}\left(\frac{y}{x}\right) + x^n \mathrm{f}\left(\frac{y}{x}\right) + \ldots,$$

les nombres m, n, ... étant rangés de manière à offrir une suite décroissante. La valeur de $s = \frac{y}{x}$ sera déterminée par l'équation

$$x^m \mathrm{F}(s) + x^n \mathrm{f}(s) + \ldots = c,$$

ou

$$(12)\qquad \mathrm{F}(s) + \frac{1}{x^{m-n}} \mathrm{f}(s) + \ldots = \frac{c}{x^m},$$

de laquelle on tirera, en posant $\frac{1}{x} = 0$ et $s = k$,

$$(13)\qquad \mathrm{F}(k) = 0.$$

De plus, si l'on attribue à k l'une des valeurs propres à vérifier l'équation (13), la valeur correspondante de $t = y - kx$ sera donnée par la formule

$$(14)\qquad x^m \mathrm{F}\left(k + \frac{t}{x}\right) + x^n \mathrm{f}\left(k + \frac{t}{x}\right) + \ldots = c;$$

et comme, en vertu de l'équation (13), on aura

$$\mathrm{F}\left(k + \frac{t}{x}\right) = \frac{t}{x} \mathrm{F}'\left(k + \theta \frac{t}{x}\right),$$

θ désignant un nombre inférieur à l'unité, on trouvera encore

$$x^{m-1} t \mathrm{F}'\left(k + \theta \frac{t}{x}\right) + x^n \mathrm{f}\left(k + \frac{t}{x}\right) + \ldots = c,$$

ou

$$(15)\qquad t \mathrm{F}'\left(k + \theta \frac{t}{x}\right) + \frac{1}{x^{m-n-1}} \mathrm{f}\left(k + \frac{t}{x}\right) + \ldots = \frac{c}{x^{m-1}}.$$

Si $\mathrm{F}'(k)$ et $\mathrm{f}(k)$ ont des valeurs finies différentes de zéro, alors, en posant $\frac{1}{x} = 0$ et $t = l$, on conclura de l'équation précédente,

$$(16) \quad \begin{cases} 1^\circ \text{ pour } n < m - 1 \ldots\ldots\ldots\ldots & l = 0, \\ 2^\circ \text{ pour } n = m - 1 \ldots\ldots\ldots\ldots & l = -\dfrac{f(k)}{F'(k)}, \\ 3^\circ \text{ pour } n > m - 1 \ldots\ldots\ldots\ldots & l = \pm\infty. \end{cases}$$

Par conséquent, à la valeur adoptée de k correspondra, dans la première hypothèse, une asymptote passant par l'origine, ou de la forme

$$(17) \qquad y = kx;$$

et dans la seconde hypothèse, une asymptote de la forme

$$(18) \qquad y = kx - \frac{f(k)}{F'(k)}.$$

Dans la troisième hypothèse, l'asymptote, s'éloignant à une distance infinie de l'origine, disparaîtra entièrement.

L'élimination de la constante k entre les équations (13) et (17) produit la formule

$$F\left(\frac{y}{x}\right) = 0,$$

qui fournit, dans la première hypothèse, toutes les asymptotes non parallèles à l'axe des y, et qui peut être remplacée par l'équation

$$(19) \qquad x^m F\left(\frac{y}{x}\right) = 0.$$

On arriverait encore à celle-ci en cherchant, dans la première hypothèse, les asymptotes non parallèles à l'axe des x. Donc, lorsque le premier membre de l'équation (10) est décomposable en plusieurs fonctions homogènes, et que le degré m de l'une d'entre elles surpasse de plus d'une unité les degrés de toutes les autres, non seulement les diverses asymptotes passent par l'origine, mais elles sont toutes représentées par la formule qu'on obtient en égalant à zéro la fonction homogène du degré m.

Exemples. — L'hyperbole

$$\frac{x^2}{a^2} - \frac{y^2}{b^2} = \pm 1 \tag{20}$$

a pour asymptotes les deux droites représentées par la formule

$$\frac{x^2}{a^2} - \frac{y^2}{b^2} = 0, \tag{21}$$

ou, ce qui revient au même, par les deux équations

$$\frac{x}{a} - \frac{y}{b} = 0, \qquad \frac{x}{a} + \frac{y}{b} = 0. \tag{22}$$

De même, si l'on suppose $B^2 - AC > 0$, on reconnaîtra que l'hyperbole

$$Ax^2 + 2Bxy + Cy^2 = K \tag{23}$$

a pour asymptotes les deux droites représentées par la formule

$$Ax^2 + 2Bxy + Cy^2 = 0. \tag{24}$$

De même encore la courbe

$$x^3 + y^3 + \sin\frac{y}{x} = 0 \tag{25}$$

aura pour asymptote la droite

$$x + y = 0, \tag{26}$$

dont l'ordonnée est la seule valeur réelle de y qui vérifie l'équation

$$x^3 + y^3 = 0. \tag{27}$$

Dans le cas où l'on suppose $n = m - 1$, la formule (19) représente toutes les droites menées par l'origine parallèlement aux asymptotes de la courbe proposée. Ainsi, par exemple, la courbe nommée *folium de Descartes* et représentée par l'équation

$$x^3 + y^3 = 3axy \tag{28}$$

a une asymptote parallèle à la droite $x+y=0$, dont l'ordonnée se déduit toujours de la formule

$$x^3+y^3=0.$$

Lorsque les quantités $F'(k)$, $f(k)$ deviennent nulles ou infinies, la quantité l peut obtenir des valeurs différentes de celles que nous lui avons assignées ci-dessus [*voir* les formules (16)]; mais, pour la déterminer, il suffira toujours de chercher la limite ou les limites vers lesquelles convergera la variable t, pendant que $\frac{1}{x}$ s'approchera de zéro. Quelquefois, en opérant ainsi, on trouvera, pour une seule valeur de k, plusieurs valeurs de l. C'est ce qui arrivera, par exemple, si l'on considère la courbe représentée par l'équation

$$y^2=\cos\frac{y}{x}. \tag{29}$$

Alors on aura $k=0$, et, comme l'équation en t deviendra

$$t^2=\cos\frac{t}{x},$$

on en tirera, en posant $\frac{1}{x}=0$,

$$t^2=1, \qquad t=\pm 1.$$

En conséquence, la courbe proposée aura deux asymptotes parallèles à l'axe des x, savoir

$$y=1, \qquad y=-1. \tag{30}$$

Au reste, il peut arriver qu'une valeur de k propre à vérifier l'équation

$$F'(k)=0 \tag{31}$$

fournisse une seule asymptote. Ainsi la courbe représentée par l'équation

$$y^2(x^2+y^2)=R^4 \tag{32}$$

n'a qu'une seule asymptote qui coïncide avec l'axe des x, quoique la valeur $k = 0$ vérifie pour cette courbe l'équation (31).

On pourrait encore, suivant la remarque de M. Ampère, trouver les asymptotes d'une courbe plane en cherchant les positions que prend la tangente quand le point de contact s'éloigne à une distance infinie de l'origine des coordonnées. Concevons, pour fixer les idées, que l'on considère l'hyperbole

$$\frac{x^2}{a^2} - \frac{y^2}{b^2} = 1.$$

L'équation de la tangente à cette hyperbole sera

$$\frac{x\xi}{a^2} - \frac{y\eta}{b^2} = 1;$$

ou, si l'on substitue à $\frac{y}{b}$ sa valeur $\pm \frac{x}{a}\sqrt{1 - \frac{a^2}{x^2}}$, et si l'on multiplie ensuite par $\frac{a}{x}$,

$$\frac{\xi}{a} \pm \left(1 - \frac{a^2}{x^2}\right)^{\frac{1}{2}} \frac{\eta}{b} = \frac{a}{x}.$$

Pour faire passer le point de contact à une distance infinie de l'origine, il suffira de poser $x = \pm \infty$. Alors la formule précédente deviendra

$$\frac{\xi}{a} \pm \frac{\eta}{b} = 0,$$

et comprendra les équations des deux asymptotes de l'hyperbole proposée.

QUATRIÈME LEÇON.

PROPRIÉTÉS DIVERSES DES COURBES PLANES DÉDUITES DES ÉQUATIONS DE CES MÊMES COURBES. POINTS SINGULIERS.

Soit proposée une équation entre deux coordonnées rectangulaires x, y. Cette équation, résolue par rapport à y, en fournira une ou plusieurs autres de la forme

(1) $$y = f(x),$$

et chacune de celles-ci représentera une ligne ou portion de ligne dont les propriétés dépendront de la nature de la fonction $f(x)$. Ainsi, par exemple, l'équation

(2) $$x^2 + y^2 = R^2,$$

qui représente une circonférence de cercle dont le centre coïncide avec l'origine, se décomposera dans les deux suivantes

(3) $$\begin{cases} y = \sqrt{R^2 - x^2}, \\ y = -\sqrt{R^2 - x^2}, \end{cases}$$

dont chacune représentera une demi-circonférence située au-dessus ou au-dessous de l'axe des x.

Si la fonction $f(x)$ demeure continue entre les limites $x = x_0$, $x = X$, la ligne représentée par l'équation (1) sera elle-même continue entre les points correspondants aux abscisses x_0, X. Cette ligne pourra devenir discontinue lorsque la fonction $f(x)$ offrira des solutions de continuité; par exemple, lorsque cette fonction deviendra infinie pour certaines valeurs finies de x, ou lorsqu'elle passera tout à coup du réel à l'imaginaire, ou lorsqu'elle changera brusquement de valeur. Le premier cas se présente dans l'hyperbole

$$(4) \qquad y = \frac{a}{x};$$

le deuxième, dans les courbes logarithmiques

$$(5) \qquad y = \frac{1}{\mathrm{l}x},$$

$$(6) \qquad y = x\,\mathrm{l}x;$$

le troisième, dans la ligne déterminée par l'équation

$$(7) \qquad y = \frac{x}{\sqrt{x^2}},$$

et composée de deux demi-axes parallèles à l'axe des x, qui aboutissent aux deux points de l'axe des y auxquels appartiennent les ordonnées $+1$ et -1. Dans les deux derniers cas, la ligne que l'on considère s'arrêtera tout à coup en certains points que nous nommerons *points d'arrêt*. Les courbes (5) et (6) ont chacune pour point d'arrêt l'origine des coordonnées. La ligne représentée par l'équation (7) offre deux points d'arrêt situés sur l'axe des y, de part et d'autre de l'origine, et à l'unité de distance.

Si la fonction $f(x)$ ne devient réelle que pour un nombre limité de valeurs de x, l'équation (1) ne représentera qu'un point ou une suite de points *isolés*. Ainsi, par exemple, la formule

$$(8) \qquad y = x\sqrt{-1},$$

qui offre l'une des valeurs de y fournies par l'équation

$$(9) \qquad x^2 + y^2 = 0,$$

ne représente qu'un seul point qui coïncide avec l'origine. Il peut arriver que l'équation (1) fournisse en même temps un ou plusieurs points isolés et une ou plusieurs branches de courbe. Ainsi la formule

$$(10) \qquad y = x\sqrt{x^2 - a^2},$$

qui offre l'une des valeurs de y fournies par l'équation

$$(11) \qquad y^2 = x^2(x^2 - a^2),$$

représente : 1° deux branches de courbe qui s'éloignent indéfiniment de l'origine en partant de deux points situés sur l'axe des x et correspondants aux abscisses $x = -a$, $x = a$; 2° un point isolé qui coïncide encore avec l'origine.

Une ordonnée maximum ou minimum devant être supérieure ou inférieure à toutes les ordonnées voisines, il suit de ce qui précède que, si les deux fonctions y et y' restent continues dans le voisinage d'une valeur particulière de x, cette valeur ne pourra produire un maximum ou un minimum de y qu'en faisant évanouir y', c'est-à-dire en vérifiant l'équation

$$(12) \qquad y' = 0.$$

Ajoutons qu'une valeur de x tirée de la formule (12) fournit effectivement un maximum ou un minimum, dans le cas où la première des quantités

$$y'', \quad y''', \quad \ldots,$$

qui diffère de zéro, est positive ou négative, mais d'ordre pair, et que cette valeur ne détermine ni maximum, ni minimum, dans le cas contraire.

Au reste, il peut arriver que certaines valeurs de x, prises parmi celles qui rendent discontinue l'une des fonctions y, y', produisent des maxima ou des minima de l'ordonnée, sans vérifier la formule (12). Ainsi, en particulier, si la fonction $y = f(x)$, après avoir crû ou diminué pendant que l'on faisait croître ou décroître la variable x, passe tout à coup du réel à l'imaginaire, la courbe représentée par l'équation (1) aura un point d'arrêt, et l'ordonnée correspondante à ce point d'arrêt pourra être considérée comme un maximum ou un minimum. Par exemple, la valeur zéro correspondante à $x = 0$ est une sorte de minimum relativement à l'ordonnée de la courbe

$$y = \left(\frac{1}{lx}\right)^2. \tag{13}$$

Pour obtenir des maxima ou minima d'ordonnées correspondants à des solutions de continuité dans la fonction $y' = f'(x)$, il suffit de considérer les trois lignes représentées par les équations

$$y = \sqrt{x^2}, \tag{14}$$

$$y = \frac{1 + 2\sqrt{x^2} + x^2}{2}, \tag{15}$$

$$y = x^{\frac{2}{3}}. \tag{16}$$

Ces trois lignes, dont la première se compose de deux demi-axes perpendiculaires entre eux et aboutissant à l'origine des coordonnées, et la seconde de deux portions de paraboles qui viennent se rencontrer sur l'axe des y, ont pour ordonnée minimum la première et la troisième $y = 0$, la seconde $y = \frac{1}{2}$. Or, pour la valeur $x = 0$ qui produit ces minima, les dérivées des fonctions (14), (15) et (16), savoir

$$y' = \frac{x}{\sqrt{x^2}}, \tag{17}$$

$$y' = x + \frac{x}{\sqrt{x^2}}, \tag{18}$$

$$y' = \frac{2}{3x^{\frac{1}{3}}}, \tag{19}$$

deviennent discontinues, la première et la seconde en passant tout à coup de la valeur -1 à la valeur $+1$, la troisième en passant par l'infini.

Nous avons remarqué, dans la première Leçon, que la valeur numérique de la fonction dérivée y' représentait la tangente trigonométrique de l'inclinaison de la courbe par rapport à l'axe des x. Donc, si l'on a, pour un point donné,

$$y' = 0, \tag{12}$$

l'inclinaison sera nulle en ce point, c'est-à-dire que la tangente à la courbe deviendra parallèle à l'axe des x. Si l'on a, au contraire,

$$y' = \pm \infty, \tag{20}$$

l'inclinaison sera équivalente à un angle droit, c'est-à-dire que la tangente à la courbe deviendra parallèle à l'axe des y. Enfin, si la fonction dérivée y' change brusquement de valeur, il en sera de même de l'inclinaison. Concevons que, dans cette dernière hypothèse, la fonction y reste continue : alors les deux branches de la courbe viendront se réunir au point donné, de manière que leurs tangentes forment entre elles un certain angle, et ce point sera ce que nous appellerons un *point saillant*. Tel est, par exemple, le point correspondant à $x = 0$, dans la courbe représentée par la formule (14) et dans celles que déterminent les équations

$$y = x \operatorname{arc\,tang} \frac{1}{x}, \tag{21}$$

$$y = \frac{x}{1 + e^{\frac{1}{x}}}. \tag{22}$$

Supposons maintenant que deux branches d'une même courbe s'arrêtent en un point donné, de manière à toucher l'une et l'autre un demi-axe aboutissant au point dont il s'agit. Ce point sera ce qu'on nomme un *point de rebroussement*. Le rebroussement sera *de première espèce*, si le demi-axe passe entre les deux branches de courbe, et *de seconde espèce*, si le demi-axe laisse les deux branches d'un même côté. L'origine est un point de rebroussement de première espèce pour la courbe représentée par la formule (16), et pour celle qui répond à l'équation

$$y = \frac{x^{\frac{2}{3}}\, \mathrm{l}x^2}{1 + e^x}. \tag{23}$$

En effet, chacune de ces courbes se compose de deux branches tangentes l'une et l'autre au demi-axe des y positives, et situées des deux côtés de ce demi-axe. La cycloïde représentée par l'équation (23) de la deuxième Leçon offre une infinité de points de rebroussement de première espèce, tous situés sur l'axe des x, et correspondants aux abscisses

$$x = 0, \qquad x = \pm 2\pi R, \qquad x = \pm 4\pi R, \quad \ldots.$$

Lorsque, en un point de cette espèce, le demi-axe tangent aux deux branches de la courbe n'est pas perpendiculaire à l'axe des x, les valeurs de y correspondantes à ces deux branches sont nécessairement déterminées par deux équations distinctes, comprises l'une et l'autre dans l'équation unique de la courbe donnée. C'est ce qui a lieu, en particulier, pour la courbe

$$y^2 = x^3, \tag{24}$$

composée de deux branches qui touchent à l'origine le demi-axe des x positives, et qui répondent aux deux équations

$$y = x^{\frac{3}{2}}, \tag{25}$$

$$y = -x^{\frac{3}{2}}. \tag{26}$$

C'est aussi ce qui arrive toujours pour les points de rebroussement de seconde espèce. Nous citerons comme exemple la courbe

$$(y - x \sin x)^2 = x^3 \sin^2 x, \tag{27}$$

composée de deux branches qui touchent à l'origine le demi-axe des x positives, et qui, près de cette origine, sont situées l'une et l'autre du côté des y positives.

Lorsque les fonctions

$$y = f(x) \quad \text{et} \quad y' = f'(x)$$

restent l'une et l'autre continues pour toutes les valeurs de x comprises entre les abscisses de deux points donnés, la corde qui joint ces deux points est nécessairement parallèle à l'une des tangentes menées par les points intermédiaires de la courbe. En effet, si l'on représente par x et $x+\Delta x$ les abscisses des deux points dont il s'agit, on aura [en vertu de la formule (8) de la septième Leçon de Calcul différentiel]

$$(28) \qquad \frac{\Delta y}{\Delta x} = \frac{f(x+\Delta x)-f(x)}{\Delta x} = f'(x+\theta\,\Delta x),$$

θ désignant un nombre inférieur à l'unité. Or il résulte évidemment de l'équation précédente, jointe aux formules (1) et (5) de la première Leçon, que la corde menée du point (x, y) au point $(x+\Delta x, y+\Delta y)$ est parallèle à la tangente menée par le point qui a pour abscisse $x+\theta\,\Delta x$.

On arrivera encore à la même conclusion en transportant la corde dont il s'agit parallèlement à elle-même, avec un mouvement continu, de manière à faire décroître indéfiniment l'arc sous-tendu par cette corde. A l'instant où cet arc s'évanouira, la corde se changera en une droite tangente à la courbe, et l'on peut remarquer que le point de contact sera évidemment distinct des points (x, y) et $(x+\Delta x, y+\Delta y)$.

Concevons à présent que, la fonction dérivée $y'=f'(x)$ étant continue entre deux limites données, l'on fasse croître x entre ces limites. La fonction y' elle-même ira en croissant, toutes les fois que sa dérivée $y''=f''(x)$ aura une valeur positive, et en décroissant toutes les fois que la valeur de y'' sera négative. Il est d'ailleurs facile de s'assurer que, si la fonction $y'=f'(x)$ croît ou décroît sans cesse entre deux valeurs de x correspondantes à deux points de la courbe proposée, l'ordonnée de cette courbe dans l'intervalle sera constamment supérieure ou constamment inférieure à l'ordonnée de chaque tangente, de part et d'autre du point de contact. Admettons, par exemple, qu'après avoir assigné à la variable x une valeur déterminée, on attribue à cette variable un accroissement Δx, et que l'expression

$$(29) \qquad f'(x+\Delta x)$$

croisse constamment, depuis la limite $\Delta x = -h$ jusqu'à la limite $\Delta x = h$. La différence

$$f'(x + \Delta x) - f'(x)$$

sera toujours, entre ces limites, affectée du même signe que Δx; d'où il résulte que le produit

$$(30) \qquad [f'(x + \Delta x) - f'(x)]\,\Delta x$$

sera nécessairement positif. Il en sera de même, *a fortiori*, de tout produit de la forme

$$(31) \qquad [f'(x + \theta\,\Delta x) - f'(x)]\,\Delta x,$$

θ désignant un nombre inférieur à l'unité. Or, si par le point (x, y) on mène une tangente à la courbe proposée, l'ordonnée de cette tangente relative à l'abscisse

$$\xi = x + \Delta x$$

sera [en vertu de l'équation (8) de la première Leçon]

$$(32) \qquad \eta = y + f'(x)\,\Delta x,$$

tandis que, pour la même abscisse, l'ordonnée de la courbe pourra être [*voir* la formule (8) de la septième Leçon de Calcul différentiel] présentée sous la forme

$$(33) \qquad y + \Delta y = y + f'(x + \theta\,\Delta x)\,\Delta x.$$

Donc la différence entre l'ordonnée de la courbe et l'ordonnée de la tangente, savoir

$$(34) \qquad y + \Delta y - \eta,$$

sera l'une des valeurs du produit (31), et par conséquent une quantité positive. On prouvera pareillement que, si la quantité (29) diminue constamment depuis la limite $\Delta x = -h$ jusqu'à la limite $\Delta x = h$, les produits (30), (31) seront négatifs entre ces limites, ainsi que la différence (34), et qu'en conséquence l'ordonnée $y + \Delta y$ sera inférieure à celle de la tangente. Enfin, si la quantité (29), à l'instant où l'on pose $\Delta x = 0$, cessait de croître pour diminuer, ou de diminuer pour croître, c'est-à-dire, en d'autres termes, si la valeur de la fonction $f'(x)$ correspondante à la valeur donnée de x devenait un maximum ou un minimum, l'ordonnée $y + \Delta y$ de la courbe serait inférieure d'un côté du point de contact, et supérieure de l'autre côté, à l'ordonnée de la tangente. Comme il suffit d'ailleurs, pour décider si la fonction $y' = f'(x)$ croît ou diminue, de consulter le signe de y'', nous devons conclure qu'entre deux valeurs données de l'abscisse, l'ordonnée de la courbe sera constamment supérieure à celle de la tangente, si dans l'intervalle y'' prend toujours une valeur positive; que l'ordonnée de la courbe sera constamment inférieure à celle de la tangente, si la valeur de y'' reste toujours négative; enfin, que la courbe et la tangente se traverseront mutuellement, si, dans le passage d'un côté du point de contact à l'autre, la valeur de y'' change de signe. Dans ce dernier cas, le point (x, y) de la courbe sera ce qu'on nomme un *point d'inflexion*. Cela posé, l'origine sera évidemment un point d'inflexion pour la courbe

$$y = x^3, \tag{35}$$

qui touche et traverse en ce point l'axe des x, ainsi que pour les courbes

$$y = x\,\mathrm{l}x^2, \tag{36}$$

$$y = x\,\mathrm{l}(x \sin x), \tag{37}$$

qui touchent et traversent en ce même point l'axe des y. De plus, comme on tirera de l'équation (5)

$$y'' = \left(\frac{1}{x\,\mathrm{l}x}\right)^2 \left(1 + \frac{2}{\mathrm{l}x}\right),$$

la courbe représentée par l'équation (5) aura évidemment un point d'inflexion dont l'abscisse x se déduira de la formule

$$1 + \frac{2}{\mathrm{l}x} = 0,$$

et sera équivalente au carré de $\frac{1}{e}$.

Lorsque la fonction y et ses dérivées successives restent continues dans le voisinage d'une valeur particulière de x, cette valeur ne peut produire un point d'inflexion, par conséquent un maximum ou un minimum de y', qu'en vérifiant l'équation

$$y'' = 0. \tag{38}$$

Il faut en outre que, parmi les quantités

$$y'', \quad y''', \quad y^{\text{IV}}, \quad \ldots,$$

la première de celles qui ne s'évanouissent pas soit une dérivée d'ordre pair de la fonction y.

On dit qu'une courbe ou une portion de courbe continue est *convexe* entre deux points donnés, lorsque entre ces points elle ne peut être rencontrée plus de deux fois par une même droite. Cela posé, il est clair qu'une courbe qui renferme un point d'inflexion ne saurait être convexe. Concevons, en effet, qu'après avoir tracé la tangente qui passe par le point d'inflexion, on mène de ce point deux rayons vecteurs à deux points très voisins situés sur la courbe, l'un au-dessus, l'autre au-dessous de la tangente. Celui de ces rayons qui formera le plus petit angle aigu avec la tangente, ira évidemment, si on le prolonge en sens contraire, rencontrer de nouveau la courbe proposée. Donc la droite dont ce rayon vecteur fait partie aura trois points communs avec la courbe. On peut démontrer encore que, si, pour une portion de courbe comprise entre deux points donnés, l'ordonnée y et sa dérivée y' sont deux fonctions continues de l'abscisse x, dont la seconde croisse ou décroisse constamment, tandis que l'abscisse augmente, cette portion de courbe sera convexe. En effet, si elle pouvait être coupée par une droite en trois points différents A, B, C, on pourrait aussi mener deux tangentes parallèles à cette droite par deux points E, F de la courbe, situés l'un sur l'arc sous-tendu par la corde $\overline{AB}$, l'autre sur l'arc sous-tendu par la corde $\overline{BC}$, et par conséquent y' reprendrait au point F la même valeur qu'au point E, ce qui est contre l'hypothèse admise. Ajoutons que, dans cette hypothèse, la courbe tournera sa convexité du côté des y négatives ou du côté des y positives, suivant que l'ordonnée de la courbe sera supérieure ou inférieure à l'ordonnée de chaque tangente, avant et après le point de contact, c'est-à-dire, en d'autres termes, suivant que la valeur de y'' sera positive ou négative entre les deux points donnés.

Il suit encore de ces principes que, pour décider si une courbe tourne sa convexité ou sa concavité vers l'axe des x, en un point pour lequel y et y'' obtiennent des valeurs différentes de zéro, il suffit d'examiner si ces valeurs sont des quantités de même signe ou de signes contraires, c'est-à-dire si le produit

$$yy''$$

est positif ou négatif.

On appelle *points multiples* ceux dans lesquels viennent se rencontrer deux ou plusieurs branches de courbes qui ne s'arrêtent pas toutes à ces mêmes points. On peut nommer encore *points multiples* ceux auxquels aboutissent pour s'y arrêter au moins trois branches différentes. L'origine est évidemment un point multiple pour chacune des courbes

(39) $$y^2 = x^2(1 - x^2),$$

(40) $$y^2 = x^4(1 - x^2).$$

En effet, la courbe (39) est formée de deux branches représentées par les équations

$$y = -x\sqrt{1 - x^2}, \qquad y = x\sqrt{1 - x^2},$$

et qui se croisent à l'origine en touchant les droites

$$y = -x, \qquad y = x.$$

Quant aux deux branches de la courbe (40), représentées par les équations

$$y = -x^2\sqrt{1 - x^2}, \qquad y = x^2\sqrt{1 - x^2},$$

elles se rencontrent encore à l'origine, mais elles ont en ce point une seule et même tangente qui coïncide avec l'axe des x.

Si, après avoir tracé le cercle

$$x^2+y^2=R^2,$$

on construit une courbe dont l'ordonnée y soit à l'abscisse x dans le rapport qui existe entre l'ordonnée du cercle, savoir $\pm\sqrt{R^2-x^2}$, et le rayon R, cette courbe sera ce qu'on appelle une *lemniscate*, et son équation

(41) $$R^2y^2=x^2(R^2-x^2)$$

comprendra comme cas particulier la formule (39). Cela posé, les différentes lemniscates qu'on obtiendra en faisant varier le rayon R seront évidemment des courbes semblables entre elles, dont chacune aura sensiblement la même forme que le signe ∞, et présentera un point multiple coïncidant avec l'origine des coordonnées.

L'origine est encore un point multiple où viennent s'arrêter quatre branches de chacune des courbes

(42) $$\left(y-x\,\text{arc tang}\frac{1}{x}\right)^2=x^2\cos x,$$

(43) $$\left(y-\frac{x}{1+e^{\frac{1}{x}}}\right)^2=x^2\cos x,$$

(44) $$(y^2-x^2)^2=x^4\sin x,$$

(45) $$(y^2-x^2\sin^2 x)^2=x^4\sin^4 x\,\text{tang}\,x.$$

Ajoutons que les demi-axes tangents aux quatre branches sont distincts les uns des autres pour les courbes (42) et (43), tandis qu'ils se réduisent à deux pour la courbe (44), et à un seul pour la courbe (45). Ces demi-axes coïncident, pour les deux branches de la courbe (42) situées du côté des x positives, avec les droites

$$y=\left(\frac{\pi}{2}+1\right)x,\qquad y=\left(\frac{\pi}{2}-1\right)x,$$

et pour les deux branches de la même courbe situées du côté des x négatives, avec les droites

$$y=-\left(\frac{\pi}{2}+1\right)x,\qquad y=-\left(\frac{\pi}{2}-1\right)x;$$

pour les deux branches de la courbe (43) situées du côté des x positives, avec les droites

$$y = x, \qquad y = -x,$$

et pour les deux branches de la même courbe situées du côté des x négatives, avec les droites

$$y = 0, \qquad y = 2x;$$

pour les quatre branches de la courbe (44), toutes situées du côté des x positives, avec les droites

$$y = x, \qquad y = -x;$$

enfin, pour les quatre branches de la courbe (45), avec le demi-axe des x positives.

Les points d'arrêt, les points saillants, les points de rebroussement et d'inflexion, les points multiples, etc., et en général tous les points qui se trouvent situés sur certaines courbes, de manière à offrir quelques particularités dignes de remarque, inhérentes à la nature de ces mêmes courbes, et indépendantes de la position des axes coordonnés, sont désignés sous le nom commun de *points singuliers*. Ainsi, par exemple, on devra ranger parmi les points singuliers d'une courbe ceux dans lesquels la direction de la tangente deviendrait indéterminée. Tel est, pour la courbe

$$(46) \qquad y = x \sin\frac{1}{x},$$

le point qui coïncide avec l'origine des coordonnées. Les points singuliers, et particulièrement ceux que nous avons nommés *points d'arrêt* et *points saillants*, ont fourni le sujet d'un Mémoire assez étendu, présenté en 1824 à l'Académie royale des Sciences, par M. Roche, ancien élève de l'École Polytechnique.

CINQUIÈME LEÇON.

DIFFÉRENTIELLE DE L'ARC D'UNE COURBE PLANE. ANGLES FORMÉS PAR LA TANGENTE A CETTE COURBE AVEC LES DEMI-AXES DES COORDONNÉES POSITIVES. SUR LES COURBES PLANES QUI SE COUPENT OU SE TOUCHENT EN UN POINT DONNÉ.

Considérons toujours une courbe plane représentée par une équation entre deux coordonnées rectangulaires x, y, et soit s l'arc de cette courbe compris entre un point fixe et le point mobile (x, y). Si l'on mène par ce dernier point une tangente à la courbe, l'angle aigu compris entre cette tangente et l'axe des x sera ce que nous avons nommé l'inclinaison de la courbe; et, en désignant cet angle par τ, on trouvera

$$(1) \qquad \text{séc}\,\tau = \sqrt{1 + y'^2} = \sqrt{1 + \left(\frac{dy}{dx}\right)^2}.$$

Si, de plus, on trace une ordonnée correspondante à l'abscisse $x + \Delta x$, les portions de la courbe et de la tangente comprises entre le point (x, y) et l'ordonnée dont il s'agit, seront évidemment représentées par les valeurs numériques des deux expressions

$$(2) \qquad \Delta s$$

et

$$(3) \qquad \frac{\Delta x}{\cos\tau} = \text{séc}\,\tau\,\Delta x,$$

tandis que la portion d'ordonnée comprise entre la tangente et la courbe sera équivalente, au signe près (*voir* la Leçon précédente), à un produit de la forme

$$(4)\qquad [f'(x+\theta\,\Delta x)-f'(x)]\,\Delta x,$$

θ désignant un nombre inférieur à l'unité.

Supposons maintenant le point $(x+\Delta x, y+\Delta y)$ assez rapproché du point (x, y) pour que, dans le passage de l'un à l'autre, les deux fonctions y, y' soient continues, et la dernière toujours croissante ou toujours décroissante. Dans le triangle curviligne, formé par la courbe, la tangente et l'ordonnée correspondante à l'abscisse $x+\Delta x$, le deuxième et le troisième côté seront des portions de lignes droites, et le premier une ligne convexe. Donc chaque côté de ce triangle sera inférieur à la somme des deux autres, et la différence entre les deux premiers côtés aura une valeur numérique inférieure au troisième. Donc les valeurs numériques des expressions (2) et (3) différeront d'une quantité plus petite que la valeur numérique de l'expression (4), et, en divisant ces trois expressions par Δx, on devra conclure que la différence entre $\pm\frac{\Delta s}{\Delta x}$ et $\text{séc}\,\tau$, savoir

$$(5)\qquad \pm\frac{\Delta s}{\Delta x}-\text{séc}\,\tau,$$

a une valeur numérique plus petite que celle de l'expression

$$(6)\qquad f'(x+\theta\,\Delta x)-f'(x).$$

D'ailleurs, si l'on fait converger Δx vers la limite zéro, l'expression (6) convergera évidemment vers la même limite. On pourra donc en dire autant de l'expression (5). Or, en égalant à zéro la limite de cette dernière, on trouvera

$$(7)\qquad \pm\frac{ds}{dx}-\text{séc}\,\tau=0$$

ou, ce qui revient au même,

$$(8)\qquad ds=\pm\,\text{séc}\,\tau\,dx=\pm\sqrt{1+y'^2}\,dx,$$

et par suite

$$(9)\qquad ds^2 = (1 + y'^2)\,dx^2 = dx^2 + dy^2.$$

Il est bon d'observer que dans la formule (5), et par conséquent aussi dans les équations (7) et (8), on doit réduire le signe $\pm$ au signe $+$, lorsque l'arc s croît avec l'abscisse x, et au signe $-$ dans le cas contraire. De plus, on tirera des équations (7) et (9)

$$(10)\qquad \left\{\begin{aligned} \cos\tau &= \pm\frac{dx}{ds}, & \sin\tau &= \pm\frac{dy}{ds}, \\ \operatorname{séc}\tau &= \pm\frac{ds}{dx}, & \operatorname{coséc}\tau &= \pm\frac{ds}{dy}. \end{aligned}\right.$$

En substituant les valeurs précédentes de sécτ et de cosécτ dans les expressions (7) de la seconde Leçon, on reconnaîtra que les longueurs désignées sous les noms de *normale* et de *tangente* peuvent être présentées sous la forme

$$(11)\qquad N = \pm y\frac{ds}{dx}, \qquad T = \pm y\frac{ds}{dy}.$$

La corde qui sous-tend l'arc $\pm\Delta s$ compris entre les points (x, y) et $(x + \Delta x, y + \Delta y)$ a évidemment pour mesure le radical

$$(12)\qquad \sqrt{\Delta x^2 + \Delta y^2}.$$

En conséquence, le rapport de l'arc à sa corde sera

$$(13)\qquad \frac{\pm\Delta s}{\sqrt{\Delta x^2 + \Delta y^2}}.$$

Or, la formule (9) entraîne l'équation

$$(14)\qquad \frac{\pm ds}{\sqrt{dx^2 + dy^2}} = 1,$$

dont le premier membre (en vertu du principe établi à la page 30 du Calcul différentiel) (1) est précisément la limite de l'expression (13). Ainsi, *lorsqu'un arc de courbe plane devient infiniment petit, le rapport de cet arc à sa corde devient égal à l'unité.*

(1) *Œuvres de Cauchy*, S. II, T. IV.

Désignons à présent par a et b les angles que la corde ou sécante menée du point (x, y) au point $(x + \Delta x, y + \Delta y)$ forme avec les demi-axes des x et y positives, chacun de ces angles étant supposé compris entre zéro et 200°. Soient de plus α, β les limites vers lesquelles convergent les angles a, b, tandis que le point $(x + \Delta x, y + \Delta y)$ se rapproche indéfiniment du point (x, y), c'est-à-dire, en d'autres termes, les angles formés par la tangente prolongée dans le même sens que la corde avec les demi-axes des coordonnées positives. Les formules (4) des Préliminaires donneront

$$(15) \qquad \cos a = \frac{\Delta x}{\sqrt{\Delta x^2 + \Delta y^2}}, \qquad \cos b = \frac{\Delta y}{\sqrt{\Delta x^2 + \Delta y^2}},$$

et l'on en conclura, en passant aux limites,

$$(16) \qquad \cos \alpha = \frac{dx}{\sqrt{dx^2 + dy^2}}, \qquad \cos \beta = \frac{dy}{\sqrt{dx^2 + dy^2}}.$$

Si dans les équations (16) on substitue au radical $\sqrt{dx^2 + dy^2}$ sa valeur tirée de l'équation (14), on obtiendra l'un des deux systèmes de formules

$$(17) \qquad \cos \alpha = \frac{dx}{ds}, \qquad \cos \beta = \frac{dy}{ds},$$

$$(18) \qquad \cos \alpha = -\frac{dx}{ds}, \qquad \cos \beta = -\frac{dy}{ds}.$$

Le premier système devra être adopté, si la tangente à la courbe a été prolongée dans le même sens que l'arc s, et le second système, si la tangente a été prolongée en sens inverse. En effet, le rapport $\frac{dx}{ds}$, étant la limite de $\frac{\Delta x}{\Delta s}$, sera positif si l'arc s croît avec x ou, en d'autres termes, si la tangente, prolongée dans le même sens que l'arc, forme avec le demi-axe des x positives un angle aigu et, par conséquent, un angle dont le cosinus soit positif. Si cet angle devient obtus, son cosinus et le rapport $\frac{dx}{ds}$ deviendront en même temps négatifs. Donc les formules (17) ou (18) devront être préférées suivant que l'on désignera par α l'angle dont il s'agit ou le supplément de cet angle, c'est-à-dire suivant que la tangente à la courbe aura été prolongée dans le sens de l'arc s ou en sens inverse.

Les angles que nous avons représentés par α et β sont évidemment égaux, le premier à l'angle τ qui mesure l'inclinaison de la courbe ou au supplément de l'angle τ, c'est-à-dire à $\pi - \tau$, le second à l'un des angles $\frac{\pi}{2} - \tau$, $\frac{\pi}{2} + \tau$, qui sont encore suppléments l'un de l'autre. On aura donc

$$(19) \qquad \alpha = \frac{\pi}{2} \pm \left(\frac{\pi}{2} - \tau\right), \qquad \beta = \frac{\pi}{2} \pm \tau$$

et, par suite,

$$(20) \qquad \cos\alpha = \pm \cos\tau, \qquad \cos\beta = \pm \sin\tau.$$

Si de ces dernières formules on élimine $\cos\tau$ et $\sin\tau$ à l'aide des équations (10), on retrouvera les deux valeurs de $\cos\alpha$ et les deux valeurs de $\cos\beta$ fournies par les équations (17) et (18). Seulement, le calcul n'indiquera pas comment ces valeurs devront être combinées entre elles.

Considérons maintenant deux courbes planes tracées dans le plan des x, y. Soient x, y les coordonnées de la première courbe et s l'arc de cette courbe compris entre un point fixe et le point mobile (x, y). Soient de même ξ, η les coordonnées de la seconde courbe et ς l'arc de cette seconde courbe compris entre un point fixe et le point mobile (ξ, η). On trouvera

$$(21) \qquad ds^2 = dx^2 + dy^2, \qquad d\varsigma^2 = d\xi^2 + d\eta^2.$$

De plus, si les tangentes menées à la première courbe par le point (x, y) et à la seconde courbe par le point (ξ, η) sont prolongées dans les mêmes sens que les arcs s et ς, elles formeront avec les demi-axes des coordonnées positives des angles dont les cosinus seront respectivement égaux, pour la première tangente, à

$$\frac{dx}{ds}, \quad \frac{dy}{ds}$$

et, pour la seconde tangente, à

$$\frac{d\xi}{d\varsigma}, \quad \frac{d\eta}{d\varsigma}.$$

Par suite, si l'on nomme δ l'angle que les deux tangentes forment entre elles, on aura [en vertu de la formule (30) des Préliminaires]

$$(22) \qquad \cos\delta = \frac{dx}{ds}\frac{d\xi}{d\varsigma} + \frac{dy}{ds}\frac{d\eta}{d\varsigma} = \frac{dx\,d\xi + dy\,d\eta}{ds\,d\varsigma}.$$

Les deux tangentes deviendront parallèles lorsqu'on aura

$$(23) \qquad \frac{d\xi}{d\varsigma} = \frac{dx}{ds}, \qquad \frac{d\eta}{d\varsigma} = \frac{dy}{ds},$$

ou bien

$$(24) \qquad \frac{d\xi}{d\varsigma} = -\frac{dx}{ds}, \qquad \frac{d\eta}{d\varsigma} = -\frac{dy}{ds}.$$

Il faut observer, d'ailleurs, que les formules (23) et (24) peuvent être remplacées par la seule équation

$$(25) \qquad \frac{d\xi}{dx} = \frac{d\eta}{dy},$$

de laquelle on déduit

$$\frac{d\xi}{dx} = \frac{d\eta}{dy} = \pm\frac{\sqrt{d\xi^2 + d\eta^2}}{\sqrt{dx^2 + dy^2}} = \pm\frac{d\varsigma}{ds}.$$

Ajoutons que les deux tangentes comprendront entre elles un angle droit si l'on a $\cos\delta = 0$ et, par conséquent,

$$(26) \qquad dx\,d\xi + dy\,d\eta = 0.$$

Si dans la formule (22) on substitue pour ds et $d\varsigma$ leurs valeurs tirées des équations (21), on obtiendra la suivante

$$(27) \qquad \cos\delta = \pm\frac{dx\,d\xi + dy\,d\eta}{\sqrt{dx^2 + dy^2}\sqrt{d\xi^2 + d\eta^2}}.$$

Lorsque, dans cette dernière, on ne détermine pas le signe du second membre, elle fournit deux valeurs de δ renfermées entre zéro et π, qui représentent l'angle aigu et l'angle obtus compris entre les deux tangentes prolongées indéfiniment de part et d'autre des points (x, y) et (ξ, η).

Lorsque les deux courbes se rencontrent en un même point, elles sont censées former entre elles les mêmes angles que les tangentes menées par le point dont il s'agit. Alors on a pour le point de rencontre

$$\xi = x, \quad \eta = y, \tag{28}$$

et les angles que les deux courbes forment entre elles ont évidemment pour mesure les valeurs de δ, renfermées entre zéro et π, qui vérifient l'équation (27).

On dit que deux courbes sont *normales* l'une à autre lorsqu'elles se coupent à angles droits, et qu'elles sont *tangentes* entre elles ou qu'elles se *touchent* lorsqu'elles ont, en un point qui leur est commun, une tangente commune, c'est-à-dire lorsque l'angle aigu compris entre les deux courbes s'évanouit. Dans le second cas, l'équation (25), ou

$$\frac{d\eta}{d\xi} = \frac{dy}{dx}, \tag{29}$$

est vérifiée pour le point de contact. Dans le premier cas, l'équation (26), ou

$$1 + \frac{d\eta}{d\xi}\frac{dy}{dx} = 0, \tag{30}$$

est vérifiée pour le point d'intersection.

Il est essentiel d'observer que, dans les diverses formules ci-dessus établies, les différentielles disparaîtront toutes en même temps quand on aura éliminé ds, $d\varsigma$, dy et $d\eta$ à l'aide des équations (21) réunies aux équations différentielles des courbes proposées. Les calculs deviendront plus simples si les équations finies des deux courbes se présentent sous la forme

$$y = f(x), \quad \eta = F(\xi). \tag{31}$$

Alors, en vertu des formules (28) et (29), les deux courbes auront un point commun correspondant à l'abscisse x si cette abscisse vérifie l'équation

$$(32) \qquad f(x) = F(x)$$

et elles se toucheront au même point si l'on a de plus

$$(33) \qquad f'(x) = F'(x).$$

Au contraire elles deviendront normales l'une à l'autre si l'on a pour le point commun

$$(34) \qquad 1 + f'(x)\,F'(x) = 0.$$

Si l'on représentait les équations finies des deux courbes par

$$(35) \qquad f(x, y) = 0, \qquad F(\xi, \eta) = 0,$$

et leurs équations différentielles par

$$(36) \qquad \varphi(x, y)\,dx + \chi(x, y)\,dy = 0, \qquad \Phi(x, y)\,dx + X(x, y)\,dy = 0,$$

on trouverait, à la place de la formule (33),

$$(37) \qquad \frac{\varphi(x, y)}{\chi(x, y)} = \frac{\Phi(x, y)}{X(x, y)}$$

et, à la place de la formule (34),

$$(38) \qquad \varphi(x, y)\,\Phi(x, y) + \chi(x, y)\,X(x, y) = 0.$$

On peut, sans inconvénient, substituer, dans la seconde des équations (31) ou (35), les lettres x, y aux lettres ξ, η et supposer, par exemple, que les deux courbes soient représentées par les deux équations

$$(39) \qquad y = f(x), \qquad y = F(x).$$

Alors, pour que les deux courbes se touchent au point dont l'abscisse est x, il suffira, en vertu des formules (32) et (33), que les valeurs de y et de y' correspondantes à ce point restent les mêmes dans le passage de la première à la seconde courbe. Au reste, cette proposition est évidente. Car, si les conditions qu'on vient d'énoncer sont remplies, il est clair que, pour l'abscisse x, les deux courbes auront non seulement la même ordonnée, mais encore la même tangente.

Exemples. — Les deux *paraboles* du deuxième et du troisième degré représentées par les équations

(40) $$y = x^2, \qquad y = x^3$$

se touchent à l'origine et ont en ce point l'axe des x pour tangente commune, attendu que les deux équations

(41) $$x^2 = x^3 \quad \text{et} \quad 2x = 3x^2$$

sont vérifiées l'une et l'autre par la valeur $x = 0$ à laquelle répondent des valeurs nulles de l'ordonnée y et de sa dérivée y'.

L'origine est encore un point de contact pour les deux courbes

(42) $$y = x^{\frac{4}{3}}, \qquad y = x^{\frac{5}{4}}$$

dont la tangente commune coïncide avec l'axe des x, et pour les deux courbes

(43) $$y = x^{\frac{3}{4}}, \qquad y = x^{\frac{4}{5}}$$

dont la tangente commune se confond avec l'axe des y.

On nomme en général *parabole* du degré a ou $\frac{1}{a}$ une courbe dont l'équation en coordonnées rectangulaires peut être présentée sous la forme

(44) $$y = Ax^a \quad \text{ou} \quad x = \left(\frac{1}{A}\right)^{\frac{1}{a}} y^{\frac{1}{a}},$$

a désignant une constante positive. Cela posé, il est clair que les paraboles

(45) $$y = Ax^a, \qquad y = Bx^b$$

se toucheront à l'origine si les quantités a, b sont toutes deux supérieures ou toutes deux inférieures à l'unité, et qu'elles auront pour tangente commune, dans le premier cas, l'axe des x, dans le second cas, l'axe des y.

Nous terminerons cette Leçon en établissant un théorème qui est fort utile dans la théorie des contacts des courbes planes et que l'on peut énoncer comme il suit :

Théorème. — *Étant données deux courbes planes qui se touchent, si, à partir du point de contact, on porte sur ces courbes prolongées dans le même sens des longueurs égales, mais très petites, la droite qui joindra les extrémités de ces longueurs sera sensiblement parallèle à la normale commune aux deux courbes.*

Démonstration. — Supposons que les longueurs égales, portées sur la première et la seconde courbe à partir du point de contact, aboutissent, d'une part au point (x, y), de l'autre au point (ξ, η). Soient, de plus, s et ς les arcs renfermés : 1° entre un point fixe de la première courbe et le point (x, y); 2° entre un point fixe de la seconde courbe et le point (ξ, η). Tandis que les coordonnées x, y; ξ, η varieront simultanément, la différence

$$\varsigma - s$$

restera invariable et l'on aura en conséquence $\varsigma = s + \text{const.}$,

$$d\varsigma = ds. \tag{46}$$

Soient d'ailleurs α, β les angles que forme avec les demi-axes des coordonnées positives la tangente commune aux deux courbes, prolongée dans le même sens que les arcs s et ς; $\mathfrak{r}$ la longueur de la droite menée du point (ξ, η) au point (x, y); enfin λ, μ les angles que forme cette droite avec les demi-axes des coordonnées positives. On trouvera

$$\cos\alpha = \frac{dx}{ds} = \frac{d\xi}{d\varsigma}, \qquad \cos\beta = \frac{dy}{ds} = \frac{d\eta}{d\varsigma}, \tag{47}$$

$$\mathfrak{r} = \sqrt{(x-\xi)^2 + (y-\eta)^2}, \tag{48}$$

$$\cos\lambda = \frac{x-\xi}{\mathfrak{r}}, \qquad \cos\mu = \frac{y-\eta}{\mathfrak{r}}, \tag{49}$$

et l'on tirera des formules (21) réunies à l'équation (46)

$$dx^2 + dy^2 = d\xi^2 + d\eta^2$$

ou, ce qui revient au même,

$$(50)\qquad (dx + d\xi)(dx - d\xi) + (dy + d\eta)(dy - d\eta) = 0.$$

Or les équations (47) donneront

$$(51)\qquad \frac{dx + d\xi}{\cos\alpha} = \frac{dy + d\eta}{\cos\beta} = ds + d\varsigma = 2\,ds.$$

De plus, en faisant converger h vers la limite zéro, dans la formule (3) de l'Addition placée à la suite des *Leçons de Calcul infinitésimal* (¹), on en conclut que, *dans le voisinage d'une valeur particulière de x qui fait évanouir deux fonctions données, le rapport entre ces fonctions diffère très peu du rapport entre leurs dérivées et, par conséquent, du rapport entre leurs différentielles, quand même ces différentielles et ces dérivées s'évanouiraient à leur tour pour la valeur particulière dont il s'agit.* En appliquant ce principe aux seconds membres des équations (49), on reconnaîtra que les quantités $\cos\lambda$, $\cos\mu$ peuvent être déterminées approximativement par les formules

$$(52)\qquad \cos\lambda = \frac{dx - d\xi}{d\text{8}}, \qquad \cos\mu = \frac{d\eta - dy}{d\text{8}}.$$

On aura donc à très peu près

$$(53)\qquad \frac{dx - d\xi}{\cos\lambda} = \frac{dy - d\eta}{\cos\mu} = d\text{8}.$$

Cette dernière équation sera d'autant plus exacte que les points (x, y) et (ξ, η) se trouveront plus rapprochés du point de contact des deux courbes. Si maintenant on remplace, dans la formule (50), les différences

$$dx + d\xi, \qquad dy + d\eta$$

par les quantités $\cos\alpha$, $\cos\beta$ qui sont entre elles dans le même rapport, et les différences

$$dx - d\xi, \qquad dy - d\eta$$

(¹) *Œuvres de Cauchy*, S. II, T. IV, p. 245.

par des quantités proportionnelles à ces différences, savoir $\cos\lambda$ et $\cos\mu$, on trouvera définitivement

$$\cos\alpha\cos\lambda + \cos\beta\cos\mu = 0. \tag{54}$$

Donc la droite menée du point (ξ, η) au point (x, y) sera sensiblement perpendiculaire à la tangente commune aux deux courbes ou, ce qui revient au même, sensiblement parallèle à la normale commune.

SIXIÈME LEÇON.

DE LA COURBURE D'UNE COURBE PLANE EN UN POINT DONNÉ. RAYON DE COURBURE, CENTRE DE COURBURE ET CERCLE OSCULATEUR.

Soit R le rayon d'un cercle qui touche une droite en un point donné. Si l'on fait croître indéfiniment le rayon R, la portion de la circonférence qui avoisine le point de contact s'approchera sans cesse de la droite dont il s'agit et se confondra sensiblement avec cette droite lorsque le rapport $\frac{1}{R}$ différera très peu de zéro. Au contraire, la circonférence se courbera de plus en plus si, le rayon R venant à diminuer, le rapport $\frac{1}{R}$ devient de plus en plus grand. En conséquence, il est naturel de prendre ce rapport pour la mesure de ce qu'on peut appeler la *courbure du cercle*. Soient d'ailleurs x, y les coordonnées d'un point quelconque de la circonférence, τ l'inclinaison en ce point, s l'arc renfermé entre un point fixe et le point (x, y); enfin Δx, Δy, $\Delta\tau$, Δs les accroissements que prennent ces diverses variables quand on passe du point (x, y) à un second point assez rapproché pour que l'inclinaison croisse ou décroisse toujours dans l'intervalle. L'arc renfermé entre les deux derniers points sera précisément $\pm\Delta s$, et l'angle compris entre les rayons qui aboutissent aux extrémités de cet arc sera égal à l'angle $\pm\Delta\tau$ compris entre les tangentes extrêmes. Cela posé, on aura évidemment

$$\pm\Delta s = \pm R\,\Delta\tau$$

et, par suite, on trouvera pour la courbure du cercle

$$\frac{1}{R} = \pm\frac{\Delta\tau}{\Delta s}. \tag{1}$$

Concevons maintenant que l'on désigne par x, y; $x+\Delta x$, $y+\Delta y$ les coordonnées de deux points situés, non plus sur une circonférence de cercle, mais sur une courbe quelconque, et assez rapprochés l'un de l'autre pour que l'inclinaison τ croisse ou décroisse d'une manière continue entre les extrémités de l'arc $\pm\Delta s$. Le rapport

$$(2) \qquad \pm\frac{\Delta\tau}{\Delta s}$$

variera en général avec l'arc $\pm\Delta s$ et sera ce que nous appellerons la *courbure moyenne* de cet arc. De plus, si le point $(x+\Delta x, y+\Delta y)$ vient à se rapprocher indéfiniment du point (x, y), les deux quantités $\pm\Delta s$, $\pm\Delta\tau$ convergeront simultanément vers la limite zéro. Mais la limite vers laquelle convergera leur rapport, savoir

$$(3) \qquad \pm\frac{d\tau}{ds},$$

sera en général une quantité finie, que nous nommerons la *courbure* de la courbe au point (x, y).

L'angle $\pm\Delta\tau$ compris entre les tangentes extrêmes de l'arc $\pm\Delta s$ est ce qu'on appelle ordinairement l'*angle de contingence*.

Lorsque l'arc $\pm\Delta s$ est très petit, sa corde est sensiblement perpendiculaire aux deux normales menées à la courbe que l'on considère par les points (x, y), $(x+\Delta x, y+\Delta y)$; et la distance du point (x, y) au point de rencontre des deux normales est sensiblement équivalente au rayon d'un cercle qui aurait la même courbure que la courbe. En effet, soient r cette distance et ρ la limite dont elle s'approche indéfiniment. Dans le triangle formé par les deux normales et la corde de l'arc $\pm\Delta s$, l'angle opposé à cette corde sera évidemment égal à l'angle de contingence $\pm\Delta\tau$, tandis que l'angle opposé au côté r différera très peu d'un angle droit. Donc, si l'on désigne par ε un nombre infiniment petit, on aura

$$\frac{\sin\left(\frac{\pi}{2}\pm\varepsilon\right)}{r}=\frac{\sin(\pm\Delta\tau)}{\sqrt{\Delta x^2+\Delta y^2}}.$$

On en conclura, en passant aux limites,

$$\frac{1}{\rho} = \pm \frac{d\tau}{\sqrt{dx^2 + dy^2}}$$

ou, ce qui revient au même,

$$(4) \qquad \frac{1}{\rho} = \pm \frac{d\tau}{ds}.$$

Or, il résulte évidemment de la formule (4) que ρ exprime le rayon du cercle dont la courbure est égale à $\pm \frac{d\tau}{ds}$. Ce rayon, porté à partir du point (x, y) sur la normale qui renferme ce point, est ce qu'on nomme le *rayon de courbure* de la courbe proposée, relatif au point dont il s'agit, et l'on appelle *centre de courbure* celle des extrémités du rayon de courbure que l'on peut considérer comme le point de rencontre de deux normales infiniment voisines. Le cercle qui a ce dernier point pour centre et le rayon de courbure pour rayon se nomme *cercle de courbure* ou *cercle osculateur*. Il touche évidemment la courbe donnée, a la même courbure qu'elle et tourne sa concavité du même côté.

La courbure et le rayon de courbure d'une courbe peuvent être présentés sous diverses formes qu'il est bon de connaître et que nous allons indiquer.

Si l'on prend x pour variable indépendante, on aura (première et cinquième Leçons)

$$\operatorname{tang}\tau = \pm y', \qquad \tau = \pm \operatorname{arc\,tang} y', \qquad d\tau = \pm \frac{y''}{1 + y'^2} dx,$$
$$ds = \pm \sqrt{1 + y'^2}\, dx,$$

et par suite l'équation (4) donnera

$$(5) \qquad \frac{1}{\rho} = \pm \frac{y''}{(1 + y'^2)^{\frac{3}{2}}} = \pm \frac{y''}{\text{séc}^3\tau}.$$

A l'inspection de cette dernière formule, on reconnaît immédiatement que la courbure devient nulle et le rayon de courbure infini toutes les fois que y'' se réduit à zéro. Alors le cercle osculateur se transforme en une droite et se confond avec la tangente. C'est ce qui a lieu, par exemple, pour le point d'inflexion de la courbe $y = x^3$ et, en général, pour tous les points d'inflexion dans le voisinage desquels les fonctions y' et y'' restent continues par rapport à x. Si, pour un certain point, la valeur de y'' devenait infinie, sans que la tangente fût perpendiculaire à l'axe des x, la courbure serait elle-même infinie et le rayon de courbure s'évanouirait. Enfin, si les quantités y', y'' devenaient toutes deux infinies, la fraction

$$\pm \frac{y''}{(1+y'^2)^{\frac{3}{2}}}$$

se présenterait sous une forme indéterminée. Mais on pourrait fixer la véritable valeur de cette fraction à l'aide des principes établis dans le *Calcul différentiel.*

Quelquefois, tandis que l'abscisse x varie d'une manière continue, le rayon de courbure change brusquement de valeur. Cette circonstance peut se présenter, non seulement dans les points des courbes que nous avons nommés *points saillants,* lorsque la fonction y' devient discontinue en changeant brusquement de valeur, mais encore dans le cas où, la fonction y' restant continue, la fonction y'' offre des solutions de continuité. Par exemple, elle a lieu dans chacune des courbes

$$(6) \qquad y = x\left(1 + \operatorname{arc\,tang}\frac{1}{x}\right),$$

$$(7) \qquad y = x^2\left(1 + \operatorname{arc\,tang}\frac{1}{x}\right),$$

pour le point qui coïncide avec l'origine des coordonnées, lequel est tout à la fois un point saillant de la première courbe et un point de contact de la seconde avec l'axe des x. En effet, on reconnaîtra sans peine, à l'aide de la formule (5), que, au moment où la variable x s'évanouit pour changer de signe, le rayon de courbure de la courbe (6) passe de la valeur $\frac{1}{2}\left[\left(\frac{\pi}{2}-1\right)^2+1\right]^{\frac{3}{2}}$ à la valeur $\frac{1}{2}\left[\left(\frac{\pi}{2}+1\right)^2+1\right]^{\frac{3}{2}}$, et celui de la courbe (7), de la valeur $\frac{1}{\pi-2}$ à la valeur $\frac{1}{\pi+2}$.

Lorsque, dans la formule (5), on substitue à $\operatorname{séc}\tau=\sqrt{1+y'^2}$ le rapport entre la normale N et la valeur numérique de l'ordonnée y [*voir* l'équation (5) de la deuxième Leçon], on trouve

$$\frac{1}{\rho}=\pm\frac{y^3y''}{N^3}, \tag{8}$$

et l'on en conclut

$$\rho=\pm\frac{N^3}{y^3y''}. \tag{9}$$

On détermine facilement, à l'aide de l'équation (9), les rayons de courbure de plusieurs courbes, ainsi que nous allons le faire voir.

Exemple I. — Concevons que, la constante p étant positive, on considère la courbe représentée par l'équation

$$y^2=2px+qx^2. \tag{10}$$

Cette courbe sera une ellipse, une parabole ou une hyperbole, suivant que la quantité q sera négative, nulle ou positive. De plus, on reconnaîtra sans peine : 1° que l'axe des x coïncide avec un axe de la courbe et l'origine avec une extrémité de cet axe; 2° que, dans le cas où la constante q surpasse la quantité -1, p représente le paramètre, c'est-à-dire l'ordonnée élevée par un foyer de la courbe. Or, si l'on différentie l'équation (10), on en tirera

$$yy'=p+qx$$

et, par suite,

$$y^2y'^2=p^2+2pqx+q^2x^2=p^2+qy^2, \qquad y'^2=\frac{p^2}{y^2}+q,$$

puis, en différentiant de nouveau et divisant par $2y'$,

$$y''=-\frac{p^2}{y^3}, \qquad y^3y''=-p^2.$$

Cela posé, l'équation (9) donnera

$$(11) \qquad \rho = \frac{N^3}{p^2}.$$

Ainsi, dans la courbe (10), le rayon de courbure est égal au cube de la normale divisé par le carré de la longueur p. Si l'on remet pour N sa valeur

$$N = \sqrt{y^2 + y^2 y'^2} = [p^2 + (1+q)y^2]^{\frac{1}{2}},$$

la formule (9) deviendra

$$(12) \qquad \rho = \frac{[p^2 + (1+q)y^2]^{\frac{3}{2}}}{p^2} = \frac{[p^2 + (1+q)(2px + qx^2)]^{\frac{3}{2}}}{p^2}.$$

Enfin, si la courbe proposée se réduit à la parabole

$$(13) \qquad y^2 = 2px,$$

on aura simplement

$$(14) \qquad \rho = \frac{(p^2 + y^2)^{\frac{3}{2}}}{p^2} = p\left(1 + \frac{2x}{p}\right)^{\frac{3}{2}}.$$

Lorsque, dans les formules (10) et (12), on pose $x = 0$, on en tire

$$y = 0, \qquad \rho = p.$$

La même remarque est applicable aux équations (13) et (14). On peut en conclure que, dans la parabole, dans l'ellipse et dans l'hyperbole, le rayon de courbure correspondant au sommet, à une extrémité du grand axe ou à une extrémité de l'axe réel, est équivalent au paramètre.

Exemple II. — Considérons l'ellipse ou l'hyperbole dont a et b sont les deux axes et dont l'équation est

$$(15) \qquad \frac{x^2}{a^2} \pm \frac{y^2}{b^2} = \pm 1.$$

En opérant comme dans le premier exemple on trouvera

$$\frac{x}{a^2} \pm \frac{yy'}{b^2} = 0,$$

$$y'^2 = \pm \frac{b^2}{a^2}\left(\frac{b^2}{y^2} \mp 1\right), \qquad y'' = \mp \frac{b^4}{a^2 y^3}, \qquad y^3 y'' = \mp \frac{b^4}{a^2},$$

(16) $$\rho = \frac{N^3}{\left(\frac{b^2}{a}\right)^2};$$

puis, en remettant pour N sa valeur tirée des formules (12) de la seconde Leçon,

(17) $$\rho = \frac{\left(\frac{b^2}{a^2}x^2 \pm a^2 \mp x^2\right)^{\frac{3}{2}}}{ab} = \frac{\left(\frac{b^2}{a^2}x^2 + \frac{a^2}{b^2}y^2\right)^{\frac{3}{2}}}{ab}.$$

Si l'on considère en particulier l'ellipse

(18) $$\frac{x^2}{a^2} + \frac{y^2}{b^2} = 1,$$

on trouvera, pour le rayon de courbure à l'extrémité de l'axe $2a$,

$$\rho = \frac{b^2}{a}$$

et, pour le rayon de courbure à l'extrémité de l'axe $2b$,

$$\rho = \frac{a^2}{b}.$$

Alors, si $2a$ représente le grand axe, $\frac{b^2}{a}$ sera le paramètre désigné dans le premier exemple par la constante p.

Exemple III. — Considérons la cycloïde dans laquelle l'ordonnée y et sa dérivée y' sont déterminées par les formules (23) et (25) de la seconde Leçon. On tirera de la formule (25)

$$y'^2 = \frac{2R}{y} - 1,$$

puis, en différentiant et divisant par $2y'$,

$$y'' = -\frac{R}{y^2}, \qquad y^3 y'' = -Ry = -\tfrac{1}{2}N^2$$

et, par suite,

$$\rho = \frac{N^3}{\tfrac{1}{2}N^2} = 2N. \tag{19}$$

Ainsi, *dans la cycloïde, le rayon de courbure est double de la normale* lorsqu'on prend la base pour axe des x. Par conséquent le rayon de courbure s'évanouit avec la normale et la courbure est infinie dans tous les points où la cycloïde rencontre la base, c'est-à-dire dans tous les points de rebroussement, tandis que, dans les points les plus éloignés de la base, le rayon de courbure devient égal au double du diamètre du cercle générateur.

Concevons maintenant que l'on cesse de prendre l'abscisse x pour variable indépendante. On trouvera

$$\operatorname{tang}\tau = \pm\frac{dy}{dx}, \qquad \tau = \pm \operatorname{arc\,tang}\frac{dy}{dx}, \qquad d\tau = \pm\frac{dx\,d^2y - dy\,d^2x}{dx^2 + dy^2},$$

$$ds = \pm(dx^2 + dy^2)^{\frac{1}{2}},$$

et la formule (4) donnera

$$\frac{1}{\rho} = \pm\frac{dx\,d^2y - dy\,d^2x}{(dx^2 + dy^2)^{\frac{3}{2}}} = \pm\frac{dx\,d^2y - dy\,d^2x}{ds^3}. \tag{20}$$

Dans le cas particulier où l'on considère l'arc s comme variable indépendante, on peut transformer le second membre de la formule (20) de manière qu'il renferme seulement les dérivées du second ordre des coordonnées x et y par rapport à s. En effet, si l'on différentie l'équation

$$dx^2 + dy^2 = ds^2,$$

en regardant ds comme une quantité constante, on aura

$$dx\,d^2x + dy\,d^2y = 0, \tag{21}$$

et l'on en conclura (*voir* l'*Analyse algébrique*, Note II)

$$\frac{d^2y}{dx} = \frac{-d^2x}{dy} = \frac{dx\,d^2y - dy\,d^2x}{dx^2+dy^2} = \pm\frac{[(d^2x)^2+(d^2y)^2]^{\frac{1}{2}}}{(dx^2+dy^2)^{\frac{1}{2}}};$$

puis, en écrivant ds^2 au lieu de dx^2+dy^2,

$$\frac{dx\,d^2y - dy\,d^2x}{ds^2} = \pm\frac{[(d^2x)^2+(d^2y)^2]^{\frac{1}{2}}}{ds}.$$

Cela posé, on tirera de la formule (20)

$$(22)\qquad \frac{1}{\rho} = \frac{[(d^2x)^2+(d^2y)^2]^{\frac{1}{2}}}{ds^2} = \left[\left(\frac{d^2x}{ds^2}\right)^2 + \left(\frac{d^2y}{ds^2}\right)^2\right]^{\frac{1}{2}}.$$

Ajoutons que, si, à partir du point (x, y), on porte sur la courbe donnée et sur sa tangente, prolongées dans le même sens que l'arc s, des longueurs égales et infiniment petites représentées par i, on trouvera, pour les coordonnées de l'extrémité de la seconde longueur,

$$x + i\frac{dx}{ds},\quad y + i\frac{dy}{ds}$$

et, pour les coordonnées de l'extrémité de la première,

$$x + i\frac{dx}{ds} + \frac{i^2}{2}\left(\frac{d^2x}{ds^2} + \mathrm{I}\right),\qquad y + i\frac{dy}{ds} + \frac{i^2}{2}\left(\frac{d^2y}{ds^2} + \mathrm{J}\right),$$

I, J désignant des quantités infiniment petites. Donc, si l'on nomme δ la distance entre les extrémités de ces deux longueurs, on aura

$$\delta = \frac{i^2}{2}\left[\left(\frac{d^2x}{ds^2} + \mathrm{I}\right)^2 + \left(\frac{d^2y}{ds^2} + \mathrm{J}\right)^2\right]^{\frac{1}{2}}$$

et, par suite,

$$(23)\qquad \left[\left(\frac{d^2x}{ds^2}\right)^2 + \left(\frac{d^2y}{ds^2}\right)^2\right]^{\frac{1}{2}} = \lim\frac{2\delta}{i^2}.$$

De cette dernière formule, combinée avec l'équation (22), on tire

$$(24)\qquad \rho = \lim\frac{i^2}{2\delta}.$$

En conséquence, *pour obtenir le rayon de courbure d'une courbe en un point donné, il suffit de porter sur cette courbe et sur sa tangente, prolongées dans le même sens, des longueurs égales et infiniment petites, et de diviser le carré de l'une d'elles par le double de la distance comprise entre les deux extrémités.* La limite du quotient est la valeur exacte du rayon de courbure.

Lorsqu'on veut appliquer les formules (5), (20') ou (22) à la détermination de la courbure d'une courbe, il faut commencer par exprimer les différentielles du premier et du second ordre des coordonnées x, y en fonction de ces coordonnées et de la différentielle de la variable indépendante. On se trouvera dispensé de refaire dans chaque cas particulier un calcul de cette espèce, si l'on emploie la formule générale que nous allons établir.

Soit

$$u = 0 \tag{25}$$

l'équation de la courbe donnée, u désignant une fonction des coordonnées rectangulaires x, y. En différentiant cette équation deux fois de suite, on en tirera

$$\frac{\partial u}{\partial x} dx + \frac{\partial u}{\partial y} dy = 0, \tag{26}$$

$$\frac{\partial u}{\partial x} d^2x + \frac{\partial u}{\partial y} d^2y = -\left(\frac{\partial^2 u}{\partial x^2} dx^2 + 2\frac{\partial^2 u}{\partial x\,\partial y} dx\,dy + \frac{\partial^2 u}{\partial y^2} dy^2\right) \tag{27}$$

et, par conséquent,

$$\frac{dy}{\dfrac{\partial u}{\partial x}} = \frac{-dx}{\dfrac{\partial u}{\partial y}} = \frac{dy\,d^2x - dx\,d^2y}{\dfrac{\partial u}{\partial x} d^2x + \dfrac{\partial u}{\partial y} d^2y} = \pm \frac{(dx^2 + dy^2)^{\frac{1}{2}}}{\left[\left(\dfrac{\partial u}{\partial x}\right)^2 + \left(\dfrac{\partial u}{\partial y}\right)^2\right]^{\frac{1}{2}}}. \tag{28}$$

On aura donc

$$dx\,d^2y - dy\,d^2x = \mp \frac{(dx^2 + dy^2)^{\frac{1}{2}}}{\left[\left(\dfrac{\partial u}{\partial x}\right)^2 + \left(\dfrac{\partial u}{\partial y}\right)^2\right]^{\frac{1}{2}}} \left(\frac{\partial u}{\partial x} d^2x + \frac{\partial u}{\partial y} d^2y\right)$$

$$= \pm \frac{(dx^2 + dy^2)^{\frac{1}{2}}}{\left[\left(\dfrac{\partial u}{\partial x}\right)^2 + \left(\dfrac{\partial u}{\partial y}\right)^2\right]^{\frac{1}{2}}} \left(\frac{\partial^2 u}{\partial x^2} dx^2 + 2\frac{\partial^2 u}{\partial x\,\partial y} dx\,dy + \frac{\partial^2 u}{\partial y^2} dy^2\right).$$

De cette dernière formule, combinée avec l'équation (20), on conclura

$$(29)\qquad \frac{1}{\rho} = \pm \frac{\frac{\partial^2 u}{\partial x^2}dx^2 + 2\frac{\partial^2 u}{\partial x\,\partial y}dx\,dy + \frac{\partial^2 u}{\partial y^2}dy^2}{(dx^2+dy^2)\left[\left(\frac{\partial u}{\partial x}\right)^2 + \left(\frac{\partial u}{\partial y}\right)^2\right]^{\frac{1}{2}}};$$

puis, en remplaçant les différentielles

$$dx,\quad dy$$

par les quantités

$$\frac{\partial u}{\partial y} \quad \text{et} \quad -\frac{\partial u}{\partial x},$$

qui leur sont respectivement proportionnelles, on trouvera définitivement

$$(30)\qquad \frac{1}{\rho} = \pm \frac{\left(\frac{\partial u}{\partial y}\right)^2 \frac{\partial^2 u}{\partial x^2} - 2\frac{\partial u}{\partial x}\frac{\partial u}{\partial y}\frac{\partial^2 u}{\partial x\,\partial y} + \left(\frac{\partial u}{\partial x}\right)^2\frac{\partial^2 u}{\partial y^2}}{\left[\left(\frac{\partial u}{\partial x}\right)^2 + \left(\frac{\partial u}{\partial y}\right)^2\right]^{\frac{3}{2}}}.$$

Si les variables x, y étaient séparées dans l'équation (25), c'est-à-dire si la fonction u se composait de deux parties, dont l'une renfermât la seule variable x et l'autre la seule variable y, on aurait

$$\frac{\partial^2 u}{\partial x\,\partial y} = 0,$$

et la formule (30) se réduirait à

$$(31)\qquad \frac{1}{\rho} = \pm \frac{\left(\frac{\partial u}{\partial x}\right)^2 \frac{\partial^2 u}{\partial y^2} + \left(\frac{\partial u}{\partial y}\right)^2\frac{\partial^2 u}{\partial x^2}}{\left[\left(\frac{\partial u}{\partial x}\right)^2 + \left(\frac{\partial u}{\partial y}\right)^2\right]^{\frac{3}{2}}}.$$

Si l'on applique la formule (30) ou (31) aux courbes représentées par les équations (10), (13), (15), ... on obtiendra de nouveau les valeurs de ρ que fournissent les équations (12), (14), (17), ...

En terminant cette Leçon, nous ferons observer qu'on peut, dans la formule (4), substituer à l'angle τ l'une quelconque des valeurs de ψ propres à vérifier l'équation (5) de la première Leçon, c'est-à-dire une valeur de la forme

$$\psi = \pm n\pi + \operatorname{arc\,tang} y' = \pm n\pi \pm \tau, \tag{32}$$

n désignant un nombre entier quelconque. Alors la formule (4) devient

$$\frac{1}{\rho} = \pm \frac{d\psi}{ds}. \tag{33}$$

Nous ajouterons que *le centre de courbure correspondant au point* (x, y) *sera placé, par rapport à ce dernier point, du côté des* y *positives ou du côté des* y *négatives, suivant que la valeur du rapport*

$$\frac{d\psi}{dx} \tag{34}$$

sera elle-même positive ou négative. En effet, le centre de courbure étant le point d'intersection de deux normales infiniment voisines, il est clair que la courbe tournera toujours sa concavité vers ce même centre. On en conclut, en prenant x pour variable indépendante, et ayant égard à la remarque de la page 82, que le centre de courbure sera situé, par rapport au point (x, y), du côté des y positives, si la valeur de y'' est positive, et du côté des y négatives dans le cas contraire. D'ailleurs, en prenant toujours x pour variable indépendante, on tire de l'équation (32)

$$\frac{d\psi}{dx} = \frac{y''}{1 + y'^2}; \tag{35}$$

et comme, en vertu de la formule (35), les quantités

$$\frac{d\psi}{dx}, \quad y''$$

seront toutes deux positives ou toutes deux négatives, on pourra évidemment consulter le signe de la première au lieu du signe de la seconde. Si, de plus, on observe que la valeur et le signe du rapport $\frac{d\psi}{dx}$ restent les mêmes, quelle que soit la variable indépendante, on se trouvera immédiatement ramené au principe qu'il s'agissait d'établir.

SEPTIÈME LEÇON.

DÉTERMINATION ANALYTIQUE DU CENTRE DE COURBURE D'UNE COURBE PLANE. THÉORIE DES DÉVELOPPÉES ET DES DÉVELOPPANTES.

Soient ρ le rayon de courbure d'une courbe plane correspondant au point (x, y), et ξ, η les coordonnées du centre de courbure. Ce centre n'étant autre chose que l'extrémité du rayon ρ, porté sur la normale à partir du point (x, y), et du côté vers lequel la courbe tourne sa concavité, les coordonnées ξ, η vérifieront évidemment les deux équations

$$(\xi - x)^2 + (\eta - y) = \rho^2 \tag{1}$$

et

$$(\xi - x)\,dx + (\eta - y)\,dy = 0, \tag{2}$$

desquelles on déduira la formule

$$\frac{\eta - y}{dx} = \frac{\xi - x}{-dy} = \pm \frac{[(\eta - y)^2 + (\xi - x)^2]^{\frac{1}{2}}}{(dx^2 + dy^2)^{\frac{1}{2}}} = \pm \frac{\rho}{ds}. \tag{3}$$

De plus, il résulte du principe établi à la fin de la Leçon précédente que, si l'on appelle ψ l'un des angles déterminés par la formule

$$\operatorname{tang}\psi = \frac{dy}{dx}, \tag{4}$$

$\eta - y$ et le rapport $\frac{d\psi}{dx}$ seront des quantités de même signe. En ayant égard à ce principe et à l'équation (33) de la même Leçon, on tirera de la formule (3)

$$\frac{\eta - y}{dx} = \frac{\xi - x}{-dy} = \frac{1}{d\psi} \tag{5}$$

et, par suite,

$$(6)\qquad \eta - y = \frac{dx}{d\psi}, \qquad \xi - x = -\frac{dy}{d\psi}.$$

Les équations (6), comprises l'une et l'autre dans la formule (5), suffisent pour déterminer les coordonnées du centre de courbure d'une courbe plane.

Si l'on prend x pour variable indépendante, on trouvera, en multipliant chaque membre de la formule (5) par dx, et substituant à $\frac{d\psi}{dx}$ sa valeur tirée de l'équation (35) (sixième Leçon),

$$(7)\qquad \eta - y = \frac{\xi - x}{-y'} = \frac{1 + y'^2}{y''},$$

ou, ce qui revient au même,

$$(8)\qquad \eta - y = \frac{1 + y'^2}{y''}, \qquad \xi - x = -y'\,\frac{1 + y'^2}{y''}.$$

Si l'on cesse de prendre x pour variable indépendante, l'équation (4) donnera

$$\frac{d\psi}{\cos^2\psi} = d\left(\frac{dy}{dx}\right) = \frac{dx\,d^2y - dy\,d^2x}{dx^2},$$

$$d\psi = \frac{1}{1 + \operatorname{tang}^2\psi}\,\frac{dx\,d^2y - dy\,d^2x}{dx^2} = \frac{dx\,d^2y - dy\,d^2x}{dx^2 + dy^2},$$

et les formules (5), (6) deviendront respectivement

$$(9)\qquad \frac{\eta - y}{dx} = \frac{\xi - x}{-dy} = \frac{dx^2 + dy^2}{dx\,d^2y - dy\,d^2x},$$

$$(10)\qquad \eta - y = dx\,\frac{dx^2 + dy^2}{dx\,d^2y - dy\,d^2x}, \qquad \xi - x = -dy\,\frac{dx^2 + dy^2}{dx\,d^2y - dy\,d^2x}.$$

On aura, par suite,

$$(11)\qquad (\xi - x)\,d^2x + (\eta - y)\,d^2y = dx^2 + dy^2 = ds^2,$$

ou, ce qui revient au même,

$$(12)\qquad (\xi - x)\frac{d^2x}{ds^2} + (\eta - y)\frac{d^2y}{ds^2} = 1.$$

Il est facile d'obtenir directement cette dernière équation. En effet, soient λ, μ les angles que la normale, prolongée du côté vers lequel la courbe tourne sa concavité, forme avec les demi-axes des coordonnées positives. On aura évidemment

$$(13) \qquad \frac{\xi - x}{\rho} = \cos\lambda, \qquad \frac{\eta - y}{\rho} = \cos\mu.$$

Concevons, de plus, que l'on prenne l'arc s pour variable indépendante, et qu'à partir du point (x, y) on porte sur la courbe et sur sa tangente, prolongées dans le même sens, des longueurs égales et infiniment petites représentées par i. Si l'on appelle 8 la distance comprise entre les extrémités de ces deux longueurs, la distance 8, comptée à partir de la tangente, aura pour projections algébriques sur les axes (*voir* la page 105) des quantités de la forme

$$(14) \qquad \frac{i^2}{2}\left(\frac{d^2x}{ds^2} + \mathrm{I}\right), \quad \frac{i^2}{2}\left(\frac{d^2y}{ds^2} + \mathrm{J}\right),$$

I, J désignant des quantités infiniment petites, et formera par conséquent avec les mêmes axes, prolongés dans le sens des coordonnées positives, des angles qui auront pour cosinus

$$(15) \qquad \frac{i^2}{28}\left(\frac{d^2x}{ds^2} + \mathrm{I}\right), \quad \frac{i^2}{28}\left(\frac{d^2y}{ds^2} + \mathrm{J}\right).$$

D'ailleurs (en vertu du théorème établi à la fin de la cinquième Leçon) la droite sur laquelle se comptera la distance 8 sera sensiblement parallèle à la normale; et, comme cette distance devra être portée, à partir de la tangente, du côté où se trouvera le centre de courbure, nous sommes en droit de conclure que les limites des expressions (15) seront équivalentes aux cosinus des angles λ, μ. Cela posé, en réduisant I et J à zéro, et substituant au rapport $\frac{i^2}{28}$ sa limite ρ, on aura

$$(16) \qquad \rho\frac{d^2x}{ds^2} = \cos\lambda, \qquad \rho\frac{d^2y}{ds^2} = \cos\mu.$$

Si l'on cessait de prendre l'arc s pour variable indépendante, il faudrait remplacer

$$\frac{d^2x}{ds^2}, \quad \frac{d^2y}{ds^2}$$

par

$$\frac{d\left(\frac{dx}{ds}\right)}{ds}, \quad \frac{d\left(\frac{dy}{ds}\right)}{ds}.$$

Alors les équations (16) deviendraient :

$$(17) \qquad \rho\left(\frac{d^2x}{ds^2} - dx\frac{d^2s}{ds^3}\right) = \cos\lambda, \qquad \rho\left(\frac{d^2y}{ds^2} - dy\frac{d^2s}{ds^3}\right) = \cos\mu.$$

Si l'on multiplie membre à membre les formules (13) par les formules (16) ou (17), et si l'on ajoute les équations obtenues, en ayant egard, dans le cas où l'on emploie les formules (17), à l'équation (2), on se trouvera immédiatement ramené à la formule (12).

Dans le cas particulier où l'on prend l'arc s pour variable indépendante, on tire des équations (13) et (16), réunies à la formule (22) de la sixième Leçon,

$$(18) \qquad \begin{cases} \xi - x = \rho^2\dfrac{d^2x}{ds^2} = \dfrac{dx^2 + dy^2}{(d^2x)^2 + (d^2y)^2}d^2x, \\ \eta - y = \rho^2\dfrac{d^2y}{ds^2} = \dfrac{dx^2 + dy^2}{(d^2x)^2 + (d^2y)^2}d^2y. \end{cases}$$

On arrive au même résultat en substituant, dans les équations (10), à dx et à $-dy$, les quantités d^2y et d^2x, qui leur sont respectivement proportionnelles en vertu de l'hypothèse admise [*voir* la formule (21) de la sixième Leçon].

En réunissant les formules (1), (2) et (11), on obtient le système des equations

$$(19) \qquad \begin{cases} (\xi - x)^2 + (\eta - y)^2 = \rho^2, \\ (\xi - x)\,dx + (\eta - y)\,dy = 0, \\ (\xi - x)\,d^2x + (\eta - y)\,d^2y - dx^2 - dy^2 = 0, \end{cases}$$

qui suffisent pour déterminer en fonction de x les trois inconnues ξ, η et ρ. Il est essentiel de remarquer que *l'on retrouve la deuxième et la troisième équation, lorsqu'on différentie la première et la deuxième, en opérant comme si les trois inconnues étaient des quantités constantes.*

Lorsque le point (x, y) vient à se déplacer sur la courbe donnée, le centre de courbure se déplace en même temps. Si le premier point se meut d'une manière continue sur la courbe dont il s'agit, le deuxième décrira une nouvelle courbe. Or, pour obtenir l'équation de cette dernière, il suffira évidemment d'exprimer en fonction d'une seule variable, x, ou y, ou s, etc., les valeurs de η et de ξ tirées des formules (6) ou (10), puis d'éliminer cette variable entre les deux formules. L'équation résultant de l'élimination ne renfermera plus que les deux variables ξ, η, et représentera précisément la ligne qui sera le lieu géométrique de tous les centres de courbure de la courbe donnée. Pour établir les principales propriétés de cette ligne, on différentiera les formules (10), ou, ce qui revient au même, les deux premières des équations (19). En opérant ainsi, et ayant égard à la remarque précédemment faite, on trouvera

$$(\xi - x)\,d\xi + (\eta - y)\,d\eta = \rho\,d\rho \tag{20}$$

et

$$dx\,d\xi + dy\,d\eta = 0. \tag{21}$$

Or il résulte de l'équation (21) (*voir* la cinquième Leçon) que les tangentes menées à la courbe donnée par le point (x, y), et à la nouvelle courbe par le point (ξ, η), sont perpendiculaires entre elles. Donc le rayon de courbure, qui se compte sur la normale menée à la première courbe par le point (x, y), et qui aboutit au point (ξ, η), sera, en ce dernier point, tangent à la deuxième courbe. De plus, si l'on nomme ς l'arc de la nouvelle courbe compris entre un point fixe et le point mobile (ξ, η), on aura

$$d\xi^2 + d\eta^2 = d\varsigma^2, \tag{22}$$

et l'on tirera des formules (2) et (21), combinées avec les formules (1), (20) et (22),

$$(23)\quad \left\{\begin{aligned} &\frac{d\xi}{\xi - x} = \frac{d\eta}{\eta - y} \\ &= \frac{(\xi - x)\,d\xi + (\eta - y)\,d\eta}{\rho^2} = \pm\frac{\sqrt{(d\xi^2 + d\eta^2)}}{\rho} = \frac{d\rho}{\rho} = \pm\frac{d\varsigma}{\rho}. \end{aligned}\right.$$

On trouvera, par suite,

$$(24)\qquad d\rho = \pm\, d\varsigma \quad \text{ou} \quad d(\rho \mp \varsigma) = 0.$$

Si l'on fait, pour plus de commodité,

$$\rho \pm \varsigma = \varpi(x),$$

on réduira l'équation (24) à

$$\varpi'(x) = 0;$$

puis, en désignant par Δx un accroissement fini attribué à la variable x, par $\Delta\varpi(x)$ l'accroissement correspondant de $\rho \mp \varsigma$, et par θ un nombre inférieur à l'unité, on tirera de la formule (8) de la septième Leçon de Calcul différentiel

$$\Delta\varpi(x) = \varpi(x + \Delta x) - \varpi(x) = \varpi'(x + \theta\,\Delta x)\,\Delta x = 0.$$

On aura donc $\Delta(\rho \mp \varsigma) = 0$, ou

$$(25)\qquad \Delta\rho = \pm\,\Delta\varsigma.$$

Il suit de l'équation (25) que l'arc $\pm\,\Delta\varsigma$ renfermé entre deux points de la nouvelle courbe équivaut à la différence des rayons de courbure qui aboutissent à ces deux points. Ajoutons que le signe placé devant la différence $\Delta\varsigma$, dans l'équation (25), sera toujours celui qui précédera le rapport $\frac{d\varsigma}{\rho}$ dans la formule (23), et par conséquent celui qui précédera les rapports $\frac{\xi - x}{\rho}$, $\frac{\eta - y}{\rho}$, dans les deux équations

$$(26)\qquad \frac{d\xi}{d\varsigma} = \pm\frac{\xi - x}{\rho}, \quad \frac{d\eta}{d\varsigma} = \pm\frac{\eta - y}{\rho}.$$

Il en resulte (*voir* les pages 19 et 88) que l'arc ς et le rayon de courbure ρ croîtront simultanément, si la tangente à la nouvelle courbe, étant prolongée dans le même sens que l'arc ς, coïncide, non pas avec le rayon ρ, mais avec le prolongement de ce rayon au delà du point (ξ, η), tandis que, dans l'hypothèse contraire, le rayon ρ venant à croître, l'arc ς diminuera. Cela posé, concevons qu'un fil inextensible, fixé par une de ses extrémités au point (ξ, η), et d'une longueur égale à celle du rayon de courbure ρ, soit d'abord appliqué sur ce rayon; puis, que le même fil, restant toujours tendu, vienne à se mouvoir de telle sorte qu'une partie s'enroule sur l'arc $\pm\Delta\varsigma$, compris entre les points (ξ, η) et $(\xi + \Delta\xi, \eta + \Delta\eta)$. L'autre partie, qui restera droite et touchera la nouvelle courbe au point $(\xi + \Delta\xi, \eta + \Delta\eta)$, aura évidemment la longueur du rayon de courbure qui aboutit à ce point, et par conséquent celle des extrémités du fil qui coïncidait d'abord avec le point (x, y) se trouvera transportée au point $(x + \Delta x, y + \Delta y)$. Comme ce dernier point est situé sur la courbe proposée, et que notre raisonnement subsiste quelle que soit la longueur de l'arc $\pm\Delta\varsigma$, nous devons conclure que le fil inextensible, pendant qu'il s'enroule sur la nouvelle courbe, décrit par son extrémité mobile la courbe donnée. La même courbe se trouvera encore décrite, mais en sens contraire, si, après s'être enroulé sur l'arc $\pm\Delta\varsigma$, le fil se meut de manière à revenir à sa position primitive, et, dans ce mouvement rétrograde, la portion du fil qui s'était appliquée sur l'arc $\pm\Delta\varsigma$ se développera de nouveau en ligne droite. De cette remarque dérivent quelques expressions employées généralement et qu'il est bon de connaître. On appelle *développée* de la courbe proposée la nouvelle courbe dont les arcs se développent en ligne droite sur le rayon de courbure de la première. Au contraire, la première courbe, décrite par l'extrémité mobile du fil enroulé sur la seconde, est la *développante* de celle-ci.

Pour montrer une application des formules ci-dessus établies, supposons qu'il s'agisse de trouver le lieu des centres de courbure de la cycloïde représentée par le système des équations (20) (deuxième Leçon), ou, en d'autres termes, la développée de cette courbe. Les formules (5) de la première Leçon et (25) de la seconde fourniront l'équation

$$\operatorname{tang}\psi = y' = \frac{R\sin\omega}{y} = \frac{\sin\omega}{1-\cos\omega} = \cot\frac{\omega}{2},$$

à laquelle on satisfera en prenant

$$(27)\qquad \psi = \pm n\pi + \frac{\pi-\omega}{2}$$

et désignant par n un nombre entier quelconque. On aura, par suite,

$$(28)\qquad d\psi = -\frac{1}{2}d\omega,$$

et les formules (6) donneront

$$(29)\qquad \xi = x + 2\frac{dy}{d\omega},\qquad \eta = y - 2\frac{dx}{d\omega}.$$

Si maintenant on substitue pour x, y, dx et dy, leurs valeurs tirées des équations (20) et (24) (deuxième Leçon), on trouvera

$$(30)\quad \xi = x + 2R\sin\omega = R(\omega + \sin\omega),\qquad \eta = -y = -R(1-\cos\omega).$$

Enfin, si l'on pose

$$(31)\qquad \omega = \Omega + \pi,$$

on obtiendra le système des formules

$$(32)\qquad \xi - \pi R = R(\Omega - \sin\Omega),\qquad \eta + 2R = R(1-\cos\Omega),$$

qui sera propre à représenter la développée de la cycloïde. Cette développée passera évidemment par le point qui a pour coordonnées $x = \pi R$, $y = -2R$, et qui n'est autre chose que le centre de courbure correspondant à l'ordonnée maximum de la première branche. Si, afin de transporter l'origine à ce même centre, on remplace ξ par $\xi + \pi R$ et η par $\eta - 2R$, les équations (32) deviendront

$$(33)\qquad \xi = R(\Omega - \sin\Omega),\qquad \eta = R(1-\cos\Omega).$$

Comme ces dernières sont toutes pareilles aux équations (20) de la deuxième Leçon, nous devons conclure qu'une cycloïde a pour développée une autre cycloïde de même forme et de mêmes dimensions, dont les points de rebroussement coïncident avec les centres de courbure correspondants aux points milieux des diverses branches de la première. Ajoutons que les points de rebroussement de la première sont en même temps les points milieux des diverses branches de la seconde, et que, la seconde cycloïde étant représentée par les formules (32), sa base se confond avec la droite qui a pour équation

$$(34) \qquad y = -2R.$$

Il serait facile d'établir les équations (30), en partant du principe établi dans la sixième Leçon, savoir, que le rayon de courbure de la cycloïde est double de la normale quand la base est prise pour axe des x. En effet, en vertu de ce principe, le milieu du rayon de courbure, c'est-à-dire le point qui a pour coordonnées

$$\frac{x+\xi}{2}, \quad \frac{y+\eta}{2},$$

coïncide avec le point dans lequel la base est touchée par le cercle générateur, et dont l'abscisse est $R\omega = x + R\sin\omega$. On a donc les équations

$$\frac{x+\xi}{2} = x + R\sin\omega, \qquad \frac{y+\eta}{2} = 0,$$

desquelles on déduit immédiatement les formules (30). On peut même, sans recourir à ces formules, et à l'aide du seul principe que nous venons de rappeler, déterminer la nature de la courbe qui sert de développée à la cycloïde. Pour y parvenir, décrivons avec le rayon R deux cercles égaux, qui aient leurs centres placés sur l'axe des y, l'un au-dessus, l'autre au-dessous de l'axe des x, et qui touchent ce dernier axe à l'origine des coordonnées. Concevons ensuite que l'on fasse rouler ces deux cercles, le premier sur l'axe des x, le second sur la droite parallèle $y = -2R$, de manière qu'ils ne cessent pas d'avoir l'axe des x pour tangente commune. Les rayons, qui, dans le premier instant, aboutissaient à l'origine des coordonnées, tourneront autour des centres des deux cercles et décriront en même temps des angles égaux; d'où il résulte : 1° que ces rayons seront toujours parallèles; 2° que la droite qui joindra leurs extrémités passera par le point de contact et sera divisée à ce point en deux parties égales. Or la partie comprise dans le premier cercle sera évidemment la normale de la cycloïde proposée que décrira l'extrémité du premier rayon. Donc le rayon de courbure de cette courbe, égal au double de la normale, coïncidera nécessairement avec la droite entière, et le centre de courbure avec l'extrémité du second rayon. Donc le lieu des centres de courbure, ou la développée de la même courbe, sera précisément la seconde cycloïde décrite par cette extrémité.

Les équations (6) et (10), dont nous avons indiqué l'usage dans la recherche des développées, peuvent être remplacées par d'autres qui renferment seulement les quatre variables ξ, η, x et y. En effet, soit

$$u = 0 \tag{35}$$

l'équation d'une courbe plane, u désignant une fonction des deux coordonnées x, y. On tirera des formules (2) et (11), jointes aux équations (26) et (27) de la Leçon précédente,

$$\left\{\begin{aligned} \frac{\xi - x}{\dfrac{\partial u}{\partial x}} = \frac{\eta - y}{\dfrac{\partial u}{\partial y}} &= \frac{(\xi - x)\, d^2x + (\eta - y)\, d^2y}{\dfrac{\partial u}{\partial x} d^2x + \dfrac{\partial u}{\partial y} d^2y} \\ &= -\frac{dx^2 + dy^2}{\dfrac{\partial^2 u}{\partial y^2} dy^2 + 2\dfrac{\partial^2 u}{\partial x\, \partial y} dx\, dy + \dfrac{\partial^2 u}{\partial x^2} dx^2}; \end{aligned}\right. \tag{36}$$

puis, en substituant aux différentielles

$$dx, \quad dy$$

les quantités

$$\frac{\partial u}{\partial y}, \quad -\frac{\partial u}{\partial x},$$

qui leur sont respectivement proportionnelles, on trouvera

$$\frac{\xi - x}{\dfrac{\partial u}{\partial x}} = \frac{\eta - y}{\dfrac{\partial u}{\partial y}} = -\frac{\left(\dfrac{\partial u}{\partial x}\right)^2 + \left(\dfrac{\partial u}{\partial y}\right)^2}{\left(\dfrac{\partial u}{\partial x}\right)^2 \dfrac{\partial^2 u}{\partial y^2} - 2\dfrac{\partial u}{\partial x}\dfrac{\partial u}{\partial y}\dfrac{\partial^2 u}{\partial x\, \partial y} + \left(\dfrac{\partial u}{\partial y}\right)^2 \dfrac{\partial^2 u}{\partial x^2}}. \tag{37}$$

Cette dernière formule équivaut à deux équations entre les coordonnées x, y de la courbe que l'on considère et les coordonnées ξ, η de la développée.

Lorsque, dans l'équation (35), les variables x, y sont séparées, on a

$$\frac{\partial^2 u}{\partial x\,\partial y} = 0, \tag{38}$$

et la formule (37) se réduit à

$$\frac{\xi - x}{\frac{\partial u}{\partial x}} = \frac{\eta - y}{\frac{\partial u}{\partial y}} = -\frac{\left(\frac{\partial u}{\partial x}\right)^2 + \left(\frac{\partial u}{\partial y}\right)^2}{\left(\frac{\partial u}{\partial x}\right)^2 \frac{\partial^2 u}{\partial y^2} + \left(\frac{\partial u}{\partial y}\right)^2 \frac{\partial^2 u}{\partial x^2}}. \tag{39}$$

Pour obtenir la développée de la courbe (35), il suffit évidemment d'éliminer x et y entre l'équation (35) et celles qui sont comprises dans la formule (37) ou (39). Dans plusieurs cas, il est facile de résoudre les deux dernières équations par rapport aux variables x, y, et d'en déduire les valeurs de ces variables exprimées en fonction des coordonnées ξ, η. Alors, en substituant ces valeurs dans l'équation (35), on trouve immédiatement l'équation de la développée.

Exemple I. — Concevons que, les constantes a, b étant positives, on considère l'ellipse représentée par l'équation

$$\frac{x^2}{a^2} + \frac{y^2}{b^2} = 1. \tag{40}$$

Dans ce cas particulier, on pourra prendre

$$u = \frac{1}{2}\left(\frac{x^2}{a^2} + \frac{y^2}{b^2} - 1\right)$$

et l'on en conclura

$$\frac{\partial u}{\partial x} = \frac{x}{a^2}, \qquad \frac{\partial u}{\partial y} = \frac{y}{b^2},$$

$$\frac{\partial^2 u}{\partial x^2} = \frac{1}{a^2}, \qquad \frac{\partial^2 u}{\partial y^2} = \frac{1}{b^2}.$$

On aura, par suite,

$$\left(\frac{\partial u}{\partial x}\right)^2 \frac{\partial^2 u}{\partial y^2} + \left(\frac{\partial u}{\partial y}\right)^2 \frac{\partial^2 u}{\partial x^2} = \frac{1}{a^2 b^2}\left(\frac{x^2}{a^2} + \frac{y^2}{b^2}\right) = \frac{1}{a^2 b^2},$$

et la formule (39) donnera

$$a^2\left(\frac{\xi}{x} - 1\right) = b^2\left(\frac{\eta}{y} - 1\right) = -\left(b^2 \frac{x^2}{a^2} + a^2 \frac{y^2}{b^2}\right)$$

$$= -a^2 + \frac{a^2 - b^2}{a^2} x^2 = -b^2 + \frac{b^2 - a^2}{b^2} y^2.$$

On tirera de cette dernière

$$a^2 \frac{\xi}{x} = \frac{a^2 - b^2}{a^2} x^2, \qquad b^2 \frac{\eta}{y} = \frac{b^2 - a^2}{b^2} y^2;$$

puis, en désignant par A et B des quantités positives, choisies de manière à vérifier la formule

(41) $$\pm (a^2 - b^2) = A a = B b,$$

on trouvera

$$\frac{\xi}{A} = \pm \frac{x^3}{a^3}, \qquad \frac{\eta}{B} = \mp \frac{y^3}{b^3},$$

ou, ce qui revient au même,

(42) $$\frac{x}{a} = \pm \left(\frac{\xi}{A}\right)^{\frac{1}{3}}, \qquad \frac{y}{b} = \mp \left(\frac{\eta}{B}\right)^{\frac{1}{3}}.$$

Si maintenant on substitue dans l'équation (40) les valeurs de $\frac{x}{a}$ et de $\frac{y}{b}$ tirées des formules (42), on obtiendra une équation entre les seules variables ξ, η, savoir

(43) $$\left(\frac{\xi}{A}\right)^{\frac{2}{3}} + \left(\frac{\eta}{B}\right)^{\frac{2}{3}} = 1.$$

Cette équation, qui représente la développée de l'ellipse, peut être facilement transformée de manière à ne plus renfermer que des puissances entières des variables. En effet, après avoir élevé chacun des deux membres à la troisième puissance, on en tirera

$$1 - \frac{\xi^2}{A^2} - \frac{\eta^2}{B^2} = 3\left(\frac{\xi\eta}{AB}\right)^{\frac{2}{3}}\left[\left(\frac{\xi}{A}\right)^{\frac{2}{3}} + \left(\frac{\eta}{B}\right)^{\frac{2}{3}}\right] = 3\left(\frac{\xi\eta}{AB}\right)^{\frac{2}{3}}$$

et, par suite,

$$\left(1 - \frac{\xi^2}{A^2} - \frac{\eta^2}{B^2}\right)^3 = 27\frac{\xi^2}{A^2}\frac{\eta^2}{B^2}. \tag{44}$$

On conclut aisément de l'équation (43) ou (44) que la développée de l'ellipse est une courbe fermée, divisible en quatre parties superposables par deux axes qui coïncident, comme ceux de l'ellipse, avec les axes coordonnés, et qui rencontrent cette développée en quatre points dont les distances à l'origine sont A et B. Ajoutons que chacune des parties de la développée touche les axes en les rencontrant, et qu'en conséquence chacun des points de rencontre est un point de rebroussement de cette courbe.

Exemple II. — Considérons l'hyperbole représentée par l'équation

$$\frac{x^2}{a^2} - \frac{y^2}{b^2} = \pm 1. \tag{45}$$

En opérant comme dans l'exemple précédent et désignant par A, B deux quantités positives choisies de manière à vérifier la formule

$$a^2 + b^2 = Aa = Bb, \tag{46}$$

on reconnaîtra que l'équation de la développée se réduit à

$$\left(\frac{\xi}{A}\right)^{\frac{2}{3}} - \left(\frac{\eta}{B}\right)^{\frac{2}{3}} = \pm 1, \tag{47}$$

ou, ce qui revient au même, à

$$\left[1 \mp \left(\frac{\xi^2}{A^2} - \frac{\eta^2}{B^2}\right)\right]^3 = -27\frac{\xi^2}{A^2}\frac{\eta^2}{B^2}. \tag{48}$$

On conclut aisément de la formule (47) ou (48) que la développée de l'hyperbole est une courbe qui s'étend à l'infini, qui se trouve divisée en quatre parties semblables par les axes coordonnés, et qui se compose de deux branches séparées, dont chacune a un point de rebroussement situé sur le prolongement de l'axe réel $2a$ ou $2b$ de l'hyperbole, à la distance A ou à la distance B de l'origine.

Exemple III. — Concevons que, la constante p étant positive, on considère la parabole représentée par l'équation

$$y^2 = 2px. \tag{49}$$

Dans ce cas on pourra prendre

$$u = \frac{1}{2}(2px - y^2),$$

et l'on en conclura

$$\frac{\partial u}{\partial x} = p, \qquad \frac{\partial u}{\partial y} = -y,$$

$$\frac{\partial^2 u}{\partial x^2} = 0, \qquad \frac{\partial^2 u}{\partial y^2} = -1.$$

Par suite, la formule (39) donnera

$$\frac{\xi - x}{p} = 1 - \frac{\eta}{y} = 1 + \frac{y^2}{p^2} = \frac{p + 2x}{p}.$$

On aura donc

$$\xi - x = p + 2x, \qquad -\frac{\eta}{y} = \frac{y^2}{p^2}$$

ou, ce qui revient au même,

$$\xi = p + 3x, \qquad y^3 = -p^2\eta.$$

Les valeurs de x et de y, tirées de ces deux dernières formules, sont respectivement

$$x = \frac{\xi - p}{3}, \qquad y = -p^{\frac{2}{3}}\eta^{\frac{1}{3}}. \tag{50}$$

En substituant ces valeurs dans l'équation (49), et supprimant le facteur p commun aux deux membres, on trouvera

$$\frac{2}{3}(\xi - p) = p^{\frac{1}{3}}\eta^{\frac{2}{3}}. \tag{51}$$

L'équation (51), qu'on peut aussi mettre sous la forme

$$\frac{8}{27}(\xi - p)^3 = p\eta^2, \tag{52}$$

appartient à la développée de la parabole. Il est facile de reconnaître que cette développée s'étend à l'infini du côté des x positives, qu'elle a pour axe l'axe de la parabole, et qu'elle rencontre cet axe, en le touchant, au point dont l'abscisse est p. Ce point, qui se trouve placé à la même distance du foyer que le sommet de la parabole, est tout à la fois le sommet de la développée et le seul point de rebroussement qu'elle présente. Si, afin de transporter l'origine au point dont il s'agit, on remplace ξ par $\xi + p$ dans la formule (51) ou (52), on en tirera

$$\xi = \frac{3}{2} p^{\frac{1}{3}} \eta^{\frac{2}{3}} \tag{53}$$

et

$$\eta = \left(\frac{2}{3}\right)^{\frac{3}{2}} p^{-\frac{1}{2}} \xi^{\frac{3}{2}}. \tag{54}$$

Les équations (53) et (54) étant comprises comme cas particuliers dans les formules (44) de la cinquième Leçon, il en résulte que toute parabole du second degré a pour développée une autre parabole du degré $\frac{2}{3}$ ou $\frac{3}{2}$.

HUITIÈME LEÇON.

SUR LES COURBES PLANES QUI SONT OSCULATRICES L'UNE DE L'AUTRE EN UN POINT DONNÉ.

On dit que deux courbes planes sont *osculatrices* l'une de l'autre en un point qui leur est commun, lorsqu'elles ont en ce point, non seulement la même tangente, mais encore le même cercle osculateur, et par conséquent la même courbure avec leurs concavités tournées dans le même sens. Alors le contact qui existe entre les deux courbes prend le nom d'*osculation*. Cela posé, on établira facilement la proposition suivante :

Théorème I. — *Concevons que deux courbes planes soient représentées par deux équations entre les coordonnées rectangulaires x, y, et que l'on prenne l'abscisse x pour variable indépendante. Pour que les deux courbes soient osculatrices l'une de l'autre en un point commun correspondant à l'abscisse x, il sera nécessaire et il suffira que l'ordonnée y, relative à cette abscisse, et les dérivées de y, du premier et du second ordre, c'est-à-dire les trois quantités*

(1) $$y,\quad y',\quad y'',$$

conservent, dans le passage d'une courbe à l'autre, les mêmes valeurs numériques et les mêmes signes.

Démonstration. — En effet, si ces conditions sont remplies, les deux courbes auront évidemment un point commun correspondant à l'abscisse x. De plus, on conclura de l'équation (5) (première Leçon) que les deux courbes ont la même tangente, de l'équation (5) (sixième Leçon) qu'elles ont le même rayon de courbure, et de la remarque faite à la page 82, qu'elles ont leurs concavités tournées du même côté. Réciproquement, si les deux courbes sont osculatrices l'une de l'autre au point dont l'abscisse est x, non seulement les quantités y, y' et le signe de y'' devront rester les mêmes dans le passage d'une courbe à l'autre, mais il est clair qu'on pourra encore en dire autant du rayon de courbure ρ, et, par suite, de la valeur numérique de y''.

Concevons maintenant que, y' et y'' représentant toujours des dérivées relatives à la variable x, on désigne par

$$dx, \quad dy, \quad d^2x, \quad d^2y$$

les différentielles de x et y, du premier et du second ordre, prises par rapport à une nouvelle variable r considérée comme indépendante. On aura (*voir*, dans le Calcul différentiel, les formules (9) de la douzième Leçon)

$$(2) \qquad y' = \frac{dy}{dx}, \qquad y'' = \frac{d\dfrac{dy}{dx}}{dx} = \frac{dx\,d^2y - dy\,d^2x}{dx^3}.$$

Supposons, pour fixer les idées, que la caractéristique $\mathfrak{F}$ indiquant une fonction quelconque, la variable indépendante r soit liée aux variables x, y par une équation de la forme

$$(3) \qquad r = \mathfrak{F}(x, y).$$

En différentiant cette équation deux fois de suite, on trouvera

$$(4) \quad \left\{ \begin{aligned} 1 &= \frac{\partial \mathfrak{F}(x,y)}{\partial x}\frac{dx}{dr} + \frac{\partial \mathfrak{F}(x,y)}{\partial y}\frac{dy}{dr}, \\ 0 &= \frac{\partial \mathfrak{F}(x,y)}{\partial x}\frac{d^2x}{dr^2} + \frac{\partial \mathfrak{F}(x,y)}{\partial y}\frac{d^2y}{dr^2} \\ &\quad + \frac{\partial^2 \mathfrak{F}(x,y)}{\partial x^2}\frac{dx^2}{dr^2} + 2\frac{\partial^2 \mathfrak{F}(x,y)}{\partial x\,\partial y}\frac{dx}{dr}\frac{dy}{dr} + \frac{\partial^2 \mathfrak{F}(x,y)}{\partial y^2}\frac{dy^2}{dr^2}. \end{aligned} \right.$$

Or on déduira sans peine des formules (2) et (4) les valeurs de

$$(5) \qquad \frac{dx}{dr}, \quad \frac{dy}{dr}, \quad \frac{d^2x}{dr^2}, \quad \frac{d^2y}{dr^2},$$

exprimées en fonction des quantités

$$y',\quad y'',\quad \frac{\partial \mathcal{F}(x,y)}{\partial x},\quad \frac{\partial \mathcal{F}(x,y)}{\partial y},\quad \frac{\partial^2 \mathcal{F}(x,y)}{\partial x^2},\quad \frac{\partial^2 \mathcal{F}(x,y)}{\partial x\,\partial y},\quad \frac{\partial^2 \mathcal{F}(x,y)}{\partial y^2};$$

et, puisque ces quantités conserveront les mêmes valeurs relatives au point d'osculation de deux courbes planes dans le passage d'une courbe à l'autre, il est clair qu'on pourra en dire autant des expressions (5).

Si l'on veut prendre pour variable indépendante le rayon vecteur mené de l'origine au point (x,y), les équations (3) et (4) deviendront respectivement

$$r = \sqrt{x^2+y^2}, \tag{6}$$

$$\left\{\begin{aligned} 1 &= \frac{x}{r}\frac{dx}{dr} + \frac{y}{r}\frac{dy}{dr},\\ 0 &= \frac{x}{r}\frac{d^2x}{dr^2} + \frac{y}{r}\frac{d^2y}{dr^2} + \frac{1}{r^3}\left(y\frac{dx}{dr} - x\frac{dy}{dr}\right)^2, \end{aligned}\right. \tag{7}$$

et l'on tirera des formules (7), réunies aux formules (2) et (6),

$$\left\{\begin{aligned} \frac{dx}{dr} &= \frac{\sqrt{x^2+y^2}}{x+yy'},\\ \frac{dy}{dr} &= \frac{y'\sqrt{x^2+y^2}}{x+yy'},\\ \frac{d^2x}{dr^2} &= -\frac{(y-xy')^2 + yy''(x^2+y^2)}{(x+yy')^3},\\ \frac{d^2y}{dr^2} &= -\frac{y'(y-xy')^2 - xy''(x^2+y^2)}{(x+yy')^3}. \end{aligned}\right. \tag{8}$$

Rien n'empêche, dans ce qui précède, de supposer la variable

$$r = \mathcal{F}(x,y)$$

réduite à l'une des coordonnées x, y. Si l'on suppose, par exemple, $r = x$, les expressions (5) deviendront

$$1,\quad y',\quad 0,\quad y'',$$

et l'on se trouvera immédiatement ramené au premier théorème.

Quand on prend pour variable indépendante l'arc s renfermé sur chaque courbe entre un point fixe et le point mobile (x,y), et quand on suppose cet arc compté de manière qu'il se prolonge dans le même sens que les deux courbes au delà du point de contact, alors les équations (4) doivent être remplacées par les suivantes :

$$(9) \qquad dx^2 + dy^2 = ds^2, \qquad dx\, d^2x + dy\, d^2y = 0.$$

En combinant ces dernières avec les équations (2), on obtient les formules

$$(10) \qquad \left\{ \begin{aligned} \frac{dx}{ds} &= \pm \frac{1}{\sqrt{1+y'^2}}, & \frac{dy}{ds} &= \pm \frac{y'}{\sqrt{1+y'^2}}, \\ \frac{d^2x}{ds^2} &= -\frac{y'y''}{(1+y'^2)^2}, & \frac{d^2y}{ds^2} &= \frac{y''}{(1+y'^2)^2}, \end{aligned} \right.$$

le double signe $\pm$ devant être réduit au signe $+$ toutes les fois que l'arc s croît avec l'abscisse x et au signe $-$ dans le cas contraire. En ayant égard à cette remarque, on conclura des formules (10) et du théorème I que, pour un point d'osculation de deux courbes planes, les quatre quantités

$$(11) \qquad \frac{dx}{ds}, \quad \frac{dy}{ds}, \quad \frac{d^2x}{ds^2}, \quad \frac{d^2y}{ds^2}$$

conservent les mêmes valeurs numériques et le même signe, tandis que l'on passe de la première courbe à la seconde.

Lorsqu'on se propose de décider si un point commun à deux courbes planes est un point d'osculation, on peut, sans inconvénient, substituer aux fractions (5) ou (11) les numérateurs de ces mêmes fractions, c'est-à-dire les différentielles

$$(12) \qquad dx, \quad dy, \quad d^2x, \quad d^2y;$$

et l'on établit de cette manière la proposition suivante :

Théorème II. — *Deux courbes planes étant représentées par deux équations entre les coordonnées x, y, pour savoir si ces deux courbes sont osculatrices l'une de l'autre en un point donné, il suffira de prendre pour* *variable indépendante, ou une fonction déterminée des variables* x, y, *ou l'arc* s *compté sur chaque courbe, à partir d'un point fixe, et d'examiner si, pour le point donné, les mêmes valeurs de*

$$x,\quad y,\quad dx,\quad dy,\quad d^2x,\quad d^2y \tag{13}$$

peuvent être tirées des équations des deux courbes.

Si, dans le théorème I ou II, on suppose la seconde courbe réduite à un cercle dont l'équation soit de la forme

$$(x-\xi)^2+(y-\eta)^2=\rho^2, \tag{14}$$

les conditions propres à exprimer que le point (x, y) est un point d'osculation suffiront pour déterminer le rayon du cercle et les coordonnées du centre, c'est-à-dire les trois inconnues ξ, η et ρ. En effet, si l'on prend x pour variable indépendante, les valeurs de y, y', y'' tirées de l'équation finie de la première courbe et de ses équations dérivées devront satisfaire, en vertu du théorème I, à l'équation finie du cercle et à ses équations dérivées du premier et du second ordre, c'est-à-dire aux trois formules

$$\left\{\begin{aligned} &(x-\xi)^2+(y-\eta)^2 = \rho^2,\\ &x-\xi \quad +(y-\eta)y' = 0,\\ &1+y'^2 \quad +(y-\eta)y'' = 0. \end{aligned}\right. \tag{15}$$

Lorsqu'on déduit de ces dernières formules les valeurs des trois inconnues ξ, η et ρ, on retrouve, comme on devait s'y attendre, l'équation (5) de la sixième Leçon, et les équations (8) de la septième.

Si l'on cessait de prendre x pour variable indépendante, alors l'équation finie du cercle et ses deux équations différentielles du premier et du second ordre pourraient être présentées sous la forme

$$\left\{\begin{aligned} &(x-\xi)^2 + (y-\eta)^2 = \rho^2,\\ &(x-\xi)\,dx + (y-\eta)\,dy = 0,\\ &(x-\xi)\,d^2x + (y-\eta)\,d^2y + dx^2 + dy^2 = 0, \end{aligned}\right. \tag{16}$$

et devraient être vérifiées par les valeurs de x, y, dx, dy, d^2x, d^2y tirées des équations de la première courbe. Il importe d'observer que les formules (16) qui suffisent pour déterminer les valeurs des inconnues ξ, η et ρ, c'est-à-dire les coordonnées du centre de courbure, et le rayon de courbure, coïncident avec les formules (19) de la septième Leçon.

NEUVIÈME LEÇON.

SUR LES DIVERS ORDRES DE CONTACT DES COURBES PLANES.

Considérons deux courbes planes qui se touchent en un point donné. Si du point de contact comme centre, et avec un rayon infiniment petit, désigné par i, on décrit une circonférence, elle coupera les deux courbes en deux points très voisins l'un de l'autre, et le rapprochement plus ou moins considérable des deux courbes, à la distance i du point de contact, aura évidemment pour mesure la distance infiniment petite comprise entre les deux points dont il s'agit, ou, ce qui revient au même, la corde de l'arc de cercle renfermé entre les deux courbes. Ajoutons que les rayons menés aux extrémités de cet arc seront dirigés suivant des droites qui formeront des angles très petits avec la tangente commune, d'où il résulte que l'angle compris entre ces rayons sera lui-même une quantité très petite. Soit ω ce dernier angle. L'arc de cercle compris entre les deux courbes aura pour mesure le produit

$$i\omega \tag{1}$$

et la corde de cet arc sera équivalente à

$$2i\sin\frac{\omega}{2}. \tag{2}$$

Si les deux courbes changent de forme, de telle manière que, se touchant toujours au point donné, elles se rapprochent davantage l'une de l'autre dans le voisinage de ce point, les valeurs de l'expression (2) correspondantes à de très petites valeurs de i diminueront nécessairement, ce qui suppose que la fonction de i, représentée par ω, diminuera elle-même. Si, au contraire, en vertu du changement de forme, le rapprochement des deux courbes devient moindre, les valeurs de ω correspondantes à de très petites valeurs de i croîtront nécessairement. On peut donc affirmer que, dans le voisinage du point de contact, *le rapprochement des deux courbes sera plus ou moins considérable, et leur contact plus ou moins intime, suivant que les valeurs de* ω *correspondant à de très petites valeurs de* i *seront plus ou moins grandes*. Ce principe étant admis, il faut évidemment, pour se former une idée des diverses espèces de contact des courbes planes, rechercher les divers états de grandeur dans lesquels peut se trouver l'angle infiniment petit ω, considéré comme fonction du rayon i. Pour y parvenir, il est d'abord nécessaire de généraliser la définition que nous avons donnée de l'ordre d'une quantité infiniment petite, dans l'addition placée à la suite des Leçons sur le Calcul infinitésimal.

Désignons par a un nombre constant, rationnel ou irrationnel; par i une quantité infiniment petite, et par k un nombre variable. Dans le système de quantités infiniment petites dont i sera la *base*, une fonction de i, représentée par $f(i)$, sera un infiniment petit de l'*ordre* a, si la limite du rapport

$$\frac{f(i)}{i^k} \tag{3}$$

est nulle pour toutes les valeurs de k plus petites que a, et infinie pour toutes les valeurs de k plus grandes que a.

Si l'on adopte cette définition, et si l'on désigne par n le nombre entier égal ou immédiatement supérieur à l'ordre de la quantité infiniment petite $f(i)$, le rapport

$$\frac{f(i)}{i^n}$$

sera le premier terme de la progression géométrique

$$f(i),\quad \frac{f(i)}{i},\quad \frac{f(i)}{i^2},\quad \frac{f(i)}{i^3},\quad \ldots \tag{4}$$

qui cessera d'être une quantité infiniment petite; d'où l'on conclut, en raisonnant comme dans l'addition citée, que $f^{(n)}(i)$ sera la première des fonctions

$$(5) \qquad f(i),\; f'(i),\; f''(i),\; f'''(i),\; \ldots$$

qui cessera de s'évanouir avec i.

Quant au rapport

$$(6) \qquad \frac{f(i)}{i^a},$$

que l'on déduit de l'expression (3) en posant $k = a$, il peut avoir une limite finie, ou nulle, ou infinie. Ainsi, par exemple,

$$i^a e^i,\quad \frac{i^a e^i}{\mathrm{l}\,i},\quad i^a e^i\,\mathrm{l}\,i$$

sont trois quantités infiniment petites de l'ordre a, et les quotients qu'on obtient en les divisant par i^a, savoir

$$e^i,\quad \frac{e^i}{\mathrm{l}\,i},\quad e^i\,\mathrm{l}\,i$$

ont pour limites respectives

$$1,\quad 0\quad \text{et}\quad -\frac{1}{0}.$$

Cela posé, on établira sans peine les propriétés des quantités infiniment petites, et en particulier les différents lemmes que nous allons énoncer.

LEMME I. — *Si, dans un système quelconque, on considère deux quantités infiniment petites d'ordres différents, pendant que ces deux quantités s'approchent indéfiniment de zéro, celle qui sera d'un ordre plus élevé finira par obtenir constamment la plus petite valeur numérique.*

Démonstration. — Concevons que, dans le système dont la base est i, l'on désigne par $\mathrm{I} = f(i)$ et par $\mathrm{J} = \mathrm{F}(i)$ deux quantités infiniment petites, la première de l'ordre a, la seconde de l'ordre b, et supposons $a < b$. Si l'on attribue au nombre variable k une valeur comprise entre a et b, les deux rapports

$$\frac{I}{i^k}, \quad \frac{J}{i^k}$$

auront pour limites respectives : le premier, $\frac{1}{0}$; le second, zéro; et par suite, le quotient de ces rapports, ou la fraction

$$\frac{J}{I},$$

aura une limite nulle. Donc la valeur numérique du numérateur J décroîtra beaucoup plus rapidement que celle du dénominateur I, et cette dernière finira par devenir constamment supérieure à l'autre.

Lemme II. — *Soient a, b, c, ... les nombres qui indiquent, dans un système déterminé, les ordres de plusieurs quantités infiniment petites, et a le plus petit de ces nombres. La somme des quantités dont il s'agit sera un infiniment petit de l'ordre a.*

Démonstration. — Soit toujours i la base du système adopté. Soient de plus I, J, ... les quantités données, la première de l'ordre a, la seconde de l'ordre b, ... Le rapport de la somme $I + J + \ldots$ à la quantité I, savoir

$$1 + \frac{J}{I} + \ldots,$$

aura pour limite l'unité, attendu que les termes $\frac{J}{I} \cdots$ auront des limites nulles. Par suite, le produit

$$\left(1 + \frac{J}{I} + \ldots\right)\frac{I}{i^k} = \frac{I + J + \ldots}{i^k}$$

aura la même limite que le rapport

$$\frac{I}{i^k},$$

et, puisque ce dernier rapport a une limite nulle ou infinie, suivant qu'on suppose $k < a$ ou $k > a$, on pourra en dire autant du rapport

$$\frac{I + J + \dots}{i^k}.$$

Donc $I + J + \dots$ sera une quantité infiniment petite de l'ordre a.

Corollaire. — Les raisonnements par lesquels nous avons établi le lemme II montrent évidemment que, pour de très petites valeurs numériques de i, la somme de plusieurs quantités infiniment petites, rangées de manière que leurs ordres forment une suite croissante, est positive ou négative, suivant que son premier terme est lui-même positif ou négatif.

Lemme III. — *Dans un système quelconque, le produit de deux quantités infiniment petites, dont les ordres sont désignés par a et par b, est une autre quantité infiniment petite de l'ordre a + b.*

Démonstration. — Soient toujours i la base du système que l'on considère, et I, J les quantités données, la première de l'ordre a, la seconde de l'ordre b. Les rapports

$$\frac{I}{i^k}, \quad \frac{J}{i^l}$$

auront des limites nulles, toutes les fois que l'on supposera $k > a$, $l > b$; des limites infinies toutes les fois que l'on supposera $k < a$, $l < b$, et l'on pourra en dire autant du produit

$$\frac{I}{i^k}\frac{J}{i^l} = \frac{IJ}{i^{k+l}}.$$

Il en résulte évidemment que le rapport

$$\frac{IJ}{i^{k+l}}$$

aura une limite nulle pour $k + l < a + b$, et une limite infinie pour $k + l > a + b$. Donc le produit IJ sera une quantité infiniment petite de l'ordre $a + b$.

Nota. — Si l'un des facteurs I, J se réduisait à une quantité finie et cessait de s'évanouir pour $i = 0$, le produit serait évidemment du même ordre que l'autre facteur.

Corollaire. — Dans un système quelconque, le produit de plusieurs quantités infiniment petites dont les ordres sont désignés par a, b, c, ..., est une autre quantité infiniment petite de l'ordre

$$a + b + c + \dots$$

LEMME IV. — *Si trois quantités infiniment petites sont telles que, la première étant prise pour base, la deuxième soit de l'ordre a, et que, la deuxième étant prise pour base, la troisième soit de l'ordre b, celle-ci, dans le système qui a pour base la première, sera d'un ordre équivalent au produit ab.*

Démonstration. — Soient i, I et J les trois quantités données; en sorte que les deux rapports

$$\frac{\mathrm{I}}{i^k}, \quad \frac{\mathrm{J}}{\mathrm{I}^l}$$

aient des limites nulles quand on suppose à la fois $k < a$, $l < b$, et des limites infinies quand on suppose à la fois $k > a$, $l > b$. Il est clair que le produit

$$\left(\frac{\mathrm{I}}{i^k}\right)^l \frac{\mathrm{J}}{\mathrm{I}^l} = \frac{\mathrm{J}}{i^{kl}}$$

aura une limite nulle dans la première hypothèse et une limite infinie dans la seconde. Il est aisé d'en conclure que le rapport

$$\frac{\mathrm{J}}{i^{kl}}$$

aura une limite nulle pour $kl < ab$, une limite infinie pour $kl > ab$; et par suite que, si l'on prend i pour base, J sera une quantité infiniment petite de l'ordre ab.

Corollaire I. — Le rapport entre les ordres de deux quantités infiniment petites J et I reste le même, quelle que soit la base du système que l'on adopte, et ce rapport est équivalent au nombre b, qui indique l'ordre de la première quantité, quand on prend pour base la seconde. Donc, si, après avoir déterminé pour une certaine base les ordres de plusieurs quantités infiniment petites, on vient à changer de base, les nombres qui indiquent ces divers ordres croîtront ou décroîtront tous à la fois dans un rapport donné.

Corollaire II. — Si l'on suppose, dans le lemme IV, que la quantité J se réduise à la quantité i, on aura évidemment

$$ab = 1, \qquad b = \frac{1}{a}.$$

Donc, si, dans le système dont la base est i, la quantité I est un infiniment petit de l'ordre a, i sera de l'ordre $\frac{1}{a}$ dans le système qui aura pour base la quantité I. Ainsi, par exemple, lorsque I, considéré comme fonction de i, est un infiniment petit du premier ordre, on peut en dire autant de i considéré comme fonction de I.

Le second corollaire, réuni au premier, entraîne évidemment le suivant :

Corollaire III. — Si deux quantités infiniment petites sont telles que, l'une étant prise pour base, l'autre soit du premier ordre, le nombre qui exprimera l'ordre d'une quantité quelconque restera le même dans les deux systèmes qui auront pour base les deux quantités données.

En revenant aux deux courbes que nous avons déjà considérées, on déduira immédiatement du lemme I et du principe établi à la page 132, la proposition suivante :

Théorème I. — *Si deux courbes se touchent en un point donné* (P), *et que l'on marque sur ces deux courbes deux points* (Q), (R), *situés à la distance infiniment petite i du point de contact, le rapprochement entre les deux courbes, dans le voisinage de ce dernier point, sera d'autant plus considérable que l'ordre de la quantité infiniment petite ω, destinée à représenter l'angle compris entre les rayons* $\overline{PQ}$, $\overline{PR}$, *sera plus élevé.*

Démonstration. — En effet, si la forme des deux courbes ou de l'une d'entre elles vient à changer, de telle manière que l'ordre de la quantité infiniment petite ω s'élève, la valeur numérique de ω, dans le voisinage du point de contact, diminuera, en vertu du lemme I, et par suite le rapprochement entre les deux courbes deviendra plus grand qu'il n'était d'abord.

Le théorème I étant démontré, il est naturel de prendre l'ordre de la quantité infiniment petite ω, considérée comme fonction de la base i, pour indiquer ce qu'on peut appeler l'*ordre de contact* des deux courbes planes. Soit a cet ordre. Puisque le rapport

$$\frac{\sin\frac{1}{2}\omega}{\frac{1}{2}\omega}$$

a l'unité pour limite, le produit

$$\omega\frac{\sin\frac{1}{2}\omega}{\frac{1}{2}\omega} = 2\sin\frac{\omega}{2}$$

sera encore une quantité infiniment petite de l'ordre a, tandis que les expressions (1) et (2) seront, en vertu du lemme III, des quantités infiniment petites de l'ordre $a+1$. On peut donc énoncer la proposition suivante :

Théorème II. — *Lorsque deux courbes se touchent en un point donné* (P), *l'ordre du contact est inférieur d'une unité à l'ordre de la quantité infiniment petite qui représente la distance entre deux points* (Q), (R), *situés sur les deux courbes, également éloignés du point de contact, et dont la distance à ce point est un infiniment petit du premier ordre.*

Il importe d'observer que la droite $\overline{QR}$ menée du point (Q) au point (R), étant la base d'un triangle isoscèle, et opposée dans ce triangle au très petit angle ω, sera sensiblement perpendiculaire aux rayons vecteurs $\overline{PQ}$, $\overline{PR}$, et par suite à la tangente commune aux deux courbes.

Concevons maintenant que par les points (Q) et (R) on mène deux droites parallèles dont chacune forme avec la tangente commune un angle fini δ. De ces deux parallèles, l'une se trouvera plus rapprochée que l'autre du point de contact. Supposons, pour fixer les idées, que ce soit la droite menée par le point (Q) pris sur la première courbe, et que cette droite coupe la seconde courbe en (S). Dans le triangle QRS, le côté $\overline{RS}$, sensiblement parallèle à la tangente commune, puisqu'il représentera une corde dont les extrémités situées sur la seconde courbe seront très voisines du point de contact, formera évidemment avec les côtés $\overline{QR}$, $\overline{QS}$, des angles finis, dont le premier différera très peu d'un angle droit, et le second de l'angle δ. On aura donc, en désignant par I et J des quantités infiniment petites,

$$\overline{QS} = \frac{\sin\left(\frac{\pi}{2} + I\right)}{\sin(\delta + J)}\overline{QR} = \frac{\sin\left(\frac{\pi}{2} + I\right)}{\sin(\delta + J)} 2i\sin\frac{\omega}{2}. \tag{7}$$

De plus, comme le rapport entre la perpendiculaire abaissée du point (P) sur la droite $\overline{QS}$, ou sur son prolongement, et le rayon vecteur $\overline{PQ} = i$, sera sensiblement égal à $\cos\left(\frac{\pi}{2} - \delta\right) = \sin\delta$, cette perpendiculaire pourra être représentée par un produit de la forme

$$i(\sin\delta \pm \varepsilon), \tag{8}$$

$\pm\varepsilon$ désignant encore une quantité infiniment petite. Cela posé, admettons que, les deux courbes ayant entre elles un contact de l'ordre a, l'on considère le rayon vecteur i comme infiniment petit du premier ordre. Il est clair que l'expression (8) sera encore un infiniment petit du premier ordre, tandis que l'expression (7) sera de l'ordre $a + 1$. Ajoutons que l'ordre de cette dernière ne variera pas (*voir* le corollaire III du lemme IV) si l'on prend pour base l'expression (8) ou une quantité telle que l'expression (8) reste infiniment petite du premier ordre. Ces remarques suffisent pour établir un nouveau théorème que nous allons énoncer.

Théorème III. — *L'ordre de contact de deux courbes qui se touchent en un point donné* (P) *est inférieur d'une unité à l'ordre de la distance infiniment petite comprise entre les points* (Q), (S), *où les deux courbes sont rencontrées par une sécante qui forme un angle fini et sensiblement différent de zéro avec la tangente commune, dans tout système où la distance du point de contact à la sécante dont il s'agit est un infiniment petit du premier ordre.*

Si les deux courbes sont représentées par deux équations entre des coordonnées rectangulaires x, y, et si la tangente commune n'est pas parallèle à l'axe des y, alors, en supposant la sécante parallèle à ce même axe, on déduira du théorème III la proposition suivante :

Théorème IV. — *Pour obtenir l'ordre de contact de deux courbes planes qui se touchent en un point où la tangente commune n'est pas parallèle à l'axe des y, il suffit de mener une ordonnée très voisine du point de contact, et de chercher le nombre qui représente l'ordre de la portion infiniment petite d'ordonnée comprise entre les deux courbes, dans le cas où l'on considère la distance du point de contact à l'ordonnée comme infiniment petite du premier ordre. Ce nombre, diminué d'une unité, indique l'ordre de contact.*

Corollaire I. — Soient

$$y=f(x), \qquad y=F(x) \tag{9}$$

les équations des deux courbes planes. Elles auront un point commun correspondant à une valeur donnée de x, et en ce point une tangente commune, non parallèle à l'axe des y, si, pour la valeur donnée de x, les équations des deux courbes fournissent les valeurs égales et finies, non seulement de l'ordonnée y, mais encore de sa dérivée y', en sorte que les équations

$$f(x)=F(x) \tag{10}$$

et

$$f'(x)=F'(x) \tag{11}$$

soient vérifiées, et que les deux membres de chacune d'elles conservent des valeurs finies. Dans cette hypothèse, la différence

$$F(x)-f(x), \tag{12}$$

qui s'évanouira pour la valeur de x relative au point commun, deviendra infiniment petite quand x recevra un accroissement infiniment petit; et si l'on considère cet accroissement comme étant du premier ordre, l'ordre de la quantité infiniment petite qui représentera la nouvelle valeur de $F(x) - f(x)$, surpassera d'une unité l'ordre de contact des deux courbes.

Corollaire II. — Si les deux courbes se touchent en un point de l'axe des y, mais sans avoir cet axe pour tangente commune, il suffira, d'après ce qu'on vient de dire, pour déterminer l'ordre de contact, de chercher le nombre qui indiquera l'ordre de la différence

$$F(x) - f(x),$$

en considérant l'abscisse x comme une quantité infiniment petite du premier ordre, et de diminuer ce nombre d'une unité. En opérant ainsi, on reconnaîtra que les paraboles

$$(13) \qquad y = x^2, \qquad y = x^3$$

ont à l'origine des coordonnées un contact du premier ordre, tandis que, au même point, les deux courbes

$$(14) \qquad y = x^{n+1}, \qquad y = x^{n+2}$$

auront un contact de l'ordre n, et les deux courbes

$$(15) \qquad y = x^{\frac{4}{3}}, \qquad y = x^{\frac{5}{4}}$$

un contact de l'ordre $\frac{5}{4} - 1 = \frac{1}{4}$.

Corollaire III. — Supposons que les courbes (9) aient un point commun correspondant à l'abscisse x, et en ce point une tangente commune non parallèle à l'axe des y, avec un contact de l'ordre a. Soit d'ailleurs n le nombre entier égal ou immédiatement supérieur à a. La différence

$$(12) \qquad F(x) - f(x)$$

sera nulle; et si l'on désigne par i un accroissement infiniment petit du premier ordre attribué à l'abscisse x, l'expression

$$(16) \qquad F(x+i) - f(x+i)$$

sera (en vertu du corollaire I), un infiniment petit de l'ordre $a+1$. Or, les dérivées de cette expression par rapport à i étant respectivement

$$F'(x+i)-f'(x+i), \quad F''(x+i)-f''(x+i), \quad \ldots,$$

il résulte de ce qui a été dit ci-dessus (page 133) que

$$F^{(n+1)}(x+i)-f^{(n+1)}(x+i)$$

sera la première des expressions

$$F(x+i)-f(x+i), \quad F'(x+i)-f'(x+i), \quad F''(x+i)-f''(x+i), \quad \ldots$$

qui cessera de s'évanouir avec i. En d'autres termes,

$$F^{(n+1)}(x)-f^{(n+1)}(x)$$

sera la première des différences

$$F(x)-f(x), \quad F'(x)-f'(x), \quad F''(x)-f''(x), \quad \ldots$$

qui obtiendra une valeur différente de zéro. On aura donc pour le point commun

$$(17) \qquad \left\{ \begin{aligned} F(x) &= f(x), \\ F'(x) &= f'(x), \\ F''(x) &= f''(x), \\ &\ldots\ldots\ldots\ldots\ldots, \\ F^{(n)}(x) &= f^{(n)}(x). \end{aligned} \right.$$

Par conséquent, lorsque deux courbes se touchent en un point où la tangente commune n'est pas parallèle à l'axe des y, non seulement pour le point dont il s'agit l'ordonnée y et sa dérivée y' ne changent pas de valeur dans le passage de la première courbe à la seconde, mais il en est encore de même des dérivées successives y'', y''', ..., jusqu'à celle dont l'ordre coïncide avec le nombre entier égal ou immédiatement supérieur à l'ordre du contact.

Corollaire IV. — Si, les deux courbes ayant un contact de l'ordre a, la tangente commune devenait parallèle à l'axe des y, alors, en attribuant à l'abscisse du point de contact un accroissement infiniment petit du premier ordre, on ne trouverait pas généralement pour la valeur correspondante de la différence $F(x) - f(x)$ un infiniment petit de l'ordre $a+1$. Néanmoins, on pourrait encore déterminer l'ordre du contact par la méthode dont nous avons fait usage, pourvu que l'on substituât la variable y à la variable x, et réciproquement. Ainsi, par exemple, pour montrer que les deux courbes

$$(18) \qquad y = x^{\frac{3}{4}}, \qquad y = x^{\frac{4}{5}},$$

qui touchent à l'origine l'axe des y, ont en ce point un contact de l'ordre $\frac{1}{4}$, il suffira d'observer que leurs équations, résolues par rapport à x, prennent les formes

$$x = y^{\frac{4}{3}}, \qquad x = y^{\frac{5}{4}},$$

et que la différence $y^{\frac{5}{4}} - y^{\frac{4}{3}}$ est un infiniment petit de l'ordre

$$\frac{5}{4} = 1 + \frac{1}{4},$$

quand on considère y comme un infiniment petit du premier ordre. Quant à la différence $F(x) - f(x)$, elle se réduit, dans cet exemple, à

$$x^{\frac{4}{5}} - x^{\frac{3}{4}};$$

et lorsque l'on considère x comme un infiniment petit du premier ordre, elle est une quantité infiniment petite, non plus de l'ordre $\frac{5}{4}$, mais de l'ordre $\frac{3}{4}$ seulement.

Corollaire V. — Lorsque la tangente commune n'est pas parallèle à l'axe des y et que l'ordre de contact est un nombre entier, il suffit, pour déterminer cet ordre, de chercher quelle est la dernière des équations

$$(19) \qquad f(x) = F(x), \qquad f'(x) = F'(x), \qquad f''(x) = F''(x), \qquad \ldots$$

qui se trouve vérifiée par l'abscisse du point de contact. L'ordre des dérivées comprises dans cette dernière équation sera précisément le nombre demandé.

Pour établir le théorème III, il n'est pas nécessaire de supposer que la sécante menée à une distance infiniment petite du point de contact des deux courbes données reste parallèle à elle-même pendant que cette distance diminue; il suffit que l'angle formé par cette sécante avec la tangente commune ne devienne pas infiniment petit et converge vers une limite finie différente de zéro. C'est ce qui arrivera, par exemple, si la sécante dont il s'agit passe par les extrémités de deux longueurs égales et infiniment petites portées sur les deux courbes à partir du point de contact. Dans ce cas particulier, l'angle formé par la sécante avec la tangente commune aura pour limite un angle droit. Il est aisé d'en conclure que la distance du point de contact à la sécante sera un infiniment petit du même ordre que chacune des longueurs ci-dessus mentionnées. Cela posé, on déduira immédiatement du théorème III la proposition suivante :

Théorème V. — *Pour obtenir l'ordre de contact de deux courbes qui se touchent en un point donné, il suffit de chercher le nombre qui représente l'ordre de la distance infiniment petite comprise entre les extrémités de deux longueurs égales portées sur les deux courbes à partir du point de contact, dans le cas où ces mêmes longueurs deviennent infiniment petites du premier ordre. Le nombre dont il s'agit, diminué d'une unité, indique toujours l'ordre du contact.*

Corollaire I. — Soit i la quantité infiniment petite qui représente chacune des deux longueurs. Désignons en outre par x, y et ξ, η les coordonnées des points auxquels ces longueurs aboutissent sur la première et la seconde courbe, et par

$$(20) \qquad \text{8} = \sqrt{(x-\xi)^2 + (y-\eta)^2}$$

la longueur de la droite menée du point (ξ, η) au point (x, y). Si l'on considère i comme un infiniment petit du premier ordre, et si l'on appelle a l'ordre de contact des deux courbes, la distance 8, comprise entre les deux points (x, y) et (ξ, η), sera (en vertu du théorème V) un infiniment petit de l'ordre $a+1$. Par suite, le carré de cette distance, ou la somme

$$(x-\xi)^2+(y-\eta)^2, \tag{21}$$

sera un infiniment petit de l'ordre $2(a+1)$; ce qui exige que les deux différences

$$x-\xi, \quad y-\eta \tag{22}$$

soient de l'ordre $a+1$; ou que du moins l'une soit de cet ordre, l'autre étant d'un ordre plus élevé. On arriverait à la même conclusion en observant que les valeurs numériques des expressions (22) représentent les projections de la distance ε sur les axes des x et des y. En effet, il est aisé de reconnaître qu'*une distance infiniment petite et ses projections sur les axes coordonnés sont en général des quantités de même ordre. Seulement, l'ordre de la projection sur l'un des axes peut surpasser l'ordre de la distance, dans le cas où celle-ci devient sensiblement parallèle à l'autre axe.* Mais il est clair que cette dernière condition ne saurait être remplie à la fois pour les deux axes des x et des y.

Corollaire II. — Conservons les mêmes notations que dans le corollaire précédent. Soit toujours a l'ordre de contact des deux courbes données, et désignons par n le nombre entier égal ou immédiatement supérieur à a. Puisque, la quantité i étant regardée comme infiniment petite du premier ordre, les deux différences

$$x-\xi, \quad y-\eta \tag{22}$$

doivent être l'une et l'autre de l'ordre $a+1$, ou l'une de cet ordre et l'autre d'un ordre plus élevé, il résulte de ce qui a été dit ci-dessus (page 133) que, si l'on prend i pour variable indépendante, les expressions

$$\left\{\begin{array}{lllll} x-\xi, & \dfrac{d(x-\xi)}{di}, & \dfrac{d^2(x-\xi)}{di^2}, & \ldots, & \dfrac{d^n(x-\xi)}{di^n}, \\ y-\eta, & \dfrac{d(y-\eta)}{di}, & \dfrac{d^2(y-\eta)}{di^2}, & \ldots, & \dfrac{d^n(y-\eta)}{di^n}, \end{array}\right. \tag{23}$$

s'évanouiront avec i, tandis que chacune des dérivées

$$\frac{d^{n+1}(x-\xi)}{di^{n+1}}, \quad \frac{d^{n+1}(y-\eta)}{di^{n+1}}, \tag{24}$$

ou du moins l'une d'entre elles, cessera de s'évanouir pour $i=0$. Soient d'ailleurs s et ς les arcs renfermés : 1° entre un point fixe de la première des courbes données et le point mobile (x, y); 2° entre un point fixe de la seconde courbe et le point (ξ, η). Comme les trois variables i, s et ς différeront entre elles de quantités constantes, on aura

$$di = ds = d\varsigma; \tag{25}$$

et l'on pourra prendre pour variable indépendante, quand il s'agira de la première courbe, s au lieu de i; quand il s'agira de la seconde courbe, ς au lieu de i. Cela posé, les expressions (23) et (24) deviendront respectivement

$$\begin{cases} x-\xi, & \dfrac{dx}{ds}-\dfrac{d\xi}{d\varsigma}, & \dfrac{d^2x}{ds^2}-\dfrac{d^2\xi}{d\varsigma^2}, & \ldots, & \dfrac{d^nx}{ds^n}-\dfrac{d^n\xi}{d\varsigma^n}, \\ y-\eta, & \dfrac{dy}{ds}-\dfrac{d\eta}{d\varsigma}, & \dfrac{d^2y}{ds^2}-\dfrac{d^2\eta}{d\varsigma^2}, & \ldots, & \dfrac{d^ny}{ds^n}-\dfrac{d^n\eta}{d\varsigma^n} \end{cases} \tag{26}$$

et

$$\frac{d^{n+1}x}{ds^{n+1}}-\frac{d^{n+1}\xi}{d\varsigma^{n+1}}, \quad \frac{d^{n+1}y}{ds^{n+1}}-\frac{d^{n+1}\eta}{d\varsigma^{n+1}}. \tag{27}$$

En égalant les expressions (26) à zéro, on formera les équations

$$\begin{cases} \xi=x, & \dfrac{d\xi}{d\varsigma}=\dfrac{dx}{ds}, & \dfrac{d^2\xi}{d\varsigma^2}=\dfrac{d^2x}{ds^2}, & \ldots, & \dfrac{d^n\xi}{d\varsigma^n}=\dfrac{d^nx}{ds^n}, \\ \eta=y, & \dfrac{d\eta}{d\varsigma}=\dfrac{dy}{d\varsigma}, & \dfrac{d^2\eta}{d\varsigma^2}=\dfrac{d^2y}{ds^2}, & \ldots, & \dfrac{d^n\eta}{d\varsigma^n}=\dfrac{d^ny}{ds^n}, \end{cases} \tag{28}$$

qui devront toutes se vérifier pour le point de contact des courbes proposées, tandis que, pour le même point, chacune des expressions (27), ou au moins l'une d'entre elles, obtiendra une valeur différente de zéro. Si maintenant on observe qu'on peut, sans inconvénient, substituer, quand il s'agit de la seconde courbe, les lettres

x, y et s aux lettres ξ, η et ς, on arrivera immédiatement au théorème que nous allons énoncer :

Théorème VI. — *Étant proposées deux courbes qui se touchent en un point, si l'on considère les coordonnées x, y de chacune d'elles comme des fonctions de l'arc s pris pour variable indépendante, et si l'on suppose cet arc compté de telle manière qu'il se prolonge dans le même sens pour les deux courbes au delà du point de contact, non seulement pour le point dont il s'agit, les variables x, y et leurs dérivées du premier ordre $\frac{dx}{ds}$, $\frac{dy}{ds}$ ne changeront pas de valeurs dans le passage de la première courbe à la seconde, mais il en sera encore de même des dérivées successives $\frac{d^2x}{ds^2}$, $\frac{d^3x}{ds^3}$, ..., $\frac{d^2y}{ds^2}$, $\frac{d^3y}{ds^3}$, ... jusqu'à celles dont l'ordre sera indiqué par le nombre entier égal ou immédiatement supérieur à l'ordre du contact.* Celles-ci seront les dernières qui rempliront la condition énoncée; en sorte que les deux suivantes, ou au moins l'une des deux, changeront de valeur, quand on passera d'une courbe à l'autre.

Corollaire I. — Si les deux courbes ont entre elles un contact de l'ordre n, n désignant un nombre entier quelconque, alors, dans le passage de la première courbe à la seconde, chacune des quantités

$$(29)\qquad \begin{cases} x, & \frac{dx}{ds}, & \frac{d^2x}{ds^2}, & \dots, & \frac{d^nx}{ds^n}, \\ y, & \frac{dy}{ds}, & \frac{d^2y}{ds^2}, & \dots, & \frac{d^ny}{ds^n}, \end{cases}$$

conservera la même valeur pour le point de contact, tandis que chacune des deux dérivées

$$(30)\qquad \frac{d^{n+1}x}{ds^{n+1}}, \quad \frac{d^{n+1}y}{ds^{n+1}},$$

ou au moins l'une des deux, prendra une valeur nouvelle.

Corollaire II. — Soit

$$(31)\qquad r = \mathfrak{F}(x, y)$$

une fonction quelconque des deux variables x, y. Si l'on considère ces variables elles-mêmes comme des fonctions de s, propres à représenter les coordonnées de la première ou de la seconde courbe, r deviendra pareillement fonction de s, et l'on trouvera

$$(32)\quad \left\{\begin{array}{l} \frac{dr}{ds} = \frac{\partial \mathfrak{F}(x, y)}{\partial x}\frac{dx}{ds} + \frac{\partial \mathfrak{F}(x, y)}{\partial y}\frac{dy}{ds}, \\ \frac{d^2 r}{ds^2} = \frac{\partial \mathfrak{F}(x, y)}{\partial x}\frac{d^2 x}{ds^2} + \frac{\partial \mathfrak{F}(x, y)}{\partial y}\frac{d^2 y}{ds^2} \\ \qquad + \frac{\partial^2 \mathfrak{F}(x, y)}{dx^2}\frac{dx^2}{ds^2} + 2\frac{\partial^2 \mathfrak{F}(x, y)}{\partial x\,\partial y}\frac{dx}{ds}\frac{dy}{ds} + \frac{\partial^2 \mathfrak{F}(x, y)}{\partial y^2}\frac{dy^2}{ds^2}, \\ \dots\dots\dots\dots\dots\dots\dots\dots, \\ \frac{d^n r}{ds^n} = \frac{\partial \mathfrak{F}(x, y)}{\partial y}\frac{d^n x}{ds^n} + \frac{\partial \mathfrak{F}(x, y)}{\partial y}\frac{d^n y}{ds^n} + \dots. \end{array}\right.$$

Or, de ces dernières équations, jointes au corollaire I, il résulte évidemment que, si les deux courbes proposées ont entre elles un contact de l'ordre n, chacune des quantités

$$(33)\quad r = \mathfrak{F}(x, y),\quad \frac{dr}{ds} = \frac{d\mathfrak{F}(x, y)}{ds},\quad \frac{d^2 r}{ds^2} = \frac{d^2 \mathfrak{F}(x, y)}{ds^2},\quad \dots,\quad \frac{d^n r}{ds^n} = \frac{d^n \mathfrak{F}(x, y)}{ds^n}$$

conservera la même valeur pour le point de contact, dans le passage de la première courbe à la seconde. C'est ce qui arrivera, par exemple, si l'on prend pour r le rayon vecteur mené de l'origine au point (x, y), et déterminé par la formule

$$(34)\qquad r = \sqrt{x^2 + y^2}.$$

Ajoutons que la dérivée

$$(35)\qquad \frac{d^{n+1} r}{ds^{n+1}} = \frac{d^{n+1} \mathfrak{F}(x, y)}{ds^{n+1}},$$

déterminée par l'équation

$$(36)\qquad \frac{d^{n+1} r}{ds^{n+1}} = \frac{\partial \mathfrak{F}(x, y)}{\partial x}\frac{d^{n+1} x}{ds^{n+1}} + \frac{\partial \mathfrak{F}(x, y)}{\partial y}\frac{d^{n+1} y}{ds^{n+1}} + \dots,$$

changera ordinairement de valeur, quand on passera de la première courbe à la seconde, parce que chacune des expressions (30), ou au moins l'une des deux, prendra une valeur nouvelle. Néanmoins le contraire pourrait avoir lieu dans certains cas particuliers, par exemple si les valeurs de x et y relatives au point de contact réduisaient à zéro, dans le second membre de la formule (36), les coefficients des expressions (30), savoir

$$\frac{\partial \mathcal{F}(x,y)}{\partial x}, \quad \frac{\partial \mathcal{F}(x,y)}{\partial y}, \tag{37}$$

ou du moins le coefficient de celle dont la valeur changerait. La même remarque s'applique aux dérivées

$$\frac{d^{n+2} r}{ds^{n+2}}, \quad \frac{d^{n+3} r}{ds^{n+3}}, \quad \cdots. \tag{38}$$

Si, pour fixer les idées, on considère les deux courbes

$$y = x^2, \qquad y = x^3, \tag{13}$$

qui se touchent à l'origine, et si l'on prend

$$r = x^2 + y^2, \tag{39}$$

on reconnaîtra que, pour le point de contact, non seulement r et $\frac{dr}{ds}$, mais encore $\frac{d^2 r}{ds^2}$, conservent les mêmes valeurs dans le passage d'une courbe à l'autre, quoique le contact soit du premier ordre seulement.

Corollaire III. — Concevons maintenant que l'on veuille prendre, au lieu de s, $r = \mathcal{F}(x, y)$ pour variable indépendante. Alors on pourra concevoir que, les coordonnées x, y étant toujours fonctions de s, s devienne fonction de r, et l'on tirera de l'équation (31), différentiée plusieurs fois par rapport à r,

$$\left\{\begin{aligned}
1 &= \frac{d\mathcal{F}(x,y)}{ds}\frac{ds}{dr},\\
0 &= \frac{d\mathcal{F}(x,y)}{ds}\frac{d^2 s}{dr^2} + \frac{d^2\mathcal{F}(x,y)}{ds^2}\left(\frac{ds}{dr}\right)^2,\\
0 &= \frac{d\mathcal{F}(x,y)}{ds}\frac{d^3 s}{dr^3} + 3\frac{d^2\mathcal{F}(x,y)}{ds^2}\frac{ds}{dr}\frac{d^2 s}{dr^2} + \frac{d^3\mathcal{F}(x,y)}{ds^3}\left(\frac{ds}{dr}\right)^3,\\
&\cdots\cdots\cdots\cdots\cdots\cdots\cdots\cdots\cdots\cdots,\\
0 &= \frac{d\mathcal{F}(x,y)}{ds}\frac{d^n s}{dr^n} + \cdots.
\end{aligned}\right. \tag{40}$$

Or, des formules (40), réunies au corollaire II, il résulte évidemment que, si les deux courbes proposées ont entre elles un contact de l'ordre n, les quantités

$$(41)\qquad \frac{ds}{dr},\quad \frac{d^2s}{dr^2},\quad \frac{d^3s}{dr^3},\quad \ldots,\quad \frac{d^ns}{dr^n}$$

conserveront les mêmes valeurs relatives au point de contact, quand on passera de la première courbe à la seconde. En substituant ces valeurs dans les équations

$$(42)\qquad \begin{cases} \dfrac{dx}{dr} = \dfrac{dx}{ds}\dfrac{ds}{dr}, & \dfrac{dy}{dr} = \dfrac{dy}{ds}\dfrac{ds}{dr}, \\ \dfrac{d^2x}{dr^2} = \dfrac{dx}{ds}\dfrac{d^2s}{dr^2} + \dfrac{d^2x}{ds^2}\left(\dfrac{ds}{dr}\right)^2, & \dfrac{d^2y}{dr^2} = \dfrac{dy}{ds}\dfrac{d^2s}{dr^2} + \dfrac{d^2y}{ds^2}\left(\dfrac{ds}{dr}\right)^2, \\ \ldots\ldots\ldots\ldots\ldots\ldots, & \ldots\ldots\ldots\ldots\ldots\ldots, \\ \dfrac{d^nx}{dr^n} = \dfrac{dx}{ds}\dfrac{d^ns}{dr^n} + \ldots, & \dfrac{d^ny}{dr^n} = \dfrac{dy}{ds}\dfrac{d^ns}{dr^n} + \ldots, \end{cases}$$

et ayant égard au corollaire I, on parviendra aux conclusions suivantes :

Si les deux courbes proposées ont entre elles un contact de l'ordre n, et si l'on prend $r = \mathfrak{F}(x, y)$ pour variable indépendante, non seulement les coordonnées x, y, mais encore leurs dérivées, jusqu'à celles de l'ordre n, savoir

$$(43)\qquad \begin{cases} \dfrac{dx}{dr},\quad \dfrac{d^2x}{dr^2},\quad \dfrac{d^3x}{dr^3},\quad \ldots,\quad \dfrac{d^nx}{dr^n}, \\ \dfrac{dy}{dr},\quad \dfrac{d^2y}{dr^2},\quad \dfrac{d^3y}{dr^3},\quad \ldots,\quad \dfrac{d^ny}{dr^n}, \end{cases}$$

conserveront les mêmes valeurs relatives au point de contact, quand on passera de la première courbe à la seconde. Il est donc permis de substituer à la variable s, dans le corollaire I, la variable r, liée par une équation finie quelconque aux deux coordonnées x, y. Seulement, après cette substitution, l'on ne pourra pas affirmer que, pour le point de contact, l'une au moins des deux dérivées

$$\frac{d^{n+1}x}{dr^{n+1}},\quad \frac{d^{n+1}y}{dr^{n+1}},$$

change de valeur dans le passage de la première courbe à la seconde.

Corollaire IV. — Supposons que, l'ordre du contact des deux courbes données étant égal à n, l'on prenne toujours r pour variable indépendante, et que l'on désigne par

$$p, \quad q, \quad \ldots$$

de nouvelles fonctions des coordonnées x, y. On aura

$$(44)\quad \left\{\begin{aligned} \frac{dp}{dr} &= \frac{\partial p}{\partial x}\frac{dx}{dr} + \frac{\partial p}{\partial y}\frac{dy}{dr},\\ \frac{d^2p}{dr^2} &= \frac{\partial p}{\partial x}\frac{d^2x}{dr^2} + \frac{\partial p}{\partial y}\frac{d^2y}{dr^2} + \frac{\partial^2 p}{\partial x^2}\frac{dx^2}{dr^2} + 2\frac{\partial^2 p}{\partial x\,\partial y}\frac{dx}{dr}\frac{dy}{dr} + \frac{\partial^2 p}{\partial y^2}\frac{dy^2}{dr^2},\\ &\ldots\ldots\ldots\ldots\ldots\ldots\ldots\ldots\ldots\ldots\ldots\ldots,\\ \frac{d^np}{dr^n} &= \frac{\partial p}{\partial x}\frac{d^nx}{dr^n} + \frac{\partial p}{\partial y}\frac{d^ny}{dr^n} + \ldots; \end{aligned}\right.$$

et, comme les expressions (43) conserveront les mêmes valeurs relatives au point de contact dans le passage de la première courbe à la seconde, il est clair qu'on pourra en dire autant, non seulement des fonctions dérivées

$$(45)\qquad \frac{dp}{dr}, \quad \frac{d^2p}{dr^2}, \quad \ldots, \quad \frac{d^np}{dr^n},$$

dont les valeurs seront déterminées par les formules (44), mais encore des différentielles

$$(46)\qquad dp, \quad d^2p, \quad \ldots, \quad d^np.$$

On arriverait à des conclusions semblables en substituant la fonction q à la fonction p. Enfin on pourrait échanger entre elles les fonctions p, q, r, ... de toutes les manières possibles, et affirmer, par exemple, que, dans le cas où le contact est de l'ordre n, les dérivées

$$(47)\qquad \frac{dr}{dp}, \quad \frac{d^2r}{dp^2}, \quad \ldots, \quad \frac{d^nr}{dp^n},$$

prises par rapport à la variable p considérée comme indépendante, et les différentielles

$$(48) \qquad \begin{cases} dp, & d^2p, & \ldots, & d^np, \\ dr, & d^2r, & \ldots, & d^nr, \end{cases}$$

prises par rapport à la variable q considérée comme indépendante, conservent les mêmes valeurs relatives au point de contact, tandis qu'on passe d'une courbe à l'autre.

Corollaire V. — Rien n'empêche de supposer, dans les corollaires II et III,

$$r = x.$$

Alors celles des expressions (43) qui renferment la variable x se réduisent, la première à l'unité, les autres à zéro, et celles qui renferment y deviennent respectivement

$$(49) \qquad \frac{dy}{dx}, \quad \frac{d^2y}{dx^2}, \quad \frac{d^3y}{dx^3}, \quad \ldots, \quad \frac{d^ny}{dx^n}.$$

Donc, si les deux courbes proposées ont entre elles un contact de l'ordre n, et si l'on prend x pour variable indépendante, non seulement l'ordonnée y, mais encore ses dérivées successives jusqu'à celle de l'ordre n, conserveront les mêmes valeurs relatives au point de contact, dans le passage de la première courbe à la seconde. Ajoutons que, dans ce passage, la dérivée de l'ordre $n+1$ et les suivantes prendront ordinairement des valeurs nouvelles. Néanmoins le contraire pourrait avoir lieu dans certains cas particuliers. Ainsi, par exemple, si l'on considère les deux courbes

$$(50) \qquad x = y^2, \qquad x = y^3,$$

qui se touchent à l'origine des coordonnées et qui ont l'axe des y pour tangente commune, on reconnaîtra que, pour le point de contact, chacune des quantités

$$y, \quad \frac{dy}{dx}, \quad \frac{d^2y}{dx^2}, \quad \frac{d^3y}{dx^3}, \quad \ldots,$$

conserve la même valeur dans le passage d'une courbe à l'autre, savoir la quantité y une valeur nulle, et chacune des dérivées $\frac{dy}{dx}$, $\frac{d^2y}{dx^2}$, ... une valeur infinie, quoique le contact soit du premier ordre seulement.

Lorsque la tangente commune aux deux courbes données ne coïncide pas avec l'axe des y ou avec une parallèle à cet axe, $\frac{d^ny}{dx^n}$ est la dernière des dérivées de y qui conservent les mêmes valeurs pour les deux courbes (*voir* le corollaire V du théorème IV) et, par suite, la dérivée de l'ordre $n+1$, savoir

$$\frac{d^{n+1}y}{dx^{n+1}},$$

change nécessairement de valeur dans le passage d'une courbe à l'autre.

Corollaire VI. — Deux courbes qui ont entre elles un contact du second ordre, ou d'un ordre plus élevé, sont toujours osculatrices l'une de l'autre, puisqu'elles doivent fournir les mêmes valeurs de y, y', y'' relatives au point de contact, dans le cas où l'on choisit l'abscisse x pour variable indépendante. Réciproquement, deux courbes osculatrices, devant satisfaire à cette condition, quelle que soit la droite que l'on prenne pour axe des x, ont nécessairement, au point d'osculation, un contact du second ordre, ou d'un ordre supérieur à 2.

En terminant cette Leçon, nous ferons observer que les théorèmes IV et VI, avec leurs différents corollaires et ceux du théorème V, continuent évidemment de subsister dans le cas où l'on désigne par x, y non plus des coordonnées rectangulaires, mais des coordonnées obliques. Seulement, les formules (20) et (34) devront alors être remplacées par les deux suivantes :

(51) $$\text{8} = [(x-\xi)^2 + (y-\eta)^2 + 2(x-\xi)(y-\eta)\cos\delta]^{\frac{1}{2}},$$

(52) $$r = (x^2 + y^2 + 2xy\cos\delta)^{\frac{1}{2}},$$

et l'expression (21) par la somme

$$(x-\xi)^2+(y-\eta)^2+2(x-\xi)(y-\eta)\cos\delta$$
$$=[y-\eta+(x-\xi)\cos\delta]^2+[(x-\xi)\sin\delta]^2,$$

δ représentant l'angle compris entre les demi-axes des coordonnées positives.

DIXIÈME LEÇON.

SUR LES DIVERSES ESPÈCES DE CONTACT QUE PEUVENT OFFRIR DEUX COURBES PLANES REPRÉSENTÉES PAR DEUX ÉQUATIONS DONT L'UNE RENFERME DES CONSTANTES ARBITRAIRES. POINTS DE CONTACT DANS LESQUELS DEUX COURBES PLANES SE TRAVERSENT EN SE TOUCHANT.

Considérons deux courbes planes représentées par deux équations entre des coordonnées x, y, rectangulaires ou obliques, et supposons que, la forme et la position de la première courbe étant complètement déterminées, la forme et la position de la seconde puissent varier avec les valeurs de plusieurs constantes arbitraires $a, b, c, \ldots$ comprises dans son équation. Soient

$$(1) \qquad f(x, y) = 0$$

l'équation de la première courbe, et

$$(2) \qquad F(x, y, a, b, c, \ldots) = 0$$

l'équation de la seconde. Concevons, de plus, que l'on prenne l'abscisse x pour variable indépendante et que l'on choisisse sur la première courbe un point (x, y) dans lequel la tangente ne soit pas parallèle à l'axe des y. On pourra disposer des constantes arbitraires $a, b, c, \ldots$, ou de quelques-unes d'entre elles, de manière que les valeurs de plusieurs termes consécutifs de la suite

$$(3) \qquad y, \quad y', \quad y'', \quad y''', \quad \ldots$$

restent les mêmes, pour l'abscisse x, dans le passage de la première courbe à la seconde. Alors la seconde courbe renfermera le point (x, y) de la première et aura en ce point avec elle un contact dont l'ordre sera inférieur d'une unité au nombre des termes qui n'auront pas changé de valeurs. Soit maintenant n le nombre des constantes a, b, $c, \ldots$. Comme on établit entre elles une équation de condition toutes les fois qu'on égale les deux valeurs d'un terme de la série (3) relatives aux deux courbes, il est clair que ces constantes seront toutes déterminées si l'on assujettit les n premiers termes de la série à conserver les mêmes valeurs dans le passage d'une courbe à l'autre. Mais, si l'on garde seulement quelques-unes des équations ainsi formées, en commençant par celles qui se rapportent à l'ordonnée y et à ses dérivées des ordres inférieurs, plusieurs constantes resteront arbitraires et la seconde courbe pourra varier de forme et de position, sans cesser toutefois de renfermer le point (x, y) et de toucher la première courbe en ce point. Dans le premier cas, l'ordre du contact est au moins égal à $n - 1$, et en même temps cet ordre est le plus élevé possible. Dans le second cas, l'ordre du contact est généralement inférieur à $n - 1$.

On arriverait à des conclusions semblables si l'on prenait y pour variable indépendante et si l'on considérait, sur la première courbe, un point dans lequel la tangente ne fût pas parallèle à l'axe des x. On peut, en conséquence, énoncer la proposition suivante :

Théorème I. — *Parmi les systèmes de valeurs qu'on peut attribuer à n constantes arbitraires $a, b, c, \ldots$ renfermées dans l'équation*

$$F(x, y, a, b, c, \ldots) = 0, \tag{2}$$

il existe généralement un système pour lequel la courbe représentée par cette équation acquiert avec une courbe donnée, au point dont l'abscisse est x, un contact d'un ordre au moins égal au nombre $n - 1$ et une infinité de systèmes pour lesquels le contact entre les deux courbes est d'un ordre inférieur au même nombre.

Corollaire I. — Pour trouver, parmi les systèmes de valeurs de a, $b, c, \ldots$ celui qui détermine un contact d'un ordre au moins égal à $n - 1$, dans le cas où l'on prend l'abscisse x pour variable indépendante, il suffit évidemment de combiner entre elles les formules qu'on obtient en substituant les valeurs de

$$y, \quad y', \quad y'', \quad \ldots, \quad y^{(n-1)}, \tag{4}$$

tirées des équations de la courbe donnée, dans l'équation finie de la seconde courbe et dans ses équations dérivées d'un ordre inférieur à n.

Si l'on prenait pour variable indépendante, à la place de l'abscisse x, une fonction quelconque des coordonnées x, y, ou l'arc s compté sur chaque courbe à partir d'un point fixe, alors, pour obtenir le système demandé, il faudrait employer (*voir* la neuvième Leçon) les formules que l'on trouve quand on substitue les valeurs des quantités

$$(5)\qquad x,\ y,\ dx,\ dy,\ d^2x,\ d^2y,\ \ldots,\ d^{n-1}x,\ d^{n-1}y$$

relatives à la courbe donnée dans l'équation finie de la seconde courbe et dans ses équations différentielles d'un ordre égal ou inférieur à n, c'est-à-dire dans les équations successives

$$(6)\qquad \left\{\begin{aligned} F(x, y, a, b, c, \ldots) &= 0,\\ dF(x, y, a, b, c, \ldots) &= 0,\\ \ldots\ldots\ldots\ldots&\ldots\ldots,\\ d^{n-1}F(x, y, a, b, c, \ldots) &= 0, \end{aligned}\right.$$

lesquelles, étant développées, se présentent sous les formes

$$(7)\qquad \left\{\begin{aligned} &F(x, y, a, b, c, \ldots) = 0,\\ &\frac{\partial F(x, y, a, b, c, \ldots)}{\partial x}dx + \frac{\partial F(x, y, a, b, c, \ldots)}{\partial y}dy = 0,\\ &\ldots\ldots\ldots\ldots\ldots\ldots\ldots\ldots,\\ &\frac{\partial F(x, y, a, b, c, \ldots)}{\partial x}d^{n-1}x + \frac{\partial F(x, y, a, b, c, \ldots)}{\partial y}d^{n-1}y + \ldots = 0. \end{aligned}\right.$$

Les formules (7), dont le nombre est égal à n, suffisent évidemment pour déterminer les constantes a, b, c, ... Elles renferment d'ailleurs, comme cas particuliers, les équations auxquelles on arrive quand on prend l'abscisse x pour variable indépendante.

Corollaire II. — Pour obtenir des systèmes de valeurs de a, b, c, ... qui établissent entre la courbe donnée et la courbe représentée par l'équation (2) un contact d'un ordre inférieur à $n-1$, il suffit de conserver quelques-unes des formules indiquées dans le corollaire précédent, en commençant par celles qui renferment y et ses dérivées ou ses différentielles des ordres inférieurs. Ainsi, par exemple, le contact sera en général du deuxième, du troisième, ... ordre, si l'on assujettit les constantes a, b, c, ... à vérifier les trois premières, les quatre premières, ... des équations (7). Or on trouvera une infinité de systèmes qui satisferont à de semblables conditions.

Corollaire III. — Lorsque l'équation (2) renferme trois constantes arbitraires et se réduit à

$$F(x, y, a, b, c) = 0, \tag{8}$$

on peut attribuer aux constantes a, b, c une infinité de systèmes de valeurs pour lesquels la courbe (8) soit tangente à une courbe donnée, et, pour obtenir ces systèmes, il suffit de combiner les deux équations

$$\left\{\begin{aligned} &F(x, y, a, b, c) = 0, \\ &\frac{\partial F(x, y, a, b, c)}{\partial x}dx + \frac{\partial F(x, y, a, b, c)}{\partial y}dy = 0; \end{aligned}\right. \tag{9}$$

après y avoir substitué les valeurs de x, y, dx, dy relatives à la courbe donnée. En vertu de ces équations, deux constantes se trouveront exprimées en fonction de la troisième, qui pourra rester arbitraire. Il n'en sera plus de même si l'on veut que la courbe (8) ait avec la courbe donnée, au point (x, y), un contact d'un ordre au moins égal à 2, ou, en d'autres termes, si l'on veut que le point (x, y) devienne pour les deux courbes un point d'osculation. Alors les trois constantes a, b, c, ... se trouveront déterminées par le système des trois équations

$$\left\{\begin{aligned} &F(x, y, a, b, c) = 0, \\ &\frac{\partial F(x, y, a, b, c)}{\partial x}dx + \frac{\partial F(x, y, a, b, c)}{\partial y}dy = 0, \\ &\frac{\partial^2 F(x, y, a, b, c)}{\partial x^2}dx^2 + 2\frac{\partial^2 F(x, y, a, b, c)}{\partial x\,\partial y}dx\,dy + \frac{\partial^2 F(x, y, a, b, c)}{\partial y^2}dy^2 \\ &\qquad + \frac{\partial F(x, y, a, b, c)}{\partial x}d^2x + \frac{\partial F(x, y, a, b, c)}{\partial y}d^2y = 0; \end{aligned}\right. \tag{10}$$

Corollaire IV. — Si l'on remplace, dans le corollaire III, les constantes arbitraires a, b, c par les constantes arbitraires ξ, η, ρ, et si l'on réduit la courbe (8) au cercle qui a pour équation

$$(x-\xi)^2+(y-\eta)^2=\rho^2, \tag{11}$$

la seconde des formules (9) deviendra

$$(x-\xi)\,dx+(y-\eta)\,dy=0, \tag{12}$$

et elle fera connaître la relation qui doit exister entre les coordonnées ξ, η pour que le cercle touche la courbe donnée au point (x, y). Or, les coordonnées ξ, η étant celles du centre du cercle, et l'équation (12) étant du premier degré, on est en droit de conclure, non seulement qu'il y aura une infinité de cercles qui toucheront la courbe au point (x, y), mais encore que tous les cercles tangents auront leurs centres sur une même droite, à laquelle appartiendra l'équation (12), si l'on considère ξ et η comme seules variables. Effectivement, il est clair que les centres de tous les cercles tangents sont situés sur la normale, laquelle est représentée par l'équation dont il s'agit.

Si l'on veut que le cercle représenté par la formule (11), au lieu de toucher simplement la courbe donnée, ait avec cette courbe un contact d'un ordre égal ou supérieur à 2, et devienne, par conséquent, osculateur de la courbe, il faudra joindre aux formules (11) et (12) l'équation différentielle du second ordre

$$(x-\xi)\,d^2x+(y-\eta)\,d^2y+dx^2+dy^2=0, \tag{13}$$

qui remplacera la dernière des formules (10). Alors les coordonnées ξ, η et le rayon ρ se trouveront complètement déterminés par le moyen des formules (11), (12) et (13), qui coïncideront avec les équations (19) de la septième Leçon et avec les équations (16) de la huitième.

Corollaire V. — Concevons que la courbe (2) soit une courbe parabolique dont l'ordonnée y se réduise à une fonction entière de x du degré $n-1$, c'est-à-dire, à un polynôme de la forme

$$y = a + bx + cx^2 + \ldots + px^{n-2} + qx^{n-1}. \tag{14}$$

Alors, si l'on prend x pour variable indépendante, les équations (7) donneront

$$\left\{\begin{array}{ll} y & = a + bx + cx^2 + \ldots + px^{n-2} + qx^{n-1}, \\ y' & = b + 2cx + \ldots + (n-2)px^{n-3} + (n-1)qx^{n-2}, \\ \multicolumn{2}{l}{\ldots\ldots\ldots\ldots\ldots\ldots\ldots\ldots\ldots\ldots\ldots\ldots,} \\ y^{(n-2)} & = 1.2.3\ldots(n-2)p + 2.3.4\ldots(n-1)qx, \\ y^{(n-1)} & = 1.2.3\ldots(n-1)q; \end{array}\right. \tag{15}$$

et, pour déterminer les constantes $a, b, c, \ldots, p, q$ de manière que la courbe (14) ait avec une courbe donnée, au point (x, y), un contact d'un ordre égal ou supérieur à $n-1$, il suffira d'employer les équations (15), après y avoir substitué les valeurs de $x, y, y', \ldots, y^{(n-2)}$, $y^{(n-1)}$ relatives à la courbe donnée et au point dont il s'agit. Si, pour plus de commodité, on désigne par ξ, η les coordonnées d'un point qui soit situé sur la courbe cherchée, sans coïncider avec le point (x, y), cette courbe pourra être représentée par l'équation en ξ et η qui résultera de l'élimination des constantes $a, b, c, \ldots, p, q$ entre les formules (15) et la suivante

$$\eta = a + b\xi + c\xi^2 + \ldots + p\xi^{n-2} + q\xi^{n-1}. \tag{16}$$

Or, si l'on développe le second membre de l'équation (16) suivant les puissances ascendantes de $\xi - x$, en observant qu'on a, pour une valeur quelconque du nombre entier m,

$$\begin{aligned} \xi^m &= [x + (\xi - x)]^m \\ &= x^m + \frac{m}{1} x^{m-1}(\xi - x) + \frac{m(m-1)}{1.2} x^{m-2}(\xi - x)^2 + \ldots + (\xi - x)^m, \end{aligned}$$

on trouvera

$$(17)\quad \left\{\begin{aligned} \eta = {} & a + bx + cx^2 + \ldots + px^{n-2} + qx^{n-1} \\ & + \frac{b + 2cx + \ldots + (n-2)px^{n-3} + (n-1)qx^{n-2}}{1}(\xi - x) \\ & + \ldots\ldots\ldots\ldots\ldots\ldots\ldots\ldots\ldots\ldots\ldots\ldots \\ & + \frac{1.2.3\ldots(n-2)p + 2.3.4\ldots(n-1)qx}{1.2.3\ldots(n-2)}(\xi - x)^{n-2} \\ & + \frac{1.2.3\ldots(n-1)q}{1.2.3\ldots(n-1)}(\xi - x)^{n-1}, \end{aligned}\right.$$

puis, en ayant égard aux formules (15),

$$(18)\quad \left\{\begin{aligned} \eta = {} & y + \frac{y'}{1}(\xi - x) + \frac{y''}{1.2}(\xi - x)^2 + \ldots \\ & + \frac{y^{(n-2)}}{1.2.3\ldots(n-2)}(\xi - x)^{n-2} + \frac{y^{(n-1)}}{1.2.3\ldots(n-1)}(\xi - x)^{n-1}. \end{aligned}\right.$$

Telle est l'équation de la courbe parabolique du degré $n-1$ qui a, en un point donné (x, y), un contact de l'ordre $n-1$ ou d'un ordre supérieur avec une courbe donnée. On parvient encore à la même équation, quand on cherche à déterminer les constantes B, C, ..., P, Q de manière que la courbe parabolique qui est représentée par la formule

$$(19)\quad \eta - y = \mathrm{B}(\xi - x) + \mathrm{C}(\xi - x)^2 + \ldots + \mathrm{P}(\xi - x)^{n-2} + \mathrm{Q}(\xi - x)^{n-1},$$

et qui passe évidemment par le point (x, y), acquière en ce point avec la courbe proposée un contact de l'ordre $n-1$. En effet, pour que cette condition soit remplie, il suffit, en vertu des principes établis dans la neuvième Leçon, que les valeurs de

$$(20)\qquad \frac{d\eta}{d\xi},\quad \frac{d^2\eta}{d\xi^2},\quad \ldots,\quad \frac{d^{n-2}\eta}{d\xi^{n-2}},\quad \frac{d^{n-1}\eta}{d\xi^{n-1}},$$

tirées de la formule (19) et correspondantes à $\xi = x$, savoir

$$(21)\qquad \mathrm{B},\quad 1.2\mathrm{C},\quad \ldots,\quad 1.2.3\ldots(n-2)\mathrm{P},\quad 1.2.3\ldots(n-1)\mathrm{Q},$$

soient respectivement égales aux valeurs de

$$(22)\qquad y',\quad y'',\quad \ldots,\quad y^{(n-2)},\quad y^{(n-1)},$$

tirées de l'équation de la courbe donnée. Or, en égalant les quantités (21) aux expressions (22), on en conclut

$$(23)\quad B = y',\quad C = \frac{y''}{1.2},\quad \ldots,\quad P = \frac{y^{(n-2)}}{1.2.3\ldots(n-2)},\quad Q = \frac{y^{(n-1)}}{1.2.3\ldots(n-1)};$$

et, en substituant les valeurs précédentes de B, C, ..., P, Q dans l'équation (19), on retrouve précisément l'équation (18).

Dans le cas particulier où l'on prend $n = 2$, la courbe cherchée se change en une droite, et l'équation (18), réduite à la forme

$$(24)\qquad \eta = y + y'(\xi - x),$$

représente, comme on devait s'y attendre, la tangente menée par le point (x, y) à la courbe qui renferme ce même point.

Si l'on suppose $n = 3$, l'équation (18), réduite à la forme

$$(25)\qquad \eta = y + \frac{y'}{1}(\xi - x) + \frac{y''}{1.2}(\xi - x)^2,$$

représentera une parabole du second degré, qui sera osculatrice de la courbe donnée, et qui aura pour axe une droite parallèle de l'axe des y.

Pour terminer ce que nous avons à dire sur le contact des courbes planes, il nous reste à établir une proposition digne de remarque, qui se rapporte au cas où l'ordre du contact est un nombre entier, et que l'on peut énoncer comme il suit :

Théorème II. — *Considérons deux courbes planes dont les équations en coordonnées rectangulaires ou obliques se présentent sous les formes*

$$(26)\qquad y = f(x),$$

$$(27)\qquad y = F(x).$$

Concevons, de plus, que l'on désigne par n un nombre entier quelconque, et que, les deux courbes ayant un contact de l'ordre n en un point donné, les deux fonctions

$$(28)\qquad f^{(n+1)}(x),\quad F^{(n+1)}(x)$$

restent continues par rapport à x, dans le voisinage de ce même point. Les deux courbes se traverseront en se touchant, si n est un nombre pair. Au contraire, si n est un nombre impair, l'ordonnée de l'une des courbes demeurera constamment supérieure à l'ordonnée de l'autre, dans le voisinage du point de contact. Enfin, dans l'une et l'autre hypothèse, celle des ordonnées $f(x)$, $\mathrm{F}(x)$ qui deviendra la plus grande, quand on passera au delà du point de contact en avançant du côté des x positives, sera celle dont la dérivée de l'ordre $n+1$ obtiendra la plus grande valeur au point dont il s'agit.

Démonstration. — En effet, le contact étant de l'ordre n, si, dans les différences

$$\mathrm{F}(x+i)-f(x+i),\quad \mathrm{F}'(x+i)-f'(x+i),\quad \mathrm{F}''(x+i)-f''(x+i),\quad \ldots,$$

on substitue pour x l'abscisse du point donné,

$$\mathrm{F}^{(n+1)}(x+i)-f^{(n+1)}(x+i) \tag{29}$$

sera la première de ces différences qui cessera de s'évanouir avec i; et, puisque les fonctions $f^{(n+1)}(x)$, $\mathrm{F}^{(n+1)}(x)$ restent continues par hypothèse dans le voisinage du point de contact, il est clair que la différence

$$\mathrm{F}^{(n+1)}(x)-f^{(n+1)}(x) \tag{30}$$

n'obtiendra pour ce point ni une valeur nulle, ni une valeur infinie, et se réduira nécessairement à une quantité finie différente de zéro. D'ailleurs, en désignant par θ un nombre inférieur à l'unité, on tirera de la formule (8) de l'Addition au Calcul infinitésimal

$$\mathrm{F}(x+i)-f(x+i)=\frac{i^{n+1}}{1.2.3\ldots(n+1)}\left[\mathrm{F}^{(n+1)}(x+\theta i)-f^{(n+1)}(x+\theta i)\right]; \tag{31}$$

et comme, pour de très petites valeurs de i, les expressions

$$\mathrm{F}^{(n+1)}(x)-f^{(n+1)}(x) \quad \text{et} \quad \mathrm{F}^{(n+1)}(x+\theta i)-f^{(n+1)}(x+\theta i)$$

seront des quantités de même signe, on peut évidemment affirmer que, si l'abscisse $x+i$ diffère très peu de l'abscisse x, le second membre de la formule (31) sera une quantité affectée du même signe que le produit

$$(32) \qquad i^{n+1}[F^{(n+1)}(x)-f^{(n+1)}(x)].$$

Donc, l'expression $F(x+i)-f(x+i)$, équivalente à ce second membre, changera de signe avec i et i^{n+1}, si n est un nombre pair. Alors celle des ordonnées $f(x+i)$, $F(x+i)$ qui était la plus petite avant le point de contact, du côté des x négatives, deviendra la plus grande de l'autre côté; d'où il résulte que les deux courbes se traverseront en se touchant. Le contraire aura lieu si n est un nombre impair. Alors, i^{n+1} étant une puissance paire de i, le produit (32) aura toujours le même signe que le facteur $F^{(n+1)}(x)-f^{(n+1)}(x)$, et, par suite, l'ordonnée $F(x+i)$ sera constamment supérieure ou constamment inférieure, dans le voisinage du point de contact, à l'ordonnée $f(x+i)$, suivant que ce facteur sera positif ou négatif, c'est-à-dire, en d'autres termes, suivant que la quantité $F^{(n+1)}(x)$ sera supérieure ou inférieure à la quantité $f^{(n+1)}(x)$. Ajoutons que, pour des valeurs positives de i, les expressions (30) et (32) seront, dans la première hypothèse comme dans la seconde, des quantités de même signe, et qu'en conséquence celle des ordonnées $f(x)$, $F(x)$ qui deviendra la plus grande au delà du point de contact, correspondra toujours à celle des dérivées $f^{(n+1)}(x)$, $F^{(n+1)}(x)$ qui obtiendra la plus grande valeur au même point.

Corollaire I. — La tangente menée à une courbe par un point donné n'ayant, en général, avec cette courbe qu'un contact du premier ordre, l'une de ces deux lignes restera pour l'ordinaire supérieure à l'autre avant et après le point de contact. Elles pourront, néanmoins, se traverser mutuellement dans certains cas particuliers; et c'est ce qui arrivera pour une valeur donnée de x, si les valeurs correspondantes de

$$(33) \qquad y'', \quad y''', \quad \ldots,$$

tirées de l'équation de la courbe, forment une suite dans laquelle le premier des termes qui ne s'évanouissent pas conserve une valeur finie, et, si ce terme est une dérivée d'ordre impair, qui reste fonction continue de x, dans le voisinage du point donné. En effet, désignons par n un nombre pair quelconque, et supposons que, les formules

$$(34) \qquad y''=0, \quad y'''=0, \quad \ldots, \quad y^{(n)}=0$$

étant vérifiées pour une certaine valeur de x, la valeur correspondante de $y^{(n+1)}$ demeure finie et diffère de zéro. Soit, d'ailleurs,

$$(35) \qquad y=a+bx$$

l'équation de la tangente. Comme on tirera généralement de cette équation

$$(36) \qquad y'=a, \quad y''=0, \quad y'''=0, \quad \ldots, \quad y^{(n)}=0, \quad y^{(n+1)}=0, \quad \ldots,$$

il est clair qu'en passant de la courbe à la tangente, on retrouvera pour le point de contact les mêmes valeurs, non seulement de y et de y', mais encore de y'', y''', ..., $y^{(n)}$; et comme, dans ce passage, $y^{(n+1)}$ changera de valeur, nous pouvons conclure que la courbe et sa tangente auront un contact d'ordre pair. Par suite, si la valeur de $y^{(n+1)}$ tirée de l'équation de la courbe est une fonction continue de x, dans le voisinage du point que l'on considère, la courbe et sa tangente se traverseront mutuellement, en vertu du théorème II. Alors le point de contact sera un point d'inflexion de la courbe proposée.

Corollaire II. — Le cercle osculateur d'une courbe, en un point donné, ayant, en général, avec cette courbe un contact du second ordre, ces deux courbes se traverseront pour l'ordinaire. Néanmoins, il peut arriver que, dans certains cas particuliers, l'ordre du contact s'élève, et se trouve indiqué par un nombre impair. Alors le cercle osculateur et la courbe pourront cesser de se traverser mutuellement. Ainsi, par exemple, si la courbe proposée devient une parabole, une ellipse ou une hyperbole, le cercle osculateur aura un contact du troisième ordre avec cette courbe, et cessera de la traverser, quand on fera coïncider le point de contact avec le sommet de la parabole, avec les extrémités des axes de l'ellipse, ou avec les extrémités de l'axe réel de l'hyperbole.

ONZIÈME LEÇON

SUR L'USAGE QUE L'ON PEUT FAIRE DES COORDONNÉES POLAIRES POUR EXPRIMER OU POUR DÉCOUVRIR DIVERSES PROPRIÉTÉS DES COURBES PLANES.

Dans les Leçons précédentes, nous avons généralement supposé qu'une courbe plane était représentée par une équation entre deux coordonnées rectangulaires x, y. Mais il est souvent utile de substituer à ces mêmes coordonnées les coordonnées polaires r et p déjà employées dans les Préliminaires (page 17), et liées aux variables x, y par les formules

$$x = r\cos p, \qquad y = r\sin p. \tag{1}$$

Nous allons indiquer ici quelques-uns des résultats auxquels on est conduit par cette substitution.

Observons d'abord que la quantité r, par laquelle on désigne le rayon vecteur mené de l'origine ou *pôle* à un point mobile, doit toujours être regardée comme positive. Quant à l'angle p, formé par ce rayon vecteur avec un demi-axe donné, il pourra être positif ou négatif et recevoir une valeur numérique inférieure ou supérieure à 2π, ainsi qu'on l'a déjà expliqué (*voir* les Préliminaires, pages 17 et 18). Pour plus de commodité, le demi-axe des x positives, à partir duquel on compte l'angle p, sera nommé dorénavant *demi-axe polaire.*

Cela posé, il est clair : 1° que l'équation de tout cercle, qui aura l'origine pour centre, sera de la forme

$$r = \mathrm{R}, \tag{2}$$

R désignant une constante positive égale au rayon du cercle; 2° que l'équation d'un demi-axe aboutissant à l'origine sera de la forme

$$(3) \qquad p = P,$$

P désignant une constante positive ou négative. On peut ajouter que l'équation (3) continuera de représenter le même demi-axe, si la quantité P croît ou diminue de manière que l'accroissement ou la diminution ait pour mesure un multiple de la circonférence, ou, en d'autres termes, le produit de π par un nombre pair. Enfin, le demi-axe dont il s'agit sera remplacé par un autre dirigé suivant la même droite, mais en sens inverse, si l'accroissement ou la diminution de la quantité P est le produit de la demi-circonférence π par un nombre impair.

Lorsqu'une courbe plane est représentée par une équation entre les coordonnées rectangulaires x, y, on peut, à l'aide des formules (1), substituer immédiatement aux variables x, y les coordonnées polaires, et obtenir ce qu'on nomme l'*équation polaire* de la courbe. Ainsi, par exemple, si l'on appelle ξ, η les coordonnées rectangulaires d'un point fixe, et R, P ses coordonnées polaires liées aux premières par les formules

$$(4) \qquad \xi = R\cos P, \qquad \eta = R\sin P,$$

on reconnaîtra que la droite menée par ce point de manière à former l'angle ψ avec le demi-axe des x positives a pour équation en coordonnées rectangulaires

$$(5) \qquad \frac{y-\eta}{x-\xi} = \operatorname{tang}\psi \quad \text{ou} \quad \frac{x-\xi}{\cos\psi} = \frac{y-\eta}{\sin\psi},$$

et pour équation polaire

$$(6) \qquad \frac{r\cos p - R\cos P}{\cos\psi} = \frac{r\sin p - R\sin P}{\sin\psi}$$

ou, ce qui revient au même,

$$(7) \qquad r\sin(p-\psi) = R\sin(P-\psi).$$

Si la longueur R s'évanouit, la droite passera par l'origine, et son équation polaire deviendra

$$(8)\qquad \sin(p-\psi)=0.$$

On vérifiera celle-ci en prenant pour n un nombre entier quelconque, et posant

$$p=\psi\pm 2n\pi \qquad \text{ou} \qquad p=\psi\pm(2n+1)\pi.$$

Chacune de ces deux dernières formules est semblable à l'équation (3), et représente un des deux demi-axes qui sont dirigés suivant la droite donnée, mais en sens contraires, et qui aboutissent à l'origine.

On peut aisément, dans l'équation (7), substituer l'angle $p-\mathrm{P}$ à l'angle $p-\psi$. En effet,

$$p-\psi=(p-\mathrm{P})+(\mathrm{P}-\psi)$$

et, par suite,

$$\sin(p-\psi)=\sin(p-\mathrm{P})\cos(\mathrm{P}-\psi)+\sin(\mathrm{P}-\psi)\cos(p-\mathrm{P}).$$

Or, si l'on a égard à cette dernière formule, on tirera de l'équation (7)

$$(9)\qquad \frac{r\cos(p-\mathrm{P})-\mathrm{R}}{\cos(\psi-\mathrm{P})}=\frac{r\sin(p-\mathrm{P})}{\sin(\psi-\mathrm{P})}$$

ou, ce qui revient au même,

$$(10)\qquad \frac{r\cos(p-\mathrm{P})-\mathrm{R}}{r\sin(p-\mathrm{P})}=\cot(\psi-\mathrm{P}).$$

Au reste, pour déduire immédiatement l'équation (9) de l'équation (6), il suffit d'observer que rien n'empêche de substituer aux trois angles p, P et ψ, formés par trois directions données avec le demi-axe polaire, les trois angles $p-\mathrm{P}$, o et $\psi-\mathrm{P}$ formés par les mêmes directions avec le demi-axe qui a pour équation $p=\mathrm{P}$.

Si, du point (ξ, η) comme centre, avec le rayon ρ, on décrit un cercle, ce cercle, représenté par la formule

$$(11)\qquad (x-\xi)^2+(y-\eta)^2=\rho^2,$$

aura évidemment pour équation polaire

$$(r\cos p - R\cos P)^2 + (r\sin p - R\sin P)^2 = \rho^2$$

ou

$$(12)\qquad r^2 - 2Rr\cos(p - P) + R^2 = \rho^2.$$

Dans le cas particulier où le centre coïncide avec l'origine, R s'évanouit, et l'équation (12) se réduit à

$$r^2 = \rho^2 \quad \text{ou} \quad r = \rho;$$

c'est-à-dire qu'elle reprend la forme de l'équation (2).

Il est encore facile de s'assurer que les deux paraboles et l'ellipse ou hyperbole représentées par les trois équations

$$(13)\qquad y^2 = 2ax,$$

$$(14)\qquad y^2 = -2ax,$$

$$(15)\qquad Ax^2 + 2Bxy + Cy^2 = K$$

ont pour équations polaires

$$(16)\qquad r = \frac{2a\cos p}{\sin^2 p},$$

$$(17)\qquad r = -\frac{2a\cos p}{\sin^2 p},$$

$$(18)\qquad \begin{cases} r^2 = \dfrac{K}{A\cos^2 p + 2B\sin p\cos p + C\sin^2 p} \\ \quad = \dfrac{2K}{A + C + 2B\sin 2p + (A - C)\cos 2p}. \end{cases}$$

Si la formule (15) se réduit à l'une des suivantes

$$(19)\qquad \frac{x^2}{a^2} + \frac{y^2}{b^2} = 1,$$

$$(20)\qquad \frac{x^2}{a^2} - \frac{y^2}{b^2} = 1,$$

l'équation (18) deviendra

$$(21)\qquad r^2 = \frac{a^2b^2}{a^2\sin^2 p + b^2\cos^2 p}$$

ou

$$(22) \qquad r^2 = \frac{a^2 b^2}{b^2 \cos^2 p - a^2 \sin^2 p}.$$

Concevons, pour fixer les idées, que les constantes a, b soient positives, et que l'on ait $a > b$. La constante a représentera dans les paraboles (13) et (14) le double de la distance du foyer au sommet, dans l'ellipse (19) la moitié du grand axe, et dans l'hyperbole (20) la moitié de l'axe réel. Cela posé, si l'on transporte l'origine au foyer de la parabole (14), et, si l'on fait $\frac{a}{2} = \mathrm{R}$, l'équation de cette parabole en coordonnées rectangulaires prendra la forme

$$(23) \qquad y^2 = -4\mathrm{R}(x - \mathrm{R}) \quad \text{ou} \quad x^2 + y^2 = (2\mathrm{R} - x)^2;$$

puis on en conclura, en observant que la quantité

$$\mathrm{R} - x = \frac{y^2}{4\mathrm{R}},$$

et, à plus forte raison, la quantité $2\mathrm{R} - x$, doivent toujours rester positives,

$$(24) \qquad \sqrt{x^2 + y^2} = 2\mathrm{R} - x \quad \text{ou} \quad x + \sqrt{x^2 + y^2} = 2\mathrm{R}.$$

Si maintenant on substitue les coordonnées polaires aux variables x, y, on trouvera pour l'équation polaire de la parabole

$$(25) \qquad r + r\cos p = 2\mathrm{R} \quad \text{ou} \quad r = \frac{2\mathrm{R}}{1 + \cos p}.$$

Lorsqu'on effectue la même substitution dans la formule (23), on en tire

$$(26) \quad r^2 = (2\mathrm{R} - r\cos p)^2 \quad \text{ou} \quad [r(1 + \cos p) - 2\mathrm{R}][r(1 - \cos p) + 2\mathrm{R}] = 0.$$

De plus, les quantités r, R étant essentiellement positives, et la quantité $1 - \cos p$ étant positive ou nulle, il est clair que le facteur

$$r(1 - \cos p) + 2\mathrm{R}$$

a toujours une valeur finie différente de zéro. On peut donc supprimer ce facteur dans la formule (26), qui par ce moyen se trouvera évidemment ramenée à l'équation (25).

Dans une ellipse, ou dans une hyperbole, on appelle *excentricité* le rapport entre la distance d'un foyer au centre et la moitié du grand axe ou de l'axe réel. Soit ε ce rapport. La distance du centre à l'un des foyers sera, pour l'ellipse (19),

$$a\varepsilon = \sqrt{a^2 - b^2}, \tag{27}$$

et, pour l'hyperbole (20),

$$a\varepsilon = \sqrt{a^2 + b^2}. \tag{28}$$

Cela posé, si l'on transporte l'origine, dans l'ellipse, au foyer situé du côté des x positives, et dans l'hyperbole, au foyer situé du côté des x négatives, les équations de ces courbes en coordonnées rectangulaires se présenteront sous les formes

$$\frac{(x + a\varepsilon)^2}{a^2} + \frac{y^2}{b^2} = 1, \qquad \frac{(x - a\varepsilon)^2}{a^2} - \frac{y^2}{b^2} = 1.$$

Si dans ces dernières on remet au lieu de b sa valeur tirée de la formule (27) ou (28), elles deviendront respectivement

$$y^2 = (1 - \varepsilon^2)[a^2 - (x + a\varepsilon)^2], \qquad y^2 = (\varepsilon^2 - 1)[(x - a\varepsilon)^2 - a^2]$$

ou

$$x^2 + y^2 = [a(1 - \varepsilon^2) - \varepsilon x]^2 \tag{29}$$

et

$$x^2 + y^2 = [a(\varepsilon^2 - 1) - \varepsilon x]^2. \tag{30}$$

Enfin si, dans les équations (29) et (30), on substitue les coordonnées polaires aux coordonnées rectangulaires, on trouvera pour l'équation polaire de l'ellipse

$$[r - a(1 - \varepsilon^2) + \varepsilon r \cos p][r + a(1 - \varepsilon^2) - \varepsilon r \cos p] = 0 \tag{31}$$

et, pour l'équation polaire de l'hyperbole,

$$(32)\qquad [r - a(\varepsilon^2 - 1) + \varepsilon r \cos p][r + a(\varepsilon^2 - 1) - \varepsilon r \cos p] = 0.$$

Dans la formule (31), le nombre $\varepsilon = \sqrt{1 - \frac{b^2}{a^2}}$ étant plus petit que l'unité, le facteur

$$r + a(1 - \varepsilon^2) - \varepsilon r \cos p = r(1 - \varepsilon \cos p) + a(1 - \varepsilon^2)$$

aura toujours une valeur positive différente de zéro. On peut donc le supprimer, et réduire l'équation polaire de l'ellipse à la forme

$$(33)\qquad r(1 + \varepsilon \cos p) - a(1 - \varepsilon^2) = 0 \qquad \text{ou} \qquad r = \frac{a(1 - \varepsilon^2)}{1 + \varepsilon \cos p}.$$

Si, dans cette dernière, on pose successivement

$$p = 0, \qquad p = \pi,$$

on en tirera

$$r = a(1 - \varepsilon), \qquad r = a(1 + \varepsilon).$$

Ces deux valeurs, dont la somme est égale à $2a$, exprimeront les distances du foyer pris pour origine aux deux extrémités du grand axe. Quant à l'équation (32), dans laquelle le nombre $\varepsilon = \sqrt{1 + \frac{b^2}{a^2}}$ est évidemment supérieur à l'unité, elle se décompose en deux autres, savoir

$$(34)\qquad r(1 + \varepsilon \cos p) - a(\varepsilon^2 - 1) = 0 \qquad \text{ou} \qquad r = \frac{a(\varepsilon^2 - 1)}{1 + \varepsilon \cos p}$$

et

$$(35)\qquad r(1 - \varepsilon \cos p) + a(\varepsilon^2 - 1) = 0 \qquad \text{ou} \qquad r = \frac{a(\varepsilon^2 - 1)}{\varepsilon \cos p - 1}.$$

Or il est facile de s'assurer que chacune de celles-ci représente une seule des deux branches de l'hyperbole, et, en particulier, que l'équation (34), de laquelle on tire

$$r = a(\varepsilon - 1) \qquad \text{pour} \qquad p = 0$$

et

$$r = \infty \qquad \text{pour} \qquad p = \pm \operatorname{arc} \cos\left(-\frac{1}{\varepsilon}\right),$$

appartient à la branche dont le foyer coïncide avec l'origine, tandis que l'équation (35), de laquelle on tire

$$r = a(\varepsilon + 1) \qquad \text{pour} \qquad p = 0$$

et

$$r = \infty \qquad \text{pour} \qquad p = \pm \arccos\left(\frac{1}{\varepsilon}\right),$$

appartient à l'autre branche. Les deux valeurs de p auxquelles correspondent, dans chaque branche, des valeurs infinies de r, indiquent les directions des deux demi-axes qui servent d'asymptotes à cette branche. Quant aux deux longueurs

$$r = a(\varepsilon + 1), \qquad r = a(\varepsilon - 1),$$

dont la différence est égale à $2a$, elles expriment les distances du foyer pris pour origine aux deux extrémités de l'axe réel de l'hyperbole.

On pourrait établir directement et par des considérations géométriques la plupart des formules qui précèdent, en exprimant à l'aide de coordonnées polaires les propriétés connues des lignes que ces formules représentent. Concevons, par exemple, que, P, R désignant les coordonnées polaires d'un point fixe, et ψ un angle quelconque, positif ou négatif, on cherche l'équation polaire de la droite menée par le point (P, R) parallèlement au demi-axe représenté par la formule

$$(36) \qquad p = \psi.$$

Si de l'origine on mène un rayon vecteur r à un point quelconque de la droite, et si l'on nomme δ l'angle aigu ou obtus que forme ce rayon vecteur indéfiniment prolongé avec le demi-axe (36), la valeur de p correspondant au rayon vecteur dont il s'agit sera évidemment donnée par l'une des formules

$$(37) \qquad p = \psi + \delta, \qquad p = \psi + \delta \pm 2n\pi$$

ou

$$(38) \qquad p = \psi - \delta, \qquad p = \psi - \delta \pm 2n\pi,$$

n étant un nombre entier quelconque. Ajoutons que les formules (37) devront être préférées, si un rayon vecteur mobile assujetti à tourner autour de l'origine, en partant de la position dans laquelle il coïncidait avec le demi-axe (36), est obligé, pour décrire l'angle δ, de prendre un mouvement de rotation direct, tandis que les formules (38) devront être préférées dans le cas contraire. Si maintenant on projette le rayon vecteur r sur un axe perpendiculaire à la droite donnée, on obtiendra pour projection la plus courte distance de l'origine à cette droite, et cette plus courte distance se trouvera exprimée par le produit

$$r \sin\delta,$$

qui se réduit, en vertu des formules (37), à

$$r \sin(p - \psi),$$

et en vertu des formules (38), à

$$r \sin(\psi - p).$$

Or la plus courte distance dont il s'agit étant évidemment une quantité indépendante des coordonnées variables r et p, nous sommes en droit de conclure que le produit $r\sin(p - \psi)$ ou $r\sin(\psi - p)$ ne changera pas quand on y remplacera p par P et r par R. On aura donc

$$r \sin(p - \psi) = \mathrm{R} \sin(\mathrm{P} - \psi) \qquad \text{ou} \qquad r \sin(\psi - p) = \mathrm{R} \sin(\psi - \mathrm{P}).$$

Chacune de ces dernières formules coïncide avec l'équation (7).

Cherchons à présent l'équation polaire du cercle décrit du point (P, R) comme centre avec le rayon ρ. Si l'on nomme p, r les coordonnées d'un point quelconque de la circonférence, et δ l'angle compris entre les rayons r, R, on aura

$$p = \mathrm{P} \pm \delta \qquad \text{ou} \qquad p = \mathrm{P} \pm \delta \pm 2n\pi,$$

et, par suite,

$$\pm\delta = p - \mathrm{P} \mp 2n\pi, \tag{39}$$

n désignant un nombre entier qui pourra se réduire à zéro. De plus, l'angle δ étant opposé au rayon ρ dans le triangle dont les côtés sont r, R et ρ, on aura, en vertu d'un théorème connu de Trigonométrie,

$$(40) \qquad \cos\delta = \frac{R^2 + r^2 - \rho^2}{2Rr}.$$

Si, dans cette dernière formule, on remet pour δ sa valeur $p - P \mp 2n\pi$, on obtiendra l'équation

$$(41) \qquad \cos(p - P) = \frac{R^2 + r^2 - \rho^2}{2Rr},$$

qui coïncide avec la formule (12).

Cherchons encore l'équation polaire d'une parabole dont le sommet coïncide avec le point (P, R) et le foyer avec l'origine. Si l'on désigne par p, r les coordonnées d'un point quelconque de la courbe, et par δ l'angle compris entre les rayons r, R, la formule (39) continuera de subsister. De plus, la projection du rayon vecteur r sur l'axe de la parabole aura pour mesure la valeur numérique du produit

$$r\cos\delta = r\cos(p - P);$$

et, comme la distance du foyer à la directrice sera égale à 2R, la distance du point (p, r) à la directrice sera évidemment équivalente à

$$2R - r\cos(p - P).$$

Mais, d'après la propriété connue de la parabole, cette distance doit aussi être égale au rayon vecteur r. On aura donc

$$(42) \qquad r = 2R - r\cos(p - P) \quad \text{ou} \quad r = \frac{2R}{1 + \cos(p - P)}.$$

Pour faire coïncider cette dernière équation avec la formule (25), il suffit de prendre pour demi-axe polaire celui qui, partant du foyer de la parabole, se dirige vers le sommet de cette courbe, et de poser en conséquence $P = 0$.

On obtiendrait avec la même facilité l'équation d'une ellipse dans laquelle un foyer coïnciderait avec l'origine, et l'une des extrémités du grand axe avec le point (P, R). En effet, soient toujours p, r les coordonnées polaires d'un point quelconque de la courbe et δ l'angle compris entre les rayons vecteurs r et R. Désignons en outre par a le demi-grand axe et par ε l'excentricité. Dans le triangle formé avec les foyers et le point (p, r) de la courbe, l'un des côtés, savoir la distance des foyers, aura pour mesure le produit du grand axe par l'excentricité ou la quantité $2a\varepsilon$, et les deux autres côtés, dont la somme, en vertu d'une propriété connue de l'ellipse, devra être équivalente au grand axe, seront représentés par r et $2a - r$. Ajoutons que, dans ce même triangle, l'angle opposé au côté $2a - r$ sera égal à δ, si le point (P, R) coïncide avec l'extrémité du grand axe la plus éloignée de l'origine, et au supplément de l'angle δ, c'est-à-dire à $\pi - \delta$, dans le cas contraire. Si, pour fixer les idées, on adopte la seconde hypothèse, on trouvera

$$(43) \qquad \cos(\pi - \delta) = \frac{r^2 + (2a\varepsilon)^2 - (2a - r)^2}{2(2a\varepsilon)r} = \frac{1}{\varepsilon} - \frac{a(1 - \varepsilon^2)}{\varepsilon r}.$$

ou

$$r = \frac{a(1 - \varepsilon^2)}{1 + \varepsilon\cos\delta};$$

puis, en remettant pour δ sa valeur tirée de la formule (39),

$$(44) \qquad r = \frac{a(1 - \varepsilon^2)}{1 + \varepsilon\cos(p - \mathrm{P})}.$$

Cette dernière équation renferme, avec l'angle fixe P, deux autres constantes a, ε, dont l'une pourrait être remplacée par le rayon vecteur $\mathrm{R} = a(1 - \varepsilon)$. Remarquons de plus que l'on réduira l'équation (44) à la formule (33) si l'on prend pour demi-axe polaire celui qui, partant de l'origine, se dirige vers l'extrémité la plus voisine du grand axe de l'ellipse, et si l'on pose en conséquence $\mathrm{P} = 0$.

Considérons enfin une branche d'hyperbole dont le foyer coïncide avec l'origine, et le sommet avec le point (P, R). Soient p, r les coordonnées d'un point quelconque de cette branche et δ l'angle compris entre les rayons vecteurs r, R. Désignons en outre par $2a$ l'axe réel de l'hyperbole et par ε l'excentricité. Dans le triangle formé avec les foyers et le point (p, r), l'un des côtés, savoir la distance des foyers, sera égal au produit $2a\varepsilon$, et les deux autres côtés, dont la différence devra être équivalente à l'axe réel, seront représentés par r et $2a + r$. Ajoutons que, dans ce même triangle, l'angle opposé au côté $2a + r$ sera précisément l'angle δ. On aura donc

$$(45) \qquad \cos\delta = \frac{r^2 + (2a\varepsilon)^2 - (2a + r)^2}{2(2a\varepsilon)r} = \frac{a(\varepsilon^2 - 1)}{\varepsilon r} - \frac{1}{\varepsilon}$$

ou

$$r = \frac{a(\varepsilon^2 - 1)}{1 + \varepsilon\cos\delta};$$

puis, en remettant pour δ sa valeur tirée de la formule (39), on trouvera

$$(46) \qquad r = \frac{a(\varepsilon^2 - 1)}{1 + \varepsilon\cos(p - P)}.$$

On pourrait, dans cette dernière équation, remplacer l'une des constantes a, ε par le rayon $R = a(\varepsilon - 1)$. Remarquons de plus qu'on réduira l'équation (46) à la formule (34) si l'on prend pour demi-axe polaire celui qui, partant de l'origine, se dirige vers le sommet de la branche que l'on considère, et si l'on pose en conséquence $P = 0$.

Si l'on plaçait l'origine, non plus au foyer de la branche d'hyperbole dont on demande l'équation polaire, mais au foyer de l'autre branche, il faudrait évidemment, dans la formule (45), remplacer la longueur $2a + r$ par $r - 2a$. On aurait donc alors

$$(47) \qquad \cos\delta = \frac{r^2 + (2a\varepsilon)^2 - (r - 2a)^2}{2(2a\varepsilon)r} = \frac{a(\varepsilon^2 - 1)}{\varepsilon r} + \frac{1}{\varepsilon}$$

ou

$$r = \frac{a(\varepsilon^2 - 1)}{\varepsilon\cos\delta - 1},$$

et par suite

$$(48) \qquad r = \frac{a(\varepsilon^2 - 1)}{\varepsilon\cos(p - P) - 1}.$$

En réduisant, dans cette dernière formule, la constante P à zéro, on retrouverait l'équation (35).

On peut se servir avec avantage des coordonnées polaires, non seulement pour exprimer, mais encore pour découvrir les diverses propriétés des courbes planes et pour déterminer leurs centres, leurs axes, leurs diamètres, leurs points singuliers, etc. Concevons, par exemple, que l'on se propose de trouver les deux axes ou l'axe réel de l'ellipse ou hyperbole représentée par l'équation (18). Il suffira évidemment, pour y parvenir, de doubler la valeur maximum ou minimum du rayon vecteur r. De plus, il est clair que cette valeur maximum ou minimum correspondra au minimum ou au maximum de l'expression

$$2B\sin 2p + (A - C)\cos 2p \tag{49}$$

et, par conséquent, à une valeur de p déterminée par la formule

$$2B\cos 2p - (A - C)\sin 2p = 0 \quad \text{ou} \quad \operatorname{tang} 2p = \frac{2B}{A - C}, \tag{50}$$

qu'on obtient en égalant à zéro la dérivée de l'expression (49). Or on satisfait à l'équation (50) en désignant par n un nombre entier quelconque et prenant

$$p = \frac{1}{2}\operatorname{arc\,tang}\frac{2B}{A - C} \pm n\pi, \tag{51}$$

ou

$$p = \frac{1}{2}\operatorname{arc\,tang}\frac{2B}{A - C} \pm \left(n + \frac{1}{2}\right)\pi. \tag{52}$$

Ces deux dernières formules, semblables à l'équation (3), représentent deux droites qui se coupent à angles droits et qui coïncident avec les axes de la courbe que l'on considère. Ajoutons que l'on tire de la formule (50)

$$\frac{\sin 2p}{2B} = \frac{\cos 2p}{A - C} = \pm\frac{1}{\sqrt{4B^2 + (A - C)^2}} = \frac{2B\sin 2p + (A - C)\cos 2p}{4B^2 + (A - C)^2},$$

et qu'en conséquence la valeur maximum ou minimum de l'expression (49) sera

$$\pm\sqrt{4B^2 + (A - C)^2}. \tag{53}$$

On arriverait encore à cette conclusion en partant de l'équation

$$[2B\sin 2p + (A - C)\cos 2p]^2$$
$$+ [2B\cos 2p - (A - C)\sin 2p]^2 = 4B^2 + (A - C)^2,$$

de laquelle il résulte que la valeur numérique de l'expression (49) est toujours inférieure à la racine carrée de la somme $4B^2 + (A - C)^2$, quand la différence $2B\cos 2p - (A - C)\sin 2p$ a une valeur différente de zéro, et devient égale à cette racine carrée, dans le cas où la même différence s'évanouit. Si maintenant on substitue successivement dans la formule (18), au lieu de l'expression (49), sa valeur minimum $-\sqrt{4B^2 + (A - C)^2}$, et sa valeur maximum $+\sqrt{4B^2 + (A - C)^2}$, on obtiendra les deux équations

$$r^2 = \frac{2K}{A + C - \sqrt{4B^2 + (A - C)^2}}, \tag{54}$$

$$r^2 = \frac{2K}{A + C + \sqrt{4B^2 + (A - C)^2}}. \tag{55}$$

Il est facile de s'assurer que les valeurs précédentes de r^2 sont les deux racines de l'équation

$$\left(\frac{K}{r^2} - A\right)\left(\frac{K}{r^2} - C\right) = B^2,$$

déjà obtenue dans la onzième Leçon de Calcul différentiel. Comme leur produit, savoir

$$\frac{K^2}{AC - B^2},$$

est toujours une quantité affectée du même signe que la différence $AC - B^2$, il est clair qu'elles seront toutes deux positives si, $AC - B^2$ étant positif, A, C et K sont des quantités de même signe. Alors les valeurs maximum et minimum de r^2 fourniront deux valeurs réelles maximum et minimum du rayon vecteur r. Au contraire, une seule des valeurs de r^2 restera positive, et la valeur correspondante de r restera seule réelle, si $AC - B^2$ devient négatif. On sait effectivement que la condition $AC - B^2 > 0$ est vérifiée pour l'ellipse, qui a deux axes réels, et la condition $AC - B^2 < o$ pour l'hyperbole, qui a un seul axe réel.

Parmi les courbes dont les diverses propriétés peuvent être plus aisément reconnues quand on fait usage de coordonnées polaires, nous citerons les *spirales*, qui forment ordinairement un grand nombre, souvent même une infinité de révolutions autour de l'origine, de manière à s'approcher ou à s'éloigner de plus en plus de cette même origine. Les spirales qui ont particulièrement fixé l'attention des géomètres sont la *spirale d'Archimède*, la *spirale hyperbolique* et la *spirale logarithmique*.

Dans la spirale d'Archimède, le rayon vecteur r croît proportionnellement à l'angle p. Elle a donc pour équation polaire

$$r = ap, \tag{56}$$

a désignant une quantité constante. Lorsque cette constante est positive, on ne peut attribuer à p que des valeurs positives, puisque r ne doit jamais devenir négatif. Dans la même hypothèse, si l'on désigne par R la valeur de r correspondant à $p = 2\pi$, on aura

$$R = 2a\pi,$$

et si l'on fait croître l'angle p depuis zéro jusqu'à l'infini positif, le rayon vecteur r variera entre les mêmes limites. En conséquence, la courbe pourra être considérée comme décrite par un point mobile qui, partant de l'origine des coordonnées, tournerait une infinité de fois, avec un mouvement de rotation direct, autour de cette origine, et s'en éloignerait indéfiniment. Si, dans l'équation (56), on substitue à la constante a le rayon vecteur R, cette équation deviendra

$$r = R\frac{p}{2\pi}, \tag{57}$$

et si l'on prend, avec Archimède, le rayon R pour unité de longueur, on aura simplement

$$r = \frac{p}{2\pi}, \tag{58}$$

La spirale hyperbolique est celle dont on obtient l'équation polaire en écrivant les coordonnées polaires r et p à la place des coordonnées rectangulaires x et y dans l'équation $xy = a$, qui représente une hyperbole équilatère rapportée à ses asymptotes. Cette spirale sera donc représentée par la formule

$$rp = a \quad \text{ou} \quad r = \frac{a}{p}. \tag{59}$$

Si l'on suppose la constante a positive, p devra l'être pareillement; et si l'on fait varier p entre les limites $0, \infty$, r variera entre les limites $\infty, 0$, de manière que l'on ait

$$r = \infty \quad \text{pour} \quad p = 0,$$

et

$$r = 0 \quad \text{pour} \quad p = \infty.$$

En conséquence la courbe pourra être considérée comme décrite par un point mobile qui, partant d'une position dans laquelle il se trouverait placé à une distance infinie de l'origine des coordonnées, tournerait une infinité de fois, avec un mouvement de rotation direct, autour de cette origine, et s'en approcherait indéfiniment sans pouvoir jamais l'atteindre, r ne pouvant s'évanouir que dans le cas où le nombre des révolutions deviendrait infini. Ajoutons que la spirale hyperbolique a pour asymptote la droite parallèle à l'axe des x, et dont l'équation en coordonnées rectangulaires est

$$y = a. \tag{60}$$

En effet, on tire de l'équation (59) combinée avec la seconde des formules (1)

$$y = a\frac{\sin p}{p},$$

et par conséquent $y = a$, pour une valeur nulle de p, à laquelle correspond, comme on l'a déjà remarqué, une valeur infinie de r.

La spirale logarithmique est celle dans laquelle l'angle p se réduit au logarithme du rayon vecteur r. Si les logarithmes sont pris dans le système dont la base est A, et indiqués par la caractéristique L, alors, en posant

$$Le = \frac{1}{lA} = a,$$

on trouvera pour l'équation polaire de la spirale logarithmique

(61) $$p = Lr = alr,$$

ou

(62) $$r = e^{\frac{p}{a}}.$$

Si le nombre A est supérieur à l'unité, la constante a sera positive. Alors, tandis que p variera entre les limites

$$p = -\infty, \qquad p = \infty,$$

r sera toujours positif, et variera entre les limites

$$r = 0, \qquad r = \infty.$$

De plus, on aura $r = 1$ pour $p = 0$. Cela posé, on pourra évidemment considérer la spirale logarithmique comme décrite par un point mobile qui, placé d'abord sur le demi-axe polaire, à la distance 1 de l'origine des coordonnées, tournerait une infinité de fois, avec un mouvement de rotation direct ou rétrograde, autour de cette même origine, de manière à s'en éloigner indéfiniment dans le premier cas, et à s'en rapprocher indéfiniment dans le second, mais sans pouvoir jamais l'atteindre.

Lorsqu'une courbe plane est représentée par une équation en coordonnées polaires, pour la faire tourner autour de l'origine de manière que chaque rayon vecteur décrive un angle égal à P, il suffit évidemment de remplacer la coordonnée p par $p - P$, en ayant soin d'attribuer à la quantité P une valeur positive, quand le mouvement de rotation est direct, et une valeur négative dans le cas contraire. En opérant comme on vient de le dire sur l'équation (62), on obtiendra la formule

(63) $$r = e^{\frac{p-P}{a}},$$

qui représentera la spirale logarithmique dans une position nouvelle. Alors, si l'on désigne par R le rayon vecteur correspondant à $p = 0$, on aura

$$(64) \qquad R = e^{-\frac{p}{a}},$$

et l'équation (63) pourra être présentée sous la forme

$$(65) \qquad r = Re^{\frac{p}{a}} \quad \text{ou} \quad p = a(lr - lR).$$

Si, dans la dernière formule, on substitue aux coordonnées r et p leurs valeurs en x et y tirées des équations (1), savoir

$$(66) \qquad p = \text{arc tang}\left(\left(\frac{y}{x}\right)\right), \qquad r = \sqrt{x^2 + y^2},$$

on retrouvera précisément l'équation (47) de la première Leçon, c'est-à-dire l'équation de la spirale logarithmique en coordonnées rectangulaires.

DOUZIÈME LEÇON.

USAGE DES COORDONNÉES POLAIRES POUR LA DÉTERMINATION DE L'INCLINAISON, DE L'ARC, DU RAYON DE COURBURE, ETC., D'UNE COURBE PLANE.

Si l'on veut substituer les coordonnées polaires aux coordonnées rectangulaires, dans les formules qui déterminent l'inclinaison, l'arc ou le rayon de courbure d'une courbe plane, il suffira de recourir aux équations

$$(1) \qquad x = r\cos p, \qquad y = r\sin p.$$

Ainsi, par exemple, la formule

$$(2) \qquad \operatorname{tang}\psi = \frac{dy}{dx},$$

que nous avons établie dans la première Leçon (page 45), et qui fournit pour l'angle ψ une infinité de valeurs numériques dont la plus petite est l'inclinaison de la courbe, deviendra, en vertu des équations (1)

$$(3) \qquad \operatorname{tang}\psi = \frac{\sin p\, dr + r\cos p\, dp}{\cos p\, dr - r\sin p\, dp} = \frac{\operatorname{tang}p + \dfrac{r\,dp}{dr}}{1 - \operatorname{tang}p\,\dfrac{r\,dp}{dr}},$$

et l'on en conclura

$$\frac{r\,dp}{dr} = \frac{\operatorname{tang}\psi - \operatorname{tang}p}{1 + \operatorname{tang}\psi\operatorname{tang}p} = \operatorname{tang}(\psi - p)$$

ou

$$(4) \qquad \cot(\psi - p) = \frac{dr}{r\,dp}.$$

On pourrait, au reste, établir directement la formule (4). En effet, comme on a, en vertu des formules (1) et (2),

$$\frac{\cos p}{x} = \frac{\sin p}{y}, \qquad \frac{\cos\psi}{dx} = \frac{\sin\psi}{dy},$$

on trouvera

$$(5) \qquad \cot(\psi - p) = \frac{\cos(\psi - p)}{\sin(\psi - p)} = \frac{\cos p \cos\psi + \sin p \sin\psi}{\cos p \sin\psi - \sin p \cos\psi} = \frac{x\,dx + y\,dy}{x\,dy - y\,dx}.$$

D'ailleurs on tire des équations (1)

$$(6) \qquad r^2 = x^2 + y^2, \qquad p = \text{arc tang}\left(\left(\frac{y}{x}\right)\right),$$

et par suite

$$2r\,dr = 2x\,dx + 2y\,dy, \qquad dp = \frac{x\,dy - y\,dx}{x^2 + y^2} = \frac{x\,dy - y\,dx}{r^2},$$

ou, ce qui revient au même,

$$(7) \qquad r\,dr = x\,dx + y\,dy, \qquad r^2\,dp = x\,dy - y\,dx.$$

Il en résulte que le dernier membre de la formule (5) peut être réduit à

$$\frac{r\,dr}{r^2\,dp} = \frac{dr}{r\,dp},$$

et cette formule elle-même, à l'équation (4).

On pourrait encore parvenir très aisément à la formule (4) en s'appuyant sur les principes établis dans la neuvième Leçon. En effet, on a vu dans la Leçon précédente que l'équation polaire d'une droite dont les coordonnées variables sont r et p, est de la forme

$$(8) \qquad r\sin(p - \psi) = \mathrm{R}\sin(\mathrm{P} - \psi) = \text{const.},$$

et, pour que cette droite touche une courbe plane en un point donné, il faudra (*voir* la neuvième Leçon) que les valeurs des quantités

$$p, \quad r \quad \text{et} \quad \frac{dr}{dp}$$

relatives au point dont il s'agit restent les mêmes dans le passage de la droite à la courbe. Or, en différentiant l'équation (8), on obtient la suivante

$$(9) \qquad \sin(p - \psi)\,dr + \cos(p - \psi)\,r\,dp = 0,$$

qui coïncide avec la formule (4). Donc cette formule devra être vérifiée, pour le point de contact, par les valeurs de r et $\frac{dr}{dp}$ tirées de l'équation de la courbe.

Dans le cas où l'on prend p pour variable indépendante et où l'on désigne par

$$r', \quad r'', \quad r''', \quad \ldots$$

les dérivées successives de r relatives à p, savoir

$$\frac{dr}{dp}, \quad \frac{d^2r}{dp^2}, \quad \frac{d^3r}{dp^3}, \quad \ldots,$$

l'équation (4) devient simplement

$$\cot(\psi - p) = \frac{r'}{r}. \tag{10}$$

La formule (4) ou (10) une fois obtenue, il est facile de trouver les équations polaires de la tangente et de la normale menées à une courbe plane par un point donné. Concevons, par exemple, que, p, r désignant toujours les coordonnées du point de contact, P, R deviennent les coordonnées variables de la tangente. L'équation polaire de cette droite sera

$$R\sin(P - \psi) = r\sin(p - \psi), \tag{11}$$

pourvu que l'on détermine l'angle ψ par la formule (4) ou (10). Or, en raisonnant comme on l'a fait pour établir l'équation (10) de la onzième Leçon, on reconnaîtra que la formule (11) peut s'écrire ainsi qu'il suit :

$$\frac{R\cos(P - p) - r}{R\sin(P - p)} = \cot(\psi - p). \tag{12}$$

Donc, en remettant pour $\cot(\psi - p)$ sa valeur, on trouvera définitivement

$$\frac{R\cos(P - p) - r}{R\sin(P - p)} = \frac{dr}{r\,dp} = \frac{r'}{r}. \tag{13}$$

Telle est l'équation polaire de la tangente. Pour obtenir celle de la normale, il suffira évidemment de remplacer dans la formule (12) l'angle ψ par l'angle $\psi \pm \frac{\pi}{2}$. On aura donc, en désignant par P, R les coordonnées variables de la normale

$$(14) \qquad \frac{R\cos(P-p)-r}{R\sin(P-p)} = -\operatorname{tang}(\psi-p) = -\frac{r\,dp}{dr} = -\frac{r}{r'}.$$

Soit maintenant l'angle υ compris entre la courbe que l'on considère et le cercle décrit de l'origine comme centre avec le rayon r, c'est-à-dire l'angle aigu formé par la tangente à la courbe avec la perpendiculaire à ce rayon. $\frac{\pi}{2}-\upsilon$ sera l'angle aigu compris entre le même rayon et la tangente, et, par conséquent, la plus petite des valeurs numériques de $\psi - p$. On aura donc

$$\operatorname{tang}\upsilon = \cot\left(\frac{\pi}{2}-\upsilon\right) = \pm\cot(\psi-p),$$

et, par suite,

$$(15) \qquad \operatorname{tang}\upsilon = \pm\frac{dr}{r\,dp} = \pm\frac{d\,l(r)}{dp}$$

ou

$$(16) \qquad \operatorname{tang}\upsilon = \pm\frac{r'}{r}.$$

De plus, comme la quantité $\operatorname{tang}\upsilon$ sera essentiellement positive, et que, pour de très petites valeurs numériques de Δp, le rapport $\frac{\Delta r}{\Delta p}$ se trouvera toujours affecté du même signe que sa limite $\frac{dr}{dp} = r'$, on devra évidemment, dans les seconds membres des équations (15) et (16), préférer le signe $+$, si, à partir du point (p, r), le rayon r croît avec l'angle p, et le signe $-$ dans le cas contraire.

Observons encore que de l'équation (16) on déduit immédiatement les deux suivantes

$$(17) \qquad \cos\upsilon = \pm\frac{r}{\sqrt{r^2+r'^2}}, \qquad \sin\upsilon = \pm\frac{r'}{\sqrt{r^2+r'^2}}.$$

Concevons à présent que l'on désigne par s l'arc de la courbe donnée, compté à partir d'un point fixe pris sur cette courbe, et par ρ le rayon de courbure. On aura (cinquième et sixième Leçons)

$$ds^2 = dx^2 + dy^2, \tag{18}$$

$$\frac{1}{\rho} = \pm \frac{dx\, d^2y - dy\, d^2x}{(dx^2 + dy^2)^{\frac{3}{2}}}. \tag{19}$$

En substituant dans ces dernières formules les valeurs de x, y tirées des équations (1), on trouve, après les réductions effectuées,

$$ds^2 = dr^2 + r^2\, dp^2, \tag{20}$$

$$\frac{1}{\rho} = \pm \frac{r(dr\, d^2p - dp\, d^2r) + (2\, dr^2 + r^2\, dp^2)\, dp}{(dr^2 + r^2\, dp^2)^{\frac{3}{2}}}, \tag{21}$$

puis on en conclut, en prenant p pour variable indépendante,

$$\frac{ds^2}{dp^2} = r^2 + r'^2, \tag{22}$$

$$\frac{1}{\rho} = \pm \frac{r^2 - rr'' + 2r'^2}{(r^2 + r'^2)^{\frac{3}{2}}}. \tag{23}$$

Il est essentiel d'observer qu'on abrège les calculs et qu'on n'a plus besoin d'effectuer aucune réduction, quand, au lieu des équations (1), on emploie les suivantes

$$x + y\sqrt{-1} = re^{p\sqrt{-1}}, \qquad x - y\sqrt{-1} = re^{-p\sqrt{-1}}. \tag{24}$$

Ainsi, par exemple, en prenant p pour variable indépendante, on tirera des équations (24)

$$\left\{\begin{aligned} dx + dy\sqrt{-1} &= (r' + r\sqrt{-1})e^{p\sqrt{-1}}\, dp, \\ dx - dy\sqrt{-1} &= (r' - r\sqrt{-1})e^{-p\sqrt{-1}}\, dp, \end{aligned}\right. \tag{25}$$

$$\left\{\begin{aligned} d^2x + d^2y\sqrt{-1} &= (r'' - r + 2r'\sqrt{-1})e^{p\sqrt{-1}}\, dp^2, \\ d^2x - d^2y\sqrt{-1} &= (r'' - r - 2r'\sqrt{-1})e^{-p\sqrt{-1}}\, dp^2. \end{aligned}\right. \tag{26}$$

Or, si l'on multiplie l'une par l'autre : 1° les équations (25); 2° la seconde des équations (25) et la première des équations (26), on trouvera immédiatement

$$dx^2 + dy^2 = (r^2 + r'^2)\, dp^2, \tag{27}$$

et l'on reconnaîtra que la différence $dx\, d^2y - dy\, d^2x$ est égale au coefficient de $\sqrt{-1}$ dans le produit

$$(r' - r\sqrt{-1})(r'' - r + 2r'\sqrt{-1})\, dp^3,$$

en sorte qu'elle a pour valeur

$$dx\, d^2y - dy\, d^2x = (2r'^2 - rr'' + r^2)\, dp^3. \tag{28}$$

Si l'on cessait de prendre p pour variable indépendante, on trouverait

$$dx^2 + dy^2 = dr^2 + r^2\, dp^2, \tag{29}$$

$$dx\, d^2y - dy\, d^2x = r(dr\, d^2p - dp\, d^2r) + (2\, dr^2 + r^2\, dp^2)\, dp. \tag{30}$$

En ayant égard aux formules (27) et (28) ou (29) et (30), on déduira évidemment les équations (22) et (23) ou (20) et (21) des formules (18) et (19).

Soient maintenant ξ, η les coordonnées rectangulaires du centre de courbure correspondant au point (x, y) et P, R les coordonnées polaires du même centre, liées aux premières par les formules

$$\xi = \mathrm{R}\cos\mathrm{P}, \qquad \eta = \mathrm{R}\sin\mathrm{P}; \tag{31}$$

on aura (*voir* la septième Leçon)

$$\frac{\eta - y}{dx} = \frac{\xi - x}{-dy} = \frac{dx^2 + dy^2}{dx\, d^2y - dy\, d^2x}, \tag{32}$$

et l'on en conclura

$$\frac{y(\eta - y) + x(\xi - x)}{y\, dx - x\, dy} = \frac{x(\eta - y) - y(\xi - x)}{x\, dx + y\, dy} = \frac{dx^2 + dy^2}{dx\, d^2y - dy\, d^2x},$$

ou, ce qui revient au même,

$$\frac{x\xi + y\eta - (x^2 + y^2)}{y\, dx - x\, dy} = \frac{x\eta - y\xi}{x\, dx + y\, dy} = \frac{dx^2 + dy^2}{dx\, d^2y - dy\, d^2x}; \tag{33}$$

puis, en substituant les coordonnées polaires aux coordonnées rectangulaires à l'aide des formules (1), (7), (29), (30) et (31), on trouvera

$$(34)\quad \left\{ \begin{aligned} \frac{R\cos(P-p)-r}{-r\,dp} &= \frac{R\sin(P-p)}{dr} \\ &= \frac{dr^2+r^2\,dp^2}{r(dr\,d^2p-dp\,d^2r)+(2\,dr^2+r^2\,dp^2)\,dp}. \end{aligned} \right.$$

Si l'on prenait p pour variable indépendante, on aurait simplement

$$(35)\qquad 1-\frac{R}{r}\cos(P-p)=\frac{R}{r'}\sin(P-p)=\frac{r^2+r'^2}{2r'^2-rr''+r^2}.$$

On tire de cette dernière formule

$$(36)\quad \left\{ \begin{aligned} R\sin(P-p) &= r'\frac{r^2+r'^2}{2r'^2-rr''+r^2}, \\ R\cos(P-p) &= r\left(1-\frac{r^2+r'^2}{2r'^2-rr''+r^2}\right)=r\frac{r'^2-rr''}{2r'^2-rr''+r^2}; \end{aligned} \right.$$

et par suite

$$(37)\quad \left\{ \begin{aligned} \tan(P-p) &= \frac{r'}{r}\,\frac{r^2+r'^2}{r'^2-rr''}, \\ R^2 &= \frac{r'^2(r^2+r'^2)^2+r^2(r'^2-rr'')^2}{(2r'^2-rr''+r^2)^2}. \end{aligned} \right.$$

Ajoutons que la formule (35) peut s'écrire comme il suit

$$(38)\qquad 1-\frac{R}{r}\cos(P-p)=\frac{R}{r'}\sin(P-p)=\pm\frac{\rho}{\sqrt{r^2+r'^2}},$$

et entraîne, par conséquent, les deux équations

$$(39)\quad \left\{ \begin{aligned} R\sin(P-p) &= \pm\frac{r'}{\sqrt{r^2+r'^2}}\rho=\pm\rho\sin\upsilon, \\ R\cos(P-p)-r &= \mp\frac{r}{\sqrt{r^2+r'^2}}\rho=\mp\rho\cos\upsilon. \end{aligned} \right.$$

Il serait facile de parvenir aux formules (21) et (34), en partant des principes établis dans la neuvième Leçon. En effet, le cercle décrit du point (P, R) comme centre, avec le rayon ρ, a pour équation polaire (*voir* la Leçon précédente)

$$(40)\qquad r^2-2Rr\cos(P-p)+R^2=\rho^2.$$

Or admettons que le même cercle devienne osculateur d'une courbe donnée en un certain point pris sur cette courbe, c'est-à-dire qu'il acquière en ce point avec la courbe un contact du second ordre ou d'un ordre plus élevé. Non seulement les coordonnées p, r, mais encore les différentielles dp, d^2p, dr, d^2r devront conserver les mêmes valeurs relatives au point de contact dans le passage du cercle à la courbe. En d'autres termes, les valeurs de

$$p, \quad dp, \quad d^2p; \qquad r, \quad dr, \quad d^2r,$$

tirées des équations de la courbe, devront satisfaire à l'équation finie du cercle et à ses équations différentielles du premier et du second ordre. D'ailleurs, ces trois dernières équations pouvant s'écrire comme il suit

$$(41)\quad \left\{\begin{aligned} &[\mathrm{R}\sin(p-\mathrm{P})]^2+[\mathrm{R}\cos(p-\mathrm{P})-r]^2=\rho^2,\\ &\mathrm{R}r\sin(p-\mathrm{P})\,dp-[\mathrm{R}\cos(p-\mathrm{P})-r]\,dr=0,\\ &\mathrm{R}\sin(p-\mathrm{P})(r\,d^2p+2\,dp\,dr)\\ &\quad-[\mathrm{R}\cos(p-\mathrm{P})-r](d^2r-r\,dp^2)=-(dr^2+r^2\,dp^2),\end{aligned}\right.$$

on en tirera immédiatement la formule

$$\begin{aligned}\frac{\mathrm{R}\cos(p-\mathrm{P})-r}{r\,dp}&=\frac{\mathrm{R}\sin(p-\mathrm{P})}{dr}\\ &=\pm\frac{\{[\mathrm{R}\sin(p-\mathrm{P})]^2+[\mathrm{R}\cos(p-\mathrm{P})-r)^2\}^{\frac{1}{2}}}{\sqrt{(dr^2+r^2\,dp^2)}}=\pm\frac{\rho}{\sqrt{(dr^2+r^2\,dp^2)}}\\ &=\frac{\mathrm{R}\sin(p-\mathrm{P})(r\,d^2p+2\,dp\,dr)-[\mathrm{R}\cos(p-\mathrm{P})-r](d^2r-r\,dp^2)}{r(dr\,d^2p-dp\,d^2r)+(2\,dr^2+r^2\,dp^2)\,dp}\\ &=-\frac{dr^2+r^2\,dp^2}{r(dr\,d^2p-dp\,d^2r)+(2\,dr^2+r^2\,dp^2)\,dp},\end{aligned}$$

qui comprend à elle seule l'équation (21) et la formule (34).

Il ne sera pas inutile d'observer qu'on pourrait établir directement et par des considérations purement géométriques la plupart des formules qui précèdent. C'est ce que nous allons faire voir en peu de mots.

Considérons sur une courbe plane deux points très voisins dont les coordonnées polaires soient respectivement p, r, et $p+\Delta p$, $r+\Delta r$. Désignons à l'ordinaire par s l'arc de la courbe renfermé entre un point fixe et le point (p, r), et par υ l'angle aigu que forment, en se coupant, la courbe et le cercle décrit de l'origine comme centre avec le rayon r. Les arcs compris, sur la courbe et le cercle dont il s'agit, entre les rayons vecteurs r et $r+\Delta r$, seront évidemment représentés par les valeurs numériques des deux expressions

$$\Delta s, \quad r\,\Delta p;$$

et, si l'on nomme ω l'angle aigu que les cordes de ces arcs forment entre elles, ω aura précisément pour limite la quantité υ. Ajoutons que les deux cordes et la longueur $\pm\Delta r$ composeront un triangle rectangle dans lequel le côté $\pm\Delta r$ sera opposé à l'angle ω. Dans le même triangle, lorsque l'arc $\pm\Delta s$ deviendra infiniment petit, l'angle opposé à la corde de cet arc différera très peu d'un angle droit, et pourra être représenté en conséquence par

$$\frac{\pi}{2}\pm\varepsilon,$$

$\pm\varepsilon$ désignant une quantité infiniment petite. Par suite, le troisième angle opposé à la corde de l'arc $\pm r\,\Delta p$ sera

$$\frac{\pi}{2}-\omega\mp\varepsilon,$$

et, en comparant deux à deux les sinus des angles aux côtés qui leur sont opposés, on établira les équations

$$\pm\frac{\Delta r}{\Delta s}=\frac{\sin\omega}{\sin\left(\frac{\pi}{2}\pm\varepsilon\right)}, \qquad \pm\frac{r\,\Delta p}{\Delta s}=\frac{\sin\left(\frac{\pi}{2}-\omega\mp\varepsilon\right)}{\sin\left(\frac{\pi}{2}\pm\varepsilon\right)},$$

desquelles on tirera, en écrivant $\cos(\omega\pm\varepsilon)$ au lieu de $\sin\left(\frac{\pi}{2}-\omega\mp\varepsilon\right)$, et passant aux limites

$$(42) \qquad \pm\frac{dr}{ds}=\sin\upsilon, \qquad \pm\frac{r\,dp}{ds}=\cos\upsilon.$$

Si l'on divise les formules (42) l'une par l'autre, on retrouvera l'équation (15). Si au contraire on les ajoute, après avoir élevé au carré les deux membres de chacune d'elles, on obtiendra la formule

$$\frac{dr^2 + r^2 dp^2}{ds^2} = 1,$$

qui coïncide avec l'équation (20).

Considérons maintenant le triangle qui a pour sommets l'origine des coordonnées, le point (p, r) de la courbe plane et le centre de courbure correspondant à ce point. Si l'on désigne par ρ le rayon de courbure et par (P, R) les coordonnées du centre de courbure, les trois côtés du triangle seront respectivement r, R et ρ. De plus, il est clair que, dans le même triangle, l'angle aigu ou obtus compris entre le rayon vecteur r et le rayon de courbure ρ, perpendiculaire à la tangente, sera équivalent à l'angle υ compris entre la tangente et la perpendiculaire au rayon vecteur, ou au supplément de l'angle υ. Enfin, si l'on nomme δ l'angle renfermé entre les rayons vecteurs r et R, on aura évidemment [*voir* l'équation (39) de la Leçon précédente]

$$(43) \qquad \pm \delta = p - \mathrm{P} \pm 2n\pi,$$

n désignant un nombre entier qui pourra se réduire à zéro. Quant au troisième angle, il aura pour supplément la somme des deux autres, savoir,

$$\delta + \upsilon \quad \text{ou} \quad \delta + \pi - \upsilon.$$

Cela posé, si l'on compare les sinus des trois angles aux trois côtés, on trouvera

$$(44) \qquad \frac{\sin \upsilon}{\mathrm{R}} = \frac{\sin \delta}{\rho} = \frac{\sin(\upsilon \pm \delta)}{r},$$

et l'on en conclura

$$(45) \qquad \left\{ \begin{aligned} \mathrm{R} \sin \delta &= \rho \sin \upsilon, \\ \mathrm{R} \cos \delta - r &= \mp \rho \cos \upsilon. \end{aligned} \right.$$

Si dans ces dernières formules on remplace l'angle δ par sa valeur tirée de l'équation (43), on obtiendra de nouveau les formules (39).

Il nous reste à montrer quelques applications des formules générales que nous avons établies.

Si nous considérons la spirale d'Archimède représentée par l'équation

$$(46) \qquad r = ap,$$

on trouvera

$$(47) \qquad r' = a, \qquad r'' = 0,$$

et par suite, en supposant la constante a positive,

$$(48) \qquad \operatorname{tang}\upsilon = \cot(\psi - p) = \frac{1}{p},$$

$$(49) \qquad \frac{1}{\rho} = \frac{2+p^2}{(1+p^2)^{\frac{3}{2}}}\frac{1}{a} = \left(1 + \frac{1}{1+p^2}\right)\frac{1}{a\sqrt{1+p^2}}.$$

En même temps les formules (37) donneront

$$(50) \qquad \begin{cases} \operatorname{tang}(\mathrm{P} - p) = p + \dfrac{1}{p}, \\ \mathrm{R}^2 = a^2\dfrac{p^2 + (1+p^2)^2}{(2+p^2)^2} = a^2\left[1 - \dfrac{1}{2+p^2} - \left(\dfrac{1}{2+p^2}\right)^2\right]. \end{cases}$$

Cela posé, on aura, pour une valeur nulle de l'angle p,

$$(51) \qquad \operatorname{tang}\upsilon = \cot(\psi) = \operatorname{tang}\mathrm{P} = \frac{1}{0}, \qquad \upsilon = \frac{\pi}{2}, \qquad \rho = \mathrm{R} = \frac{a}{2},$$

et, pour une valeur infinie de p,

$$(52) \qquad \operatorname{tang}\upsilon = 0, \qquad \upsilon = 0, \qquad \operatorname{tang}(\mathrm{P} - p) = \frac{1}{0}, \qquad \frac{1}{\rho} = 0, \qquad \mathrm{R} = a.$$

On conclut aisément de ces diverses formules : 1° que la spirale d'Archimède touche, à l'origine des coordonnées, le demi-axe polaire; 2° que, pour des valeurs croissantes de p, l'angle υ et la courbure $\frac{1}{\rho}$ décroissent indéfiniment dans cette même spirale, tandis que la valeur de R croît sans cesse, mais de manière à demeurer comprise entre les limites $R = \frac{a}{2}$, $R = a$; 3° que, pour des valeurs très considérables de p, le rayon R mené de l'origine au centre de courbure devient sensiblement égal à la longueur a et sensiblement perpendiculaire au rayon vecteur r. Ajoutons que, si, dans la première des formules (50), on substitue la valeur réelle et positive de p tirée de la seconde, ou, ce qui revient au même, de la formule

$$\frac{1}{2+p^2} = \frac{1 \pm \sqrt{5 - \frac{4R^2}{a^2}}}{2},$$

on trouvera pour l'équation polaire de la développée

$$\text{(53)} \quad \operatorname{tang}\left\{ P - \frac{\left(\sqrt{5 - \frac{4R^2}{a^2}} - 3 + \frac{4R^2}{a^2}\right)^{\frac{1}{2}}}{2^{\frac{1}{2}}\left(1 - \frac{R^2}{a^2}\right)^{\frac{1}{2}}} \right\} = \frac{\frac{2R^2}{a^2} - 1 + \sqrt{5 - \frac{4R^2}{a^2}}}{2^{\frac{1}{2}}\left(1 - \frac{R^2}{a^2}\right)^{\frac{1}{2}}\left(\sqrt{5 - \frac{4R^2}{a^2}} - 3 + \frac{4R^2}{a^2}\right)^{\frac{1}{2}}}.$$

Cette développée est évidemment une nouvelle spirale qui offre un point d'arrêt correspondant aux coordonnées $R = \frac{a}{2}$, $P = \frac{\pi}{2}$, qui est normale en ce point au cercle décrit de l'origine comme centre avec le rayon $\frac{a}{2}$, et qui, en s'éloignant de ce même cercle, fait une infinité de révolutions autour de l'origine, de manière à s'approcher de plus en plus de la circonférence d'un second cercle concentrique au premier et décrit avec un rayon deux fois plus grand. Comme la nouvelle spirale et la circonférence qui s'en approche indéfiniment ne se rencontreront jamais, on peut dire que ces deux courbes sont asymptotes l'une de l'autre.

Si à la spirale d'Archimède on substituait celle qui a pour équation

$$\text{(54)} \quad r = ap^n,$$

on trouverait

$$\text{(55)} \quad r' = nap^{n-1} = \frac{nr}{p}, \qquad r'' = n(n-1)ap^{n-2} = \frac{n(n-1)r}{p^2},$$

et par suite

$$\tag{56} \operatorname{tang}\upsilon = \cot(\psi - p) = \frac{n}{p},$$

$$\tag{57} \frac{1}{\rho} = \frac{n(n+1)+p^2}{(n^2+p^2)^{\frac{3}{2}}} \frac{1}{ap^{n-1}},$$

$$\tag{58} \left\{ \begin{aligned} &\operatorname{tang}(\mathrm{P}-p) = p + \frac{n^2}{p}, \\ &\mathrm{R}^2 = \frac{p^2+(n^2+p^2)^2}{[n(n+1)+p^2]^2} n^2a^2p^{2n-2}. \end{aligned} \right.$$

Si, dans les formules qui précèdent, on suppose la constante n positive, on trouvera encore, pour une valeur nulle de p,

$$\tag{59} \operatorname{tang}\upsilon = \cot\psi = \frac{1}{0}, \qquad \upsilon = \frac{\pi}{2},$$

et pour une valeur infinie de p,

$$\tag{60} \operatorname{tang}\upsilon = 0, \qquad \upsilon = 0, \qquad \operatorname{tang}(\mathrm{P}-p) = \frac{1}{0}.$$

On en conclura que la courbe touche à l'origine le demi-axe polaire et devient, pour de grandes valeurs de p, sensiblement perpendiculaire au rayon vecteur r. Dans la même hypothèse, les valeurs de ρ et de R, correspondantes à des valeurs nulles ou infinies de l'angle p, seront, comme cet angle, nulles ou infinies, à moins que l'on ne suppose $n = 1$, c'est-à-dire à moins que la courbe (54) ne se réduise à la spirale d'Archimède. Ajoutons que, pour obtenir la développée, il suffira d'éliminer p entre les équations (58).

Si l'on considère la spirale hyperbolique représentée par l'équation

$$\tag{61} rp = a,$$

on trouvera

$$\tag{62} r' = -\frac{a}{p^2}, \qquad r'' = \frac{2a}{p^3},$$

et par suite, en supposant la constante a positive,

$$\tag{63} \tang \upsilon = -\cot(\psi - p) = \frac{1}{p},$$

$$\tag{64} \frac{1}{\rho} = \frac{p^4}{(1+p^2)^{\frac{3}{2}}} \frac{1}{a},$$

$$\tag{65} \left\{ \begin{array}{l} \tang(\mathrm{P} - p) = p + \frac{1}{p}, \\ \mathrm{R}^2 = \left[\frac{1}{p^2} + \left(1 + \frac{1}{p^2}\right)^2\right] \frac{a^2}{p^4}. \end{array} \right.$$

Cela posé, on aura, pour une valeur nulle de p,

$$\tag{66} \tang \upsilon = -\cot\psi = \tang \mathrm{P} = \frac{1}{0}, \quad \upsilon = \frac{\pi}{2}, \quad \rho = \mathrm{R} = \frac{1}{0},$$

et pour une valeur infinie de p,

$$\tag{67} \tang \upsilon = 0, \quad \upsilon = 0, \quad \tang(\mathrm{P} - p) = \frac{1}{0}, \quad \rho = \mathrm{R} = 0.$$

On conclut aisément de ces diverses formules : 1° que l'angle υ est sensiblement droit et la courbure sensiblement nulle pour de très petites valeurs de p, c'est-à-dire dans la partie de la spirale hyperbolique qui est très éloignée de l'origine et se confond à très peu près avec l'asymptote de cette courbe; 2° que, pour des valeurs croissantes de l'angle p, l'angle υ diminue sans cesse depuis $\upsilon = \frac{\pi}{2}$ jusqu'à $\upsilon = 0$, et qu'on peut en dire autant du rayon de courbure ρ et du rayon vecteur R, dont les valeurs, d'abord très grandes, finissent par s'évanouir. Ajoutons qu'il suffira d'éliminer p entre les formules (65) pour obtenir l'équation de la développée, qui sera une nouvelle spirale, et qui aura, comme la spirale hyperbolique, la propriété remarquable de s'approcher indéfiniment de l'origine, sans pouvoir jamais l'atteindre.

Considérons enfin la spirale logarithmique représentée par l'équation

$$\tag{68} r = e^{\frac{p}{a}}.$$

On trouvera

(69) $$r' = \frac{r}{a}, \qquad r'' = \frac{r}{a^2},$$

et par suite

(70) $$\tang \upsilon = \cot(\psi - p) = \frac{1}{a},$$

(71) $$\rho = \left(1 + \frac{1}{a^2}\right)^{\frac{1}{2}} e^{\frac{p}{a}} = \left(1 + \frac{1}{a^2}\right)^{\frac{1}{2}} r = r \operatorname{séc} \upsilon.$$

La formule (70) suffit pour faire voir que la tangente et la normale à la courbe forment constamment les mêmes angles avec le rayon vecteur r. On déduit immédiatement de cette remarque les constructions géométriques précédemment indiquées (page 53) comme propres à fournir toutes les droites tangentes et normales menées à la courbe par un point donné. De plus, on tire des formules (36)

(72) $$\begin{cases} R\sin(P - p) = r' = \frac{r}{a}, \\ R\cos(P - p) = 0, \end{cases}$$

et l'on en conclut

(73) $$\cos(P - p) = 0, \qquad \sin(P - p) = 1,$$

(74) $$R = \frac{r}{a}.$$

La plus petite valeur positive de P qui puisse vérifier les équations (73) étant

(75) $$P = p + \frac{\pi}{2},$$

on peut affirmer que les rayons vecteurs r et R de la courbe et de sa développée se coupent à angles droits, ou, en d'autres termes, que r et R sont les deux côtés d'un triangle rectangle qui a pour hypoténuse le rayon de courbure. Enfin, si l'on élimine r et p entre les formules (68), (74) et (75), on trouvera pour l'équation polaire de la développée

(76) $$R = \frac{1}{a} e^{\frac{1}{a}\left(P - \frac{\pi}{2}\right)} = e^{\frac{1}{a}\left[P - \frac{\pi}{2} - a l(a)\right]}.$$

En remplaçant, dans cette dernière formule, R par r, et P par $p + \frac{\pi}{2} + a\,l(a)$, on serait évidemment ramené à l'équation (68). Il en résulte : 1° que la spirale logarithmique et sa développée sont deux courbes de même forme et de mêmes dimensions ; 2° que, pour obtenir la développée, il suffit de faire tourner la développante autour de l'origine, de manière que chacun de ses points décrive, avec un mouvement de rotation direct, un angle égal à $\frac{\pi}{2} + a\,l(a)$.

TREIZIÈME LEÇON.

DE LA TANGENTE ET DES PLANS TANGENTS, DES NORMALES ET DU PLAN NORMAL A UNE COURBE QUELCONQUE EN UN POINT DONNÉ. ASYMPTOTES ET POINTS SINGULIERS DES COURBES TRACÉES DANS L'ESPACE.

Considérons une courbe quelconque, représentée par deux équations entre trois coordonnées rectangulaires x, y, z. Désignons par Δx, Δy, Δz les accroissements simultanés que prennent x, y, z dans le passage d'un point à un autre, et par a, b, c les angles que forme avec les demi-axes des coordonnées positives la corde ou sécante menée du point (x, y, z) au point $(x+\Delta x, y+\Delta y, z+\Delta z)$. Les équations (4) et (6) des Préliminaires, donneront

$$(1)\qquad \left\{\begin{aligned} \cos a &= \frac{\Delta x}{\sqrt{\Delta x^2+\Delta y^2+\Delta z^2}},\\ \cos b &= \frac{\Delta y}{\sqrt{\Delta x^2+\Delta y^2+\Delta z^2}},\\ \cos c &= \frac{\Delta z}{\sqrt{\Delta x^2+\Delta y^2+\Delta z^2}},\end{aligned}\right.$$

$$(2)\qquad \frac{\cos a}{\Delta x}=\frac{\cos b}{\Delta y}=\frac{\cos c}{\Delta z}.$$

Si, d'ailleurs, on représente par ξ, η, ζ les coordonnées d'un point quelconque de la corde dont il s'agit, on aura encore

$$(3)\qquad \frac{\xi-x}{\cos a}=\frac{\eta-y}{\cos b}=\frac{\zeta-z}{\cos c}$$

et, par suite,

$$(4)\qquad \frac{\xi-x}{\Delta x}=\frac{\eta-y}{\Delta y}=\frac{\zeta-z}{\Delta z}.$$

On pourrait, au reste, établir directement cette dernière équation en projetant successivement sur les trois axes des x, y, z les deux longueurs comprises, d'une part, entre le point (x, y, z) et le point (ξ, η, ζ), de l'autre, entre les points

$$(x, y, z) \quad \text{et} \quad (x+\Delta x, y+\Delta y, z+\Delta z).$$

En effet, il serait facile de reconnaître : 1° que chacune des fractions comprises dans la formule (4) est équivalente, au signe près, au rapport entre les projections des deux longueurs sur un même axe, et, par conséquent, au rapport des longueurs elles-mêmes; 2° que ces trois fractions sont des quantités de même signe, savoir, des quantités positives, lorsque les points

$$(\xi, \eta, \zeta) \quad \text{et} \quad (x+\Delta x, y+\Delta y, z+\Delta z)$$

sont situés du même côté par rapport au point (x, y, z), et des quantités négatives dans le cas contraire. La formule (4) ainsi établie s'étend évidemment au cas même où l'on désignerait par x, y, z des coordonnées rectilignes obliques.

Concevons à présent que le point $(x+\Delta x, y+\Delta y, z+\Delta z)$ vienne à se rapprocher indéfiniment du point (x, y, z). La sécante qui joint les deux points tendra de plus en plus à se confondre avec une certaine droite que l'on nomme *tangente* à la courbe donnée, et qui *touche* la courbe au point (x, y, z). Pour obtenir les angles α, β, γ que forme cette tangente prolongée dans un certain sens avec les demi-axes des coordonnées positives, il suffira de chercher les limites vers lesquelles convergent les angles a, b, c, tandis que les différences Δx, Δy, Δz deviennent infiniment petites. Cela posé, si l'on a égard au principe établi à la page 30 du Calcul différentiel, on tirera des équations (1) et (2)

$$(5) \qquad \left\{\begin{aligned} \cos\alpha &= \frac{dx}{\sqrt{dx^2+dy^2+dz^2}}, \\ \cos\beta &= \frac{dy}{\sqrt{dx^2+dy^2+dz^2}}, \\ \cos\gamma &= \frac{dz}{\sqrt{dx^2+dy^2+dz^2}}, \end{aligned}\right.$$

$$(6)\qquad \frac{\cos\alpha}{dx} = \frac{\cos\beta}{dy} = \frac{\cos\gamma}{dz}.$$

Si, de plus, on nomme ξ, η, ζ les coordonnées d'un point quelconque, non plus d'une sécante, mais de la tangente à la courbe, la formule (18) des Préliminaires donnera

$$(7)\qquad \frac{\xi - x}{\cos\alpha} = \frac{\eta - y}{\cos\beta} = \frac{\zeta - z}{\cos\gamma},$$

et l'on en conclura

$$(8)\qquad \frac{\xi - x}{dx} = \frac{\eta - y}{dy} = \frac{\zeta - z}{dz}.$$

Les formules (5), (6), (8) subsistent, quelle que soit la variable indépendante. La dernière peut être immédiatement déduite de l'équation (4); et, par conséquent, la formule (8) s'étend au cas même où l'on désigne par x, y, z des coordonnées rectilignes, mais obliques.

On dit qu'un plan est *tangent* à une courbe en un point donné, quand il passe par la tangente en ce même point. D'après cette définition, il est clair que par un point donné sur une courbe quelconque on peut mener à cette courbe une infinité de plans tangents.

On dit qu'une droite est *normale* à une courbe, en un point donné, lorsqu'elle est perpendiculaire à la tangente en ce point. Cela posé, on pourra évidemment mener à une courbe par chaque point une infinité de normales qui seront toutes comprises dans un même plan. Ce plan unique est ce qu'on nomme le plan *normal*. Si l'on appelle toujours α, β, γ les angles formés par la tangente à la courbe que l'on considère avec les demi-axes des coordonnées positives, et si de plus on désigne par ξ, η, ζ les coordonnées d'un point quelconque du plan normal, l'équation de ce plan [*voir* la formule (66) des Préliminaires] sera

$$(9)\qquad (\xi - x)\cos\alpha + (\eta - y)\cos\beta + (\zeta - z)\cos\gamma = 0,$$

ou, si l'on a égard à la formule (6),

$$(10)\qquad (\xi - x)\,dx + (\eta - y)\,dy + (\zeta - z)\,dz = 0.$$

Cette dernière formule subsiste, quelle que soit la variable indépendante.

Soient maintenant

$$u = 0, \qquad v = 0 \tag{11}$$

les deux équations de la courbe donnée, c'est-à-dire les équations de deux surfaces qui la renferment, en sorte que u et v désignent deux fonctions des trois variables x, y, z. On tirera des formules (11)

$$\left\{\begin{aligned} &\frac{\partial u}{\partial x}dx + \frac{\partial u}{\partial y}dy + \frac{\partial u}{\partial z}dz = 0,\\ &\frac{\partial v}{\partial x}dx + \frac{\partial v}{\partial y}dy + \frac{\partial v}{\partial z}dz = 0,\end{aligned}\right. \tag{12}$$

puis, en ayant égard à la formule (6),

$$\left\{\begin{aligned} &\frac{\partial u}{\partial x}\cos\alpha + \frac{\partial u}{\partial y}\cos\beta + \frac{\partial u}{\partial z}\cos\gamma = 0,\\ &\frac{\partial v}{\partial x}\cos\alpha + \frac{\partial v}{\partial y}\cos\beta + \frac{\partial v}{\partial z}\cos\gamma = 0.\end{aligned}\right. \tag{13}$$

Ces dernières, jointes à l'équation

$$\cos^2\alpha + \cos^2\beta + \cos^2\gamma = 1, \tag{14}$$

suffiront pour déterminer, aux signes près, les valeurs de $\cos\alpha$, $\cos\beta$, $\cos\gamma$. On en conclura effectivement

$$\left\{\begin{aligned} &\frac{\cos\alpha}{\frac{\partial u}{\partial y}\frac{\partial v}{\partial z} - \frac{\partial u}{\partial z}\frac{\partial v}{\partial y}} = \frac{\cos\beta}{\frac{\partial u}{\partial z}\frac{\partial v}{\partial x} - \frac{\partial u}{\partial x}\frac{\partial v}{\partial z}} = \frac{\cos\gamma}{\frac{\partial u}{\partial x}\frac{\partial v}{\partial y} - \frac{\partial u}{\partial y}\frac{\partial v}{\partial x}}\\ &\quad = \pm\frac{1}{\left[\left(\frac{\partial u}{\partial y}\frac{\partial v}{\partial z} - \frac{\partial u}{\partial z}\frac{\partial v}{\partial y}\right)^2 + \left(\frac{\partial u}{\partial z}\frac{\partial v}{\partial x} - \frac{\partial u}{\partial x}\frac{\partial v}{\partial z}\right)^2 + \left(\frac{\partial u}{\partial x}\frac{\partial v}{\partial y} - \frac{\partial u}{\partial y}\frac{\partial v}{\partial x}\right)^2\right]^{\frac{1}{2}}}.\end{aligned}\right. \tag{15}$$

Cela posé, les formules (7) et (9), c'est-à-dire les équations de la tangente et du plan normal, deviendront

$$\frac{\xi - x}{\frac{\partial u}{\partial y}\frac{\partial v}{\partial z} - \frac{\partial u}{\partial z}\frac{\partial v}{\partial y}} = \frac{\eta - y}{\frac{\partial u}{\partial z}\frac{\partial v}{\partial x} - \frac{\partial u}{\partial x}\frac{\partial v}{\partial z}} = \frac{\zeta - z}{\frac{\partial u}{\partial x}\frac{\partial v}{\partial y} - \frac{\partial u}{\partial y}\frac{\partial v}{\partial x}}, \tag{16}$$

et

$$(17)\quad \left\{\begin{aligned} &\left(\frac{\partial u}{\partial y}\frac{\partial v}{\partial z}-\frac{\partial u}{\partial z}\frac{\partial v}{\partial y}\right)(\xi-x)+\left(\frac{\partial u}{\partial z}\frac{\partial v}{\partial x}-\frac{\partial u}{\partial x}\frac{\partial v}{\partial z}\right)(\eta-y)\\ &\qquad\qquad+\left(\frac{\partial u}{\partial x}\frac{\partial v}{\partial y}-\frac{\partial u}{\partial y}\frac{\partial v}{\partial x}\right)(\zeta-z)=0. \end{aligned}\right.$$

Ajoutons que la formule (16) peut être remplacée par les deux équations

$$(18)\quad \left\{\begin{aligned} &(\xi-x)\frac{\partial u}{\partial x}+(\eta-y)\frac{\partial u}{\partial y}+(\zeta-z)\frac{\partial u}{\partial z}=0,\\ &(\xi-x)\frac{\partial v}{\partial x}+(\eta-y)\frac{\partial v}{\partial y}+(\zeta-z)\frac{\partial v}{\partial z}=0, \end{aligned}\right.$$

que l'on déduit immédiatement des équations (12) combinées avec la formule (8). Les équations (18), toutes deux linéaires par rapport aux variables ξ, η, ζ, représentent deux plans qui se coupent suivant la tangente, et qui correspondent aux deux surfaces dont l'intersection produit la courbe donnée. De plus, il résulte évidemment des formules (12) et (18) comparées entre elles que, *pour obtenir les équations de la tangente à une courbe quelconque, il suffit de remplacer, dans les équations différentielles de la courbe, les différentielles dx, dy, dz par les différences finies $\xi - x$, $\eta - y$, $\zeta - z$.*

Lorsque u est une fonction des seules variables x, y, la première des formules (11) représente la projection de la courbe sur le plan des x, y. Dans le même cas, la première des équations (18), réduite à la forme

$$(19)\qquad (\xi-x)\frac{\partial u}{\partial x}+(\eta-y)\frac{\partial u}{\partial y}=0,$$

représente à la fois la tangente de la projection et la projection de la tangente. La remarque que nous venons de faire étant indépendante de la position du plan des x, y, il est permis de conclure que *la projection de la tangente à une courbe quelconque sur un plan donné se confond toujours avec la tangente de la courbe projetée sur le même plan.* On pourrait encore établir ce principe par la seule Géométrie. En effet, soit P un point choisi à volonté sur une courbe quelconque, et Q un second point très voisin du premier. Supposons de plus que, la courbe étant projetée sur un plan donné, on désigne par p la projection du point P, et par q la projection du point Q. Enfin, concevons que le point Q vienne à se rapprocher indéfiniment du point P, ce qui ne peut avoir lieu sans que le point q se rapproche lui-même indéfiniment du point p. La sécante PQ de la courbe considérée dans l'espace aura évidemment pour projection la sécante pq de la courbe projetée; et comme cette proposition sera vraie, quelque petite que soit la distance des points P et Q, on peut affirmer qu'elle subsistera encore à la limite, c'est-à-dire lorsque les sécantes PQ, pq se transformeront dans les tangentes menées à la courbe proposée par le point P, et à la courbe projetée par le point p.

Nous allons maintenant montrer quelques applications des formules qui précèdent.

Exemple I. — Considérons l'ellipse produite par l'intersection du cylindre à base circulaire qui a pour équation

$$x^2+y^2=R^2, \tag{20}$$

et du plan

$$Ax+By+Cz=D. \tag{21}$$

Les équations différentielles de cette ellipse étant respectivement

$$x\,dx+y\,dy=0, \qquad A\,dx+B\,dy+C\,dz=0, \tag{22}$$

les angles α, β, γ, formés par la tangente avec les demi-axes des coordonnées positives, vérifieront les deux formules

$$x\cos\alpha+y\cos\beta=0, \qquad A\cos\alpha+B\cos\beta+C\cos\gamma=0. \tag{23}$$

On aura, en conséquence,

$$\frac{\cos\alpha}{y}=\frac{\cos\beta}{-x}=\frac{\cos\gamma}{\frac{1}{C}(Bx-Ay)}=\pm\frac{1}{\left[R^2+\left(\frac{Bx-Ay}{C}\right)^2\right]^{\frac{1}{2}}}. \tag{24}$$

De plus, on trouvera pour les équations de la tangente

$$x(\xi - x) + y(\eta - y) = 0, \qquad A(\xi - x) + B(\eta - y) + C(\zeta - z) = 0,$$

ou, ce qui revient au même,

$$(25) \qquad x\xi + y\eta = R^2, \qquad A\xi + B\eta + C\zeta = D,$$

et l'équation du plan normal deviendra

$$(26) \qquad C(\xi y - \eta x) + (Bx - Ay)(\zeta - z) = 0.$$

Les équations (25) représentent, comme on devait s'y attendre, la tangente au cercle qui sert de base au cylindre dans le plan des x, y, et le plan même de la courbe que l'on considère.

Exemple II. — Considérons la courbe produite par l'intersection du cône droit à base circulaire, qui a pour équation

$$(27) \qquad x^2 + y^2 = a^2 z^2,$$

et du plan

$$(28) \qquad Ax + By + Cz = D.$$

On trouvera pour les équations de la tangente

$$(29) \qquad x\xi + y\eta = a^2 z\zeta, \qquad A\xi + B\eta + C\zeta = D,$$

et pour l'équation du plan normal

$$(30) \qquad C(\xi y - \eta x) + (B\xi - A\eta)a^2 z + (Bx - Ay)(\zeta - z - a^2 z) = 0.$$

Les équations (29) représentent, comme on devait s'y attendre, deux plans dont l'un passe par l'origine et par une génératrice du cône, tandis que l'autre se confond avec le plan de la courbe. Il suffit de construire ces deux plans pour tracer la tangente à la courbe proposée, qui peut être une section conique quelconque.

Exemple III. — Considérons la courbe produite par l'intersection de la sphère

$$(31) \qquad x^2 + y^2 + z^2 = R^2$$

et du cylindre droit

$$(x - \tfrac{1}{2}R)^2 + z^2 = \tfrac{1}{4}R^2 \quad \text{ou} \quad x^2 - Rx + z^2 = 0, \tag{32}$$

dont la base est un cercle qui a pour diamètre le rayon de la sphère. Cette courbe aura évidemment pour projections, sur le plan des x, y, la parabole

$$y^2 = R(R - x); \tag{33}$$

sur le plan des z, x, le cercle qui sert de base au cylindre, et sur le plan des y, z, la lemniscate représentée par l'équation

$$R^2 z^2 = y^2(R^2 - y^2). \tag{34}$$

Donc la tangente à la courbe proposée aura pour projections sur les plans coordonnés les tangentes à la parabole au cercle et à la lemniscate, c'est-à-dire les trois droites représentées par les équations

$$\begin{cases} y\eta + \tfrac{1}{2}R\xi = R(R - \tfrac{1}{2}x), \\ (x - \tfrac{1}{2}R)\xi + z\zeta = \tfrac{1}{2}Rx, \\ R^2 z\zeta - (R^2 - 2y^2)y\eta = y^4. \end{cases} \tag{35}$$

Quant à l'équation du plan normal, elle peut être présentée sous la forme

$$\frac{\xi}{x} - \frac{\zeta}{z} = \frac{R}{2x}\left(\frac{\eta}{y} - \frac{\zeta}{z}\right). \tag{36}$$

A l'inspection de cette dernière, on reconnaît immédiatement que le plan normal renferme le rayon vecteur mené de l'origine au point (x, y).

Exemple IV. — On nomme *hélice* une courbe tracée sur la surface d'un cylindre droit à base circulaire, de manière que la tangente à la courbe forme toujours le même angle avec la génératrice du cylindre. Supposons, pour fixer les idées, que l'axe du cylindre, qu'on peut aussi appeler l'*axe de l'hélice,* se confonde avec l'axe des z, et que la base du cylindre coïncide avec le cercle représenté par l'équation

$$x^2 + y^2 = R^2. \tag{37}$$

Considérons, dans ce même cercle, un rayon mobile qui, d'abord appliqué sur le demi-axe des x positives, tourne autour de l'origine avec un mouvement de rotation direct ou rétrograde. Enfin, nommons p l'angle variable que ce rayon décrit, pris avec le signe $+$, dans le cas où le mouvement de rotation est direct, et avec le signe $-$ dans le cas contraire. Il suffira, pour construire une hélice, de concevoir qu'à partir de l'extrémité du rayon mobile on porte sur la génératrice du cylindre, dans le sens des z positives lorsque p sera positif, et dans le sens des z négatives lorsque p deviendra négatif, une longueur proportionnelle à l'angle $\pm p$, ou, ce qui revient au même, à l'arc $\pm \mathrm{R}p$ compris entre les côtés de cet angle, et représentée en conséquence par un produit de la forme $\pm a\mathrm{R}p$ (a désignant un nombre constant). En effet, soient x, y, z les coordonnées de la courbe décrite par l'extrémité de cette longueur : on aura évidemment

$$(38) \qquad x = \mathrm{R}\cos p, \qquad y = \mathrm{R}\sin p, \qquad z = a\mathrm{R}p,$$

et l'on en conclura

$$(39) \qquad dx = -\mathrm{R}\sin p\, dp, \qquad dy = \mathrm{R}\cos p\, dp, \qquad dz = a\mathrm{R}\, dp.$$

Cela posé, les formules (5) donneront

$$(40) \qquad \cos\alpha = -\frac{\sin p}{\sqrt{1+a^2}}, \qquad \cos\beta = \frac{\cos p}{\sqrt{1+a^2}}, \qquad \cos\gamma = \frac{a}{\sqrt{1+a^2}}.$$

Or il résulte évidemment de la dernière des équations (40) que l'angle γ formé par la tangente à la courbe avec l'axe des z, et par suite avec la génératrice du cylindre, est un angle constant.

Pour obtenir les équations de l'hélice en coordonnées rectangulaires, il suffirait d'éliminer p entre les formules (38). Si l'on commence par éliminer p entre les deux premières, on retrouvera l'équation (37), qui est effectivement une des équations de la courbe. De plus, on tire des formules (38)

$$\frac{y}{x} = \operatorname{tang} p, \qquad p = \operatorname{arc\,tang}\left(\left(\frac{y}{x}\right)\right)$$

et, par suite,

$$(41)\qquad \frac{y}{x} = \operatorname{tang}\frac{z}{a\mathrm{R}} \qquad \text{ou} \qquad z = a\mathrm{R}\,\operatorname{arc\,tang}\left(\left(\frac{y}{x}\right)\right).$$

Cette dernière équation représente la surface *hélicoïde* engendrée par une droite qui reste toujours comprise dans un plan mobile perpendiculaire à l'axe des z, qui rencontre cet axe au même point que le plan, et qui tourne autour du point de rencontre de manière à décrire dans le plan mobile des angles proportionnels aux distances parcourues par le point dont il s'agit. Comme la même surface coupe évidemment le cylindre suivant deux hélices, dont les points correspondants se trouvent situés à égales distances de l'axe des z sur la droite génératrice de la surface, on peut affirmer que le système des équations (37) et (41) représentera ces deux hélices, dont l'une se confond avec la courbe proposée.

Si l'on éliminait la variable p entre la première et la troisième des formules (38), ou bien entre la seconde et la troisième, alors, au lieu de l'équation (41), l'on obtiendrait l'une des suivantes :

$$(42)\qquad x = \mathrm{R}\cos\frac{z}{a\mathrm{R}} \qquad \text{ou} \qquad z = a\mathrm{R}\,\operatorname{arc\,cos}\left(\left(\frac{x}{\mathrm{R}}\right)\right),$$

$$(43)\qquad y = \mathrm{R}\sin\frac{z}{a\mathrm{R}} \qquad \text{ou} \qquad z = a\mathrm{R}\,\operatorname{arc\,sin}\left(\left(\frac{y}{\mathrm{R}}\right)\right).$$

En réunissant l'une de celles-ci à la formule (37), on retrouverait encore un système de deux équations propre à représenter deux hélices, dont l'une se confondrait avec la proposée, et qui auraient toutes deux la même projection sur le plan des z, x, ou sur le plan des y, z.

Enfin, si l'on réunissait la formule (42) à la formule (43), ou l'une de celles-ci à la formule (41), on obtiendrait un système de deux équations propre à représenter seulement la première hélice à laquelle appartiennent les équations (38). Ajoutons que, dans la recherche des propriétés de l'hélice, on peut avec avantage remplacer les équations en coordonnées rectangulaires par le système des formules (38). Nous avons déjà vu comment on déduisait de ces dernières les valeurs de $\cos\alpha$, $\cos\beta$, $\cos\gamma$. Si, maintenant, on les applique à la détermination de la tangente et du plan normal, on trouvera pour les équations de la tangente

$$(44)\qquad \frac{\xi - x}{-\sin p} = \frac{\eta - y}{\cos p} = \frac{\zeta - z}{a},$$

et pour l'équation du plan normal

$$(45)\qquad (\eta - y)\cos p - (\xi - x)\sin p + a(\zeta - z) = 0.$$

On a fait voir dans la troisième Leçon comment on pouvait déterminer les asymptotes des courbes planes : on déterminerait avec la même facilité les asymptotes d'une courbe tracée dans l'espace et représentée par deux équations entre les coordonnées rectangulaires x, y, z, c'est-à-dire les droites dont cette courbe s'approcherait indéfiniment, sans pouvoir jamais les rencontrer. Supposons, pour fixer les idées, que l'on cherche d'abord les asymptotes non parallèles au plan des y, z; et soient

$$(46)\qquad y = kx + l, \qquad z = Kx + L$$

les équations de l'une d'entre elles. On pourra, des équations de la courbe, tirer des valeurs de y et de z, en fonction de x, qui se réduiront sensiblement, pour de très grandes valeurs numériques de x, aux valeurs de y et de z fournies par les équations (46), et qui se présenteront sous les formes

$$(47)\qquad y = kx + l + i, \qquad z = Kx + L + I,$$

i et I désignant deux quantités variables qui s'évanouiront avec $\frac{1}{x}$. Or, si l'on fait converger $\frac{1}{x}$ vers la limite zéro, on tirera successivement des équations (47)

$$(48)\qquad \lim\frac{y}{x} = k, \qquad \lim\frac{z}{x} = K,$$

$$(49)\qquad \lim(y - kx) = l, \qquad \lim(z - Kx) = L.$$

Donc, pour déterminer les constantes k, K, il suffira de poser dans les équations de la courbe

(50) $$y = sx, \qquad z = Sx,$$

puis de chercher la limite ou les limites vers lesquelles convergeront les variables s et S, tandis que la valeur numérique de x croîtra indéfiniment. De plus, après avoir trouvé les constantes k, K, on obtiendra les constantes l, L, en posant dans les équations de la courbe

(51) $$y = kx + t, \qquad z = Kx + T,$$

et cherchant les limites desquelles t et T s'approcheront sans cesse pour des valeurs numériques croissantes de la variable x. A chaque système de valeurs finies des quantités k, K, l, L, correspondra une asymptote de la courbe proposée.

En raisonnant de la même manière, mais échangeant entre elles les coordonnées x, y, z, on obtiendrait évidemment les asymptotes non parallèles au plan des z, x, ou au plan des x, y.

On pourrait encore déterminer les asymptotes d'une courbe tracée dans l'espace, en observant que leurs projections sur chacun des trois plans coordonnés sont, en général, des asymptotes de la courbe projetée. Seulement, la projection de l'une des premières asymptotes sur l'un des trois plans coordonnés se réduirait à un point, si cette asymptote était perpendiculaire au plan. Alors le point en question deviendrait un point d'arrêt de la courbe projetée.

Si l'on considère, en particulier, l'hyperbole que produit l'intersection d'un plan et d'un hyperboloïde représentés par deux équations de la forme

(52) $$fx + gy + hz = 0$$

et

(53) $$Ax^2 + By^2 + Cz^2 + 2Dyz + 2Ezx + 2Fxy = \text{const.},$$

on prouvera sans peine, en recourant à l'une des méthodes ci-dessus indiquées, que cette hyperbole a pour asymptotes les droites représentées par le système des deux formules

$$(54)\quad \begin{cases} fx + gy + hz = 0, \\ Ax^2 + By^2 + Cz^2 + 2Dyz + 2Ezx + 2Fxy = 0. \end{cases}$$

En terminant cette Leçon, nous ferons remarquer que les points d'arrêt ou de rebroussement, les points saillants, les points multiples, et, en général, les points singuliers d'une courbe tracée dans l'espace, ont ordinairement pour projections sur chacun des plans coordonnés des points qui offrent les mêmes singularités, mais qui appartiennent à la courbe projetée. C'est pourquoi nous n'ajouterons rien à ce que nous avons dit dans la quatrième Leçon sur les points singuliers des courbes.

QUATORZIÈME LEÇON.

DES PLANS TANGENTS ET DES NORMALES AUX SURFACES COURBES.

Considérons une surface courbe représentée par l'équation

$$u = 0, \tag{1}$$

dans laquelle u désigne une fonction des coordonnées rectangulaires x, y, z. Si, par un point (x, y, z) donné sur cette surface, on en fait passer une seconde qui la coupe suivant une certaine courbe, la tangente menée en ce point à la courbe dont il s'agit sera elle-même la ligne d'intersection de deux plans représentés par les formules (18) de la Leçon précédente. Or l'un de ces plans savoir, celui dont les coordonnées variables ξ, η, ζ vérifieront la formule

$$(\xi - x)\frac{\partial u}{\partial x} + (\eta - y)\frac{\partial u}{\partial y} + (\zeta - z)\frac{\partial u}{\partial z} = 0, \tag{2}$$

sera évidemment indépendant de la nature de la seconde surface, et, par conséquent, aussi de la nature de la courbe d'intersection. Donc, toutes les courbes tracées sur la première surface de manière à passer par le point (x, y, z) auront leurs tangentes en ce point comprises dans un seul plan. Ce plan unique, dont l'équation coïncide avec la formule (2), est ce qu'on appelle le *plan tangent* mené à la première surface par le point donné [1].

Les raisonnements que l'on vient de faire subsisteraient toujours, et par suite l'équation du plan tangent conserverait encore la même

[1] La méthode que nous venons de suivre pour trouver le plan tangent à une surface est celle que M. *Ampère* a exposée dans ses Leçons à l'École royale Polytechnique.

forme, si, dans la fonction u, les variables x, y, z représentaient, non plus des coordonnées rectangulaires, mais des coordonnées obliques.

Si, en faisant varier à la fois x, y et z, on différentie l'équation finie de la surface proposée, on obtiendra son équation différentielle du premier ordre, savoir

$$\frac{\partial u}{\partial x}dx + \frac{\partial u}{\partial y}dy + \frac{\partial u}{\partial z}dz = 0. \tag{3}$$

En comparant cette dernière à la formule (2), on reconnaît que, *pour obtenir l'équation du plan tangent, il suffit de remplacer, dans l'équation différentielle de la surface, les différentielles dx, dy, dz par les différences finies $\xi - x$, $\eta - y$, $\zeta - z$.*

Si, par le point (x, y, z) de la surface donnée, on mène une droite perpendiculaire au plan tangent, cette droite sera ce qu'on appelle la *normale* correspondante au point dont il s'agit. Soient λ, μ, ν les angles formés par cette normale prolongée dans un certain sens avec les demi-axes des coordonnées positives. L'équation du plan tangent pourra être présentée sous la forme

$$(\xi - x)\cos\lambda + (\eta - y)\cos\mu + (\zeta - z)\cos\nu = 0 \tag{4}$$

(*voir* le quatrième problème des Préliminaires). Or, pour que les équations (2) et (4) s'accordent entre elles et fournissent les mêmes valeurs de $\zeta - z$, quelles que soient d'ailleurs les valeurs attribuées aux variables ξ, η, il est nécessaire et il suffit que les cosinus des angles λ, μ, ν vérifient les deux équations

$$\frac{\cos\lambda}{\cos\nu} = \frac{\frac{\partial u}{\partial x}}{\frac{\partial u}{\partial z}}, \qquad \frac{\cos\mu}{\cos\nu} = \frac{\frac{\partial u}{\partial y}}{\frac{\partial u}{\partial z}}, \tag{5}$$

comprises l'une et l'autre dans la formule

$$\frac{\cos\lambda}{\frac{\partial u}{\partial x}} = \frac{\cos\mu}{\frac{\partial u}{\partial y}} = \frac{\cos\nu}{\frac{\partial u}{\partial z}} = \pm\frac{1}{\left[\left(\frac{\partial u}{\partial x}\right)^2 + \left(\frac{\partial u}{\partial y}\right)^2 + \left(\frac{\partial u}{\partial z}\right)^2\right]^{\frac{1}{2}}}. \tag{6}$$

Si maintenant on fait, pour abréger,

$$(7) \qquad R = \left[\left(\frac{\partial u}{\partial x}\right)^2 + \left(\frac{\partial u}{\partial y}\right)^2 + \left(\frac{\partial u}{\partial z}\right)^2\right]^{\frac{1}{2}},$$

on tirera de la formule (6), en supposant le double signe réduit au signe $+$,

$$(8) \qquad \cos\lambda = \frac{1}{R}\frac{\partial u}{\partial x}, \qquad \cos\mu = \frac{1}{R}\frac{\partial u}{\partial y}, \qquad \cos\nu = \frac{1}{R}\frac{\partial u}{\partial z},$$

et, en supposant le double signe réduit au signe $-$,

$$(9) \qquad \cos\lambda = -\frac{1}{R}\frac{\partial u}{\partial x}, \qquad \cos\mu = -\frac{1}{R}\frac{\partial u}{\partial y}, \qquad \cos\nu = -\frac{1}{R}\frac{\partial u}{\partial z}.$$

Ajoutons que, pour déterminer les angles λ, μ, ν, on devra employer ou les équations (8) ou les équations (9), suivant que la normale aura été prolongée dans un sens ou dans un autre à partir du point (x, y, z).

La formule (6) une fois établie, il devient facile de trouver les deux équations de la normale menée par le point (x, y, z). En effet, si l'on désigne par ξ, η, ζ les coordonnées variables de cette droite, on aura, envertu de ce qui a été dit dans les Préliminaires (p. 18),

$$(10) \qquad \frac{\xi - x}{\cos\lambda} = \frac{\eta - y}{\cos\mu} = \frac{\zeta - z}{\cos\nu};$$

puis, en remplaçant les quantités

$$\cos\lambda, \quad \cos\mu, \quad \cos\nu$$

par les dérivées partielles

$$\frac{\partial u}{\partial x}, \quad \frac{\partial u}{\partial y}, \quad \frac{\partial u}{\partial z},$$

qui leur sont respectivement proportionnelles, on obtiendra la formule

$$(11) \qquad \frac{\xi - x}{\frac{\partial u}{\partial x}} = \frac{\eta - y}{\frac{\partial u}{\partial y}} = \frac{\zeta - z}{\frac{\partial u}{\partial z}},$$

qui comprend les deux équations cherchées.

L'angle aigu formé par le plan tangent au point (x, y, z) avec le plan des x, y est ce qu'on nomme l'*inclinaison du plan tangent*, ou l'*inclinaison de la surface* en ce point. Ce même angle est évidemment égal à l'angle aigu formé par la normale avec l'axe des z. Donc, si l'on désigne par τ l'inclinaison de la surface au point (x, y, z), la valeur de τ sera l'une de celles que fournissent pour l'angle ν les formules (8) et (9). On aura, en conséquence,

$$\cos\tau = \pm \frac{1}{R} \frac{\partial u}{\partial z}, \tag{12}$$

$$\text{séc}\,\tau = \pm \frac{R}{\frac{\partial u}{\partial z}}, \tag{13}$$

le signe $\pm$ devant être réduit au signe $+$ quand la valeur de $\frac{\partial u}{\partial z}$ sera positive, et au signe $-$ dans le cas contraire.

Il est bon d'observer que les formules (2), (3), (6), (8), (9) et (11) ne changeraient pas, si la surface donnée était représentée, non par l'équation (1), mais par la suivante,

$$u = c, \tag{14}$$

c désignant une quantité constante.

Lorsque, dans la formule (2), on regarde les coordonnées ξ, η, ζ comme constantes, et les coordonnées x, y, z comme variables, on obtient, non plus l'équation du plan tangent à la surface (1) ou (14), mais l'équation d'une autre surface qui est le lieu géométrique des points où celles que l'on déduit de l'équation (14), en attribuant successivement diverses valeurs à la constante c, sont touchées par des plans qui renferment le point (ξ, η, ζ).

De même, si, dans la formule (11), on regarde les coordonnées x, y, z comme seules variables, on obtiendra, non plus les équations de la normale à la surface (1) ou (14), mais les équations d'une courbe qui sera le lieu géométrique des points où les surfaces dont nous venons de parler sont rencontrées par des droites normales qui concourent au point (ξ, η, ζ).

Si l'on veut que l'équation de la surface donnée se présente sous la forme

$$z = f(x, y) \tag{15}$$

ou

$$f(x, y) - z = 0,$$

il suffira de poser dans l'équation (1)

$$u = f(x, y) - z. \tag{16}$$

Concevons que, dans ce cas particulier, on fasse, pour abréger,

$$\frac{\partial f(x, y)}{\partial x} = p, \qquad \frac{\partial f(x, y)}{\partial y} = q. \tag{17}$$

On aura évidemment

$$\frac{\partial u}{\partial x} = p, \qquad \frac{\partial u}{\partial y} = q, \qquad \frac{\partial u}{\partial z} = -1, \tag{18}$$

et l'équation différentielle de la surface deviendra

$$p\,dx + q\,dy - dz = 0$$

ou

$$dz = p\,dx + q\,dy. \tag{19}$$

De plus, l'équation du plan tangent se trouvera réduite à

$$\zeta - z = p(\xi - x) + q(\eta - y), \tag{20}$$

et l'on tirera de la formule (11)

$$\frac{\xi - x}{p} = \frac{\eta - y}{q} = z - \zeta, \tag{21}$$

ou, ce qui revient au même,

$$\xi - x + p(\zeta - z) = 0 \quad \text{et} \quad \eta - y + q(\zeta - z) = 0. \tag{22}$$

Alors aussi les équations (12) et (13) donneront

$$\cos\tau = \frac{1}{\sqrt{1 + p^2 + q^2}}, \tag{23}$$

$$\text{séc}\,\tau = \sqrt{1 + p^2 + q^2}. \tag{24}$$

Enfin, si la surface courbe que l'on considère était représentée par une équation de la forme

$$(25)\qquad u + v + w + \ldots = c,$$

u, v, w, ... désignant diverses fonctions des variables x, y, z, on devrait évidemment, dans les formules (2), (3), (6), (8), (9) et (11), remplacer la fonction u par $u + v + w + \ldots$; et l'on trouverait ainsi pour l'équation du plan tangent

$$(26)\qquad \left\{\begin{aligned} &\left(\frac{\partial u}{\partial x} + \frac{\partial v}{\partial x} + \frac{\partial w}{\partial x} + \ldots\right)\xi + \left(\frac{\partial u}{\partial y} + \frac{\partial v}{\partial y} + \frac{\partial w}{\partial y} + \ldots\right)\eta + \left(\frac{\partial u}{\partial z} + \frac{\partial v}{\partial z} + \frac{\partial w}{\partial z} + \ldots\right)\zeta \\ &= x\frac{\partial u}{\partial x} + y\frac{\partial u}{\partial y} + z\frac{\partial u}{\partial z} + x\frac{\partial v}{\partial x} + y\frac{\partial v}{\partial y} + z\frac{\partial v}{\partial z} + x\frac{\partial w}{\partial x} + y\frac{\partial w}{\partial y} + z\frac{\partial w}{\partial z} + \ldots. \end{aligned}\right.$$

Concevons maintenant que, dans l'équation (25), u, v, w soient des fonctions entières et homogènes, la première du degré m, la seconde du degré $m - 1$, la troisième du degré $m - 2$, ... Cette équation représentera ce qu'on appelle une *surface du degré m*. Alors on tirera de la formule (26) et du théorème des fonctions homogènes

$$(27)\qquad \left\{\begin{aligned} &\left(\frac{\partial u}{\partial x} + \frac{\partial v}{\partial x} + \frac{\partial w}{\partial x} + \ldots\right)\xi + \left(\frac{\partial u}{\partial y} + \frac{\partial v}{\partial y} + \frac{\partial w}{\partial y} + \ldots\right)\eta + \left(\frac{\partial u}{\partial z} + \frac{\partial v}{\partial z} + \frac{\partial w}{\partial z} + \ldots\right)\zeta \\ &= mu + (m-1)v + (m-2)w + \ldots, \end{aligned}\right.$$

puis, en ayant égard à l'équation (25),

$$(28)\qquad \left\{\begin{aligned} &\left(\frac{\partial u}{\partial x} + \frac{\partial v}{\partial x} + \frac{\partial w}{\partial x} + \ldots\right)\xi + \left(\frac{\partial u}{\partial y} + \frac{\partial v}{\partial y} + \frac{\partial w}{\partial y} + \ldots\right)\eta + \left(\frac{\partial u}{\partial z} + \frac{\partial v}{\partial z} + \frac{\partial w}{\partial z} + \ldots\right)\zeta \\ &= mc - v - 2w - \ldots. \end{aligned}\right.$$

Lorsque, dans la formule (28), on regarde les coordonnées ξ, η, ζ comme constantes et les coordonnées x, y, z comme variables, on obtient, non plus l'équation d'un plan tangent à la surface (25), mais l'équation d'une seconde surface du degré $m - 1$, qui renferme les points de contact de la première avec les plans tangents menés par le point (ξ, η, ζ). Si la première surface est du second degré, la seconde se réduira simplement à une surface du premier degré, c'est-à-dire à un plan. On peut donc énoncer la proposition suivante :

THÉORÈME. — *Si par un point donné on mène des plans tangents à une surface du second degré, tous les points de contact seront situés sur une courbe plane.*

Si l'on suppose $v = 0$, $w = 0$, ..., l'équation (25) se trouvera réduite à la formule (14), dans laquelle u désignera une fonction entière et homogène du degré m, et l'équation du plan tangent, ou la formule (28), deviendra

$$\frac{\partial u}{\partial x}\xi + \frac{\partial u}{\partial y}\eta + \frac{\partial u}{\partial z}\zeta = mc. \tag{29}$$

Il peut arriver que le plan tangent mené à une surface par un point donné (x, y, z) ne la rencontre qu'au point dont il s'agit, ou qu'il la touche suivant une ou plusieurs lignes, ou qu'il la traverse. Dans les deux derniers cas, si l'on désigne par

$$f(x, y, z) = 0 \tag{30}$$

l'équation de la surface proposée, et par ξ, η, ζ les coordonnées variables d'une des lignes suivant lesquelles cette surface est touchée ou traversée par le plan tangent, les coordonnées ζ, η, ζ seront évidemment assujetties à vérifier les deux équations

$$(31)\quad \begin{cases} f(\xi, \eta, \zeta) = 0, \\ \dfrac{\partial f(x, y, z)}{\partial x}(\xi - x) + \dfrac{\partial f(x, y, z)}{\partial y}(\eta - y) + \dfrac{\partial f(x, y, z)}{\partial z}(\zeta - z) = 0. \end{cases}$$

Lorsqu'on peut tracer sur la surface une ou plusieurs lignes droites qui passent par le point (x, y, z), chacune de ces lignes se confond nécessairement avec sa tangente et se trouve par suite comprise dans le plan tangent. Alors l'élimination de ζ entre les formules (31) produit une équation entre les variables ξ, η, à laquelle on satisfait en prenant pour η une fonction linéaire de ξ. S'il en est ainsi, non-seulement pour un point déterminé de la surface que l'on considère, mais encore pour tous les points de la même surface, et par conséquent pour toutes les valeurs de x, y, z qui vérifient la formule (30), cette surface sera du nombre de celles qui peuvent être engendrées par le mouvement d'une droite, et que l'on nomme *surfaces réglées*. Parmi les surfaces de cette espèce, on doit remarquer les *surfaces développables* qui sont touchées par chaque plan tangent suivant une génératrice. Entre les surfaces développables, on distingue particulièrement les *surfaces cylindriques*, engendrées par le mouvement d'une droite qui reste toujours parallèle à elle-même, et les *surfaces coniques*, dont la génératrice passe toujours par le même point. Les surfaces réglées, qui ne sont point développables, s'appellent *surfaces gauches*.

Nous allons maintenant offrir quelques applications des formules ci-dessus établies.

Exemple I. — Considérons la surface de la sphère décrite de l'origine comme centre avec le rayon R et représentée par l'équation

$$x^2+y^2+z^2=R^2. \tag{32}$$

L'équation différentielle de cette surface sera

$$x\,dx+y\,dy+z\,dz=0. \tag{33}$$

Par suite on trouvera, pour l'équation du plan tangent,

$$x(\xi-x)+y(\eta-y)+z(\zeta-z)=0 \quad \text{ou} \quad x\xi+y\eta+z\zeta=R^2, \tag{34}$$

tandis que les équations de la normale seront comprises dans la formule

$$\frac{\xi-x}{x}=\frac{\eta-y}{y}=\frac{\zeta-z}{z},$$

que l'on peut réduire à

$$\frac{\xi}{x}=\frac{\eta}{y}=\frac{\zeta}{z}. \tag{35}$$

Ajoutons que l'inclinaison τ, correspondante au point (x, y, z), pourra être déterminée par l'une des équations

$$(36) \qquad \cos\tau = \pm \frac{z}{R}, \qquad \text{séc}\,\tau = \pm \frac{R}{z}.$$

Les équations (34), quand on y considère x, y, z comme seules variables, représentent, la première, une nouvelle sphère qui a pour diamètre la distance de l'origine au point (ξ, η, ζ), et la seconde un nouveau plan. Ce plan coupe les deux sphères suivant une seule circonférence de cercle, qui est le lieu des points de contact de la sphère donnée avec les plans tangents menés à cette même sphère par le point (ξ, η, ζ).

Quant à la formule (35), elle reproduit toujours la même ligne, quel que soit, entre les deux points (ξ, η, ζ), (x, y, z), celui dont on regarde les coordonnées comme variables, et elle représente dans tous les cas, ainsi qu'on devait s'y attendre, une droite passant par l'origine.

Exemple II. — Concevons que la surface proposée se réduise à une surface cylindrique dont la génératrice soit parallèle à l'axe des z et dont la base soit une courbe renfermée dans le plan des x, y. Cette surface et sa base seront l'une et l'autre représentées par une équation de la forme

$$(37) \qquad f(x, y) = 0.$$

Cela posé, si l'on fait, pour abréger,

$$(38) \qquad \frac{\partial f(x, y)}{\partial x} = \varphi(x, y), \qquad \frac{\partial f(x, y)}{\partial y} = \chi(x, y),$$

l'équation du plan tangent deviendra

$$(39) \qquad (\xi - x)\,\varphi(x, y) + (\eta - y)\,\chi(x, y) = 0.$$

De plus, on tirera de la formule (11)

$$\frac{\xi - x}{\varphi(x, y)} = \frac{\eta - y}{\chi(x, y)} = \frac{\zeta - z}{0},$$

et l'on trouvera en conséquence, pour les équations de la normale,

$$(40)\qquad (\xi - x)\chi(x, y) - (\eta - y)\varphi(x, y) = 0, \qquad \zeta = z.$$

Il résulte évidemment des équations (39) et (40) que le plan tangent est toujours parallèle à l'axe des z et la normale toujours perpendiculaire à cet axe. Ajoutons que, l'équation (39) étant indépendante de z, chaque plan tangent touchera la surface suivant une génératrice, ce qu'il était facile de prévoir.

Si l'on prend pour base de la surface cylindrique une parabole, une ellipse ou une hyperbole, cette surface sera celle d'un *cylindre parabolique, elliptique* ou *hyperbolique*.

Exemple III. — Considérons une surface conique, dans laquelle le *sommet*, c'est-à-dire le point commun à toutes les génératrices, coïncide avec l'origine des coordonnées. Concevons, d'ailleurs, que l'on prenne pour base de la surface conique une courbe plane, dont le plan soit parallèle au plan des x, y et coupe le demi-axe des z positives à la distance 1 de l'origine. Soient enfin ξ, η les coordonnées variables de la courbe dont il s'agit, et

$$(41)\qquad f(\xi, \eta) = 0$$

son équation. La génératrice qui passera par le point (ξ, η) de cette courbe sera évidemment représentée par les deux formules

$$(42)\qquad \frac{x}{z} = \xi, \qquad \frac{y}{z} = \eta.$$

Or si, entre ces dernières et la formule (41), on élimine ξ et η, il est clair que l'équation résultante, savoir

$$(43)\qquad f\left(\frac{x}{z}, \frac{y}{z}\right) = 0,$$

sera vérifiée par tous les points de toutes les génératrices. Elle représentera donc la surface conique. Cela posé, si l'on adopte les mêmes notations que dans l'exemple précédent, on trouvera, pour l'équation différentielle de la surface conique,

$$(44)\quad \varphi\left(\frac{x}{z}, \frac{y}{z}\right) dx + \chi\left(\frac{x}{z}, \frac{y}{z}\right) dy - \frac{1}{z}\left[x\,\varphi\left(\frac{x}{z}, \frac{y}{z}\right) + y\,\chi\left(\frac{x}{z}, \frac{y}{z}\right)\right] dz = 0.$$

Si maintenant on désigne par ξ, η, ζ, non plus les coordonnées d'une courbe tracée sur la surface conique, mais les coordonnées du plan tangent ou de la normale au point (x, y, z), on reconnaîtra : 1° que l'équation du plan tangent peut être réduite à

$$(45)\quad \xi\,\varphi\left(\frac{x}{z}, \frac{y}{z}\right) + \eta\,\chi\left(\frac{x}{z}, \frac{y}{z}\right) = \left[\frac{x}{z}\,\varphi\left(\frac{x}{z}, \frac{y}{z}\right) + \frac{y}{z}\,\chi\left(\frac{x}{z}, \frac{y}{z}\right)\right]\zeta,$$

2° que les équations de la normale sont comprises dans la formule

$$(46)\quad \frac{\xi - x}{\varphi\left(\frac{x}{z}, \frac{y}{z}\right)} = \frac{\eta - y}{\chi\left(\frac{x}{z}, \frac{y}{z}\right)} = \frac{z(z - \zeta)}{x\,\varphi\left(\frac{x}{z}, \frac{y}{z}\right) + y\,\chi\left(\frac{x}{z}, \frac{y}{z}\right)}.$$

Comme l'équation (45) ne change pas quand on fait varier x, y et z de manière que les rapports $\frac{x}{z}$, $\frac{y}{z}$ demeurent constants, on peut affirmer que chaque plan tangent touchera la surface suivant une génératrice, ce qu'il était facile de prévoir.

On arriverait à la même conclusion en observant que, dans le cas présent, les formules (31) se trouvent remplacées par les suivantes :

$$(47)\quad \begin{cases} f\left(\frac{\xi}{\zeta}, \frac{\eta}{\zeta}\right) = 0, \\ \left(\frac{\xi}{\zeta} - \frac{x}{z}\right)\varphi\left(\frac{x}{z}, \frac{y}{z}\right) + \left(\frac{\eta}{\zeta} - \frac{y}{z}\right)\chi\left(\frac{x}{z}, \frac{y}{z}\right) = 0; \end{cases}$$

et, comme les coordonnées x, y, z doivent constamment vérifier l'équation (43), il est clair qu'on satisfera aux formules (47) en prenant

$$(48)\quad \frac{\xi}{\zeta} = \frac{x}{z}, \qquad \frac{\eta}{\zeta} = \frac{y}{z}.$$

Or, ces deux dernières équations entre les coordonnées variables ξ, η, ζ représentent évidemment une droite qui passe par le sommet du cône et par le point (x, y, z) de la surface conique, c'est-à-dire une génératrice de cette même surface.

Si l'on veut que la surface conique soit celle d'un cône droit à base circulaire, il suffira de réduire la courbe (41) à la circonférence d'un cercle qui ait son centre sur l'axe des z. Si l'on nomme R le rayon de ce même cercle, les formules (41) et (43) deviendront respectivement

$$\xi^2 + \eta^2 = R^2, \tag{49}$$

$$x^2 + y^2 = R^2 z^2. \tag{50}$$

Alors l'équation différentielle de la surface conique pourra être présentée sous la forme

$$x\,dx + y\,dy = R^2 z\,dz. \tag{51}$$

Par suite on trouvera, pour l'équation du plan tangent,

$$x(\xi - x) + y(\eta - y) = R^2 z(\zeta - z) \tag{52}$$

ou

$$x\xi + y\eta = R^2 z\zeta; \tag{53}$$

et les équations de la normale seront comprises dans la formule

$$\left\{\begin{aligned} \frac{\xi - x}{x} = \frac{\eta - y}{y} = \frac{\zeta - z}{-R^2 z} &= \frac{x(\xi - x) + y(\eta - y) + z(\zeta - z)}{x^2 + y^2 - R^2 z^2} \\ &= \frac{x(\xi - x) + y(\eta - y) + z(\zeta - z)}{0}, \end{aligned}\right. \tag{54}$$

de laquelle on tirera

$$\frac{\xi}{x} = \frac{\eta}{y}, \qquad x(\xi - x) + y(\eta - y) + z(\zeta - z) = 0. \tag{55}$$

Enfin l'inclinaison τ de la surface pourra être déterminée par l'une des équations

$$\cos\tau = \frac{R}{\sqrt{1 + R^2}}, \qquad \text{séc}\,\tau = \sqrt{1 + \frac{1}{R^2}}, \qquad \text{tang}\,\tau = \frac{1}{R}. \tag{56}$$

Il résulte de ces dernières que l'inclinaison de la surface est constante, et qu'elle se confond, comme on devait s'y attendre, avec le complément de l'angle compris entre l'axe du cône et la génératrice. De plus, on conclut évidemment des équations (55) : 1° que la projection de la normale sur le plan des x, y coïncide avec la projection de la génératrice; 2° que cette normale est renfermée dans le plan tangent à la sphère qui a pour centre l'origine, et qui passe par le point (x, y, z).

L'équation (52), dans le cas où l'on y considère x, y et z comme seules variables, représente un hyperboloïde à une nappe, dont les axes réels sont parallèles aux axes des x et y, et dans lequel un diamètre coïncide avec la distance de l'origine au point (ξ, η, ζ). Dans le même cas, l'équation (53) représente un nouveau plan qui passe par l'origine. Ajoutons que ce plan et cet hyperboloïde couperont en général la surface conique suivant deux génératrices qui seront les lignes de contact de cette surface avec les plans tangents menés par le point (ξ, η, ζ).

Quant aux équations (55), elles représenteront évidemment, si l'on considère x, y, z comme seules variables, une circonférence de cercle qui aura pour diamètre la distance de l'origine au point (ξ, η, ζ), et qui coupera le cône au même lieu que la perpendiculaire abaissée de ce point sur la surface conique.

Lorsqu'on substitue l'équation (50) à celle d'une surface quelconque, les formules (31) se réduisent à

$$\xi^2 + \eta^2 = R^2\zeta^2, \qquad x\xi + y\eta = R^2 z\zeta. \tag{57}$$

Si, entre ces dernières et l'équation (50), on élimine z et ζ, on trouvera

$$(x^2 + y^2)(\xi^2 + \eta^2) - (x\xi + y\eta)^2 = 0,$$

ou, ce qui revient au même,

$$(x\eta - \xi y)^2 = 0,$$

et l'on en conclura

$$\frac{\xi}{\eta} = \frac{x}{y}. \tag{58}$$

Si l'on réunit l'équation (58) à la seconde des formules (57), les coordonnées variables ξ, η, ζ seront évidemment celles d'une droite qui passera par l'origine et par le point (x, y, z). Cette droite sera, en effet, la seule ligne commune à la surface conique et au plan tangent mené par le point (x, y, z).

Si l'on prenait pour base de la surface conique une parabole, une ellipse ou une hyperbole, cette surface serait celle d'un cône parabolique, elliptique ou hyperbolique.

Exemple IV. — Désignons par a, b, c trois constantes positives; et considérons la surface représentée par l'équation finie

$$\frac{x^2}{a^2} + \frac{y^2}{b^2} = 2\frac{z}{c}. \tag{59}$$

Cette surface, qui donne pour sections des ellipses, quand on la coupe par des plans perpendiculaires à l'axe des z, et des paraboles quand on la coupe par des plans perpendiculaires aux axes des x ou des y, est celle qui termine un paraboloïde elliptique. Comme, en différentiant la formule (59), on trouve

$$\frac{x}{a^2}dx + \frac{y}{b^2}dy = \frac{1}{c}dz, \tag{60}$$

l'équation du plan tangent au paraboloïde elliptique sera

$$\frac{x}{a^2}(\xi - x) + \frac{y}{b^2}(\eta - y) = \frac{1}{c}(\zeta - z) \tag{61}$$

ou

$$\frac{x\xi}{a^2} + \frac{y\eta}{b^2} = \frac{\zeta + z}{c}. \tag{62}$$

Quant aux équations de la normale, elles se trouveront comprises dans la formule

$$\frac{a^2(\xi - x)}{x} = \frac{b^2(\eta - y)}{y} = -c(\zeta - z) = \frac{x(\xi - x) + y(\eta - y) + 2z(\zeta - z)}{0}, \tag{63}$$

de laquelle on tire

$$(64)\qquad \frac{a^2(\xi - x)}{x} = \frac{b^2(\eta - y)}{y}, \qquad x(\xi - x) + y(\eta - y) + 2z(\zeta - z) = 0.$$

La dernière des équations (64) prouve que la normale au paraboloïde elliptique, en un point donné, est comprise dans le plan tangent mené par ce point à un ellipsoïde de révolution dont le centre coïncide avec l'origine, et dont l'équation est de la forme

$$x^2 + y^2 + 2z^2 = \text{const.}$$

L'équation (61), dans le cas où l'on considère x, y et z comme seules variables, représente un second paraboloïde de même forme que le premier, mais dont l'axe coïncide avec la droite qui a pour équations

$$(65)\qquad x = \frac{\xi}{2}, \qquad y = \frac{\eta}{2},$$

et le sommet avec un point situé sur cet axe et correspondant à l'ordonnée

$$(66)\qquad z = \zeta - \frac{c}{4}\left(\frac{\xi^2}{a^2} + \frac{\eta^2}{b^2}\right).$$

Dans le même cas, l'équation (62) représente un nouveau plan qui rencontre l'axe des z en un point dont l'ordonnée est $z = -\zeta$. Ajoutons que ce nouveau plan coupe les deux paraboloïdes suivant une ellipse, qui est le lieu des points de contact du paraboloïde donné avec les plans tangents menés à ce même paraboloïde par le point (ξ, η, ζ).

Pour savoir si le plan tangent mené par un point (x, y, z) de la surface donnée traverse ou non cette surface, il suffit d'examiner si l'on peut attribuer aux variables ξ, η, ζ plusieurs systèmes de valeurs réelles propres à vérifier simultanément les deux équations

$$(67)\qquad \frac{\xi^2}{a^2} + \frac{\eta^2}{b^2} = 2\frac{\zeta}{c}, \qquad \frac{x\xi}{a^2} + \frac{y\eta}{b^2} = \frac{\zeta + z}{c}.$$

Or, si entre ces dernières et la formule (59) on élimine ζ et z, on trouvera

$$\frac{\xi^2}{a^2}+\frac{\eta^2}{b^2}+\frac{x^2}{a^2}+\frac{y^2}{b^2}-2\left(\frac{x\xi}{a^2}+\frac{y\eta}{b^2}\right)=0,$$

ou, ce qui revient au même,

$$\left(\frac{\xi-x}{a}\right)^2+\left(\frac{\eta-y}{b}\right)^2=0.$$

D'ailleurs, on ne peut satisfaire à l'équation précédente qu'en posant

$$\xi=x, \qquad \eta=y,$$

et l'on tire alors des formules (59) et (67)

$$\zeta=z.$$

Donc le point (x, y, z) est le seul qui soit commun au paraboloïde et au plan tangent, ce qu'il était facile de prévoir.

Exemple V. — Considérons la surface représentée par l'équation finie

(68) $$\frac{x^2}{a^2}-\frac{y^2}{b^2}=2\frac{z}{c}.$$

Cette surface, qui donne pour sections des hyperboles, quand on la coupe par des plans parallèles au plan des x, y, et des paraboles, quand on la coupe par des plans perpendiculaires à l'axe des x ou à l'axe des y, est celle qui termine un paraboloïde hyperbolique. Elle rencontre évidemment le plan des x, y suivant deux droites représentées par la formule

(69) $$\frac{x^2}{a^2}-\frac{y^2}{b^2}=0,$$

qui fournit les deux équations

(70) $$\frac{x}{a}-\frac{y}{b}=0,$$

(71) $$\frac{x}{a}+\frac{y}{b}=0.$$

Cela posé, en opérant comme dans l'exemple IV, on trouvera pour l'équation du plan tangent au paraboloïde hyperbolique

$$(72)\qquad \frac{x(\xi-x)}{a^2}-\frac{y(\eta-y)}{b^2}=\frac{\zeta-z}{c}$$

ou

$$(73)\qquad \frac{x\xi}{a^2}-\frac{y\eta}{b^2}=\frac{\zeta+z}{c},$$

et, pour les équations de la normale,

$$(74)\qquad \frac{a^2(\xi-x)}{x}+\frac{b^2(\eta-y)}{y}=0,\quad x(\xi-x)+y(\eta-y)+2z(\zeta-z)=0.$$

La dernière des équations (74) prouve que la normale au paraboloïde hyperbolique est comprise dans le plan tangent à un ellipsoïde de révolution dont le centre coïncide avec l'origine et dont l'équation est de la forme

$$x^2+y^2+2z^2=\text{const}.$$

L'équation (72), dans le cas où l'on y considère x, y, z comme seules variables, représente un second paraboloïde de même forme que le premier, mais dont l'axe coïncide avec la droite représentée par les formules (65), et le sommet avec un point situé sur cet axe et correspondant à l'ordonnée

$$(75)\qquad z=\zeta-\frac{c}{4}\left(\frac{\xi^2}{a^2}-\frac{\eta^2}{b^2}\right).$$

Dans le même cas, l'équation (73) représente un nouveau plan qui rencontre l'axe des z au point dont l'ordonnée est $-\zeta$. Ajoutons que ce nouveau plan coupe les deux paraboloïdes suivant une hyperbole qui est le lieu des points de contact du paraboloïde donné avec les plans tangents menés à ce paraboloïde par le point (ξ, η, ζ).

Si l'on veut obtenir les lignes qui, passant par un point (x, y, z) de la surface donnée, sont communes à cette surface et au plan tangent, il suffira d'assujettir les coordonnées variables ξ, η, ζ à vérifier les deux équations

$$(76)\qquad \frac{\xi^2}{a^2}-\frac{\eta^2}{b^2}=2\frac{\zeta}{c},\qquad \frac{x\xi}{a^2}-\frac{y\eta}{b^2}=\frac{\zeta+z}{c}.$$

Si, entre ces dernières et la formule (68), on élimine ζ et z, on trouvera

$$\frac{\xi^2}{a^2}-\frac{\eta^2}{b^2}+\frac{x^2}{a^2}-\frac{y^2}{b^2}-2\left(\frac{x\xi}{a^2}-\frac{y\eta}{b^2}\right)=0,$$

ou, ce qui revient au même,

$$(77)\qquad \left(\frac{\xi-x}{a}\right)^2=\left(\frac{\eta-y}{b}\right)^2,$$

et l'on en conclura

$$(78)\qquad \frac{\xi-x}{a}=\frac{\eta-y}{b}$$

ou

$$(79)\qquad \frac{\xi-x}{a}=-\frac{\eta-y}{b}.$$

En réunissant, l'une après l'autre, la formule (78) et la formule (79) à la seconde des formules (76), on obtient deux systèmes d'équations qui représentent deux droites tracées sur le paraboloïde de manière à renfermer le point (x, y, z). Si ce point devient mobile, chacune des deux droites engendrera le paraboloïde hyperbolique, en se mouvant de telle sorte que sa projection sur le plan des x, y reste toujours parallèle à l'une des droites suivant lesquelles ce plan coupe le paraboloïde.

Il est essentiel d'observer que toutes les génératrices coupent le plan des x, y, et qu'on simplifie la recherche de leurs équations en supposant le point (x, y, z) situé dans ce plan, c'est-à-dire sur l'une des droites (70) ou (71). On reconnaît alors immédiatement qu'un premier système de génératrices est déterminé par les formules

$$(80)\qquad \frac{x}{a}=\frac{y}{b},\qquad \frac{x\xi}{a^2}-\frac{y\eta}{b^2}=\frac{\zeta}{c},\qquad \frac{\xi^2}{a^2}-\frac{\eta^2}{b^2}=2\frac{\zeta}{c},$$

que l on peut réduire à

$$(81) \qquad \frac{\xi}{a} - \frac{\eta}{b} = \frac{a}{x}\frac{\zeta}{c}, \qquad \frac{\xi}{a} + \frac{\eta}{b} = 2\frac{x}{a},$$

et un second système par les formules

$$(82) \qquad \frac{x}{a} = -\frac{y}{b}, \qquad \frac{x\xi}{a^2} - \frac{y\eta}{b^2} = \frac{\zeta}{c}, \qquad \frac{\xi^2}{a^2} - \frac{\eta^2}{b^2} = 2\frac{\zeta}{c},$$

que l'on peut réduire à

$$(83) \qquad \frac{\xi}{a} + \frac{\eta}{b} = \frac{a}{x}\frac{\zeta}{c}, \qquad \frac{\xi}{a} - \frac{\eta}{b} = 2\frac{x}{a}.$$

Ajoutons que le rapport $\frac{2x}{a}$ demeurera constant pour une même génératrice, et changera de valeur dans le passage d'une génératrice à l'autre. Ce rapport sera donc ce qu'on nomme une *constante arbitraire*. Si l'on désigne cette constante par Θ, et si l'on écrit, en outre, dans les équations (81) et (83), x, y, z au lieu de ξ, η, ζ, ces équations deviendront respectivement

$$(84) \qquad \frac{x}{a} + \frac{y}{b} = \Theta, \qquad \frac{x}{a} - \frac{y}{b} = \frac{2z}{\Theta c}$$

et

$$(85) \qquad \frac{x}{a} - \frac{y}{b} = \Theta, \qquad \frac{x}{a} + \frac{y}{b} = \frac{2z}{\Theta c}.$$

Il est facile de s'assurer directement que chacune des droites représentées par le système des formules (84) ou (85) est située tout entière sur la surface du paraboloïde hyperbolique. En effet, si l'on multiplie, membre à membre, ou les formules (84), ou les formules (85), on reproduira évidemment l'équation (68).

Comme le plan tangent mené par un point donné à la surface du paraboloïde hyperbolique la touche en un point unique, il est clair que cette surface n'est point développable, et se trouve comprise dans le nombre de celles que l'on nomme *surfaces gauches*.

Exemple VI. — Si l'on considère le paraboloïde hyperbolique représenté par la formule

(86) $$xy = cz,$$

on trouvera pour l'équation du plan tangent

(87) $$y(\xi - x) + x(\eta - y) = c(\zeta - z)$$

ou

(88) $$x\eta + y\xi = c(\zeta + z),$$

et pour les équations de la normale

(89) $$x(\xi - x) = y(\eta - y), \qquad x(\xi - x) + y(\eta - y) + 2z(\zeta - z) = 0.$$

On conclura de ces dernières que la normale est la droite d'intersection des plans tangents menés par le point (x, y, z) à un cylindre hyperbolique et à un ellipsoïde de révolution représentés par deux équations de la forme

$$x^2 - y^2 = \text{const.}, \qquad x^2 + y^2 + 2z^2 = \text{const.}$$

De plus, si l'on désigne par ξ, η, ζ les coordonnées variables de l'une des génératrices qui renferment le point (x, y, z), on aura

(90) $$\xi\eta = c\zeta, \qquad x\eta + y\xi = c(\zeta + z),$$

et l'on tirera des équations (90) combinées avec la formule (86)

$$\xi\eta + xy - x\eta - y\xi = 0,$$

ou, ce qui revient au même,

(91) $$(\xi - x)(\eta - y) = 0.$$

Par conséquent, les deux génératrices seront représentées par la seconde des équations (90) réunie à l'une des formules

(92) $$\xi = x,$$

(93) $$\eta = y;$$

et elles seront constamment perpendiculaires, l'une à l'axe des x, l'autre à l'axe des y.

Exemple VII. — Considérons la surface du second degré représentée par l'équation

$$(94)\qquad Ax^2 + By^2 + Cz^2 + 2Dyz + 2Ezx + 2Fxy = K.$$

L'équation différentielle de cette surface sera

$$(Ay + Fy + Ez)\,dx + (Fx + By + Dz)\,dy + (Ex + Dy + Cz)\,dz = 0.$$

Par suite, on trouvera pour l'équation du plan tangent

$$(95)\qquad \left\{ \begin{aligned} &(Ax + Fy + Ez)(\xi - x) + (Fx + By + Dz)(\eta - y) \\ &\qquad\qquad + (Ex + Dy + Cz)(\zeta - z) = 0 \end{aligned} \right.$$

ou

$$(96)\qquad (Ax + Fy + Ez)\xi + (Fx + By + Dz)\eta + (Ex + Dy + Cz)\zeta = K,$$

tandis que les équations de la normale seront comprises dans la formule

$$(97)\qquad \frac{\xi - x}{Ax + Fy + Ez} = \frac{\eta - y}{Fx + By + Dz} = \frac{\zeta - z}{Ex + Dy + Cz}.$$

Lorsque, dans les équations (95) et (96), on regarde x, y, z comme seules variables, ces équations représentent, la première une nouvelle surface du second degré, semblable à la surface donnée, et dont un diamètre coïncide avec le rayon vecteur mené de l'origine au point (ξ, η, ζ); la seconde un nouveau plan. Ce plan coupe les deux surfaces du second degré suivant une seule courbe, qui est le lieu des points de contact de la surface donnée avec les plans tangents menés à cette même surface par le point (ξ, η, ζ).

Quant aux angles λ, μ, ν que forme la normale menée par le point (x, y, z) avec les demi-axes des coordonnées positives, on les déduira de la formule (6), qui donnera

$$(98)\qquad \frac{\cos\lambda}{Ax + Fy + Ez} = \frac{\cos\mu}{Fx + By + Dz} = \frac{\cos\nu}{Ex + Dy + Cz}.$$

Exemple VIII. — Désignons par a, b, c des constantes positives, et considérons un ellipsoïde dont les axes, parallèles aux axes coordonnés, soient représentés par $2a$, $2b$, $2c$. On trouvera pour l'équation de cet ellipsoïde

$$\frac{x^2}{a^2}+\frac{y^2}{b^2}+\frac{z^2}{c^2}=1, \tag{99}$$

et pour l'équation du plan tangent

$$\frac{x\xi}{a^2}+\frac{y\eta}{b^2}+\frac{z\zeta}{c^2}=1, \tag{100}$$

tandis que les équations de la normale se déduiront de la formule

$$\frac{a^2(\xi-x)}{x}=\frac{b^2(\eta-y)}{y}=\frac{c^2(\zeta-z)}{z}. \tag{101}$$

De plus, pour savoir si le plan tangent mené par le point (x, y, z) traverse ou non l'ellipsoïde, il suffira d'examiner si l'on peut attribuer aux variables ξ, η, ζ plusieurs systèmes de valeurs réelles propres à vérifier simultanément les deux équations

$$\frac{\xi^2}{a^2}+\frac{\eta^2}{b^2}+\frac{\zeta^2}{c^2}=1, \qquad \frac{\xi x}{a^2}+\frac{\eta y}{b^2}+\frac{\zeta z}{c^2}=1. \tag{102}$$

Or on tire de ces dernières combinées avec la formule (99)

$$\left(\frac{x^2}{a^2}+\frac{y^2}{b^2}+\frac{z^2}{c^2}\right)\left(\frac{\xi^2}{a^2}+\frac{\eta^2}{b^2}+\frac{\zeta^2}{c^2}\right)-\left(\frac{\xi x}{a^2}+\frac{\eta y}{b^2}+\frac{\zeta z}{c^2}\right)^2=0$$

ou, ce qui revient au même,

$$\left(\frac{y\zeta-z\eta}{bc}\right)^2+\left(\frac{z\xi-x\zeta}{ca}\right)^2+\left(\frac{x\eta-y\xi}{ab}\right)^2=0.$$

D'ailleurs, pour satisfaire à l'équation précédente, il faut supposer

$$y\zeta-z\eta=0, \qquad z\xi-x\zeta=0, \qquad x\eta-y\xi=0$$

et, par suite,

$$\frac{\xi}{x}=\frac{\eta}{y}=\frac{\zeta}{z}=\frac{\dfrac{x\xi}{a^2}+\dfrac{y\eta}{b^2}+\dfrac{z\zeta}{c^2}}{\dfrac{x^2}{a^2}+\dfrac{y^2}{b^2}+\dfrac{z^2}{c^2}}=1,$$

c'est-à-dire

$$\xi = x, \quad \eta = y, \quad \zeta = z.$$

Donc le point (x, y, z) est le seul qui soit commun à l'ellipsoïde et au plan tangent, ce qu'il était facile de prévoir.

Exemple IX. — Considérons la surface représentée par l'équation finie

$$(103) \qquad \frac{x^2}{a^2} + \frac{y^2}{b^2} - \frac{z^2}{c^2} = 1 \quad \text{ou} \quad \frac{x^2}{a^2} + \frac{y^2}{b^2} = 1 + \frac{z^2}{c^2}.$$

Cette surface, qui donne pour sections des ellipses, quand on la coupe par des plans perpendiculaires à l'axe des z, et des hyperboles, quand on la coupe par des plans perpendiculaires à l'axe des x ou à l'axe des y, est celle de l'hyperboloïde à une nappe. Si par le point (x, y, z) on mène un plan tangent et une normale à cet hyperboloïde, on trouvera pour l'équation du plan tangent

$$(104) \qquad \frac{x\xi}{a^2} + \frac{y\eta}{b^2} - \frac{z\zeta}{c^2} = 1 \quad \text{ou} \quad \frac{x\xi}{a^2} + \frac{y\eta}{b^2} = 1 + \frac{z\zeta}{c^2},$$

tandis que les équations de la normale seront comprises dans les formules

$$(105) \qquad \frac{a^2(\xi - x)}{x} = \frac{b^2(\eta - y)}{y} = \frac{c^2(\zeta - z)}{z}.$$

De plus, pour savoir si le plan tangent traverse ou non cet hyperboloïde, il suffira d'examiner si l'on peut attribuer aux variables ξ, η, ζ plusieurs systèmes des valeurs réelles propres à vérifier simultanément les deux équations

$$(106) \qquad \frac{\xi^2}{a^2} + \frac{\eta^2}{b^2} = 1 + \frac{\zeta^2}{c^2}, \qquad \frac{x\xi}{a^2} + \frac{y\eta}{b^2} = 1 + \frac{z\zeta}{c^2}.$$

Or on tire de ces dernières combinées avec la formule (103)

$$\left(\frac{x^2}{a^2} + \frac{y^2}{b^2}\right)\left(\frac{\xi^2}{a^2} + \frac{\eta^2}{b^2}\right) - \left(\frac{x\xi}{a^2} + \frac{y\eta}{b^2}\right)^2 = \left(1 + \frac{z^2}{c^2}\right)\left(1 + \frac{\zeta^2}{c^2}\right) - \left(1 + \frac{z\zeta}{c^2}\right)^2,$$

ou, ce qui revient au même,

$$\left(\frac{x\eta - y\xi}{ab}\right)^2 = \left(\frac{\zeta - z}{c}\right)^2, \tag{107}$$

et, par suite,

$$\frac{x\eta - y\xi}{ab} = \frac{\zeta - z}{c} \tag{108}$$

ou

$$\frac{x\eta - y\xi}{ab} = -\frac{\zeta - z}{c}. \tag{109}$$

En réunissant, l'une après l'autre, la formule (108) et la formule (109) à la seconde des formules (106), on obtient entre les coordonnées ξ, η, ζ deux systèmes d'équations qui représentent deux droites tracées sur l'hyperboloïde de manière à renfermer le point (x, y, z). Si ce point devient mobile, chacune des deux droites se mouvra elle-même, et engendrera l'hyperboloïde à une nappe.

Comme toutes les génératrices rencontrent le plan des x, y, rien n'empêche de faire coïncider le point (x, y, z) avec un des points de l'ellipse

$$\frac{x^2}{a^2} + \frac{y^2}{b^2} = 1, \tag{110}$$

suivant laquelle ce plan coupe l'hyperboloïde, et de supposer en conséquence, dans les équations des deux systèmes de génératrices, $z = 0$. Alors ces équations deviendront respectivement, pour le premier système,

$$\frac{x\xi}{a^2} + \frac{y\eta}{b^2} = 1, \qquad \frac{x\eta - y\xi}{ab} = \frac{\zeta}{c}, \tag{111}$$

et pour le second système,

$$\frac{x\xi}{a^2} + \frac{y\eta}{b^2} = 1, \qquad \frac{x\eta - y\xi}{ab} = -\frac{\zeta}{c}. \tag{112}$$

La première équation, qui reste la même dans le passage d'un système à l'autre, montre évidemment que toutes les génératrices ont pour projections sur le plan des x, y des droites tangentes à l'ellipse dont nous venons de parler.

Si, pour simplifier les calculs, on pose

$$x = r\cos p, \qquad y = r\sin p, \tag{113}$$

la formule (110) donnera

$$r = \frac{ab}{(a^2\sin^2 p + b^2\cos^2 p)^{\frac{1}{2}}}, \tag{114}$$

et l'on aura par suite

$$x = \frac{ab\cos p}{(a^2\sin^2 p + b^2\cos^2 p)^{\frac{1}{2}}}, \qquad y = \frac{ab\sin p}{(a^2\sin^2 p + b^2\cos^2 p)^{\frac{1}{2}}}. \tag{115}$$

Si l'on substitue les valeurs précédentes de x et de y dans les équations (111) et (112), et si l'on y remplace ensuite ξ, η, ζ par x, y, z, ces équations deviendront respectivement

$$\begin{cases} \dfrac{b}{a}x\cos p + \dfrac{a}{b}y\sin p = (a^2\sin^2 p + b^2\cos^2 p)^{\frac{1}{2}}, \\ y\cos p - x\sin p = (a^2\sin^2 p + b^2\cos^2 p)^{\frac{1}{2}}\dfrac{z}{c} \end{cases} \tag{116}$$

et

$$\begin{cases} \dfrac{b}{a}x\cos p + \dfrac{a}{b}y\sin p = (a^2\sin^2 p + b^2\cos^2 p)^{\frac{1}{2}}, \\ x\sin p - y\cos p = (a^2\sin^2 p + b^2\cos^2 p)^{\frac{1}{2}}\dfrac{z}{c}. \end{cases} \tag{117}$$

Il est facile de s'assurer directement que chacune des droites représentées par le système des équations (116) ou (117) est située tout entière sur la surface de l'hyperboloïde à une nappe. En effet, si l'on ajoute, membre à membre, ou les deux équations (116), ou les deux équations (117), après avoir élevé chacune d'elles au carré, on retrouvera la formule (103). Observons, en outre, que la quantité p, qui demeure constante pour une même génératrice, représente toujours l'angle formé par l'axe des x avec le rayon vecteur mené de l'origine au point où la génératrice que l'on considère coupe le plan des x, y.

Soit maintenant

$$(118) \qquad \otimes = \frac{a \sin p + (a^2 \sin^2 p + b^2 \cos^2 p)^{\frac{1}{2}}}{b \cos p}.$$

On tirera des formules (116)

$$(119) \qquad \frac{x}{a} - \frac{z}{c} = \otimes\left(1 - \frac{y}{b}\right), \qquad \frac{x}{a} + \frac{z}{c} = \frac{1}{\otimes}\left(1 + \frac{y}{b}\right)$$

et des formules (117)

$$(120) \qquad \frac{x}{a} + \frac{z}{c} = \otimes\left(1 - \frac{y}{b}\right), \qquad \frac{x}{a} - \frac{z}{c} = \frac{1}{\otimes}\left(1 + \frac{y}{b}\right).$$

Si l'on supposait, au contraire,

$$(121) \qquad \otimes = \frac{a \cos p + (a^2 \sin^2 p + b^2 \cos^2 p)^{\frac{1}{2}}}{b \sin p},$$

on tirerait des formules (116)

$$(122) \qquad \frac{y}{b} + \frac{z}{c} = \otimes\left(1 - \frac{x}{a}\right), \qquad \frac{y}{b} - \frac{z}{c} = \frac{1}{\otimes}\left(1 + \frac{x}{a}\right)$$

et des formules (117)

$$(123) \qquad \frac{y}{b} - \frac{z}{c} = \otimes\left(1 - \frac{x}{a}\right), \qquad \frac{y}{b} + \frac{z}{c} = \frac{1}{\otimes}\left(1 + \frac{x}{a}\right).$$

Par conséquent, si l'on emploie la lettre $\otimes$ pour désigner une constante arbitraire, les droites qui servent de génératrices à l'hyperboloïde pourront être représentées par les équations (119), (120), (122) ou (123). Ajoutons que les formules (119) et (122) seront relatives à l'un des deux systèmes de génératrices, tandis que les formules (120) et (123) se rapporteront à l'autre système.

Comme le plan tangent mené par un point donné à la surface de l'hyperboloïde à une nappe touche cette surface en un seul des points où il la rencontre, il en résulte que cette surface n'est pas développable, et se trouve comprise dans le nombre de celles que l'on nomme *surfaces gauches*.

Exemple X. — Considérons la surface représentée par l'équation finie

$$(124) \qquad \frac{z^2}{c^2} - \frac{x^2}{a^2} - \frac{y^2}{b^2} = 1 \qquad \text{ou} \qquad \frac{x^2}{a^2} + \frac{y^2}{b^2} = \frac{z^2}{c^2} - 1.$$

Cette surface, qui donne pour sections des ellipses quand on la coupe par des plans perpendiculaires à l'axe des z, et des hyperboles quand on la coupe par des plans perpendiculaires à l'axe des x ou à l'axe des y, se divise en deux nappes, dans chacune desquelles le point le plus rapproché du plan des x, y est situé sur l'axe des z, et à la distance c de l'origine. C'est pour cette raison que le solide qu'elle termine a pris le nom d'*hyperboloïde à deux nappes*. Si par le point (x, y, z) on mène un plan tangent et une normale à cet hyperboloïde, on trouvera pour l'équation du plan tangent

$$(125) \qquad \frac{x\xi}{a^2} + \frac{y\eta}{b^2} = \frac{z\zeta}{c^2} - 1,$$

tandis que les équations de la normale resteront comprises dans la formule (105) de l'exemple précédent. De plus, en raisonnant comme dans cet exemple, on aura évidemment, à la place de la formule (107),

$$(126) \qquad \left(\frac{x\eta - y\xi}{ab}\right)^2 + \left(\frac{\zeta - z}{c}\right)^2 = 0,$$

et l'on en conclura

$$\frac{\xi}{x} = \frac{\eta}{y}, \qquad \zeta = z,$$

puis, en ayant égard aux équations (124) et (125),

$$\xi = x, \qquad \eta = y, \qquad \zeta = z.$$

En conséquence, le point (x, y, z) sera le seul point commun à l'hyperboloïde et au plan tangent.

Exemple XI. — Considérons la surface hélicoïde représentée par l'équation (41) de la treizième Leçon, savoir

$$(127)\qquad z = a\mathrm{R}\,\mathrm{arc\,tang}\left(\left(\frac{y}{x}\right)\right) \quad \text{ou} \quad y = x\,\mathrm{tang}\frac{z}{a\mathrm{R}}.$$

On aura, pour l'équation différentielle de cette surface,

$$(128)\qquad dz = a\mathrm{R}\frac{x\,dy - y\,dx}{x^2+y^2} \quad \text{ou} \quad \frac{x^2+y^2}{a\mathrm{R}}dz = x\,dy - y\,dx.$$

Par suite, l'équation du plan tangent sera

$$(129)\qquad x\eta - y\xi = \frac{x^2+y^2}{a\mathrm{R}}(\zeta - z),$$

tandis que les équations de la normale se trouveront comprises dans la formule

$$(130)\qquad \frac{a\mathrm{R}(\zeta - z)}{x^2+y^2} = \frac{\eta - y}{-x} = \frac{\xi - x}{y}.$$

A l'aide de ces diverses équations, on établira sans peine diverses propriétés de la surface et l'on prouvera, par exemple, que le plan tangent coupe la surface suivant une infinité de lignes dont l'une coïncide avec la génératrice, c'est-à-dire avec la perpendiculaire abaissée du point de contact sur l'axe des z.

On peut remarquer que l'axe des z est entièrement compris dans la surface représentée par la formule (127). Si l'on veut obtenir l'équation du plan tangent en un point quelconque de ce même axe, il faudra réduire, dans la formule (129), les coordonnées x et y à zéro, ou, ce qui revient au même, il faudra poser $x = 0$ dans l'équation

$$\eta - \xi\,\mathrm{tang}\frac{z}{a\mathrm{R}} = \frac{x}{a\mathrm{R}}(\zeta - z)\,\mathrm{séc}^2\left(\frac{z}{a\mathrm{R}}\right),$$

produite par l'élimination de y entre les formules (127) et (129). Or, en opérant ainsi, on trouvera, pour l'équation du plan tangent en un point de l'axe des z,

$$\frac{\eta}{\xi} = \mathrm{tang}\frac{z}{a\mathrm{R}}.$$

Donc ce plan, qui sera toujours vertical et renfermera toujours l'axe dont il s'agit, changera de direction avec l'ordonnée z du point de contact et reprendra la même direction quand le rapport $\frac{z}{a\mathrm{R}}$ se trouvera augmenté ou diminué d'un nombre quelconque de circonférences.

Quelquefois des lignes ou des points compris dans une surface courbe offrent des particularités dignes de remarque et analogues à celles que présentent les points singuliers des courbes. Parmi les points singuliers des surfaces, on doit distinguer ceux par lesquels on peut faire passer une infinité de plans tangents. En chaque point de cette espèce, les valeurs de $\cos\lambda$, $\cos\mu$, $\cos\nu$, déduites des formules (8) ou (9), deviennent indéterminées, ce qui ne peut avoir lieu que dans deux cas, savoir : 1° quand l'une au moins des quantités

$$\frac{\partial u}{\partial x}, \quad \frac{\partial u}{\partial y}, \quad \frac{\partial u}{\partial z}$$

prend une valeur indéterminée; 2° quand ces trois quantités deviennent à la fois nulles ou infinies. Dans l'un et l'autre cas, la substitution des valeurs de x, y, z transforme l'équation (2), qui représente le plan tangent, en une équation identique, ou du moins en une équation qui renferme une constante arbitraire.

Considérons, par exemple, le sommet de la surface conique représentée par la formule (50). Comme ce sommet coïncide avec l'origine, les valeurs correspondantes de x, y, z seront nulles, et en substituant ces valeurs dans l'équation (53), on fera évanouir les deux membres. Toutefois, si, à la place des coordonnées rectangulaires x, y, on introduit les coordonnées polaires r et p, liées aux premières par les équations (113), l'équation (50) donnera

$$(131) \qquad z = \pm \frac{r}{\mathrm{R}},$$

et la formule (53) deviendra généralement

$$(132) \qquad \xi \cos p + \eta \sin p = \mathrm{R}\zeta.$$

Ainsi l'équation du plan tangent ne renfermera qu'une seule des coordonnées polaires, savoir l'angle p. Or cet angle, qui est déterminé pour tous les points de la surface conique autres que le sommet, cesse de l'être pour le sommet lui-même et se change alors en une constante arbitraire. Aux diverses valeurs que cette constante peut recevoir correspondent une infinité de plans représentés par l'équation (132) et tangents à la surface conique.

QUINZIÈME LEÇON.

CENTRES ET DIAMÈTRES DES SURFACES COURBES ET DES COURBES TRACÉES DANS L'ESPACE. AXES DES SURFACES COURBES.

On nomme *centre* d'une courbe ou d'une surface courbe un point tel que les rayons vecteurs menés de ce point à la courbe ou à la surface soient deux à deux égaux et dirigés en sens contraires. Lorsqu'une courbe ou une surface courbe a un centre, et qu'on y a transporté l'origine des coordonnées, on n'altère point l'équation ou les équations de cette surface ou de cette courbe entre des coordonnées rectilignes x, y, z, en remplaçant x par $-x$, y par $-y$ et z par $-z$. Lorsque le centre coïncide avec le point qui a pour coordonnées a, b, c, on n'altère point l'équation de la surface ou le système des deux équations de la courbe en remplaçant x par $2a-x$, y par $2b-y$, et z par $2c-z$.

Exemples. — La surface du second degré représentée par l'équation

$$(1)\qquad Ax^2+By^2+Cz^2+2Dyz+2Ezx+2Fxy=K,$$

et la courbe suivant laquelle cette surface est coupée par le plan

$$(2)\qquad x\cos\lambda+y\cos\mu+z\cos\nu=0,$$

ont pour centre commun l'origine des coordonnées.

Si l'on désigne par x, y, z des coordonnées rectangulaires, la sphère

$$(3)\qquad (x-a)^2+(y-b)^2+(z-c)^2=R^2,$$

et le cercle représenté par le système des équations

$$(4)\qquad \begin{cases} (x-a)^2+(y-b)^2+(z-c)^2=R^2, \\ (x-a)\cos\lambda+(y-b)\cos\mu+(z-c)\cos\nu=0, \end{cases}$$

auront pour centre commun le point (a, b, c).

Une courbe ou surface courbe peut avoir une infinité de centres. Ainsi, par exemple, si, après avoir tracé, dans un plan perpendiculaire à une droite donnée, une courbe qui ait un centre placé sur la droite, on construit une surface cylindrique dont cette courbe soit la base et dont la génératrice soit parallèle à la droite dont il s'agit, chaque point de cette droite sera évidemment un centre de la surface cylindrique.

Toute droite menée par le centre d'une courbe ou surface courbe est un *diamètre* de cette courbe ou de cette surface.

On appelle *axe* d'une surface courbe une droite tracée de manière à partager en deux parties symétriques chacune des courbes planes qu'on obtient en coupant la surface par des plans qui renferment cette même droite. Un tel axe est nécessairement normal à la surface courbe dans chaque point où il la rencontre, à moins que le plan tangent mené par le point de rencontre ne devienne indéterminé. De plus, chaque point de l'axe est évidemment un centre de la section faite dans la surface par le plan qui est perpendiculaire à l'axe et qui renferme ce même point. Donc, si cet axe coïncide avec l'axe des x, et si les coordonnées x, y, z sont rectangulaires, on n'altérera pas l'équation de la surface en y remplaçant à la fois y par $-y$ et z par $-z$.

Soit maintenant

$$(5)\qquad u=0$$

l'équation d'une surface courbe fermée de toutes parts, $u=f(x,y,z)$ désignant une fonction des coordonnées rectangulaires x, y, z, et imaginons qu'un certain point O soit le centre unique de cette surface courbe et de toutes les sections planes faites dans la surface par des plans qui renferment le point O. Si la surface $u = 0$ admet un ou plusieurs axes, le point O devra être situé sur chacun d'eux, puisque les plans menés par ce point et perpendiculaires aux axes couperont la surface suivant des courbes dont il sera l'unique centre. Si, pour plus de commodité, on place le point O à l'origine des coordonnées, le rayon vecteur mené de l'origine au point (x, y, z) de la surface courbe et la normale élevée par ce point formeront, avec le demi-axe des coordonnées positives, des angles dont les cosinus seront proportionnels, d'une part, aux coordonnées

$$x, \quad y, \quad z,$$

de l'autre aux fonctions dérivées

$$\frac{\partial u}{\partial x}, \quad \frac{\partial u}{\partial y}, \quad \frac{\partial u}{\partial z}.$$

Cela posé, concevons que le rayon vecteur coïncide avec un axe de la surface courbe. Comme cet axe, en vertu de ce qui a été dit plus haut, se confondra lui-même généralement avec la normale élevée par le point (x, y, z), les quantités

$$\frac{\partial u}{\partial x}, \quad \frac{\partial u}{\partial y}, \quad \frac{\partial u}{\partial z}$$

deviendront évidemment proportionnelles aux coordonnées x, y, z, et l'on aura en conséquence

$$(6) \qquad \frac{\frac{\partial u}{\partial x}}{x} = \frac{\frac{\partial u}{\partial y}}{y} = \frac{\frac{\partial u}{\partial z}}{z}.$$

Il est bon d'observer que l'on n'aurait rien à changer à la formule (6) si la surface proposée était représentée, non par l'équation (5), mais par la suivante

$$(7) \qquad u = c,$$

c désignant une quantité constante.

La formule (6), réunie à l'équation (7), suffit pour déterminer les coordonnées x, y, z des points où les normales menées par l'origine à la surface $u = c$ rencontrent cette même surface. A chacune des normales dont il s'agit répond un système particulier de valeurs des variables x, y, z, et ces valeurs, substituées dans la formule

$$(8) \qquad \frac{\cos\lambda}{x} = \frac{\cos\mu}{y} = \frac{\cos\nu}{z} = \pm\frac{1}{\sqrt{x^2+y^2+z^2}},$$

font connaître les angles λ, μ, ν que la normale, prolongée dans un sens ou dans un autre, forme avec les demi-axes des coordonnées positives. Veut-on maintenant savoir si la normale que l'on considère est un axe de la surface $u = c$? Il suffira de couper la surface par des plans perpendiculaires à cette normale et d'examiner si chacune des courbes d'intersection a un centre situé sur la normale elle-même. Or, si l'on prend sur la normale, prolongée dans un sens ou dans l'autre, un point situé à la distance k de l'origine, les coordonnées de ce point seront

$$k\cos\lambda, \quad k\cos\mu; \quad k\cos\nu,$$

et le plan mené perpendiculairement à la normale par le même point sera représenté par l'équation

$$(9) \qquad x\cos\lambda + y\cos\mu + z\cos\nu = k.$$

Donc, en vertu des remarques faites ci-dessus, on aura seulement à examiner si le système des équations (7) et (9) se trouve altéré par la substitution des différences

$$2k\cos\lambda - x, \quad 2k\cos\mu - y, \quad 2k\cos\nu - z$$

à la place des coordonnées x, y, z, et comme, après cette substitution, l'équation (9) reprendra sa forme primitive, on devra simplement chercher, en écrivant $f(x, y, z)$ au lieu de u, si l'équation

$$(10) \qquad f(2k\cos\lambda - x, 2k\cos\mu - y, 2k\cos\nu - z) = 0$$

peut résulter, quelle que soit la valeur de k, de la combinaison des équations (7) et (9).

Dans le cas où la fonction u est une fonction homogène du degré m, on a

$$x\frac{\partial u}{\partial x}+y\frac{\partial u}{\partial y}+z\frac{\partial u}{\partial z}=mu, \tag{11}$$

et la formule (6) entraîne la suivante

$$\frac{\frac{\partial u}{\partial x}}{x}=\frac{\frac{\partial u}{\partial y}}{y}=\frac{\frac{\partial u}{\partial z}}{z}=\frac{mu}{x^2+y^2+z^2}. \tag{12}$$

Alors, en désignant par r le rayon vecteur mené de l'origine au point (x, y, z), et posant en conséquence

$$x^2+y^2+z^2=r^2, \tag{13}$$

on tirera des formules (7) et (12)

$$\frac{\frac{\partial u}{\partial x}}{x}=\frac{\frac{\partial u}{\partial y}}{y}=\frac{\frac{\partial u}{\partial z}}{z}=\frac{mc}{r^2}. \tag{14}$$

Il est essentiel d'observer qu'en vertu des principes établis dans la onzième Leçon de Calcul différentiel, la formule (6) est celle qui détermine, pour la surface $u=0$ ou $u=c$, les valeurs maxima et minima de la fonction des coordonnées représentée par $x^2+y^2+z^2$ et, par conséquent, les valeurs maxima ou minima du rayon vecteur r. Ainsi, lorsqu'une surface courbe a un ou plusieurs axes qui passent par l'origine, il faut que le rayon vecteur se dirige suivant l'un de ces axes pour devenir un maximum ou un minimum. C'est, au reste, ce qu'il était facile de prévoir.

On appliquera sans peine les principes que nous venons d'exposer à la solution des problèmes suivants :

Problème I. — *Trouver, s'il y a lieu, le centre et les axes de la surface du second degré représentée par l'équation*

$$Ax^2+By^2+Cz^2+2Dyz+2Ezx+2Fxy+Gx+Hy+Iz=K. \tag{15}$$

Solution. — Si la surface (15) a un centre, et si l'on désigne par x_0, y_0, z_0 les coordonnées de ce point, il suffira, pour y transporter l'origine, de remplacer dans l'équation (15) x par $x+x_0$, y par $y+y_0$, et z par $z+z_0$. De plus, l'équation transformée, savoir

$$(16)\quad \left\{\begin{aligned} &Ax^2+By^2+Cz^2+2Dyz+2Ezx+2Fxy\\ &\quad+2(Ax_0+Fy_0+Ez_0+G)x\\ &\quad+2(Fx_0+By_0+Dz_0+H)y\\ &\quad+2(Ex_0+Dy_0+Cz_0+I)z\\ &\quad=K-(Ax_0^2+By_0^2+Cz_0^2+2Dy_0z_0+2Ez_0x_0+2Fx_0y_0+Gx_0+Hy_0+Iz_0), \end{aligned}\right.$$

ne devant point être altérée quand on substituera simultanément $-x$ à x, $-y$ à y, et $-z$ à z, il faudra que dans cette transformée les coefficients de x, y, z se réduisent à zéro. On aura donc

$$(17)\quad \left\{\begin{aligned} Ax_0+Fy_0+Ez_0&=-G,\\ Fx_0+By_0+Dz_0&=-H,\\ Ex_0+Dy_0+Cz_0&=-I, \end{aligned}\right.$$

et, par suite,

$$(18)\quad \left\{\begin{aligned} x_0&=-\frac{(BC-D^2)G+(DE-CF)H+(FD-BE)I}{ABC-D^2A-E^2B-F^2C+2DEF},\\ y_0&=-\frac{(DE-CF)G+(CA-E^2)H+(EF-AD)I}{ABC-D^2A-E^2B-F^2C+2DEF},\\ z_0&=-\frac{(FD-BE)G+(EF-AD)H+(AB-F^2)I}{ABC-D^2A-E^2B-F^2C+2DEF}. \end{aligned}\right.$$

Or les équations (18) fourniront un système unique de valeurs finies de x_0, y_0, z_0, toutes les fois que la quantité

$$(19)\quad ABC-D^2A-E^2B-F^2C+2DEF$$

aura une valeur différente de zéro. Donc alors la surface (15) aura un centre unique, placé à une distance finie de l'origine des coordonnées. Si l'on suppose, au contraire,

$$(20)\quad ABC-D^2A-E^2B-F^2C+2DEF=0,$$

alors la distance du centre à l'origine deviendra infinie, ou, en d'autres termes, il n'y aura plus de centre, à moins que le second membre de chacune des équations (18) ne se présente sous la forme $\frac{0}{0}$. Dans ce dernier cas, on trouverait une infinité de systèmes de valeurs de x_0, y_0, z_0 propres à vérifier les formules (17), et, par conséquent, la surface (15) aurait une infinité de centres.

Lorsque la surface (15) a un centre ou une infinité de centres, et que l'un d'eux est pris pour origine, l'équation (15) se trouve ramenée à la forme

$$Ax^2 + By^2 + Cz^2 + 2Dyz + 2Ezx + 2Fxy = K. \tag{1}$$

Si l'on suppose d'ailleurs que les coordonnées x, y, z soient rectangulaires, ces coordonnées vérifieront l'équation (14), réduite à la formule

$$\frac{Ax + Fy + Ez}{x} = \frac{Fx + By + Dz}{y} = \frac{Ex + Dy + Cz}{z} = \frac{K}{r^2}, \tag{21}$$

toutes les fois que le rayon vecteur r, mené de l'origine au point (x, y, z), deviendra normal à la surface proposée. On aura donc alors

$$\left\{\begin{aligned} &\left(A - \frac{K}{r^2}\right)x + Fy + Ez = 0,\\ &Fx + \left(B - \frac{K}{r^2}\right)y + Dz = 0,\\ &Ex + Dy + \left(C - \frac{K}{r^2}\right)z = 0. \end{aligned}\right. \tag{22}$$

En éliminant de ces dernières équations x, y et z, on obtiendra la suivante

$$\left\{\begin{aligned} &\left(A - \frac{K}{r^2}\right)\left(B - \frac{K}{r^2}\right)\left(C - \frac{K}{r^2}\right) + 2DEF\\ &\quad - D^2\left(A - \frac{K}{r^2}\right) - E^2\left(B - \frac{K}{r^2}\right) - F^2\left(C - \frac{K}{r^2}\right) = 0. \end{aligned}\right. \tag{23}$$

Enfin, si l'on fait, pour abréger,

$$\frac{K}{r^2} = s, \tag{24}$$

l'équation (23) deviendra

$$\left\{\begin{aligned} &(A - s)(B - s)(C - s) - D^2(A - s)\\ &\qquad - E^2(B - s) - F^2(C - s) + 2DEF = 0, \end{aligned}\right. \tag{25}$$

et l'on tirera des formules (22) réunies à la formule (8)

$$(26)\qquad \begin{cases} A\cos\lambda + F\cos\mu + E\cos\nu = s\cos\lambda, \\ F\cos\lambda + B\cos\mu + D\cos\nu = s\cos\mu, \\ E\cos\lambda + D\cos\mu + C\cos\nu = s\cos\nu. \end{cases}$$

Les équations (25) et (26) suffiront pour déterminer la longueur

$$r = \sqrt{\frac{K}{s}}$$

de chaque rayon vecteur normal à la surface, et les angles λ, μ, ν formés par un rayon normal avec les demi-axes des coordonnées positives.

Il est important de fixer le nombre des systèmes de valeurs réelles que les équations (25) et (26) peuvent fournir pour les inconnues $\cos\lambda$, $\cos\mu$, $\cos\nu$ et s. Pour y parvenir, j'observerai d'abord que l'équation (25) résulte de l'élimination de $\cos\lambda$, $\cos\mu$, $\cos\nu$ entre les formules (26), et que, pour une valeur réelle de s propre à vérifier l'équation (25), on tire des formules (26) une valeur unique de chacun des rapports

$$\frac{\cos\mu}{\cos\lambda} \quad \text{et} \quad \frac{\cos\nu}{\cos\lambda}.$$

En effet, les deux premières des formules (26) entraînent la suivante :

$$(27)\qquad \begin{cases} \dfrac{\cos\lambda}{FD - E(B-s)} = \dfrac{\cos\mu}{EF - D(A-s)} = \dfrac{\cos\nu}{(A-s)(B-s) - F^2} \\ = \pm\dfrac{1}{\sqrt{[FD - E(B-s)]^2 + [EF - D(A-s)]^2 + [(A-s)(B-s) - F^2]^2}}. \end{cases}$$

Donc une seule droite, qui peut être prolongée dans deux directions opposées, correspond à chaque valeur réelle de l'inconnue s.

Il est encore facile de s'assurer que l'équation (25) ne sera point altérée, si l'on y remplace les constantes

$$A,\ B,\ C,\ D,\ E,\ F$$

par d'autres quantités

$$\mathcal{A},\ \mathcal{B},\ \mathcal{C},\ \mathcal{D},\ \mathcal{E},\ \mathcal{F}$$

propres à représenter les coefficients des carrés et des doubles produits des coordonnées dans la formule que l'on déduit de l'équation (1), en substituant au système de coordonnées rectangulaires x, y, z un autre système de coordonnées rectangulaires ξ, η, ζ. Pour le prouver, concevons que les nouveaux axes des coordonnées ξ, η, ζ, étant prolongés dans le sens des coordonnées positives, forment avec le demi-axe des x positives les angles α_0, α_1, α_2, avec le demi-axe des y positives les angles β_0, β_1, β_2, et avec le demi-axe des z positives les angles γ_0, γ_1, γ_2. On aura (*voir* les Préliminaires, page 27)

$$(28)\qquad \begin{cases} x = \xi\cos\alpha_0 + \eta\cos\alpha_1 + \zeta\cos\alpha_2, \\ y = \xi\cos\beta_0 + \eta\cos\beta_1 + \zeta\cos\beta_2, \\ z = \xi\cos\gamma_0 + \eta\cos\gamma_1 + \zeta\cos\gamma_2, \end{cases}$$

$$(29)\qquad \begin{cases} \xi = x\cos\alpha_0 + y\cos\beta_0 + z\cos\gamma_0, \\ \eta = x\cos\alpha_1 + y\cos\beta_1 + z\cos\gamma_1, \\ \zeta = x\cos\alpha_2 + y\cos\beta_2 + z\cos\gamma_2, \end{cases}$$

et, en substituant dans le premier membre de l'équation (1) les valeurs de x, y, z exprimées en fonction de ξ, η, ζ, on obtiendra une autre équation de la forme

$$(30)\qquad \mathcal{A}\xi^2 + \mathcal{B}\eta^2 + \mathcal{C}\zeta^2 + 2\mathcal{D}\eta\zeta + 2\mathcal{E}\zeta\xi + 2\mathcal{F}\xi\eta = \mathrm{K}.$$

On doit remarquer, à ce sujet, qu'en vertu des relations établies entre les deux espèces de coordonnées, on aura identiquement, et quelles que soient les valeurs de chacune des variables ξ, η, ζ,

$$(31)\qquad \begin{cases} \mathrm{A}x^2 + \mathrm{B}y^2 + \mathrm{C}z^2 + 2\mathrm{D}yz + 2\mathrm{E}zx + 2\mathrm{F}xy \\ = \mathcal{A}\xi^2 + \mathcal{B}\eta^2 + \mathcal{C}\zeta^2 + 2\mathcal{D}\eta\zeta + 2\mathcal{E}\zeta\xi + 2\mathcal{F}\xi\eta. \end{cases}$$

On pourra donc différentier l'équation (31) par rapport à chacune des variables ξ, η, ζ considérée comme indépendante. Ainsi, par exemple, en effectuant une différentiation relative à ξ, et observant que l'on a, en vertu des formules (28),

$$\frac{\partial x}{\partial \xi} = \cos\alpha_0, \qquad \frac{\partial y}{\partial \xi} = \cos\beta_0, \qquad \frac{\partial z}{\partial \xi} = \cos\gamma_0,$$

on trouvera

$$(Ax+Fy+Ez)\cos\alpha_0+(Fx+By+Dz)\cos\beta_0+(Ex+Dy+Cz)\cos\gamma_0$$
$$=\mathcal{A}\xi+\mathcal{F}\eta+\mathcal{E}\zeta,$$

ou, ce qui revient au même,

$$(32)\quad\left\{\begin{aligned}&(Ax+Fy+Ez)\cos\alpha_0+(Fx+By+Dz)\cos\beta_0+(Ex+Dy+Cz)\cos\gamma_0\\&\quad=\mathcal{A}(x\cos\alpha_0+y\cos\beta_0+z\cos\gamma_0)+\mathcal{F}(x\cos\alpha_1+y\cos\beta_1+z\cos\gamma_1)\\&\qquad+\mathcal{E}(x\cos\alpha_2+y\cos\beta_2+z\cos\gamma_2).\end{aligned}\right.$$

On trouverait, au contraire, en différentiant successivement par rapport à chacune des variables η et ζ,

$$(33)\quad\left\{\begin{aligned}&(Ax+Fy+Ez)\cos\alpha_1+(Fx+By+Dz)\cos\beta_1+(Ex+Dy+Cz)\cos\gamma_1\\&\quad=\mathcal{F}(x\cos\alpha_0+y\cos\beta_0+z\cos\gamma_0)+\mathcal{B}(x\cos\alpha_1+y\cos\beta_1+z\cos\gamma_1)\\&\qquad+\mathcal{D}(x\cos\alpha_2+y\cos\beta_2+z\cos\gamma_2)\end{aligned}\right.$$

et

$$(34)\quad\left\{\begin{aligned}&(Ax+Fy+Ez)\cos\alpha_2+(Fx+By+Dz)\cos\beta_2+(Ex+Dy+Cz)\cos\gamma_2\\&\quad=\mathcal{E}(x\cos\alpha_0+y\cos\beta_0+z\cos\gamma_0)+\mathcal{D}(x\cos\alpha_1+y\cos\beta_1+z\cos\gamma_1)\\&\qquad+\mathcal{C}(x\cos\alpha_2+y\cos\beta_2+z\cos\gamma_2).\end{aligned}\right.$$

Les formules (32), (33) et (34) sont nécessairement identiques; c'est-à-dire qu'elles doivent être vérifiées pour toutes les valeurs possibles de x, y, z. On en déduirait facilement les valeurs de $\mathcal{A}$, $\mathcal{B}$, $\mathcal{C}$, $\mathcal{D}$, $\mathcal{E}$, $\mathcal{F}$ exprimées en fonction de A, B, C, D, E, F, et les valeurs de ces dernières quantités en fonction des premières. Si dans les mêmes formules on pose

$$x=\cos\lambda,\qquad y=\cos\mu,\qquad z=\cos\nu,$$

et si l'on fait, pour abréger,

$$(35)\quad\left\{\begin{aligned}&\cos\alpha_0\cos\lambda+\cos\beta_0\cos\mu+\cos\gamma_0\cos\nu=\cos\mathcal{L},\\&\cos\alpha_1\cos\lambda+\cos\beta_1\cos\mu+\cos\gamma_1\cos\nu=\cos\mathcal{M},\\&\cos\alpha_2\cos\lambda+\cos\beta_2\cos\mu+\cos\gamma_2\cos\nu=\cos\mathcal{N},\end{aligned}\right.$$

ce qui revient à désigner par $\mathcal{L}$, $\mathcal{M}$, $\mathcal{N}$ les angles que forme le rayon vecteur r avec les nouveaux axes des coordonnées, on trouvera, en ayant égard aux équations (26),

$$(36)\quad \begin{cases} \mathcal{A}\cos\mathcal{L} + \mathcal{F}\cos\mathcal{M} + \mathcal{E}\cos\mathcal{N} = s\cos\mathcal{L}, \\ \mathcal{F}\cos\mathcal{L} + \mathcal{B}\cos\mathcal{M} + \mathcal{D}\cos\mathcal{N} = s\cos\mathcal{M}, \\ \mathcal{E}\cos\mathcal{L} + \mathcal{D}\cos\mathcal{M} + \mathcal{C}\cos\mathcal{N} = s\cos\mathcal{N}. \end{cases}$$

Le système de ces trois dernières est équivalent à celui des équations (26). Par conséquent, si l'on élimine entre les formules (36) les cosinus des angles $\mathcal{L}$, $\mathcal{M}$, $\mathcal{N}$, on devra retrouver l'équation (25). Or l'élimination dont il s'agit produit la formule

$$(37)\quad \begin{cases} (\mathcal{A}-s)(\mathcal{B}-s)(\mathcal{C}-s) - \mathcal{D}^2(\mathcal{A}-s) \\ \quad - \mathcal{E}^2(\mathcal{B}-s) - \mathcal{F}^2(\mathcal{C}-s) + 2\mathcal{D}\mathcal{E}\mathcal{F} = 0. \end{cases}$$

Donc celle-ci sera équivalente à l'équation (25), et fournira les mêmes valeurs de s, soit réelles, soit imaginaires. Il est d'ailleurs évident que, pour obtenir la formule (37), il suffira de remplacer dans l'équation (25) les quantités A, B, C, D, E, F par les quantités $\mathcal{A}$, $\mathcal{B}$, $\mathcal{C}$, $\mathcal{D}$, $\mathcal{E}$, $\mathcal{F}$.

Il est bon de remarquer qu'on arriverait directement aux formules (36) et (37), si l'on cherchait les rayons vecteurs normaux à la surface du second degré en partant de l'équation (30).

Lorsqu'on développe l'équation (25), elle devient

$$(38)\quad \begin{cases} s^3 - (A+B+C)s^2 + (AB+AC+BC-D^2-E^2-F^2)s \\ \quad = ABC - D^2A - E^2B - F^2C + 2DEF. \end{cases}$$

Pour que celle-ci ne soit pas altérée par la substitution des quantités $\mathcal{A}$, $\mathcal{B}$, $\mathcal{C}$, $\mathcal{D}$, $\mathcal{E}$, $\mathcal{F}$ aux quantités A, B, C, D, E, F, il faut que l'on ait

$$(39)\quad \begin{cases} \mathcal{A}+\mathcal{B}+\mathcal{C} = A+B+C, \\ \mathcal{A}\mathcal{B}+\mathcal{A}\mathcal{C}+\mathcal{B}\mathcal{C}-\mathcal{D}^2-\mathcal{E}^2-\mathcal{F}^2 = AB+AC+BC-D^2-E^2-F^2, \\ \mathcal{A}\mathcal{B}\mathcal{C}-\mathcal{A}\mathcal{D}^2-\mathcal{B}\mathcal{E}^2-\mathcal{C}\mathcal{F}^2+2\mathcal{D}\mathcal{E}\mathcal{F} = ABC-AD^2-BE^2-CF^2+2DEF. \end{cases}$$

On pourrait vérifier directement chacune de ces dernières équations, en y substituant les valeurs générales de $\mathcal{A}$, $\mathcal{B}$, $\mathcal{C}$, $\mathcal{D}$, $\mathcal{E}$, $\mathcal{F}$ exprimées en fonction de A, B, C, D, E, F, et tenant compte des relations qui existent entre les cosinus des angles $\alpha_0, \beta_0, \gamma_0; \alpha_1, \beta_1, \gamma_1; \alpha_2, \beta_2, \gamma_2$. On pourrait aussi établir les équations (39) en prouvant que l'on a, quel que soit s,

$$(40)\quad \left\{\begin{aligned} &(A-s)(B-s)(C-s)-D^2(A-s)-E^2(B-s)-F^2(C-s)+2DEF\\ &=(\mathcal{A}-s)(\mathcal{B}-s)(\mathcal{C}-s)-\mathcal{D}^2(\mathcal{A}-s)-\mathcal{E}^2(\mathcal{B}-s)-\mathcal{F}^2(\mathcal{C}-s)+2\mathcal{D}\mathcal{E}\mathcal{F}.\end{aligned}\right.$$

Or, pour y parvenir, il suffit d'observer que, si l'on désigne par a_0, $b_0, c_0; a_1, b_1, c_1; a_2, b_2, c_2$ les coefficients des variables x, y, z dans les équations (32), (33) et (34), on trouvera pour les valeurs de ces coefficients tirées des premiers membres

$$(41)\quad \left\{\begin{aligned} a_0&=A\cos\alpha_0+F\cos\beta_0+E\cos\gamma_0,\\ a_1&=A\cos\alpha_1+F\cos\beta_1+E\cos\gamma_1,\\ a_2&=A\cos\alpha_2+F\cos\beta_2+E\cos\gamma_2,\\ b_0&=F\cos\alpha_0+B\cos\beta_0+D\cos\gamma_0,\\ b_1&=F\cos\alpha_1+B\cos\beta_1+D\cos\gamma_1,\\ b_2&=F\cos\alpha_2+B\cos\beta_2+D\cos\gamma_2,\\ c_0&=E\cos\alpha_0+D\cos\beta_0+C\cos\gamma_0,\\ c_1&=E\cos\alpha_1+D\cos\beta_1+C\cos\gamma_1,\\ c_2&=E\cos\alpha_2+D\cos\beta_2+C\cos\gamma_2,\end{aligned}\right.$$

et pour les valeurs des mêmes coefficients tirées des seconds membres

$$(42)\quad \left\{\begin{aligned} a_0&=\mathcal{A}\cos\alpha_0+\mathcal{F}\cos\alpha_1+\mathcal{E}\cos\alpha_2,\\ a_1&=\mathcal{F}\cos\alpha_0+\mathcal{B}\cos\alpha_1+\mathcal{D}\cos\alpha_2,\\ a_2&=\mathcal{E}\cos\alpha_0+\mathcal{D}\cos\alpha_1+\mathcal{C}\cos\alpha_2,\\ b_0&=\mathcal{A}\cos\beta_0+\mathcal{F}\cos\beta_1+\mathcal{E}\cos\beta_2,\\ b_1&=\mathcal{F}\cos\beta_0+\mathcal{B}\cos\beta_1+\mathcal{D}\cos\beta_2,\\ b_2&=\mathcal{E}\cos\beta_0+\mathcal{D}\cos\beta_1+\mathcal{C}\cos\beta_2,\\ c_0&=\mathcal{A}\cos\gamma_0+\mathcal{F}\cos\gamma_1+\mathcal{E}\cos\gamma_2,\\ c_1&=\mathcal{F}\cos\gamma_0+\mathcal{B}\cos\gamma_1+\mathcal{D}\cos\gamma_2,\\ c_2&=\mathcal{E}\cos\gamma_0+\mathcal{D}\cos\gamma_1+\mathcal{C}\cos\gamma_2.\end{aligned}\right.$$

Ajoutons que, si l'on fait, pour abréger,

$$(43)\quad \left\{\begin{aligned} \Delta=\ &\cos\alpha_0\cos\beta_1\cos\gamma_2-\cos\alpha_0\cos\beta_2\cos\gamma_1+\cos\alpha_1\cos\beta_2\cos\gamma_0\\ &-\cos\alpha_1\cos\beta_0\cos\gamma_2+\cos\alpha_2\cos\beta_0\cos\gamma_1-\cos\alpha_2\cos\beta_1\cos\gamma_0,\end{aligned}\right.$$

on conclura des formules (41) et (42)

$$\begin{aligned}
& a_0 b_1 c_2 - a_0 b_2 c_1 + a_1 b_2 c_0 - a_1 b_0 c_2 + a_2 b_0 c_1 - a_2 b_1 c_0 \\
& = (\mathrm{ABC} - \mathrm{D}^2\mathrm{A} - \mathrm{E}^2\mathrm{B} - \mathrm{F}^2\mathrm{C} + 2\mathrm{DEF})\Delta \\
& = (\mathcal{A}\mathcal{B}\mathcal{C} - \mathcal{D}^2\mathcal{A} - \mathcal{E}^2\mathcal{B} - \mathcal{F}^2\mathcal{C} + 2\mathcal{D}\mathcal{E}\mathcal{F})\Delta;
\end{aligned}$$

puis, en remplaçant a_0, b_1, c_2 par $a_0 - s\cos\alpha_0$, $b_1 - s\cos\beta_1$, $c_2 - s\cos\gamma_2$,

$$\begin{aligned}
& (a_0 - s\cos\alpha_0)(b_1 - s\cos\beta_1)(c_2 - s\cos\gamma_2) + a_1 b_2 c_0 + a_2 b_0 c_1 \\
& \quad - b_2 c_1 (a_0 - s\cos\alpha_0) - c_0 a_2 (b_1 - s\cos\beta_1 - a_1 b_0 (c_2 - s\cos\gamma_2) \\
& = [(\mathrm{A} - s)(\mathrm{B} - s)(\mathrm{C} - s) - \mathrm{D}^2(\mathrm{A} - s) - \mathrm{E}^2(\mathrm{B} - s) - \mathrm{F}^2(\mathrm{C} - s) + 2\mathrm{DEF}]\Delta \\
& = [(\mathcal{A} - s)(\mathcal{B} - s)(\mathcal{C} - s) - \mathcal{D}^2(\mathcal{A} - s) - \mathcal{E}^2(\mathcal{B} - s) - \mathcal{F}^2(\mathcal{C} - s) + 2\mathcal{D}\mathcal{E}\mathcal{F}]\Delta.
\end{aligned}$$

En divisant par Δ la dernière formule, on retrouvera évidemment l'équation (40).

Revenons maintenant à l'équation (25). Cette équation, étant du troisième degré, aura au moins une racine réelle, à laquelle correspondront deux systèmes de valeurs réelles de $\cos\lambda$, $\cos\mu$, $\cos\nu$, déterminés par la formule (27) et propres à représenter les cosinus des angles qu'une même droite, prolongée en deux sens opposés, fait avec les demi-axes des coordonnées positives. Cela posé, si l'on prend

$$\alpha_0 = \lambda, \qquad \beta_0 = \mu, \qquad \gamma_0 = \nu,$$

ou, en d'autres termes, si l'on choisit pour demi-axe des abscisses positives, dans le nouveau système de coordonnées, la droite qui forme les angles λ, μ, ν avec les demi-axes des x, y et z positives, on trouvera

$$(44) \qquad \cos\mathcal{L} = 1, \qquad \cos\mathcal{M} = 0, \qquad \cos\mathcal{N} = 0;$$

et les formules (36) donneront

$$(45) \qquad \mathcal{A} = s, \qquad \mathcal{E} = 0, \qquad \mathcal{F} = 0.$$

Donc alors la quantité $\mathcal{A}$ sera précisément la racine réelle dont nous venons de parler. De plus, en vertu des formules (45), les équations (30) et (37) deviendront respectivement

(46) $$\mathcal{A}\xi^2+\mathcal{B}\eta^2+\mathcal{C}\zeta^2+2\mathcal{D}\eta\zeta=\mathrm{K},$$

et

(47) $$(\mathcal{A}-s)[(\mathcal{B}-s)(\mathcal{C}-s)-\mathcal{D}^2]=0.$$

L'équation (46) n'étant pas altérée quand on y remplace en même temps η par $-\eta$ et ζ par $-\zeta$, il en résulte que le nouvel axe des abscisses est un axe de la surface représentée par cette équation. Quant à l'équation (47), si on la divise par le facteur $\mathcal{A}-s$, qui correspond à la racine $s=\mathcal{A}$, elle deviendra

(48) $$s^2-(\mathcal{B}+\mathcal{C})s+\mathcal{B}\mathcal{C}-\mathcal{D}^2=0,$$

et fournira deux nouvelles racines réelles comprises dans la formule

(49) $$s=\frac{\mathcal{B}+\mathcal{C}}{2}\pm\sqrt{\left(\frac{\mathcal{B}-\mathcal{C}}{2}\right)^2+\mathcal{D}^2}.$$

Donc l'équation (25), qui ne diffère pas de l'équation (47), a ses trois racines réelles. A ces trois racines correspondent trois droites qui sont autant d'axes de la surface proposée, et dont chacune, prolongée dans un sens ou dans un autre, forme avec les demi-axes des coordonnées x, y, z, ou ξ, η, ζ, les angles λ, μ, ν, ou $\mathcal{L}$, $\mathcal{M}$, $\mathcal{N}$, déterminés par les équations (27) ou (35). Si l'on suppose toujours que l'une de ces droites coïncide avec l'axe des ξ, on aura, comme ci-dessus, $\mathcal{E}=0$, $\mathcal{F}=0$, et la première des équations (36) donnera

(50) $$(s-\mathcal{A})\cos\mathcal{L}=0.$$

De plus, comme l'équation (50) devra être vérifiée, non seulement pour la droite correspondante à la racine $s=\mathcal{A}$, mais encore pour les deux autres droites, on aura nécessairement, pour chacune de ces dernières,

(51) $$\cos\mathcal{L}=0,$$

à moins que l'équation (47) n'admette des racines égales. Donc, si l'on excepte ce cas particulier, la droite correspondante à la racine $s = \mathcal{A}$ sera perpendiculaire aux deux autres, et, comme dans l'équation (50) on peut prendre pour $\mathcal{A}$ l'une quelconque des trois racines réelles de l'équation (25), nous sommes en droit de conclure que les trois axes de la surface du second degré se couperont à angles droits. On pourra donc faire coïncider les nouveaux axes des coordonnées avec les trois axes de la surface. Alors les équations (36) devront être vérifiées quand on réduira l'un quelconque des angles $\mathcal{L}$, $\mathcal{M}$, $\mathcal{N}$ à zéro et les deux autres à $\frac{\pi}{2}$, d'où il résulte : 1° que les trois racines de l'équation (25) seront égales aux coefficients désignés par $\mathcal{A}$, $\mathcal{B}$, $\mathcal{C}$; 2° que les coefficients $\mathcal{D}$, $\mathcal{E}$, $\mathcal{F}$ s'évanouiront. On aura donc à la fois

$$\mathcal{D} = 0, \qquad \mathcal{E} = 0, \qquad \mathcal{F} = 0, \tag{52}$$

et la formule (46) deviendra

$$\mathcal{A}\xi^2 + \mathcal{B}\eta^2 + \mathcal{C}\zeta^2 = \mathrm{K}. \tag{53}$$

Quant à l'équation (37), elle se trouvera réduite à

$$(\mathcal{A} - s)(\mathcal{B} - s)(\mathcal{C} - s) = 0, \tag{54}$$

et sera effectivement satisfaite si l'on égale s à l'une des trois quantités $\mathcal{A}$, $\mathcal{B}$, $\mathcal{C}$.

Il est facile de s'assurer directement que l'équation (53) représente une surface du second degré rapportée à ses axes, c'est-à-dire une surface dont trois axes coïncident avec les axes coordonnés. En effet, pour démontrer cette assertion, il suffit d'observer que l'équation dont il s'agit n'est pas altérée quand on y remplace ξ par $-\xi$, η par $-\eta$ et ζ par $-\zeta$, et que, par suite, toute section faite par un plan perpendiculaire à l'un des axes coordonnés est une courbe qui a pour centre un point de cet axe.

Nous avons établi la formule (53) en supposant inégales les trois racines de l'équation (25). Si cette équation admettait deux racines égales et une troisième racine distincte des deux premières, on pourrait concevoir que cette troisième racine coïncide avec la racine $\mathcal{A}$ de l'équation (47). Alors, la formule (49) devant fournir deux valeurs égales de s, on aurait nécessairement

$$\left(\frac{\mathcal{B}-\mathcal{C}}{2}\right)^2+\mathcal{D}^2=0,$$

et par suite

$$(55)\qquad \mathcal{D}=0,\qquad \mathcal{B}=\mathcal{C}.$$

Donc les formules (46) et (47) deviendraient respectivement

$$(56)\qquad \mathcal{A}\xi^2+\mathcal{B}(\eta^2+\zeta^2)=\mathrm{K},$$

$$(57)\qquad (\mathcal{A}-s)(\mathcal{B}-s)=0.$$

L'équation (56) est encore celle d'une surface dont trois axes coïncident avec les axes des coordonnées. Il est essentiel d'ajouter que, dans le cas présent, les axes des coordonnées η et ζ pourront être deux axes quelconques perpendiculaires à l'axe des ξ, d'où il résulte que la surface du second degré aura une infinité d'axes, dont l'un sera l'axe des ξ correspondant à la racine $\mathcal{A}$ de l'équation (57), tandis que les autres, perpendiculaires à l'axe des ξ, correspondront tous à la valeur $\mathcal{B}$ de l'inconnue s. On arriverait aux mêmes conclusions en cherchant à déterminer par le moyen des formules (36) les valeurs de $\mathcal{L}$, $\mathcal{M}$, $\mathcal{N}$ correspondantes à la racine $s=\mathcal{B}$. En effet, si l'on pose, dans ces formules,

$$\mathcal{D}=0,\qquad \mathcal{E}=0,\qquad \mathcal{F}=0,\qquad s=\mathcal{B}=\mathcal{C},$$

la première sera réduite à

$$(58)\qquad (\mathcal{A}-\mathcal{B})\cos\mathcal{L}=0,$$

ou, plus simplement, à

$$(59)\qquad \cos\mathcal{L}=0,$$

et les deux dernières deviendront identiques, c'est-à-dire qu'elles se trouveront vérifiées pour toutes les valeurs possibles des angles $\mathcal{L}$, $\mathcal{M}$, $\mathcal{N}$. Donc le premier de ces angles, déterminé par l'équation (59), sera un angle droit. Mais les deux autres resteront indéterminés.

Pour passer du cas que nous venons d'examiner à celui dans lequel on suppose les trois racines de l'équation (25) égales entre elles, il suffit de faire

$$(60) \qquad \mathcal{B} = \mathcal{A}.$$

Alors l'équation (56) devient

$$(61) \qquad \mathcal{A}(\xi^2 + \eta^2 + \zeta^2) = \mathrm{K}.$$

Dans la même hypothèse, la formule (58), se trouvant vérifiée, quel que soit $\mathcal{L}$, n'entraîne plus l'équation (59), et les trois angles $\mathcal{L}$, $\mathfrak{M}$, $\mathfrak{N}$ restent indéterminés. Donc une droite quelconque menée par l'origine peut alors être considérée comme un axe de la surface. La même conclusion se déduit de l'équation (61), car cette équation représente évidemment une surface sphérique que l'on peut regarder comme ayant pour axe un quelconque de ses diamètres. De plus, comme la surface sphérique dont il s'agit devra être encore représentée par l'équation (1), il faudra que celle-ci coïncide avec la formule

$$(62) \qquad \mathcal{A}(x^2 + y^2 + z^2) = \mathrm{K},$$

que l'on déduit immédiatement de l'équation (61) combinée avec la suivante :

$$(63) \qquad \xi^2 + \eta^2 + \zeta^2 = r^2 = x^2 + y^2 + z^2.$$

Or les formules (1) et (62) ne peuvent coïncider qu'autant que les coefficients A, B, C sont égaux à la quantité $\mathcal{A}$ et les coefficients D, E, F à zéro. Donc le cas où les trois racines de l'équation (25) deviennent égales est celui dans lequel on a simultanément

$$(64) \qquad \mathrm{A} = \mathrm{B} = \mathrm{C}, \qquad \mathrm{D} = \mathrm{E} = \mathrm{F} = 0.$$

Il serait facile de prouver directement que, si l'équation (25) a toutes ses racines égales, les conditions (64) seront vérifiées. En effet, si l'on remplace, dans l'équation (25), s par

$$s + \frac{\mathrm{A} + \mathrm{B} + \mathrm{C}}{3},$$

on obtiendra une autre équation de la forme

$$s^3 - ps + q = 0, \tag{65}$$

la valeur de p étant

$$p = \frac{A^2 + B^2 + C^2 - AB - AC - BC}{3} + D^2 + E^2 + F^2,$$

ou, ce qui revient au même,

$$p = \frac{(A-B)^2 + (A-C)^2 + (B-C)^2}{6} + D^2 + E^2 + F^2. \tag{66}$$

Cela posé, admettons que les trois racines de l'équation (25) deviennent égales. Celles de l'équation (65) devront toutes s'évanouir. On aura donc $p = 0$, $q = 0$, et par suite

$$\frac{(A-B)^2 + (A-C)^2 + (B-C)^2}{6} + D^2 + E^2 + F^2 = 0. \tag{67}$$

Or cette dernière formule entraîne évidemment les conditions (64).

Lorsque les quantités A, B, C, D, E, F vérifient l'équation (20), la surface (1) a une infinité de centres, et l'équation (25) ou (38) a au moins une racine égale à zéro. Si l'on fait coïncider cette racine avec celle que nous avons désignée par $\mathcal{A}$, la formule (53) deviendra

$$\mathcal{B}\eta^2 + \mathcal{C}\zeta^2 = K, \tag{68}$$

et représentera un cylindre dont la génératrice sera parallèle à l'axe des ξ. Si deux racines de l'équation (25) devenaient égales à zéro, alors, en faisant coïncider ces racines avec la valeur $\mathcal{B}$ de s qui vérifie l'équation (57), on réduirait la formule (56) à la suivante

$$\mathcal{A}\xi^2 = K, \tag{69}$$

de laquelle on tirerait les deux équations

$$\xi = -\sqrt{\frac{K}{\mathcal{A}}}, \tag{70}$$

$$\xi = \sqrt{\frac{K}{\mathcal{A}}}, \tag{71}$$

propres à représenter deux plans perpendiculaires à l'axe des ξ. Il est inutile de chercher ce qui arriverait si l'équation (25) avait trois racines nulles : car cela ne peut arriver, à moins que les quantités A, B, C, D, E, F ne s'évanouissent simultanément dans l'équation (1), c'est-à-dire à moins que cette équation ne cesse de renfermer les coordonnées x, y, z.

Les formules (56), (61), (68) et (69) étant comprises comme cas particulier dans l'équation (53), il suit évidemment de ce qui précède que l'équation, en coordonnées rectangulaires, de toute surface du second degré qui a un centre ou une infinité de centres, peut être ramenée à la forme (53). Ajoutons que les coefficients représentés par $\mathcal{A}$, $\mathcal{B}$, $\mathcal{C}$ dans la formule (53), ou, ce qui revient au même, les racines de l'équation (54), seront les trois valeurs de

$$s = \frac{K}{r^2}$$

correspondantes aux points d'intersection de la surface avec les nouveaux axes des coordonnées. C'est ce que l'on peut aussi démontrer directement, car si l'on cherche, par exemple, le point d'intersection de la surface avec l'axe des ξ, il faudra poser $\eta = 0$, $\zeta = 0$, et l'on tirera en conséquence des formules (53) et (63)

$$\xi^2 = r^2 = \frac{K}{\mathcal{A}} \quad \text{ou} \quad \frac{K}{r^2} = \mathcal{A}.$$

Il est d'ailleurs évident que cette dernière équation fournira pour le rayon vecteur r une valeur réelle si le rapport $\frac{K}{\mathcal{A}}$ est une quantité positive, et une valeur imaginaire si ce rapport devient négatif. Dans le premier cas, la valeur réelle de r sera la moitié de la distance comprise entre les deux points où la surface rencontrera l'axe des ξ, c'est-à-dire, en d'autres termes, la moitié d'un axe réel de la surface proposée. Dans le second cas, l'axe des ξ, sans cesser d'être un axe de la surface, cessera de la rencontrer.

Soient maintenant a^2, b^2, c^2 les valeurs numériques des trois rapports $\frac{K}{\mathcal{A}}$, $\frac{K}{\mathcal{B}}$, $\frac{K}{\mathcal{C}}$, en sorte qu'on ait

$$\frac{K}{\mathcal{A}} = \pm a^2, \qquad \frac{K}{\mathcal{B}} = \pm b^2, \qquad \frac{K}{\mathcal{C}} = \pm c^2, \tag{72}$$

a, b, c désignant des quantités positives. Si l'on remplace les lettres ξ, η, ζ par les lettres x, y, z, la formule (53), divisée par K, deviendra

$$\pm \frac{x^2}{a^2} \pm \frac{y^2}{b^2} \pm \frac{z^2}{c^2} = 1. \tag{73}$$

Cette dernière comprend huit autres formules, savoir : 1° l'équation

$$\frac{x^2}{a^2} + \frac{y^2}{b^2} + \frac{z^2}{c^2} = 1, \tag{74}$$

qui représente un ellipsoïde dont les trois axes sont $2a$, $2b$, $2c$; 2° les trois équations

$$\frac{x^2}{a^2} + \frac{y^2}{b^2} - \frac{z^2}{c^2} = 1, \tag{75}$$

$$\frac{x^2}{a^2} - \frac{y^2}{b^2} + \frac{z^2}{c^2} = 1, \tag{76}$$

$$-\frac{x^2}{a^2} + \frac{y^2}{b^2} + \frac{z^2}{c^2} = 1, \tag{77}$$

dont chacune représente un hyperboloïde à une nappe [*voir* la formule (103) de la quatorzième Leçon]; 3° les trois équations

$$\frac{x^2}{a^2} - \frac{y^2}{b^2} - \frac{z^2}{c^2} = 1, \tag{78}$$

$$-\frac{x^2}{a^2} + \frac{y^2}{b^2} - \frac{z^2}{c^2} = 1, \tag{79}$$

$$-\frac{x^2}{a^2} - \frac{y^2}{b^2} + \frac{z^2}{c^2} = 1, \tag{80}$$

dont chacune représente un hyperboloïde à deux nappes [*voir* l'équation (124) de la quatorzième Leçon]; 4° l'équation

$$-\frac{x^2}{a^2} - \frac{y^2}{b^2} - \frac{z^2}{c^2} = 1, \tag{81}$$

qui ne représente rien, attendu qu'on ne peut y satisfaire par des valeurs réelles des coordonnées. Si deux des trois quantités $\mathcal{A}$, $\mathcal{B}$, $\mathcal{C}$ deviennent égales entre elles, les ellipsoïdes ou les hyperboloïdes ci-dessus mentionnés seront de révolution. Si l'on suppose $\mathcal{A} = \mathcal{B} = \mathcal{C}$, la formule (73) se réduira évidemment, soit à l'équation

$$x^2 + y^2 + z^2 = a^2, \tag{82}$$

qui représente une sphère; soit à l'équation

$$x^2 + y^2 + z^2 = -a^2, \tag{83}$$

qui ne représente rien. Enfin, si une ou deux des quantités $\mathcal{A}$, $\mathcal{B}$, $\mathcal{C}$ s'évanouissent, une ou deux des quantités a, b, c deviendront infinies, et la formule (73) cessera de renfermer les trois coordonnées x, y, z. Ainsi, par exemple, en supposant $\mathcal{C} = 0$, on aura $c = \infty$; et la formule (73), réduite à

$$\pm \frac{x^2}{a^2} \pm \frac{y^2}{b^2} = 1, \tag{84}$$

renfermera : 1° l'équation

$$\frac{x^2}{a^2} + \frac{y^2}{b^2} = 1, \tag{85}$$

qui représente un cylindre elliptique dont la génératrice est parallèle à l'axe des z; 2° les deux équations

$$\frac{x^2}{a^2} - \frac{y^2}{b^2} = 1, \tag{86}$$

$$-\frac{x^2}{a^2} + \frac{y^2}{b^2} = 1, \tag{87}$$

dont chacune représente un cylindre hyperbolique, ayant encore pour génératrice une droite parallèle à l'axe des z; 3° l'équation

$$-\frac{x^2}{a^2} - \frac{y^2}{b^2} = 1, \tag{88}$$

qui ne représente rien. Si l'on égalait à zéro deux des quantités $\mathcal{A}$,

$\mathcal{B}$, $\mathcal{C}$, si l'on supposait, par exemple, $\mathcal{B} = 0$, $\mathcal{C} = 0$, alors on aurait $b = \infty$, $c = \infty$; et, par suite, la formule (73), réduite à

$$(89) \qquad \pm \frac{x^2}{a^2} = 1,$$

comprendrait l'équation

$$(90) \qquad x^2 = a^2,$$

qui représente deux plans perpendiculaires à l'axe des x, et l'équation

$$(91) \qquad x^2 = -a^2,$$

qui ne représente rien.

Le cas où le second membre de la formule (1) s'évanouit mérite une attention particulière. Dans ce cas, l'équation (53) se réduit à

$$(92) \qquad \mathcal{A}\xi^2 + \mathcal{B}\eta^2 + \mathcal{C}\zeta^2 = 0.$$

Si, de plus, on désigne par a^2, b^2, c^2 les valeurs numériques des rapports $\frac{1}{\mathcal{A}}$, $\frac{1}{\mathcal{B}}$, $\frac{1}{\mathcal{C}}$, en sorte qu'on ait

$$(93) \qquad \frac{1}{\mathcal{A}} = \pm a^2, \qquad \frac{1}{\mathcal{B}} = \pm b^2, \qquad \frac{1}{\mathcal{C}} = \pm c^2,$$

a, b, c désignant trois quantités positives, et si l'on remplace encore les lettres ξ, η, ζ par les lettres x, y, z, la formule (92) deviendra

$$(94) \qquad \pm \frac{x^2}{a^2} \pm \frac{y^2}{b^2} \pm \frac{z^2}{c^2} = 0.$$

Cette dernière comprend quatre autres formules; savoir : 1° l'équation

$$(95) \qquad \frac{x^2}{a^2} + \frac{y^2}{b^2} + \frac{z^2}{c^2} = 0,$$

qui représente l'origine des coordonnées, attendu qu'on ne peut y satisfaire qu'en posant à la fois $x = 0$, $y = 0$, $z = 0$; 2° les trois équations

$$\frac{x^2}{a^2}+\frac{y^2}{b^2}=\frac{z^2}{c^2}, \tag{96}$$

$$\frac{x^2}{a^2}+\frac{z^2}{c^2}=\frac{y^2}{b^2}, \tag{97}$$

$$\frac{y^2}{b^2}+\frac{z^2}{c^2}=\frac{x^2}{a^2}, \tag{98}$$

dont chacune représente un cône à base elliptique, qui a pour sommet l'origine, et pour axe l'un des axes coordonnés. Si deux des quantités $\mathcal{A}$, $\mathcal{B}$, $\mathcal{C}$ devenaient égales, l'un des trois cônes pourrait être considéré comme ayant pour base un cercle tracé dans un plan perpendiculaire à l'axe. Si l'on supposait $\mathcal{A}=\mathcal{B}=\mathcal{C}$, alors, dans chacun des trois cônes, la base serait circulaire, et deux génératrices opposées, comprises dans un même plan passant par l'axe, seraient perpendiculaires entre elles. Enfin, si un ou deux des coefficients $\mathcal{A}$, $\mathcal{B}$, $\mathcal{C}$ se réduisaient à zéro, une ou deux des quantités a, b, c deviendraient infinies, et la formule (94) cesserait de renfermer les trois coordonnées x, y, z. Ainsi, par exemple, en supposant $\mathcal{C}=0$, on trouverait $c=\infty$; et la formule (94), réduite à

$$\pm\frac{x^2}{a^2}\pm\frac{y^2}{b^2}=0, \tag{99}$$

renfermerait : 1° l'équation

$$\frac{x^2}{a^2}+\frac{y^2}{b^2}=0, \tag{100}$$

qui représente l'axe des z, attendu qu'on ne peut y satisfaire qu'en supposant à la fois $x=0$, $y=0$; 2° l'équation

$$\frac{x^2}{a^2}-\frac{y^2}{b^2}=0, \tag{101}$$

qui se décompose dans les deux suivantes

$$\frac{x}{a}+\frac{y}{b}=0, \qquad \frac{x}{a}-\frac{y}{b}=0,$$

et représente, en conséquence, deux plans passant par l'axe des z. Si l'on supposait en même temps $\mathfrak{B} = 0$ et $\mathfrak{C} = 0$, on aurait $b = \infty$, $c = \infty$, et la formule (94), réduite à

$$x^2 = 0, \tag{102}$$

représenterait le plan même des y, z.

Il est essentiel d'observer que la méthode par laquelle on réduit l'équation (1) à la formule (53) est indépendante de la valeur attribuée à la quantité K, et qu'en conséquence les axes de la surface (1) ne changeront pas de direction si l'on fait varier la quantité K sans changer les valeurs des coefficients A, B, C, D, E, F. Cela posé, concevons que, k désignant une quantité positive, on prenne successivement

$$K = k, \qquad K = -k, \qquad K = 0.$$

A la place de l'équation (1), on obtiendra les trois suivantes :

$$Ax^2 + By^2 + Cz^2 + 2Dyz + 2Ezx + 2Fxy = k, \tag{103}$$

$$Ax^2 + By^2 + Cz^2 + 2Dyz + 2Ezx + 2Fxy = -k, \tag{104}$$

$$Ax^2 + By^2 + Cz^2 + 2Dyz + 2Ezx + 2Fxy = 0, \tag{105}$$

qui représenteront trois surfaces dont les axes seront les mêmes, et qui pourront être converties, par la méthode indiquée, en trois autres équations de la forme

$$\mathfrak{A}\xi^2 + \mathfrak{B}\eta^2 + \mathfrak{C}\zeta^2 = k, \tag{106}$$

$$\mathfrak{A}\xi^2 + \mathfrak{B}\eta^2 + \mathfrak{C}\zeta^2 = -k, \tag{107}$$

$$\mathfrak{A}\xi^2 + \mathfrak{B}\eta^2 + \mathfrak{C}\zeta^2 = 0. \tag{108}$$

Or, en raisonnant comme ci-dessus, on s'assurera facilement que l'équation (108) est propre à représenter : 1° un point unique, savoir, l'origine, dans le cas où $\mathfrak{A}$, $\mathfrak{B}$, $\mathfrak{C}$ sont des quantités de même signe et différentes de zéro; 2° un cône du second degré, dans le cas où $\mathfrak{A}$, $\mathfrak{B}$, $\mathfrak{C}$ reçoivent des valeurs différentes de zéro, mais de signes divers; 3° une droite, savoir, l'un des axes coordonnés, lorsque deux des coefficients $\mathfrak{A}$, $\mathfrak{B}$, $\mathfrak{C}$ sont des quantités de même signe, le troisième étant nul; 4° deux plans passant par l'un des axes coordonnés, lorsque deux des coefficients dont il s'agit sont de signes contraires, le troisième étant nul; 5° un des plans coordonnés, dans le cas où deux des quantités $\mathcal{A}$, $\mathcal{B}$, $\mathcal{C}$ s'évanouissent. De plus, on reconnaîtra sans peine que les équations (106) et (107) représentent, dans le premier cas, un ellipsoïde et une surface imaginaire; dans le second cas, deux hyperboloïdes dont l'un se compose d'une seule nappe, tandis que l'autre offre deux nappes distinctes; dans le troisième cas, un cylindre elliptique et un cylindre imaginaire; dans le quatrième cas, deux cylindres hyperboliques; enfin, dans le cinquième cas, deux plans et une surface imaginaire. Ajoutons que, dans le second cas et dans le quatrième, les trois surfaces représentées par les équations (103), (104), (105) s'approchent indéfiniment l'une de l'autre à mesure que l'on s'éloigne de l'origine des coordonnées. Il résulte, en effet, de la remarque faite dans la treizième Leçon (page 212), que, si par l'origine on mène un plan quelconque, les droites d'intersection de ce plan avec la surface (105) seront les asymptotes des courbes suivant lesquelles il coupera les surfaces (103) et (104).

Nous avons prouvé qu'il suffisait de transformer les coordonnées rectangulaires x, y, z de l'équation (1) en d'autres coordonnées ξ, η, ζ rectangulaires elles-mêmes et relatives à de nouveaux axes convenablement choisis, pour réduire, dans tous les cas possibles, l'équation (1) à la formule (53). La transformation de coordonnées dont il est ici question s'opère à l'aide de certaines valeurs particulières attribuées dans les formules (28) aux angles $\alpha_0, \beta_0, \gamma_0; \alpha_1, \beta_1, \gamma_1; \alpha_2, \beta_2, \gamma_2$, et en vertu desquelles le polynôme

$$Ax^2 + By^2 + Cz^2 + 2Dyz + 2Ezx + 2Fxy$$

devient identiquement égal au trinôme

$$\mathcal{A}\xi^2 + \mathcal{B}\eta^2 + \mathcal{C}\zeta^2.$$

Or il est clair que la même transformation changera la fonction linéaire et homogène de x, y, z, représentée par la somme

$$Gx + Hy + Iz,$$

en une fonction linéaire et homogène des ξ, η, ζ, c'est-à-dire en un trinôme de la forme

$$\mathcal{G}\xi + \mathcal{H}\eta + \mathcal{I}\zeta,$$

$\mathcal{G}$, $\mathcal{H}$, $\mathcal{I}$ désignant de nouvelles constantes, et que par suite elle réduira l'équation (15), c'est-à-dire l'équation générale des surfaces du second degré, à la formule

$$(109) \qquad \mathcal{A}\xi^2 + \mathcal{B}\eta^2 + \mathcal{C}\zeta^2 + \mathcal{G}\xi + \mathcal{H}\eta + \mathcal{I}\zeta = \mathrm{K}.$$

De plus, la dernière des équations (39) donnera

$$(110) \qquad \mathcal{A}\mathcal{B}\mathcal{C} = \mathrm{ABC} - \mathrm{AD}^2 - \mathrm{BE}^2 - \mathrm{CF}^2 + 2\mathrm{DEF}.$$

Cela posé, si l'expression (19) a une valeur différente de zéro, on pourra en dire autant du produit $\mathcal{A}\mathcal{B}\mathcal{C}$. Donc alors aucun des coefficients $\mathcal{A}$, $\mathcal{B}$, $\mathcal{C}$ ne s'évanouira. Si, dans la même hypothèse, on prend

$$(111) \qquad x_0 = -\frac{\mathcal{G}}{2\mathcal{A}}, \qquad y_0 = -\frac{\mathcal{H}}{2\mathcal{B}}, \qquad z_0 = -\frac{\mathcal{I}}{2\mathcal{C}},$$

le point (x_0, y_0, z_0) sera évidemment un centre de la surface. Car il suffira de transporter l'origine à ce point, et de remplacer en conséquence ξ, η, ζ par $\xi + x_0$, $\eta + y_0$, $\zeta + z_0$, pour réduire l'équation (109) à la formule

$$(112) \quad \mathcal{A}\xi^2 + \mathcal{B}\eta^2 + \mathcal{C}\zeta^2 = \mathrm{K} - (\mathcal{A}x_0^2 + \mathcal{B}y_0^2 + \mathcal{C}z_0^2 + \mathcal{G}x_0 + \mathcal{H}y_0 + \mathcal{I}z_0).$$

On peut remarquer d'ailleurs que l'équation (112) est semblable pour la forme à l'équation (53).

Concevons maintenant qu'un seul des coefficients $\mathcal{A}$, $\mathcal{B}$, $\mathcal{C}$ s'évanouisse, et que l'on ait, par exemple, $\mathcal{C} = 0$. Alors, la valeur du rapport $\frac{\mathcal{I}}{2\mathcal{C}}$ devenant infinie, ou indéterminée, la surface (109) n'aura plus de centre, ou en aura une infinité, suivant que la quantité $\mathcal{I}$ sera ou ne sera pas égale à zéro. Dans la même hypothèse, si l'on fait

$$(113) \quad x_0 = -\frac{\mathcal{G}}{2\mathcal{A}}, \qquad y_0 = -\frac{\mathcal{G}}{2\mathcal{B}}, \qquad z_0 = \frac{\mathrm{K} - \mathcal{A}x_0^2 - \mathcal{B}y_0^2 - \mathcal{G}x_0 - \mathcal{H}y_0}{\mathcal{I}},$$

il suffira de transporter l'origine au point (x_0, y_0, z_0) pour ramener l'équation (109) à la forme

(114) $$\mathcal{A}\xi^2 + \mathcal{B}\eta^2 + \mathcal{I}\zeta = 0.$$

On conclura de celle-ci que la surface proposée a pour axe l'axe des ζ. Soient maintenant a^2, b^2 les valeurs numériques $\frac{1}{\mathcal{A}}$, $\frac{1}{\mathcal{B}}$, et $\frac{c}{2}$ la valeur du produit $\frac{\mathcal{A}a^2}{\mathcal{I}}$, en sorte qu'on ait

(115) $$\frac{1}{\mathcal{A}} = \pm a^2, \qquad \frac{1}{\mathcal{B}} = \pm b^2, \qquad \frac{\mathcal{A}a^2}{\mathcal{I}} = \pm \frac{1}{\mathcal{I}} = \frac{c}{2},$$

et supposons que l'on remplace les lettres ξ, η, ζ par les lettres x, y, z, la formule (114) deviendra

(116) $$\frac{x^2}{a^2} \pm \frac{y^2}{b^2} = \frac{2z}{c},$$

et renfermera : 1° l'équation

(117) $$\frac{x^2}{a^2} + \frac{y^2}{b^2} = \frac{2z}{c},$$

qui représente un paraboloïde elliptique [*voir* la formule (59) de la quatorzième Leçon]; 2° l'équation

(118) $$\frac{x^2}{a^2} - \frac{y^2}{b^2} = \frac{2z}{c},$$

qui représente un paraboloïde hyperbolique [*voir* la formule (68) de la quatorzième Leçon]. Si l'on avait $\mathcal{A} = \mathcal{B}$, on trouverait, par suite, $a = b$, et l'équation (114) ou (117) représenterait un paraboloïde de révolution. Enfin, si l'on supposait $\mathcal{I} = 0$, on trouverait $c = \infty$, et l'équation (116) coïnciderait avec la formule (99).

Concevons encore que, dans l'équation (109), deux des coefficients $\mathcal{A}$, $\mathcal{B}$, $\mathcal{C}$ s'évanouissent, et que l'on ait, par exemple, $\mathcal{B} = 0$, $\mathcal{C} = 0$. Alors, si l'on suppose toujours la valeur de x_0, déterminée par la première des équations (111), et si, de plus, on désigne par y_0 et z_0 deux valeurs de η et de ζ propres à vérifier la formule

(119) $$\mathcal{H}y_0 + \mathcal{I}z_0 = \mathrm{K} - \mathcal{A}x_0^2 - \mathcal{G}x_0,$$

il suffira de transporter l'origine au point (x_0, y_0, z_0) pour réduire l'équation (109) à

$$\mathcal{A}\xi^2 + \mathcal{H}\eta + \mathfrak{I}\zeta = 0. \tag{120}$$

Lorsqu'on a $\mathfrak{I} = 0$ et que, dans la formule (120), on remplace les lettres ξ, η par les lettres x, y, cette formule se réduit à

$$\mathcal{A}x^2 + \mathcal{H}y = 0. \tag{121}$$

Cette dernière représente évidemment un cylindre qui a pour base une parabole comprise dans le plan des x, y, et pour génératrice une droite parallèle à l'axe des z. Elle représenterait le plan des y, z si l'on avait $\mathcal{H} = 0$. Ajoutons que, dans le cas même où $\mathfrak{I}$ n'est pas nul, on peut transformer l'équation (120) de manière qu'elle devienne semblable à l'équation (121). Pour y parvenir, il suffit de remplacer la lettre ξ par la lettre x, et de poser

$$\frac{\mathcal{H}\eta + \mathfrak{I}\zeta}{\sqrt{\mathcal{H}^2 + \mathfrak{I}^2}} = y, \tag{122}$$

ce qui revient à prendre pour axe des y une droite perpendiculaire à l'axe des ξ et menée par l'origine de manière à former avec les demi-axes des η et des ζ positives deux angles dont les cosinus soient respectivement

$$\frac{\mathcal{H}}{\sqrt{\mathcal{H}^2 + \mathfrak{I}^2}}, \quad \frac{\mathfrak{I}}{\sqrt{\mathcal{H}^2 + \mathfrak{I}^2}}.$$

En effet, si l'on nomme θ_0, θ_1, θ_2 les trois angles formés par la droite dont il s'agit avec les demi-axes des ξ, η et ζ, prolongés dans le sens des coordonnées positives, on aura

$$\cos\theta_0 = 0, \qquad \cos\theta_1 = \frac{\mathcal{H}}{\sqrt{\mathcal{H}^2 + \mathfrak{I}^2}}, \qquad \cos\theta_2 = \frac{\mathfrak{I}}{\sqrt{\mathcal{H}^2 + \mathfrak{I}^2}};$$

et l'équation

$$y = \xi\cos\theta_0 + \eta\cos\theta_1 + \zeta\cos\theta_2$$

se réduira évidemment à la formule (122), en vertu de laquelle l'équation (120) deviendra

$$(123) \qquad \mathcal{A}x^2 + (\mathcal{H}^2 + \mathcal{I}^2)^{\frac{1}{2}} y = 0.$$

Celle-ci est semblable à l'équation (121) et représente de même un cylindre à base parabolique.

Si, dans les calculs qui précèdent, on échange entre eux les axes des coordonnées, on obtiendra successivement toutes les formules qui se trouvent comprises comme cas particuliers dans l'équation (109).

En résumé, l'on voit que les surfaces courbes qui peuvent être représentées par cette équation se réduisent à la surface de la sphère, à celles de l'ellipsoïde, de l'hyperboloïde à une ou deux nappes, du paraboloïde de révolution, du paraboloïde elliptique ou hyperbolique, du cône à base circulaire ou elliptique, enfin du cylindre droit qui a pour base un cercle, une ellipse, une parabole ou une hyperbole. De plus, il arrive quelquefois que l'équation (109) représente un ou deux plans, une ou deux droites, ou un point unique, ou même qu'elle ne représente rien. Il est bon d'observer que, dans le cas où l'équation (109) représente une surface cylindrique, les droites que l'on peut considérer comme axes de cette surface sont en nombre infini. En effet, en vertu des définitions ci-dessus adoptées, on peut appeler *axe d'une surface cylindrique à base elliptique ou hyperbolique,* non seulement la droite qu'on nomme ordinairement *axe du cylindre,* et qui renferme les centres des ellipses ou hyperboles dont les plans sont perpendiculaires aux génératrices, mais encore les axes de ces mêmes courbes, attendu qu'un plan perpendiculaire à l'un de ces axes coupe toujours la surface cylindrique suivant deux génératrices également distantes du point où il rencontre cet axe. De même, si l'on coupe un cylindre parabolique par des plans perpendiculaires aux génératrices, les axes des diverses paraboles qui seront les courbes d'intersection pourront être considérés comme autant d'axes de la surface du cylindre dont il s'agit. Dans le cylindre droit à base circulaire, tous les rayons des cercles compris dans des plans parallèles au plan de la base sont des axes de la surface.

Il ne sera pas inutile de remarquer que les surfaces représentées par les équations (53) et (109) ont leurs axes parallèles, et que par suite on peut en dire autant des surfaces représentées par les équations (1) et (15).

Problème II. — *Trouver, s'il y a lieu, le centre de la courbe du second degré représentée par le système des deux équations*

$$(124)\quad \begin{cases} Ax^2+By^2+Cz^2+2Dyz+2Ezx+2Fxy=K, \\ x\cos\lambda+y\cos\mu+z\cos\nu=k. \end{cases}$$

Solution. — Soient x_0, y_0, z_0 les coordonnées du centre de la courbe. Si l'on transporte l'origine à ce centre en remplaçant x, y, z par $x+x_0$, $y+y_0$, $z+z_0$, les formules (124) deviendront

$$(125)\quad \begin{cases} Ax^2+By^2+Cz^2+2Dyz+2Ezx+2Fxy \\ \quad +2[(Ax_0+Fy_0+Ez_0)x+(Fx_0+By_0+Dz_0)y+(Ex_0+Dy_0+Cz_0)z] \\ \quad =K-(Ax_0^2+By_0^2+Cz_0^2+2Dy_0z_0+2Ez_0x_0+2Fx_0y_0), \end{cases}$$

$$(126)\quad x\cos\lambda+y\cos\mu+z\cos\nu=k-(x_0\cos\lambda+y_0\cos\mu+z_0\cos\nu);$$

et le système de ces deux dernières ne devra pas être altéré quand on y remplacera x par $-x$, y par $-y$ et z par $-z$. Or cette condition sera remplie si l'on suppose

$$(127)\quad x_0\cos\lambda+y_0\cos\mu+z_0\cos\nu=k,$$

et

$$(128)\quad \frac{Ax_0+Fy_0+Ez_0}{\cos\lambda}=\frac{Fx_0+By_0+Dz_0}{\cos\mu}=\frac{Ex_0+Dy_0+Cz_0}{\cos\nu}.$$

Alors, en effet, l'équation (126) sera réduite à la formule

$$(2)\quad x\cos\lambda+y\cos\mu+z\cos\nu=0,$$

qui n'est pas altérée par le changement de signe des coordonnées

x, y, z, et de laquelle on tire, en la combinant avec la formule (128),

$$(129)\quad (Ax_0+Fy_0+Ez_0)x+(Fx_0+By_0+Dz_0)y+(Ex_0+Dy_0+Cz_0)z=0.$$

De plus, si l'on a égard à l'équation (129), la formule (125) deviendra

$$(130)\quad \left\{\begin{aligned} &Ax^2+By^2+Cz^2+2Dyz+2Ezx+2Fxy \\ &\quad =K-(Ax_0^2+By_0^2+Cz_0^2+2Dy_0z_0+2Ez_0x_0+2Fx_0y_0), \end{aligned}\right.$$

et remplira encore la condition prescrite. Les formules (127) et (128) suffisent pour déterminer les coordonnées x_0, y_0, z_0 du centre cherché. La première exprime que ce même centre est compris dans le plan représenté par l'équation (126), c'est-à-dire dans le plan de la courbe donnée. D'autre part, comme, pour obtenir le point où la surface (1) est rencontrée par le rayon vecteur mené de l'origine au centre dont il s'agit, il faut assujettir les coordonnées x, y, z de la surface (1) à l'équation

$$(131)\quad \frac{x}{x_0}=\frac{y}{y_0}=\frac{z}{z_0},$$

et que les formules (128) et (131) entraînent l'équation (98) de la Leçon précédente, savoir

$$(132)\quad \frac{Ax+Fy+Ez}{\cos\lambda}=\frac{Fx+By+Dz}{\cos\mu}=\frac{Ex+Dy+Cz}{\cos\nu},$$

on peut affirmer que le point de rencontre sera précisément le point de contact de l'ellipsoïde avec un plan tangent parallèle au plan de la courbe.

On résout facilement les équations (127) et (128) en opérant comme il suit. Si l'on désigne par t la valeur commune des trois fractions comprises dans la formule (128), on aura

$$(133)\quad \left\{\begin{aligned} &Ax_0+Fy_0+Ez_0=t\cos\lambda, \\ &Fx_0+By_0+Dz_0=t\cos\mu, \\ &Ex_0+Dy_0+Cz_0=t\cos\nu. \end{aligned}\right.$$

Ces dernières équations, étant semblables aux formules (17), se résoudront de la même manière et donneront pour x_0, y_0, z_0 des valeurs égales à celles que fournissent les équations (18) quand on remplace dans les seconds membres les quantités G, H, I par les produits $-t\cos\lambda$, $-t\cos\mu$, $-t\cos\nu$. On aura donc

$$(134)\quad \left\{\begin{aligned} x_0 &= \frac{(BC-D^2)\cos\lambda+(DE-CF)\cos\mu+(FD-BE)\cos\nu}{ABC-D^2A-E^2B-F^2C+2DEF}\,t,\\ y_0 &= \frac{(DE-CF)\cos\lambda+(CA-E^2)\cos\mu+(EF-AD)\cos\nu}{ABC-D^2A-E^2B-F^2C+2DEF}\,t,\\ z_0 &= \frac{(FD-BE)\cos\lambda+(EF-AD)\cos\mu+(AB-F^2)\cos\nu}{ABC-D^2A-E^2B-F^2C+2DEF}\,t.\end{aligned}\right.$$

Si l'on substitue les valeurs précédentes de x_0, y_0, z_0 dans l'équation (127) et si l'on fait, pour abréger,

$$(135)\quad \left\{\begin{aligned} P = {} & (BC-D^2)\cos^2\lambda+(CA-E^2)\cos^2\mu\\ & +(AB-F^2)\cos^2\nu+2(EF-AD)\cos\mu\cos\nu\\ & +2(FD-BE)\cos\nu\cos\lambda+2(DE-CF)\cos\lambda\cos\mu,\end{aligned}\right.$$

on trouvera

$$(136)\qquad t=\frac{ABC-D^2A-E^2B-F^2C+2DEF}{P}\,k,$$

et, par suite, on tirera des équations (134)

$$(137)\quad \left\{\begin{aligned} x_0 &= \frac{(BC-D^2)\cos\lambda+(DE-CF)\cos\mu+(FD-BE)\cos\nu}{P}\,k,\\ y_0 &= \frac{(DE-CF)\cos\lambda+(CA-E^2)\cos\mu+(EF-AD)\cos\nu}{P}\,k,\\ z_0 &= \frac{(FD-BE)\cos\lambda+(EF-AD)\cos\mu+(AB-F^2)\cos\nu}{P}\,k.\end{aligned}\right.$$

Celles-ci fourniront un système unique de valeurs finies de x_0, y_0, z_0, lorsque la quantité P ne sera pas nulle. Donc alors la courbe proposée aura un centre unique. Ce centre sera l'origine elle-même, si la quantité k s'évanouit.

Si la quantité P se réduisait à zéro, les valeurs de x_0, y_0, z_0 deviendraient infinies ou indéterminées. Dans le premier cas, la ligne du second degré représentée par le système des équations (124) ne pourrait être qu'une parabole; dans le second cas, cette ligne se transformerait en un système de deux droites parallèles.

Si l'on transporte l'origine au centre de la courbe (124), les équations de cette courbe deviendront semblables aux formules (1) et (2). On conclut de cette remarque que, pour trouver les axes de la courbe (124), il suffit de résoudre le problème suivant :

PROBLÈME III. — *Déterminer les axes de la courbe du second degré représentée par les deux équations*

$$Ax^2+By^2+Cz^2+2Dyz+2Ezx+2Fxy=K, \tag{1}$$

$$x\cos\lambda+y\cos\mu+z\cos\nu=0. \tag{2}$$

Solution. — Si l'on transforme les coordonnées x, y, z, supposées rectangulaires, en d'autres coordonnées rectangulaires ξ, η, ζ, et si l'on prend pour axe des ζ la droite perpendiculaire au plan représenté par la formule (2), les équations de la courbe proposée se changeront en deux autres de la forme

$$\mathcal{A}\xi^2+\mathcal{B}\eta^2+\mathcal{C}\zeta^2+2\mathcal{D}\eta\zeta+2\mathcal{E}\zeta\xi+2\mathcal{F}\xi\eta=K, \qquad \zeta=0, \tag{138}$$

et par conséquent la courbe, étant rapportée à des axes rectangulaires situés dans son plan, aura pour équation

$$\mathcal{A}\xi^2+\mathcal{B}\eta^2+2\mathcal{F}\xi\eta=K. \tag{139}$$

Lorsque l'équation précédente peut être vérifiée par des valeurs réelles des coordonnées ξ, η, elle représente une ellipse, ou une hyperbole, ou le système de deux droites parallèles et situées à égales distances de l'origine, suivant que la différence

$$\mathcal{A}\mathcal{B}-\mathcal{F}^2$$

est une quantité positive, ou négative, ou nulle. Ajoutons que l'ellipse se réduit à un point, et l'hyperbole au système de deux droites qui se coupent, toutes les fois que le second membre de l'équation, ou la quantité K, s'évanouit. Cela posé, admettons d'abord que la courbe soit une ellipse. Cette ellipse aura deux axes qui se couperont à angles droits, et si l'on nomme a, b les deux demi-axes, a, b seront les valeurs maximum et minimum du rayon vecteur r mené de l'origine à un point de la courbe. La question se réduira donc à chercher la plus grande et la plus petite valeur de la fonction r déterminée par l équation

$$(13) \qquad r^2 = x^2 + y^2 + z^2,$$

en supposant les variables x, y, z liées entre elles par les équations (1) et (2). Or, pour y parvenir, il faudra égaler à zéro la différentielle du rayon vecteur r ou de son carré r^2, et, comme on tire de l'équation (13)

$$\frac{1}{2} d(r^2) = r\,dr = x\,dx + y\,dy + z\,dz,$$

on obtiendra, en opérant comme on vient de le dire, la formule

$$(140) \qquad x\,dx + y\,dy + z\,dz = 0,$$

de laquelle on devra éliminer dx, dy, dz à l'aide des équations différentielles de la courbe donnée, c'est-à-dire à l'aide des deux formules

$$(141) \quad (\mathrm{A}x + \mathrm{F}y + \mathrm{E}z)\,dx + (\mathrm{F}x + \mathrm{B}y + \mathrm{D}z)\,dy + (\mathrm{E}x + \mathrm{D}y + \mathrm{C}z)\,dz = 0,$$

$$(142) \qquad \cos\lambda\,dx + \cos\mu\,dy + \cos\nu\,dz = 0.$$

Observons maintenant que, pour effectuer l'élimination de dy et dz entre les formules (140), (141), (142), il suffira de les ajouter, après avoir multiplié deux d'entre elles, par exemple, les formules (140) et (142), par des coefficients indéterminés, puis de choisir ces coefficients de manière que l'équation résultante ne renferme plus ni dy, ni dz. Alors, le premier membre de cette équation se trouvant réduit à la différentielle dx multipliée par un facteur, le facteur dont il s'agit devra lui-même s'évanouir. Or, si l'on désigne par $-s$ et par $-t$ les deux coefficients indéterminés dont il est ici question, l'équation résultante se présentera sous la forme

$$\begin{aligned} &(\mathrm{A}x + \mathrm{F}y + \mathrm{E}z - sx - t\cos\lambda)\,dx \\ &+ (\mathrm{F}x + \mathrm{B}y + \mathrm{D}z - sy - t\cos\mu)\,dy \\ &+ (\mathrm{E}x + \mathrm{D}y + \mathrm{C}z - sz - t\cos\nu)\,dz = 0; \end{aligned}$$

et si, après avoir choisi les coefficients s, t de manière à faire disparaître les différentielles dy et dz, on égale encore à zéro le coefficient de la différentielle dx, on aura évidemment

$$(143)\quad \begin{cases} Ax + Fy + Ez = sx + t\cos\lambda, \\ Fx + By + Dz = sy + t\cos\mu, \\ Ex + Dy + Cz = sz + t\cos\nu. \end{cases}$$

Si l'on ajoute ces dernières formules, après avoir multiplié la première par x, la seconde par y, la troisième par z, on trouvera, en ayant égard aux équations (1) et (13),

$$K = sr^2.$$

La valeur de s sera donc

$$(24)\quad s = \frac{K}{r^2}.$$

Si l'on adopte cette valeur de s et si l'on observe d'ailleurs que les équations (143) peuvent s'écrire comme il suit :

$$(144)\quad \begin{cases} (A - s)x + Fy + Ez = t\cos\lambda, \\ Fx + (B - s)y + Dz = t\cos\mu, \\ Ex + Dy + (C - s)z = t\cos\nu, \end{cases}$$

on reconnaîtra qu'il suffit de remplacer les quantités A, B, C par les différences $A - s$, $B - s$, $C - s$: 1° dans les seconds membres des formules (134); 2° dans la valeur de P que fournit l'équation (135), pour obtenir, d'une part, les valeurs des coordonnées x, y, z correspondantes au maximum et au minimum du rayon vecteur r, et, d'autre part, le coefficient de t dans l'équation (2), ou plutôt dans celle qu'on en déduit par la substitution des valeurs de x, y, z. Or, en divisant par t l'équation dont il s'agit, on trouvera

$$(145)\quad \begin{cases} [(B - s)(C - s) - D^2]\cos^2\lambda \\ + [(C - s)(A - s) - E^2]\cos^2\mu \\ + [(A - s)(B - s) - F^2]\cos^2\nu \\ + 2[EF - (A - s)D]\cos\mu\cos\nu \\ + 2[FD - (B - s)E]\cos\nu\cos\lambda \\ + 2[DE - (C - s)F]\cos\lambda\cos\mu = 0, \end{cases}$$

ou, ce qui revient au même,

$$(146)\quad \left\{\begin{aligned} & s^2 - [(\mathrm{B}+\mathrm{C})\cos^2\lambda + (\mathrm{C}+\mathrm{A})\cos^2\mu + (\mathrm{A}+\mathrm{B})\cos^2\nu \\ & \qquad - 2\mathrm{D}\cos\mu\cos\nu - 2\mathrm{E}\cos\nu\cos\lambda - 2\mathrm{F}\cos\lambda\cos\mu]s \\ & + (\mathrm{BC}-\mathrm{D}^2)\cos^2\lambda + (\mathrm{CA}-\mathrm{E})\cos^2\mu + (\mathrm{AB}-\mathrm{F}^2)\cos^2\nu \\ & + 2(\mathrm{EF}-\mathrm{AD})\cos\mu\cos\nu + 2(\mathrm{FD}-\mathrm{BE})\cos\nu\cos\lambda + 2(\mathrm{DE}-\mathrm{CF})\cos\lambda\cos\mu = 0. \end{aligned}\right.$$

De plus, on tirera des formules (134), après y avoir remplacé x_0, y_0, z_0 par x, y, z, et A, B, C par A $-s$, B $-s$, C $-s$,

$$(147)\quad \left\{\begin{aligned} & \frac{x}{[(\mathrm{B}-s)(\mathrm{C}-s)-\mathrm{D}^2]\cos\lambda + [\mathrm{DE}-(\mathrm{C}-s)\mathrm{F}]\cos\mu + [\mathrm{FD}-(\mathrm{B}-s)\mathrm{E}]\cos\nu} \\ & = \frac{y}{[\mathrm{DE}-(\mathrm{C}-s)\mathrm{F}]\cos\lambda + [(\mathrm{C}-s)(\mathrm{A}-s)-\mathrm{E}^2]\cos\mu + [\mathrm{EF}-(\mathrm{A}-s)\mathrm{D}]\cos\nu} \\ & = \frac{z}{[\mathrm{FD}-(\mathrm{B}-s)\mathrm{E}]\cos\lambda + [\mathrm{EF}-(\mathrm{A}-s)\mathrm{D}]\cos\mu + [(\mathrm{A}-s)(\mathrm{B}-s)-\mathrm{F}^2]\cos\nu}. \end{aligned}\right.$$

Enfin, si l'on nomme α, β, γ les angles formés par le rayon vecteur maximum ou minimum avec les demi-axes des coordonnées positives, on aura

$$(148)\qquad \frac{\cos\alpha}{x} = \frac{\cos\beta}{y} = \frac{\cos\gamma}{z},$$

et, par suite,

$$(149)\quad \left\{\begin{aligned} & \frac{\cos\alpha}{[(\mathrm{B}-s)(\mathrm{C}-s)-\mathrm{D}^2]\cos\lambda + [\mathrm{DE}-(\mathrm{C}-s)\mathrm{F}]\cos\mu + [\mathrm{FD}-(\mathrm{B}-s)\mathrm{E}]\cos\nu} \\ & = \frac{\cos\beta}{[\mathrm{DE}-(\mathrm{C}-s)\mathrm{F}]\cos\lambda + [(\mathrm{C}-s)(\mathrm{A}-s)-\mathrm{E}^2]\cos\mu + [\mathrm{EF}-(\mathrm{A}-s)\mathrm{D}]\cos\nu} \\ & = \frac{\cos\gamma}{[\mathrm{FD}-(\mathrm{B}-s)\mathrm{E}]\cos\lambda + [\mathrm{EF}-(\mathrm{A}-s)\mathrm{D}]\cos\mu + [(\mathrm{A}-s)(\mathrm{B}-s)-\mathrm{F}^2]\cos\nu}. \end{aligned}\right.$$

Lorsque la courbe proposée est une ellipse, ainsi que nous l'avons d'abord admis, l'équation (146) fournit nécessairement deux valeurs réelles de

$$s = \frac{\mathrm{K}}{r^2},$$

correspondantes à la valeur maximum et à la valeur minimum du rayon vecteur r. Alors, si l'on désigne par a et b les demi-axes de l'ellipse, les deux racines de l'équation (146) seront

$$s=\frac{K}{a^2}, \qquad s=\frac{K}{b^2},$$

et l'on aura, en conséquence,

$$(150)\quad \left\{\begin{aligned} K\left(\frac{1}{a^2}+\frac{1}{b^2}\right) &= (B+C)\cos^2\lambda+(C+A)\cos^2\mu+(A+B)\cos^2\nu \\ &\quad -2D\cos\mu\cos\nu-2E\cos\nu\cos\lambda-2F\cos\lambda\cos\mu, \\ \frac{K^2}{a^2b^2} &= (BC-D^2)\cos^2\lambda+(CA-E^2)\cos^2\mu+(AB-F^2)\cos^2\nu \\ &\quad +2(EF-AD)\cos\mu\cos\nu+2(FD-BE)\cos\nu\cos\lambda+2(DE-CF)\cos\lambda\cos\mu. \end{aligned}\right.$$

De plus, à chacune des deux valeurs de s, ou, ce qui revient au même, à chacun des axes de l'ellipse, correspondront des valeurs réelles de α, β, γ, déterminées par la formule (149) réunie à l'équation

$$(151)\qquad \cos^2\alpha+\cos^2\beta+\cos^2\gamma=1,$$

et ces valeurs représenteront les angles formés par l'un des axes de l'ellipse, prolongé dans un sens ou dans un autre, avec les demi-axes des coordonnées positives.

L'ellipse que nous venons de considérer se transformera en un système de deux droites parallèles, si l'une des quantités a, b devient infinie. Alors celle des deux quantités qui conservera une valeur finie représentera la moitié de la distance entre les deux parallèles, et les angles α, β, γ, déterminés par les équations (149), seront précisément ceux que formeront les deux parallèles et la distance dont il s'agit avec les demi-axes des coordonnées positives.

Si les quantités a, b devenaient égales, l'ellipse se changerait en un cercle, et les valeurs des angles α, β, γ deviendraient indéterminées.

Concevons, maintenant, que la courbe proposée devienne une hyperbole. Alors le rayon vecteur r admettra une valeur minimum qui sera la moitié de l'axe réel de l'hyperbole; et si l'on nomme $2a$

cet axe, l'équation (146) aura nécessairement une racine réelle, savoir,

$$s = \frac{K}{a^2}.$$

Donc, par suite, les deux racines de l'équation (146) seront réelles. De plus, à chacune de ces racines correspondront des valeurs réelles de α, β, γ, déterminées par le système des formules (149), (151), et propres à représenter les angles que fait une certaine droite prolongée dans un sens ou dans un autre avec les demi-axes des coordonnées positives. D'autre part, on peut affirmer : 1° que les deux valeurs de s et les directions des droites correspondantes à ces valeurs seront indépendantes de la quantité K, qui ne se trouve comprise ni dans l'équation (146), ni dans la formule (149); 2° que l'une des deux droites coïncidera toujours avec l'axe réel de l'hyperbole proposée. Enfin, il suit de la remarque faite dans la treizième Leçon (page 212) que, si l'on fait varier K dans les équations (1) et (2), les diverses hyperboles représentées par ces équations auront toutes les mêmes asymptotes, et, par conséquent, les mêmes axes. Seulement, lorsque la quantité K changera de signe, le rapport $\frac{K}{a^2}$ en changera pareillement, en sorte que l'axe réel $2a$ ne pourra plus correspondre à la même racine de l'équation (146), ni conserver la même direction. Il résulte de ces observations que l'équation (146) a pour racines, dans l'hypothèse admise, deux quantités de signes contraires, dont l'une fait connaître les axes réels des hyperboles correspondantes à des valeurs positives de la quantité K, et l'autre ceux des hyperboles correspondantes à des valeurs négatives de la même quantité. On doit ajouter que ces deux espèces d'axes réels coïncident avec les deux droites qui divisent en parties égales les angles formés par les asymptotes communes à toutes les hyperboles dont il s'agit, et que ces deux droites, perpendiculaires entre elles, sont précisément celles que l'on détermine à l'aide des formules (149) et (151).

Lorsque la quantité K s'évanouit, les équations (1) et (2) représentent les asymptotes communes aux diverses hyperboles, et les angles α, β, γ, déterminés par les formules (149) et (151), répondent toujours aux deux droites que nous venons d'indiquer.

La recherche des axes de la courbe représentée par les équations (1) et (2) deviendrait beaucoup plus facile, si l'on substituait à ces mêmes équations la formule (139). Alors, en effet, on devrait remplacer, dans la formule (146), les quantités A, B, F par $\mathcal{A}$, $\mathcal{B}$, $\mathcal{F}$, le cosinus de l'angle ν par l'unité, et les quantités C, D, E, $\cos\lambda$, $\cos\mu$ par zéro. On trouverait de cette manière

$$s^2 - (\mathcal{A} + \mathcal{B})s + \mathcal{A}\mathcal{B} - \mathcal{F}^2 = 0. \tag{152}$$

Cette dernière équation, qui s'accorde avec la formule (15) de la onzième Leçon de Calcul différentiel, a évidemment deux racines réelles, savoir,

$$\left\{\begin{aligned} s &= \frac{\mathcal{A} + \mathcal{B}}{2} + \sqrt{\left(\frac{\mathcal{A} - \mathcal{B}}{2}\right)^2 + \mathcal{F}^2}, \\ s &= \frac{\mathcal{A} + \mathcal{B}}{2} - \sqrt{\left(\frac{\mathcal{A} - \mathcal{B}}{2}\right)^2 + \mathcal{F}^2}, \end{aligned}\right. \tag{153}$$

et ces deux racines sont des quantités de même signe ou de signes contraires, suivant que la différence $\mathcal{A}\mathcal{B} - \mathcal{F}^2$ est positive ou négative. Dans le premier cas, on tire des formules (150)

$$K\left(\frac{1}{a^2} + \frac{1}{b^2}\right) = \mathcal{A} + \mathcal{B}, \qquad \frac{K^2}{a^2 b^2} = \mathcal{A}\mathcal{B} - \mathcal{F}^2. \tag{154}$$

Nous ferons remarquer, en terminant cette Leçon, que les formules (39), (150), (154) indiquent certaines propriétés des courbes ou des surfaces du second degré. Ainsi, par exemple, si l'on considère une ellipse représentée par l'équation (139), et si l'on nomme r_0, r_1 les rayons vecteurs menés du centre de l'ellipse aux points où elle rencontre les axes des ξ et des η, on aura

$$\mathcal{A} = \frac{K}{r_0^2}, \qquad \mathcal{B} = \frac{K}{r_1^2},$$

et, par suite, la première des équations (154) donnera

$$\frac{1}{r_0^2}+\frac{1}{r_1^2}=\frac{1}{a^2}+\frac{1}{b^2}. \tag{155}$$

Cette dernière formule comprend un théorème que l'on peut énoncer comme il suit :

Théorème I. — *Si, dans une ellipse, on mène arbitrairement du centre à la circonférence deux rayons vecteurs qui se coupent à angles droits, et si l'on divise successivement l'unité par le carré de chacun de ces rayons vecteurs, la somme des quotients sera une quantité constante égale à la somme qu'on obtiendrait en faisant coïncider les deux rayons vecteurs avec les deux demi-axes de l'ellipse.*

Lorsque l'équation (139) représente une hyperbole, on obtient, en changeant seulement le signe de la quantité K, une seconde hyperbole qui a le même centre, les mêmes asymptotes et les mêmes axes, avec cette différence, que l'axe réel de la première est perpendiculaire à l'axe réel de la seconde. Nous dirons que ces deux hyperboles sont *conjuguées* l'une à l'autre. Cela posé, en substituant à l'ellipse un système de deux hyperboles conjuguées, on reconnaîtra facilement que le théorème I devra être remplacé par la proposition suivante :

Théorème II. — *Si, après avoir tracé deux hyperboles conjuguées l'une à l'autre, on mène arbitrairement du centre commun de ces deux hyperboles, soit à l'une d'elles, soit à l'une et à l'autre, deux rayons vecteurs qui se coupent à angles droits, et si l'on divise successivement l'unité par le carré de chacun de ces rayons vecteurs, la somme des quotients sera une quantité constante, pourvu que dans cette somme on prenne toujours avec le signe + le quotient relatif à l'une des hyperboles, et avec le signe — le quotient relatif à l'autre. Par conséquent, la somme dont il s'agit sera toujours égale à la différence entre les quotients qu'on obtiendrait si l'on divisait successivement l'unité par le carré du demi-axe réel de la première hyperbole et par le carré du demi-axe réel de la seconde.*

Revenons maintenant à la surface courbe représentée par l'équation (1) et concevons que l'on désigne par r_0, r_1, r_2 les racines carrées des valeurs numériques des rapports $\frac{K}{A}, \frac{K}{B}, \frac{K}{C}$, en sorte qu'on ait

$$\frac{K}{A} = \pm r_0^2, \qquad \frac{K}{B} = \pm r_1^2, \qquad \frac{K}{C} = \pm r_2^2.$$

On tirera de ces dernières équations, réunies aux formules (72) et à la première des équations (39),

$$(156) \qquad \pm \frac{1}{r_0^2} \pm \frac{1}{r_1^2} \pm \frac{1}{r_2^2} = \frac{1}{a^2} + \frac{1}{b^2} + \frac{1}{c^2}.$$

Si la surface (1) est celle d'un ellipsoïde, on aura simplement

$$(157) \qquad \frac{1}{r_0^2} + \frac{1}{r_1^2} + \frac{1}{r_2^2} = \frac{1}{a^2} + \frac{1}{b^2} + \frac{1}{c^2}.$$

Dans le même cas, r_0, r_1, r_2 représenteront trois rayons vecteurs qui se couperont à angles droits, et l'on pourra, en conséquence, énoncer la proposition suivante :

Théorème III. — *Si, du centre d'un ellipsoïde, on mène arbitrairement à la surface trois rayons vecteurs qui se coupent à angles droits, et si l'on divise successivement l'unité par chacun de ces rayons vecteurs, la somme des carrés des quotients sera une quantité constante, égale à la somme qu'on obtiendrait en faisant coïncider les trois rayons vecteurs avec les moitiés des trois axes de l'ellipsoïde.*

Lorsque l'équation (1) représente un hyperboloïde, on obtient, en changeant seulement le signe de la quantité K, un second hyperboloïde qui a le même centre et les mêmes axes, avec cette différence, que l'un des deux hyperboloïdes présente deux nappes distinctes, l'autre une seule nappe, et que les deux axes réels du second sont perpendiculaires à l'axe réel du premier. Nous dirons que ces deux hyperboloïdes sont *conjugués* l'un à l'autre. Cela posé, en examinant avec un peu d'attention les diverses combinaisons de signes que peut offrir l'équation (156), on établira sans peine le théorème suivant :

Théorème IV. — *Si, après avoir tracé deux hyperboloïdes conjugués l'un à l'autre, on mène arbitrairement du centre commun de ces deux hyperboloïdes, soit à l'un d'eux, soit à l'un et à l'autre, trois rayons vecteurs qui se coupent à angles droits, et si l'on divise successivement l'unité par le carré de chacun de ces rayons vecteurs, la somme des quotients sera une quantité constante, pourvu que dans cette somme on prenne avec le signe + tout quotient relatif à un rayon de l'hyperboloïde à une nappe, et avec le signe — tout quotient relatif à un rayon de l'autre hyperboloïde. Par conséquent, la somme dont il s'agit sera toujours égale à la différence qu'on obtiendrait si, après avoir divisé l'unité par les carrés des moitiés des axes réels des deux hyperboloïdes, on retranchait le quotient relatif à l'axe réel du second de la somme des quotients relatifs aux deux axes réels du premier.*

SEIZIÈME LEÇON.

DIFFÉRENTIELLE DE L'ARC D'UNE COURBE QUELCONQUE. SUR LES COURBES ET LES SURFACES COURBES QUI SE COUPENT OU SE TOUCHENT EN UN POINT DONNÉ.

Concevons qu'une courbe quelconque étant représentée par deux équations entre les coordonnées rectangulaires x, y, z, on appelle s l'arc de cette courbe compris entre un point fixe et le point mobile (x, y, z). Si l'on attribue à l'abscisse x un accroissement très petit Δx, les variables y, z, s croîtront elles-mêmes de quantités positives ou négatives, qui seront très petites (abstraction faite de leurs signes), et qui seront représentées par Δx, Δy, Δz. De plus, il est clair que la corde de l'arc $\pm \Delta s$, ou, en d'autres termes, la distance du point (x, y, z) au point $(x + \Delta x, y + \Delta y, z + \Delta z)$, sera numériquement égale à

$$\sqrt{\Delta x^2 + \Delta y^2 + \Delta z^2}.$$

Cela posé, pour déterminer facilement la différentielle de l'arc s, il suffira de recourir à un principe assez évident, savoir, qu'un très petit arc de courbe se confond sensiblement avec sa projection sur la tangente menée par un de ses points, c'est-à-dire que le rapport du petit arc à sa projection se réduit sensiblement à l'unité. En effet, la projection de l'arc étant la même chose que la projection de la corde, et le rapport de la corde à sa projection étant égal au cosinus de l'angle formé par la corde avec la tangente, ou, en d'autres termes, à une quantité qui diffère très peu de l'unité, il suit immédiatement du principe ci-dessus énoncé qu'un très petit arc se confond sensiblement avec sa corde, c'est-à-dire que *le rapport d'un arc infiniment petit à sa corde a l'unité pour limite* (¹). Cette proposition étant admise, on en déduit la formule

$$(1)\qquad 1 = \lim \frac{\pm \Delta s}{\sqrt{\Delta x^2 + \Delta y^2 + \Delta z^2}} = \pm \frac{ds}{\sqrt{dx^2 + dy^2 + dz^2}},$$

de laquelle on tire

$$(2)\qquad ds = \pm \sqrt{dx^2 + dy^2 + dz^2}.$$

On aura par suite

$$(3)\qquad ds^2 = dx^2 + dy^2 + dz^2.$$

Si l'on prend x pour variable indépendante et si l'on fait, pour abréger,

$$\frac{dy}{dx} = y', \qquad \frac{dz}{dx} = z',$$

la formule (2) donnera

$$(4)\qquad ds = \pm \sqrt{1 + y'^2 + z'^2}\, dx.$$

Il est bon d'observer que, dans l'équation (4), on doit réduire le double signe $\pm$ au signe $+$, lorsque l'arc s croît avec l'abscisse x, et au signe $-$ dans le cas contraire.

Si, dans les équations (5) de la treizième Leçon, on substitue au radical $\sqrt{dx^2 + dy^2 + dz^2}$ sa valeur tirée de l'équation (2), on obtiendra l'un des deux systèmes de formules

$$(5)\qquad \cos\alpha = \frac{dx}{ds}, \qquad \cos\beta = \frac{dy}{ds}, \qquad \cos\gamma = \frac{dz}{ds};$$

$$(6)\qquad \cos\alpha = -\frac{dx}{ds}, \qquad \cos\beta = -\frac{dy}{ds}, \qquad \cos\gamma = -\frac{dz}{ds}.$$

Le premier système devra être employé pour la détermination des angles α, β, γ formés par la tangente à la courbe avec les demi-axes

(¹) On pourrait considérer cette dernière proposition comme évidente, et la substituer au principe énoncé plus haut. Mais il paraît convenable de faire servir à la mesure de la longueur d'un très petit arc de courbe, passant par un point donné, celle de toutes les droites qui s'en rapproche le plus dans le voisinage du point dont il s'agit (*voir* ci-après la vingt-et-unième Leçon).

des coordonnées positives, si cette tangente a été prolongée dans le même sens que l'arc s. Au contraire, les angles dont il s'agit seront déterminés par le second système de formules si la tangente a été prolongée en sens inverse. C'est ce que l'on prouvera sans peine à l'aide des raisonnements dont nous avons déjà fait usage dans le cas des courbes planes (*voir* la page 88).

L'angle aigu formé par la tangente au point (x, y, z) avec l'axe des x est ce qu'on nomme l'*inclinaison de la tangente* ou l'*inclinaison de la courbe* par rapport à cet axe. Si l'on désigne par τ cette inclinaison, l'angle τ sera évidemment égal ou à l'angle α ou au supplément de α. On aura donc $\cos\tau = \pm\cos\alpha$, et l'on tirera de la première des équations (5) ou (6)

$$(7) \qquad \cos\tau = \pm\frac{dx}{ds}, \qquad \operatorname{séc}\tau = \pm\frac{ds}{dx}.$$

Si, dans ces dernières, on substitue à ds sa valeur tirée de la formule (4), et si l'on observe que τ représente un angle aigu dont le cosinus et la sécante sont nécessairement positifs, on trouvera

$$(8) \qquad \cos\tau = \frac{1}{\sqrt{1+y'^2+z'^2}}, \qquad \operatorname{séc}\tau = \sqrt{1+y'^2+z'^2}.$$

Pour montrer une application des formules ci-dessus établies, considérons l'hélice représentée par les équations (38) de la treizième Leçon. La valeur de $\cos\gamma$ déterminée par la dernière des formules (40) de la même Leçon sera constante, et les formules (5) ou (6) donneront

$$ds = \pm\frac{dz}{\cos\gamma} = \pm d\left(\frac{z}{\cos\gamma}\right).$$

En appliquant à l'équation qui précède les raisonnements par lesquels nous avons, dans la septième Leçon, déduit la formule (25) de la formule (24), et désignant par Δz un accroissement fini attribué à la variable z, on trouvera

$$(9) \qquad \Delta s = \pm\frac{\Delta z}{\cos\gamma}.$$

D'ailleurs, γ étant l'angle formé par la tangente à l'hélice avec l'axe des z, $\pm \frac{\Delta z}{\cos\gamma}$ représente évidemment la portion de la tangente qui a pour projection sur cet axe la longueur $\pm \Delta z$. On peut donc énoncer la proposition suivante :

THÉORÈME I. — *Pour obtenir un arc d'hélice compris entre deux points* (x, y, z) *et* $(x+\Delta x, y+\Delta y, z+\Delta z)$, *il suffit de mener par le premier une tangente à l'hélice et de chercher la portion de cette tangente qui se trouve renfermée entre les plans menés perpendiculairement à l'axe de l'hélice par les deux extrémités de l'arc.*

Si, pour fixer les idées, on compte l'arc s à partir du point où l'hélice rencontre l'axe des x, et si l'on suppose la quantité s positive en même temps que l'angle p et l'ordonnée z, alors, en substituant aux points (x, y, z), $(x+\Delta x, y+\Delta y, z+\Delta z)$, les deux extrémités de l'arc s, savoir : le point où l'hélice rencontre l'axe des x, et le point (x, y, z), on obtiendra, au lieu de l'équation (9), la formule

$$s = \frac{z}{\cos\gamma},$$

que les équations (38) et (40) de la treizième Leçon réduiront à

$$s = (1+a^2)^{\frac{1}{2}} R p. \tag{10}$$

Il résulte de cette dernière que, pour évaluer l'arc s, il suffit de multiplier la projection de cet arc sur un plan perpendiculaire à l'axe de l'hélice, c'est-à-dire le produit Rp par le facteur constant $(1+a)^{\frac{1}{2}}$.

Considérons maintenant deux courbes quelconques. Soient x, y, z les coordonnées de la première courbe et s l'arc de cette courbe compris entre un point fixe et le point mobile (x, y, z). Soient de même ξ, η, ζ les coordonnées de la seconde courbe et ς l'arc de cette seconde courbe compris entre un point fixe et le point mobile (ξ, η, ζ). On trouvera

$$ds^2 = dx^2 + dy^2 + dz^2, \qquad d\varsigma^2 = d\xi^2 + d\eta^2 + d\zeta^2. \tag{11}$$

De plus, si les tangentes menées à la première courbe par le point (x, y, z) et à la seconde courbe par le point (ξ, η, ζ) sont prolongées dans les mêmes sens que les arcs s et ς, elles formeront, avec les demi-axes des coordonnées positives, des angles dont les cosinus seront respectivement égaux, pour la première tangente, à

$$\frac{dx}{ds}, \quad \frac{dy}{ds}, \quad \frac{dz}{ds},$$

et pour la seconde tangente, à

$$\frac{d\xi}{d\varsigma}, \quad \frac{d\eta}{d\varsigma}, \quad \frac{d\zeta}{d\varsigma}.$$

Par suite, si l'on nomme δ l'angle que les deux tangentes forment entre elles, on aura [en vertu de l'équation (48) des Préliminaires]

$$(12) \qquad \cos\delta = \frac{dx}{ds}\frac{d\xi}{d\varsigma} + \frac{dy}{ds}\frac{d\eta}{d\varsigma} + \frac{dz}{ds}\frac{d\zeta}{d\varsigma} = \frac{dx\,d\xi + dy\,d\eta + dz\,d\zeta}{ds\,d\varsigma}.$$

Les deux tangentes deviendront parallèles lorsqu'on aura

$$(13) \qquad \frac{d\xi}{d\varsigma} = \frac{dx}{ds}, \qquad \frac{d\eta}{d\varsigma} = \frac{dy}{ds}, \qquad \frac{d\zeta}{d\varsigma} = \frac{dz}{ds},$$

ou bien

$$(14) \qquad \frac{d\xi}{d\varsigma} = -\frac{dx}{ds}, \qquad \frac{d\eta}{d\varsigma} = -\frac{dy}{ds}, \qquad \frac{d\zeta}{d\varsigma} = -\frac{dz}{ds}.$$

Il faut observer d'ailleurs que les formules (13) et (14) peuvent être remplacées par la seule formule

$$(15) \qquad \frac{d\xi}{dx} = \frac{d\eta}{dy} = \frac{d\zeta}{dz},$$

de laquelle on déduit

$$\frac{d\xi}{dx} = \frac{d\eta}{dy} = \frac{d\zeta}{dz} = \pm\frac{\sqrt{d\xi^2 + d\eta^2 + d\zeta^2}}{\sqrt{dx^2 + dy^2 + dz^2}} = \pm\frac{d\varsigma}{ds}.$$

Ajoutons que les deux tangentes comprendront entre elles un angle droit, si l'on a $\cos\delta = 0$, et par conséquent

$$(16) \qquad dx\,d\xi + dy\,d\eta + dz\,d\zeta = 0.$$

Si, dans l'équation (12), on substitue pour ds et $d\varsigma$ leurs valeurs tirées des formules (11), on obtiendra la suivante :

$$(17) \qquad \cos\delta = \pm \frac{dx\,d\xi + dy\,d\eta + dz\,d\zeta}{\sqrt{dx^2 + dy^2 + dz^2}\sqrt{d\xi^2 + d\eta^2 + d\zeta^2}}.$$

Lorsque, dans cette dernière, on ne détermine pas le signe du second membre, elle fournit deux valeurs de δ, renfermées entre zéro et π, qui représentent l'angle aigu et l'angle obtus compris entre les deux tangentes prolongées indéfiniment de part et d'autre des points (x, y, z) et (ξ, η, ζ).

Lorsque les deux courbes se rencontrent en un même point, elles sont censées former entre elles les mêmes angles que les tangentes menées par le point dont il s'agit. Alors on a, pour le point de rencontre,

$$(18) \qquad \xi = x, \qquad \eta = y, \qquad \zeta = z;$$

et les angles que les deux courbes forment entre elles coïncident évidemment avec les valeurs de δ, renfermées entre zéro et π, qui vérifient l'équation (17).

On dit que deux courbes tracées dans l'espace sont *normales* l'une à l'autre lorsqu'elles se coupent à angles droits, et qu'elles sont *tangentes*, ou qu'elles se *touchent*, lorsqu'elles ont, en un point qui leur est commun, une tangente commune, c'est-à-dire lorsque l'angle aigu compris entre les deux courbes s'évanouit. Dans le premier cas, la formule (16), ou

$$(19) \qquad 1 + \frac{dy}{dx}\frac{d\eta}{d\xi} + \frac{dz}{dx}\frac{d\zeta}{d\xi} = 0,$$

est vérifiée pour le point d'intersection ; dans le second cas, les coordonnées du point de contact vérifient la formule (15), ou, ce qui revient au même, les deux équations

$$(20) \qquad \frac{d\eta}{d\xi} = \frac{dy}{dx}, \qquad \frac{d\zeta}{d\xi} = \frac{dz}{dx}.$$

Il est essentiel d'observer que, dans les diverses formules ci-dessus établies, les différentielles disparaîtront toutes en même temps quand on aura éliminé ds, $d\varsigma$, dy, $d\eta$, dz et $d\zeta$ à l'aide des formules (11) réunies aux équations différentielles des courbes proposées.

Rien n'empêche de substituer, dans les équations de la seconde courbe, les lettres x, y, z aux lettres ξ, η, ζ et de prendre ensuite l'abscisse x, correspondante à un point de l'une ou de l'autre courbe, pour variable indépendante. Alors les premiers et les seconds membres des formules (20) devront être remplacés par les valeurs des dérivées

$$\frac{dy}{dx} = y', \qquad \frac{dz}{dx} = z',$$

tirées des équations des deux courbes, et, pour que ces courbes se touchent au point dont l'abscisse est x, il suffira que les valeurs des quatre quantités

$$y, \; y', \quad z, \; z',$$

relatives au point dont il s'agit, restent les mêmes dans le passage de la première courbe à la seconde. Au reste, cette proposition est évidente, car, si les conditions qu'on vient d'énoncer sont remplies, il est clair que, pour l'abscisse x, les deux courbes auront non seulement un point commun, mais encore la même tangente.

Nous allons maintenant établir un théorème qui est fort utile dans la théorie des contacts des courbes et que l'on peut énoncer comme il suit :

Théorème II. — *Étant données deux courbes qui se touchent, si, à partir du point de contact, on porte sur ces courbes, prolongées dans le même sens, des longueurs égales, mais très petites, la droite qui joindra les extrémités de ces longueurs sera sensiblement perpendiculaire à la tangente commune aux deux courbes.*

Démonstration. — Supposons que les longueurs égales, portées sur la première et la seconde courbe à partir du point de contact, aboutissent, d'une part, au point (x, y, z), de l'autre, au point (ξ, η, ζ). Soient de plus s et ς les arcs renfermés : 1° entre un point fixe de la première courbe et le point (x, y, z); 2° entre un point fixe de la seconde courbe et le point (ξ, η, ζ). Tandis que les coordonnées $x, y, z, \xi, \eta, \zeta$ varieront simultanément, la différence

$$\varsigma - s$$

restera invariable et l'on aura, en conséquence, $\varsigma = s + \text{const.}$

$$d\varsigma = ds. \tag{21}$$

Soient d'ailleurs α, β, γ les angles que forme avec les demi-axes des coordonnées positives la tangente commune aux deux courbes, prolongée dans le même sens que les arcs s et ς; $\mathfrak{r}$ la longueur de la droite menée du point (ξ, η, ζ) au point (x, y, z), enfin λ, μ, ν les angles que forme cette droite avec les demi-axes des coordonnées positives. On aura sensiblement

$$\cos\alpha = \frac{dx}{ds} = \frac{d\xi}{d\varsigma}, \qquad \cos\beta = \frac{dy}{ds} = \frac{d\eta}{d\varsigma}, \qquad \cos\gamma = \frac{dz}{ds} = \frac{d\zeta}{d\varsigma}, \tag{22}$$

$$\mathfrak{r} = \sqrt{(x-\xi)^2 + (y-\eta)^2 + (z-\zeta)^2}, \tag{23}$$

$$\cos\lambda = \frac{x-\xi}{\mathfrak{r}}, \qquad \cos\mu = \frac{y-\eta}{\mathfrak{r}}, \qquad \cos\nu = \frac{z-\zeta}{\mathfrak{r}}; \tag{24}$$

et l'on tirera des formules (11) réunies à l'équation (21)

$$dx^2 + dy^2 + dz^2 = d\xi^2 + d\eta^2 + d\zeta^2,$$

ou, ce qui revient au même,

$$(dx + d\xi)(dx - d\xi) + (dy + d\eta)(dy - d\eta) + (dz + d\zeta)(dz - d\zeta) = 0. \tag{25}$$

Or les équations (22) donneront

$$\frac{dx + d\xi}{\cos\alpha} = \frac{dy + d\eta}{\cos\beta} = \frac{dz + d\zeta}{\cos\gamma} = ds + d\varsigma = 2\,ds. \tag{26}$$

De plus, en appliquant aux seconds membres des formules (24) le principe énoncé à la page 95, on reconnaîtra que les quantités $\cos\lambda$,

$\cos\mu$, $\cos\nu$ peuvent être déterminées approximativement par les formules

$$(27)\qquad \cos\lambda = \frac{dx - d\xi}{d8},\qquad \cos\mu = \frac{dy - d\eta}{d8},\qquad \cos\nu = \frac{dz - d\zeta}{d8}.$$

On aura donc, à très peu près,

$$(28)\qquad \frac{dx - d\xi}{\cos\lambda} = \frac{dy - d\eta}{\cos\mu} = \frac{dz - d\zeta}{\cos\nu} = d8.$$

Cette dernière équation sera d'autant plus exacte que les points (x, y, z) et (ξ, η, ζ) se trouveront plus rapprochés du point de contact des deux courbes. Si maintenant on remplace, dans la formule (25), les sommes

$$dx + d\xi,\quad dy + d\eta,\quad dz + d\zeta$$

par les quantités $\cos\alpha$, $\cos\beta$, $\cos\gamma$, qui sont entre elles dans les mêmes rapports, et les différences

$$dx - d\xi,\quad dy - d\eta,\quad dz - d\zeta$$

par des quantités proportionnelles à ces différences, savoir : $\cos\lambda$, $\cos\mu$ et $\cos\nu$, on trouvera définitivement

$$(29)\qquad \cos\alpha\cos\lambda + \cos\beta\cos\mu + \cos\gamma\cos\nu = 0.$$

Donc la droite menée du point (x, y, z) au point (ξ, η, ζ) sera sensiblement perpendiculaire à la tangente commune aux deux courbes, ou, ce qui revient au même, sensiblement parallèle au plan normal.

On pourrait, dans le théorème qu'on vient d'établir, remplacer la seconde courbe par une droite tangente à la première, et l'on obtiendrait alors la proposition suivante :

Théorème III. — *Si, à partir d'un point donné sur une courbe, on porte sur cette courbe et sur sa tangente, prolongées dans le même sens, des longueurs égales et très petites, la droite qui joindra les extrémités de ces longueurs sera sensiblement perpendiculaire à la tangente, ou, ce qui revient au même, sensiblement parallèle au plan normal.*

Concevons, pour fixer les idées, que l'on désigne par i chacune des longueurs égales portées sur la courbe et sur la tangente à partir du point donné. Les angles formés avec les demi-axes des coordonnées positives par la droite qui joindra les extrémités de ces deux longueurs seront des fonctions de i; et, si l'on fait converger i vers la limite zéro, ces angles convergeront, en général, vers certaines limites, et s'approcheront indéfiniment de ceux qui déterminent la direction d'une certaine normale avec laquelle la droite dont il s'agit tendra de plus en plus à se confondre. Cette normale, qui mérite d'être remarquée, est celle que nous appellerons *normale principale*. Pour en fixer la direction, il suffirait de recourir aux formules (27) et au principe énoncé à la page 95. On peut aussi arriver très facilement au même but par la méthode que nous allons indiquer.

Désignons par x, y, z les coordonnées du point de la courbe qui coïncide, non plus avec l'extrémité, mais avec l'origine de la longueur i, c'est-à-dire les coordonnées du point par lequel on mène une tangente à la courbe. Soit toujours s l'arc compté sur la courbe entre le point (x, y, z) et un point fixe placé de manière que la longueur i serve de prolongement à l'arc s. Soient encore α, β, γ les angles que forme avec les demi-axes des coordonnées positives la tangente au point (x, y, z) prolongée dans le même sens que l'arc s. Si l'on prend cet arc pour variable indépendante, l'extrémité de la longueur i, portée sur la courbe, aura évidemment pour coordonnées trois expressions de la forme

$$(30)\qquad \left\{\begin{aligned} & x + i\frac{dx}{ds} + \frac{i^2}{2}\left(\frac{d^2x}{ds^2} + \mathrm{I}\right), \\ & y + i\frac{dy}{ds} + \frac{i^2}{2}\left(\frac{d^2y}{ds^2} + \mathrm{J}\right), \\ & z + i\frac{dz}{ds} + \frac{i^2}{2}\left(\frac{d^2z}{ds^2} + \mathrm{K}\right), \end{aligned}\right.$$

I, J, K devant s'évanouir avec i; tandis que l'extrémité d'une autre longueur égale à i, portée sur la tangente et comptée dans le même sens que la première, aura pour coordonnées

$$(31)\qquad \begin{cases} x + i\cos\alpha = x + i\dfrac{dx}{ds}, \\[2mm] y + i\cos\beta = y + i\dfrac{dy}{ds}, \\[2mm] z + i\cos\gamma = z + i\dfrac{dz}{ds}. \end{cases}$$

Cela posé, si l'on nomme 8 la distance comprise entre les extrémités des deux longueurs, et λ, μ, ν les angles formés avec les demi-axes des coordonnées positives par la droite qui, partant de l'extrémité de la seconde longueur, se dirige vers l'extrémité de la première, on aura évidemment

$$(32)\qquad \text{8} = \frac{i^2}{2}\left[\left(\frac{d^2x}{ds^2}+\text{I}\right)^2 + \left(\frac{d^2y}{ds^2}+\text{J}\right)^2 + \left(\frac{d^2z}{ds^2}+\text{K}\right)^2\right]^{\frac{1}{2}},$$

$$(33)\qquad \cos\lambda = \frac{\dfrac{i^2}{2}\left(\dfrac{d^2x}{ds^2}+\text{I}\right)}{\text{8}}, \qquad \cos\mu = \frac{\dfrac{i^2}{2}\left(\dfrac{d^2y}{ds^2}+\text{J}\right)}{\text{8}}, \qquad \cos\nu = \frac{\dfrac{i^2}{2}\left(\dfrac{d^2z}{ds^2}+\text{K}\right)}{\text{8}},$$

et, par suite,

$$(34)\qquad \begin{cases} \dfrac{\cos\lambda}{\dfrac{d^2x}{ds^2}+\text{I}} = \dfrac{\cos\mu}{\dfrac{d^2y}{ds^2}+\text{J}} = \dfrac{\cos\nu}{\dfrac{d^2z}{ds^2}+\text{K}} \\[4mm] \quad = \dfrac{1}{\left[\left(\dfrac{d^2x}{ds^2}+\text{I}\right)^2 + \left(\dfrac{d^2y}{ds^2}+\text{J}\right)^2 + \left(\dfrac{d^2z}{ds^2}+\text{K}\right)^2\right]^{\frac{1}{2}}}. \end{cases}$$

Si, maintenant, on fait converger i vers la limite zéro, les valeurs numériques de I, J, K décroîtront indéfiniment, et, en passant aux limites, on tirera de la formule (34)

$$(35)\qquad \frac{\cos\lambda}{\dfrac{d^2x}{ds^2}} = \frac{\cos\mu}{\dfrac{d^2y}{ds^2}} = \frac{\cos\nu}{\dfrac{d^2z}{ds^2}} = \frac{1}{\left[\left(\dfrac{d^2x}{ds^2}\right)^2 + \left(\dfrac{d^2y}{ds^2}\right)^2 + \left(\dfrac{d^2z}{ds^2}\right)^2\right]^{\frac{1}{2}}},$$

ou, ce qui revient au même,

$$(36)\qquad \frac{\cos\lambda}{d^2x}=\frac{\cos\mu}{d^2y}=\frac{\cos\nu}{d^2z}=\frac{1}{[(d^2x)^2+(d^2y)^2+(d^2z)^2]^{\frac{1}{2}}}.$$

Les angles λ, μ, ν déterminés par cette dernière formule sont ceux qui se trouvent compris entre la normale principale prolongée dans un certain sens et les demi-axes des coordonnées positives. La même formule devrait être remplacée par la suivante

$$(37)\qquad \frac{\cos\lambda}{d^2x}=\frac{\cos\mu}{d^2y}=\frac{\cos\nu}{d^2z}=-\frac{1}{[(d^2x)^2+(d^2y)^2+(d^2z)^2]^{\frac{1}{2}}},$$

si la normale principale avait été prolongée en sens contraire. Ajoutons que les équations (36) et (37) sont renfermées l'une et l'autre dans la seule équation

$$(38)\qquad \frac{\cos\lambda}{d^2x}=\frac{\cos\mu}{d^2y}=\frac{\cos\nu}{d^2z},$$

de laquelle on tire

$$\frac{\cos\lambda}{d^2x}=\frac{\cos\mu}{d^2y}=\frac{\cos\nu}{d^2z}=\pm\frac{1}{[(d^2x)^2+(d^2y)^2+(d^2z)^2]^{\frac{1}{2}}}.$$

Il serait facile de s'assurer directement que la droite qui passe par le point (x, y, z), et forme avec les demi-axes des coordonnées positives des angles déterminés par la formule (38), est une des normales menées par le point (x, y, z) à la courbe donnée. En effet, si l'on différentie l'équation (3), en considérant toujours s comme variable indépendante, on aura

$$(39)\qquad dx\,d^2x+dy\,d^2y+dz\,d^2z=0;$$

puis, en ayant égard à la formule (38) et à l'équation (6) de la treizième Leçon, on trouvera

$$\cos\alpha\cos\lambda+\cos\beta\cos\mu+\cos\gamma\cos\nu=0.$$

Donc, la droite en question sera perpendiculaire à la tangente, ou, en d'autres termes, elle sera normale à la courbe proposée.

En prenant toujours l'arc s pour variable indépendante, on tire des équations (5)

$$(40)\qquad \frac{d\cos\alpha}{ds}=\frac{d^2x}{ds^2},\qquad \frac{d\cos\beta}{ds}=\frac{d^2y}{ds^2},\qquad \frac{d\cos\gamma}{ds}=\frac{d^2z}{ds^2}.$$

Par conséquent, la formule (38) peut être réduite à

$$(41)\qquad \frac{\cos\lambda}{d\cos\alpha}=\frac{\cos\mu}{d\cos\beta}=\frac{\cos\nu}{d\cos\gamma}.$$

Si l'on cessait de prendre l'arc s pour variable indépendante, la formule (35) deviendrait inexacte. Mais la formule (41) existerait toujours; et, en substituant dans celle-ci, à la place de $\cos\alpha$, $\cos\beta$, $\cos\gamma$, leurs valeurs tirées des formules (5), on trouverait

$$(42)\qquad \frac{\cos\lambda}{d\left(\frac{dx}{ds}\right)}=\frac{\cos\mu}{d\left(\frac{dy}{ds}\right)}=\frac{\cos\nu}{d\left(\frac{dz}{ds}\right)}.$$

Observons encore que, dans le cas où la courbe donnée se réduit à une courbe plane, la normale principale est évidemment celle qui reste comprise dans le plan de la courbe.

Les angles λ, μ, ν étant une fois déterminés par les formules (35) ou (42), il devient facile d'obtenir les équations de la normale principale. En effet, si l'on nomme ξ, η, ζ les coordonnées d'un point quelconque de cette droite, on aura [en vertu de la formule (20) des Préliminaires]

$$(43)\qquad \frac{\xi-x}{\cos\lambda}=\frac{\eta-y}{\cos\mu}=\frac{\zeta-z}{\cos\nu};$$

puis on en conclura, en supposant que l'arc s est pris pour variable indépendante,

$$(44)\qquad \frac{\xi-x}{d^2x}=\frac{\eta-y}{d^2y}=\frac{\zeta-z}{d^2z};$$

et, en admettant une autre hypothèse,

$$(45)\qquad \frac{\xi-x}{d\left(\frac{dx}{ds}\right)}=\frac{\eta-y}{d\left(\frac{dy}{ds}\right)}=\frac{\zeta-z}{d\left(\frac{dz}{ds}\right)}.$$

Lorsque deux surfaces courbes se rencontrent en un point donné, elles sont censées former entre elles, au point dont il s'agit, les mêmes angles que leurs plans tangents. On dit, en particulier, que deux surfaces sont *normales* l'une à l'autre en un point qui leur est commun, lorsque les plans tangents menés par ce point sont perpendiculaires entre eux, et qu'elles sont *tangentes,* ou qu'elles se *touchent,* quand ces plans coïncident. Dans le dernier cas, les normales aux deux surfaces coïncident pareillement. Cela posé, soient

(46) $$u=0, \qquad v=0,$$

les équations, en coordonnées rectangulaires, de deux surfaces qui se touchent au point (x, y, z). En vertu de la formule (6) (quatorzième Leçon), les cosinus des angles formés par la normale commune aux deux surfaces avec les demi-axes des coordonnées positives seront proportionnels, d'une part, aux trois dérivées

$$\frac{\partial u}{\partial x}, \quad \frac{\partial u}{\partial y}, \quad \frac{\partial u}{\partial z},$$

et de l'autre, aux dérivées

$$\frac{\partial v}{\partial x}, \quad \frac{\partial v}{\partial y}, \quad \frac{\partial v}{\partial z}.$$

On aura donc

(47) $$\frac{\dfrac{\partial u}{\partial x}}{\dfrac{\partial v}{\partial x}}=\frac{\dfrac{\partial u}{\partial y}}{\dfrac{\partial v}{\partial y}}=\frac{\dfrac{\partial u}{\partial z}}{\dfrac{\partial v}{\partial z}}.$$

Réciproquement, si cette condition est vérifiée pour le point (x, y, z), les deux surfaces auront en ce point une normale commune, et seront tangentes l'une à l'autre.

Pour que la formule (47) subsiste, il est nécessaire et il suffit que les équations différentielles des deux surfaces, savoir

(48) $$\left\{\begin{aligned} &\frac{\partial u}{\partial x}dx+\frac{\partial u}{\partial y}dy+\frac{\partial u}{\partial z}dz=0,\\ &\frac{\partial v}{\partial x}dx+\frac{\partial v}{\partial y}dy+\frac{\partial v}{\partial z}dz=0,\end{aligned}\right.$$

s'accordent, quand on y substitue pour x, y, z les coordonnées du point commun, et se réduisent alors à une seule équation entre les différentielles dx, dy, dz.

Si les équations des deux surfaces étaient résolues par rapport à z, et ramenées à la forme

$$z = f(x, y), \tag{49}$$

leurs équations différentielles seraient de la forme

$$dz = p\,dx + q\,dy. \tag{50}$$

Alors les deux surfaces se toucheraient au point (x, y, z), si, dans le passage de la première à la seconde, les deux quantités p et q conservaient les mêmes valeurs.

DIX-SEPTIÈME LEÇON.

DU PLAN OSCULATEUR D'UNE COURBE QUELCONQUE ET DE SES DEUX COURBURES. RAYON DE COURBURE, CENTRE DE COURBURE ET CERCLE OSCULATEUR.

Considérons sur une courbe donnée un point quelconque P, et concevons que l'on ait mené en ce point une tangente à la courbe. On pourra faire passer par cette tangente une infinité de plans tangents, dont l'un renfermera la normale principale. Ce dernier, qui se confond avec le plan de la courbe, toutes les fois que celle-ci devient plane, mérite une attention particulière. On le nomme *plan osculateur*. Pour l'obtenir, il suffit évidemment de tracer un plan tangent qui renferme avec le point P un second point Q de la courbe proposée, et de chercher la position que tend à prendre ce même plan, dans le cas où le second point se rapproche indéfiniment du premier. En effet, soit i la longueur de l'arc $\overline{PQ}$ compris entre les deux points, et supposons que, la tangente étant prolongée du même côté que l'arc $\overline{PQ}$, la longueur i portée sur la tangente aboutisse au point R. La droite $\overline{QR}$, comprise dans le plan mobile, sera sensiblement parallèle, pour de très petites valeurs de i, à la normale principale; et, par conséquent, l'angle formé par cette normale avec le plan mobile sera sensiblement nul. Donc cet angle aura zéro pour limite; c'est-à-dire que le plan mobile tendra de plus en plus à se confondre avec le plan tangent qui renferme la normale principale, ou, en d'autres termes, avec le plan osculateur.

Concevons, maintenant, que les coordonnées rectangulaires de la courbe étant x, y, z, la tangente et la normale principale, menées par le point P, forment avec les demi-axes des coordonnées positives, la première, les angles α, β, γ, et la seconde, les angles λ, μ, ν. Supposons d'ailleurs que l'on prenne pour variable indépendante l'arc s compris entre un point fixe et le point mobile (x, y, z). Si l'on fait coïncider ce dernier point avec le point P, on trouvera (*voir* la treizième et la seizième Leçons)

(1) $$\frac{\cos\alpha}{dx} = \frac{\cos\beta}{dy} = \frac{\cos\gamma}{dz},$$

(2) $$\frac{\cos\lambda}{d^2x} = \frac{\cos\mu}{d^2y} = \frac{\cos\nu}{d^2z}.$$

Cela posé, imaginons que par le point (x, y, z) on élève un demi-axe perpendiculaire au plan osculateur. Ce demi-axe coupera nécessairement à angles droits la tangente et la normale principale. Donc, si l'on nomme

$$\text{L}, \quad \text{M}, \quad \text{N}$$

les angles qu'il sera censé former avec les demi-axes des coordonnées positives, on aura les deux équations

(3) $$\begin{cases} \cos\alpha\cos\text{L} + \cos\beta\cos\text{M} + \cos\gamma\cos\text{N} = 0, \\ \cos\lambda\cos\text{L} + \cos\mu\cos\text{M} + \cos\nu\cos\text{N} = 0, \end{cases}$$

que les formules (1) et (2) réduiront à

(4) $$\begin{cases} \cos\text{L}\,dx + \cos\text{M}\,dy + \cos\text{N}\,dz = 0, \\ \cos\text{L}\,d^2x + \cos\text{M}\,d^2y + \cos\text{N}\,d^2z = 0. \end{cases}$$

Ces dernières équations peuvent être remplacées par la seule formule

(5) $$\frac{\cos\text{L}}{dy\,d^2z - dz\,d^2y} = \frac{\cos\text{M}}{dz\,d^2x - dx\,d^2z} = \frac{\cos\text{N}}{dx\,d^2y - dy\,d^2x},$$

de laquelle on tire

(6) $$\begin{cases} \dfrac{\cos\text{L}}{dy\,d^2z - dz\,d^2y} = \dfrac{\cos\text{M}}{dz\,d^2x - dx\,d^2z} = \dfrac{\cos\text{N}}{dx\,d^2y - dy\,d^2x} \\ = \pm\dfrac{1}{\sqrt{(dy\,d^2z - dz\,d^2y)^2 + (dz\,d^2x - dx\,d^2z)^2 + (dx\,d^2y - dy\,d^2x)^2}} \\ = \pm\dfrac{1}{\sqrt{(dx^2+dy^2+dz^2)\,[(d^2x)^2+(d^2y)^2+(d^2z)^2] - (dx\,d^2x+dy\,d^2y+dz\,d^2z)^2}}. \end{cases}$$

Si, de plus, on a égard aux équations

$$(7)\qquad \left\{\begin{aligned} dx^2+dy^2+dz^2&=ds^2,\\ dx\,d^2x+dy\,d^2y+dz\,d^2z&=0,\end{aligned}\right.$$

on trouvera définitivement

$$(8)\qquad \frac{\cos L}{dy\,d^2z-dz\,d^2y}=\frac{\cos M}{dz\,d^2x-dx\,d^2z}=\frac{\cos N}{dx\,d^2y-dy\,d^2x}=\pm\frac{1}{ds\sqrt{(d^2x)^2+(d^2y)^2+(d^2z)^2}}.$$

La formule (8) fournit évidemment deux systèmes de valeurs de cosL, cosM, cosN, et ces deux systèmes correspondent aux deux directions suivant lesquelles on peut prolonger la perpendiculaire menée par le point (x, y, z) au plan osculateur.

Il ne sera pas inutile d'observer que la formule (5) peut être remplacée par les deux suivantes :

$$(9)\qquad \frac{\cos L}{dy^2\,d\left(\dfrac{dz}{dy}\right)}=\frac{\cos M}{dz^2\,d\left(\dfrac{dx}{dz}\right)}=\frac{\cos N}{dx^2\,d\left(\dfrac{dy}{dx}\right)},$$

$$(10)\qquad \frac{\cos L}{\cos\beta\,d\cos\gamma-\cos\gamma\,d\cos\beta}=\frac{\cos M}{\cos\gamma\,d\cos\alpha-\cos\alpha\,d\cos\gamma}=\frac{\cos N}{\cos\alpha\,d\cos\beta-\cos\beta\,d\cos\alpha},$$

dont la dernière se déduit immédiatement des équations (3) combinées, non plus avec les formules (1) et (2), mais avec la formule (41) de la seizième Leçon.

On arriverait encore à la formule (10) si l'on supposait que L, M, N désignent les angles compris entre les demi-axes des coordonnées positives et une droite perpendiculaire au plan qui, passant par le point (x, y, z) et par la tangente en ce point, est parallèle à une autre tangente menée par un second point infiniment voisin du premier. En effet, soient

$$\Delta x,\quad \Delta y,\quad \Delta z,\quad \Delta\cos\alpha,\quad \Delta\cos\beta,\quad \Delta\cos\gamma$$

les accroissements que prennent les quantités

$$x,\quad y,\quad z,\quad \cos\alpha,\quad \cos\beta,\quad \cos\gamma$$

dans le passage du premier point au second. Les valeurs de

$$\cos L, \quad \cos M, \quad \cos N$$

seront évidemment déterminées, dans l'hypothèse admise, par la première des équations (3) jointe à la formule

$$(\cos\alpha + \Delta\cos\alpha)\cos L + (\cos\beta + \Delta\cos\beta)\cos M + (\cos\gamma + \Delta\cos\gamma)\cos N = 0,$$

que l'on pourra réduire (en vertu de l'équation dont il s'agit) à

$$(11) \qquad \cos L \Delta\cos\alpha + \cos M \Delta\cos\beta + \cos N \Delta\cos\gamma = 0.$$

Or, si le second point vient à se rapprocher indéfiniment du premier, les différences infiniment petites

$$\Delta\cos\alpha, \quad \Delta\cos\beta, \quad \Delta\cos\gamma$$

deviendront sensiblement proportionnelles aux différentielles

$$d\cos\alpha, \quad d\cos\beta, \quad d\cos\gamma,$$

et, en passant à la limite, on tirera de la formule (11),

$$(12) \qquad \cos L\, d\cos\alpha + \cos M\, d\cos\beta + \cos N\, d\cos\gamma = 0.$$

Cela posé, comme l'équation (12), combinée avec la première des équations (3), reproduira la formule (10), nous pouvons affirmer que les angles L, M, N, déterminés par la formule (10), appartiennent à une droite perpendiculaire au plan qui renferme la tangente menée par le point (x, y, z), et qui est parallèle à une autre tangente infiniment voisine de la première. Donc ce dernier plan ne diffère pas du plan osculateur.

Si l'on cessait de prendre l'arc s pour variable indépendante, les formules (2) et (8) deviendraient inexactes en même temps que la seconde des équations (7), mais les formules (9), (10), et par suite les formules (5), (6), continueraient de subsister; d'où l'on peut conclure que les équations (4), propres à remplacer la formule (5), subsisteraient pareillement. Au reste, il est facile de vérifier directement cette conclusion. En effet, lorsqu'on cesse de prendre s pour variable indépendante, on doit, dans la seconde des formules (4), substituer aux différentielles

$$d^2x,\quad d^2y,\quad d^2z,$$

les expressions

$$ds\,d\left(\frac{dx}{ds}\right) = d^2x - \frac{dx}{ds}d^2s,$$
$$ds\,d\left(\frac{dy}{ds}\right) = d^2y - \frac{dy}{ds}d^2s,$$
$$ds\,d\left(\frac{dz}{ds}\right) = d^2z - \frac{dz}{ds}d^2s.$$

Or, si, après cette substitution, on a égard à la première des formules (4), on verra la seconde reprendre sa forme primitive.

Quelle que soit la variable que l'on considère comme indépendante, on tire de la première des formules (7)

$$(13)\qquad dx\,d^2x + dy\,d^2y + dz\,d^2z = ds\,d^2s;$$

et, par suite, la formule (6) peut être réduite à

$$(14)\qquad \left\{\begin{aligned} &\frac{\cos L}{dy\,d^2z - dz\,d^2y} = \frac{\cos M}{dz\,d^2x - dx\,d^2z} = \frac{\cos N}{dx\,d^2y - dy\,d^2x} \\ &\qquad = \pm\frac{1}{ds[(d^2x)^2 + (d^2y)^2 + (d^2z)^2 - (d^2s)^2]^{\frac{1}{2}}}. \end{aligned}\right.$$

Dans le cas particulier où l'on prend x pour variable indépendante, et où l'on désigne par y', z', y'', z'' les dérivées de y et de z du premier et du second ordre, on tire de la même formule

$$(15)\qquad \frac{\cos L}{y'z'' - y''z'} = \frac{\cos M}{-z''} = \frac{\cos N}{y''} = \pm\frac{1}{[(y'z'' - y''z')^2 + z''^2 + y''^2]^{\frac{1}{2}}}.$$

Les angles L, M, N étant déterminés par la formule (8), (14) ou (15), il devient facile d'obtenir l'équation du plan osculateur qui passe par le point (x, y, z). En effet, si l'on désigne par ξ, η, ζ les coordonnées d'un point quelconque de ce plan, on trouvera [en vertu de la formule (66) des Préliminaires]

$$(16)\qquad (\xi - x)\cos L + (\eta - y)\cos M + (\zeta - z)\cos N = 0,$$

puis, en ayant égard à la formule (14),

$$(17) \quad \left\{ \begin{aligned} &(\xi - x)(dy\, d^2z - dz\, d^2y) + (\eta - y)(dz\, d^2x - dx\, d^2z) \\ &\qquad + (\zeta - z)(dx\, d^2y - dy\, d^2x) = 0. \end{aligned} \right.$$

Si l'on prenait x pour variable indépendante, il faudrait à la formule (14) substituer la formule (15), et par suite l'équation du plan osculateur se réduirait à

$$(18) \qquad (y'z'' - y''z')(\xi - x) - z''(\eta - y) + y''(\zeta - z) = 0.$$

Soit maintenant Δs l'accroissement positif ou négatif que prend la variable s, quand on passe du point (x, y, z) au point

$$(x + \Delta x,\ y + \Delta y,\ z + \Delta z).$$

L'angle compris entre les tangentes extrêmes de l'arc infiniment petit $\pm \Delta s$ sera ce qu'on nomme l'*angle de contingence*. Désignons par ω ce même angle et par Ω l'angle infiniment petit compris entre les plans osculateurs qui correspondent aux extrémités de l'arc, ou, ce qui revient au même, entre les perpendiculaires aux plans dont il s'agit. Les quantités ω, Ω ne pourront s'évanouir constamment que dans certains cas particuliers, savoir : la première, lorsque la courbe proposée se changera en une droite, et la seconde, lorsque cette courbe deviendra plane. Mais, en général, ω et Ω conserveront des valeurs finies différentes de zéro, et l'on pourra en dire autant des limites vers lesquelles convergeront les rapports

$$\pm \frac{\omega}{\Delta s}, \quad \pm \frac{\Omega}{\Delta s},$$

pendant que l'arc $\pm \Delta s$ décroîtra indéfiniment. Ces limites, qui seront équivalentes, si l'on considère une courbe plane, l'une à la courbure de cette courbe, l'autre à zéro, serviront à mesurer dans tous les cas ce que nous appellerons la *première* et la *seconde courbure* de la courbe proposée. En raison des deux courbures que nous venons de signaler, toute courbe qui n'est pas comprise dans un plan se nomme *courbe à double courbure*. Si l'on représente par

$$\frac{1}{\rho}, \quad \frac{1}{\mathfrak{R}}$$

ces mêmes courbures ρ, $\mathfrak{R}$ seront les rayons des cercles auxquels elles pourront être attribuées, et l'on aura, en vertu de ce qui précède,

$$(19) \qquad \frac{1}{\rho} = \lim\left(\pm\frac{\omega}{\Delta s}\right),$$

$$(20) \qquad \frac{1}{\mathfrak{R}} = \lim\left(\pm\frac{\Omega}{\Delta s}\right).$$

Lorsque l'arc $\pm\Delta s$ est très petit, sa corde $\sqrt{\Delta x^2 + \Delta y^2 + \Delta z^2}$ est sensiblement perpendiculaire aux plans normaux menés à la courbe que l'on considère par les deux points (x, y, z), $(x + \Delta x, y + \Delta y, z + \Delta z)$, et la plus courte distance du point (x, y, z) à la ligne d'intersection des deux plans est sensiblement équivalente au rayon ρ. En effet, soit r cette plus courte distance. Si l'on trace un plan qui renferme la longueur r et qui soit perpendiculaire aux deux plans normaux, la corde $\sqrt{\Delta x^2 + \Delta y^2 + \Delta z^2}$ formera un très petit angle avec le plan dont il s'agit, c'est-à-dire qu'elle formera un très petit angle avec sa projection sur le même plan. Donc cette projection sera équivalente à la corde multipliée par un cosinus très peu différent de l'unité et pourra être représentée par un produit de la forme

$$(1 + \mathrm{I})\sqrt{\Delta x^2 + \Delta y^2 + \Delta z^2},$$

I désignant une quantité infiniment petite. De plus, dans le triangle formé par la longueur r et par la projection de la corde, l'angle opposé au côté r sera sensiblement droit, tandis que l'angle opposé à la projection de la corde sera précisément l'angle des plans normaux, ou, ce qui revient au même, l'angle ω compris entre les tangentes menées par l'extrémité de l'arc $\pm\Delta s$. On aura donc

$$\frac{\sin\left(\frac{\pi}{2} \pm \varepsilon\right)}{r} = \frac{\sin\omega}{(1+\mathrm{I})\sqrt{\Delta x^2 + \Delta y^2 + \Delta z^2}} = \frac{\sin\omega}{(1+\mathrm{I})\,\omega}\,\frac{\pm\Delta s}{\sqrt{\Delta x^2 + \Delta y^2 + \Delta z^2}}\,\frac{\omega}{\pm\Delta s},$$

ε étant un nombre infiniment petit, et, par suite, en faisant converger l'arc $\pm \Delta s$ vers la limite zéro, on trouvera

$$\frac{1}{\lim r} = \lim \frac{\omega}{\pm \Delta s} = \frac{1}{\rho},$$

ou

$$\lim r = \rho,$$

ce qu'il fallait démontrer.

Il importe d'observer que le plan osculateur mené par le point (x, y, z), étant sensiblement parallèle à la tangente qui passe par le point $(x + \Delta x, y + \Delta y, z + \Delta z)$, sera encore sensiblement perpendiculaire aux plans normaux menés par les deux extrémités de l'arc $\pm \Delta s$ et à leur commune intersection. Donc la normale qui est perpendiculaire à cette commune intersection, et sur laquelle on compte la longueur r, se confondra sensiblement avec la normale comprise dans le plan osculateur, c'est-à-dire avec la normale principale. De cette remarque et de ce que nous avons dit ci-dessus il suit évidemment que, pour obtenir le rayon ρ, il suffit de construire la normale principale correspondante au point (x, y, z), et de chercher la portion de cette droite comprise entre le point (x, y, z) et un plan normal infiniment rapproché de la droite elle-même. Le rayon ρ, mesuré de cette manière sur la normale principale, est ce qu'on nomme le *rayon de courbure* de la courbe proposée, relatif au point (x, y, z), et l'on appelle *centre de courbure* celle des extrémités du rayon de courbure qui peut être considérée comme le point de rencontre de la normale principale et d'un plan normal infiniment voisin. Le cercle qui a ce dernier point pour centre et le rayon de courbure pour rayon se nomme *cercle de courbure*, ou *cercle osculateur*. Il touche la courbe proposée et a la même courbure qu'elle. Ajoutons que, si par la tangente au point (x, y, z) et par la perpendiculaire au plan osculateur on fait passer un nouveau plan, le centre de courbure sera évidemment situé, par rapport au nouveau plan, du même côté que le point $(x + \Delta x, y + \Delta y, z + \Delta z)$ et que, par conséquent, ce centre coïncidera toujours avec l'un des points du demi-axe dont la direction est déterminée par les angles λ, μ, ν propres à vérifier la formule (35) de la seizième Leçon.

Si, dans la valeur de $\frac{1}{\rho}$ fournie par l'équation (19), on veut remplacer la quantité infiniment petite ω par les angles finis α, β, γ, ou plutôt par les différentielles de leurs cosinus, il suffira de recourir aux formules

$$\cos\omega = \cos\alpha(\cos\alpha + \Delta\cos\alpha) + \cos\beta(\cos\beta + \Delta\cos\beta) + \cos\gamma(\cos\gamma + \Delta\cos\gamma),$$
$$1 = \cos^2\alpha + \cos^2\beta + \cos^2\gamma,$$
$$1 = (\cos^2\alpha + \Delta\cos\alpha)^2 + (\cos\beta + \Delta\cos\beta)^2 + (\cos\gamma + \Delta\cos\gamma)^2,$$

desquelles on tire

$$\begin{aligned} 2(1 - \cos\omega) = \;& \cos^2\alpha - 2\cos\alpha(\cos\alpha + \Delta\cos\alpha) + (\cos\alpha + \Delta\cos\alpha)^2 \\ & + \cos^2\beta - 2\cos\beta(\cos\beta + \Delta\cos\beta) + (\cos\beta + \Delta\cos\beta)^2 \\ & + \cos^2\gamma - 2\cos\gamma(\cos\gamma + \Delta\cos\gamma) + (\cos\gamma + \Delta\cos\gamma)^2, \end{aligned}$$

ou, ce qui revient au même,

$$(21)\qquad \left(2\sin\frac{\omega}{2}\right)^2 = (\Delta\cos\alpha)^2 + (\Delta\cos\beta)^2 + (\Delta\cos\gamma)^2.$$

En divisant par Δs^2 les deux membres de cette dernière équation, l'on en conclura

$$\left(\frac{\sin\frac{1}{2}\omega}{\frac{1}{2}\omega}\right)^2 \left(\frac{\omega}{\pm\Delta s}\right)^2 = \left(\frac{\Delta\cos\alpha}{\Delta s}\right)^2 + \left(\frac{\Delta\cos\beta}{\Delta s}\right)^2 + \left(\frac{\Delta\cos\gamma}{\Delta s}\right)^2;$$

puis, en faisant converger Δs vers la limite zéro, et ayant égard à la formule (19), on trouvera

$$(22)\qquad \left(\frac{1}{\rho}\right)^2 = \left(\frac{d\cos\alpha}{ds}\right)^3 + \left(\frac{d\cos\beta}{ds}\right)^2 + \left(\frac{d\cos\gamma}{ds}\right)^2,$$

et par suite

$$(23)\qquad \frac{1}{\rho} = \left[\left(\frac{d\cos\alpha}{ds}\right)^2 + \left(\frac{d\cos\beta}{ds}\right)^2 + \left(\frac{d\cos\gamma}{ds}\right)^2\right]^{\frac{1}{2}}.$$

On prouverait avec la même facilité que l'équation (20) peut être remplacée par la suivante :

$$(24) \qquad \frac{1}{\mathfrak{R}} = \left[\left(\frac{d\cos L}{ds}\right)^2 + \left(\frac{d\cos M}{ds}\right)^2 + \left(\frac{d\cos N}{ds}\right)^2\right]^{\frac{1}{2}}$$

Il résulte évidemment des formules (23) et (24) que la première courbure $\frac{1}{\rho}$ est généralement nulle, dans le cas où les angles α, β, γ deviennent constants, et la seconde courbure $\frac{1}{\mathfrak{R}}$, dans le cas où les angles L, M, N deviennent constants à leur tour, ce qui s'accorde avec les remarques déjà faites.

Si, dans la formule (23), on substitue aux cosinus des angles α, β, γ leurs valeurs déduites de la formule (1), on trouvera

$$(25) \qquad \frac{1}{\rho} = \left[\left(\frac{d\frac{dx}{ds}}{ds}\right)^2 + \left(\frac{d\frac{dy}{ds}}{ds}\right)^2 + \left(\frac{d\frac{dz}{ds}}{ds}\right)^2\right]^{\frac{1}{2}};$$

puis, en développant, et ayant égard à l'équation (13),

$$(26) \qquad \frac{1}{\rho} = \frac{[(d^2x)^2 + (d^2y)^2 + (d^2z)^2 - (d^2s)^2]^{\frac{1}{2}}}{ds^2},$$

ou, ce qui revient au même,

$$(27) \qquad \begin{cases} \dfrac{1}{\rho} = \pm \dfrac{\{(dx^2+dy^2+dz^2)[(d^2x)^2+(d^2y)^2+(d^2z)^2] - (dx\,d^2x + dy\,d^2y + dz\,d^2z)^2\}^{\frac{1}{2}}}{ds^3}, \\[2ex] \quad = \pm \dfrac{[(dy\,d^2z - dz\,d^2y)^2 + (dz\,d^2x - dx\,d^2z)^2 + (dx\,d^2y - dy\,d^2x)^2]^{\frac{1}{2}}}{ds^3} \\[2ex] \quad = \dfrac{[(dy\,d^2z - dz\,d^2y)^2 + (dz\,d^2x - dx\,d^2z)^2 + (dx\,d^2y - dy\,d^2x)^2]^{\frac{1}{2}}}{(dx^2+dy^2+dz^2)^{\frac{1}{2}}}. \end{cases}$$

Si l'on prend s pour variable indépendante, les formules (25) et (26) donneront

$$(28) \qquad \frac{1}{\rho} = \frac{[(d^2x)^2 + (d^2y)^2 + (d^2z)^2]^{\frac{1}{2}}}{ds^2}.$$

Mais, en prenant x pour variable indépendante, on tirera de la formule (27)

$$(29)\qquad \frac{1}{\rho}=\frac{[(y'z''-y''z')^2+z''^2-y''^2]^{\frac{1}{2}}}{(1+y'^2+z'^2)^{\frac{3}{2}}}.$$

Enfin, si, à partir du point (x, y, z), on porte sur la courbe donnée et sur sa tangente, prolongées dans le même sens, des longueurs infiniment petites, égales à i, et si l'on nomme δ la distance comprise entre les extrémités de ces deux longueurs, on aura, en vertu de la formule (32) de la Leçon précédente,

$$(30)\qquad \left[\left(\frac{d^2x}{ds^2}\right)^2+\left(\frac{d^2y}{ds^2}\right)^2+\left(\frac{d^2z}{ds^2}\right)^2\right]^{\frac{1}{2}}=\lim\frac{2\delta}{i^2},$$

s étant la variable indépendante; et l'on conclura de l'équation (30), combinée avec la formule (28),

$$(31)\qquad \rho=\lim\frac{i^2}{2\delta}.$$

On pourra donc énoncer la proposition suivante :

Théorème I. — *Pour obtenir le rayon de courbure d'une courbe en un point donné, il suffit de porter sur cette courbe et sur sa tangente, prolongées dans le même sens, des longueurs égales et infiniment petites, et de diviser le carré de l'une d'elles par le double de la distance comprise entre leurs extrémités.* La limite du quotient est la valeur exacte du rayon de courbure. Nous avions déjà établi ce théorème pour les courbes planes; mais on voit qu'il s'étend de même aux courbes à double courbure.

Si l'on suppose que le plan des x, y devienne parallèle au plan osculateur, les valeurs de $\cos L$ et $\cos M$ s'évanouiront, tandis que celle de $\cos N$ deviendra égale à ± 1. Alors on tirera des formules (4)

$$(32)\qquad dz=0,\qquad d^2z=0,$$

et l'équation (27) se trouvera réduite à

$$(33)\qquad \frac{1}{\rho}=\pm\frac{dx\,d^2y-dy\,d^2x}{(dx^2+dy^2)^{\frac{3}{2}}}.$$

Comme cette dernière coïncide avec la formule (20) de la sixième Leçon, elle prouve que, dans l'hypothèse admise, le rayon de courbure de la courbe donnée est aussi le rayon de courbure de la courbe projetée sur le plan des x, y, ou, ce qui revient au même, sur le plan osculateur. D'ailleurs, le plan des x, y étant arbitraire, l'hypothèse que nous avons faite se trouve applicable à tous les points de la courbe que l'on considère. Enfin, il est clair que la normale principale de cette courbe se confond toujours avec la normale de la courbe plane qu'on obtient en projetant la proposée sur le plan des x, y. Ces observations fournissent immédiatement le théorème que nous allons énoncer.

Théorème II. — *Le rayon de courbure d'une courbe tracée dans l'espace se confond toujours en grandeur et en direction avec le rayon de courbure de cette courbe projetée sur le plan osculateur.*

Les remarques faites ci-dessus (pages 100 et 101), relativement aux rayons de courbure des courbes planes, peuvent être évidemment étendues à des courbes quelconques, et il peut arriver qu'en certains points situés sur une courbe à double courbure, le rayon de courbure devienne nul ou infini, ou change brusquement de valeur. Le second cas aura généralement lieu, toutes les fois que la courbe projetée sur le plan osculateur présentera un point d'inflexion.

Nous allons maintenant appliquer les formules générales que nous avons établies à un cas particulier, et nous prendrons pour exemple l'hélice représentée par les formules (38) de la treizième Leçon, savoir :

$$(34) \qquad x = \mathrm{R}\cos p, \qquad y = \mathrm{R}\sin p, \qquad z = a\mathrm{R}p.$$

Si, pour plus de commodité, on suppose que p soit la variable indépendante, on trouvera

$$(35) \qquad \begin{cases} dx = -\mathrm{R}\sin p\, dp, & dy = \mathrm{R}\cos p\, dp, & dz = a\mathrm{R}\, dp, \\ d^2x = -\mathrm{R}\cos p\, dp^2, & d^2y = -\mathrm{R}\sin p\, dp^2, & d^2z = 0, \end{cases}$$

ou, ce qui revient au même,

$$(36)\quad \begin{cases} \dfrac{dx}{-\sin p} = \dfrac{dy}{\cos p} = \dfrac{dz}{a} = \mathrm{R}\,dp, \\[2ex] \dfrac{d^2x}{\cos p} = \dfrac{d^2y}{\sin p} = \dfrac{d^2z}{0} = -\mathrm{R}\,dp^2, \end{cases}$$

et, par suite,

$$(37)\qquad ds = \pm(1+a^2)^{\frac{1}{2}}\mathrm{R}\,dp, \qquad d^2s = 0,$$

$$(38)\qquad \frac{\cos\alpha}{-\sin p} = \frac{\cos\beta}{\cos p} = \frac{\cos\gamma}{a} = \pm\frac{1}{\sqrt{1+a^2}}.$$

Comme, en vertu de la seconde des équations (37), la différentielle d^2s restera nulle, quel que soit p, il en résulte qu'on pourra employer les formules dans lesquelles l'arc s est pris pour variable indépendante. Cela posé, on tirera de la formule (38) (seizième Leçon)

$$(39)\qquad \frac{\cos\lambda}{\cos p} = \frac{\cos\mu}{\sin p} = \frac{\cos\nu}{0} = \pm 1,$$

de la formule (5) combinée avec la formule (36)

$$(40)\qquad \frac{\cos \mathrm{L}}{-a\sin p} = \frac{\cos \mathrm{M}}{a\cos p} = \frac{\cos \mathrm{N}}{-1} = \pm\frac{1}{\sqrt{1+a^2}},$$

et de l'équation (23) combinée avec la formule (38)

$$(41)\qquad \frac{1}{\rho} = \frac{1}{\sqrt{1+a^2}}\left[\left(\frac{d\sin p}{ds}\right)^2 + \left(\frac{d\cos p}{ds}\right)^2\right]^{\frac{1}{2}} = \pm\frac{1}{\sqrt{1+a^2}}\frac{dp}{ds} = \frac{1}{(1+a^2)\mathrm{R}},$$

$$(42)\qquad \rho = (1+a^2)\mathrm{R}.$$

De plus, l'équation (16), qui représente le plan osculateur, deviendra

$$a[(\xi - x)\sin p - (\eta - y)\cos p] + \zeta - z = 0$$

et pourra s'écrire comme il suit :

$$(43)\qquad \zeta - z = a(\eta\cos p - \xi\sin p).$$

Enfin, l'on tirera de l'équation (24) combinée avec la formule (40)

$$(44) \qquad \frac{1}{\mathfrak{R}} = \frac{a}{\sqrt{1+a^2}} \left[\left(\frac{d \sin p}{ds}\right)^2 + \left(\frac{d \cos p}{ds}\right)^2 \right]^{\frac{1}{2}} = \frac{a}{(1+a^2)\mathrm{R}},$$

$$(45) \qquad \mathfrak{R} = \frac{1+a^2}{a} \mathrm{R}.$$

Il est essentiel d'observer que, si à la place de la formule (38) (seizième Leçon) on employait la formule (36) (*ibidem*), le double signe $\pm$ de la formule (39) se réduirait au signe $+$. Ajoutons que, si l'on substitue l'angle γ déterminé par l'équation

$$(46) \qquad \cos\gamma = \frac{a}{\sqrt{1+a^2}}$$

à la quantité a, les formules (40), (42) et (45) deviendront respectivement

$$(47) \qquad \frac{\cos \mathrm{L}}{\sin p} = \frac{\cos \mathrm{M}}{-\cos p} = \frac{\cos \mathrm{N}}{\operatorname{tang}\gamma} = \pm \cos\gamma,$$

$$(48) \qquad \rho = \frac{\mathrm{R}}{\sin^2\gamma} = \mathrm{R}\,\operatorname{coséc}^2\gamma,$$

$$(49) \qquad \mathfrak{R} = \frac{\mathrm{R}}{\sin\gamma\cos\gamma} = 2\mathrm{R}\,\operatorname{coséc} 2\gamma.$$

Il résulte évidemment de la formule (39) que la normale principale de l'hélice au point (x, y, z) coïncide avec la perpendiculaire abaissée de ce point sur l'axe des z, ou, ce qui revient au même, avec la génératrice de la surface hélicoïde représentée par l'équation

$$(50) \qquad z = a\mathrm{R}\,\operatorname{arc\,tang}\left(\left(\frac{y}{x}\right)\right)$$

(*voir* la treizième Leçon). Donc le plan qui passe par cette génératrice et par la tangente à l'hélice, c'est-à-dire, en d'autres termes, le plan qui touche la surface hélicoïde au point (x, y, z), se confondra nécessairement avec le plan osculateur de l'hélice. On arriverait à la même conclusion en comparant l'équation (43) à la formule (129) de la quatorzième Leçon. Car, si l'on pose dans cette formule

$$x = R\cos p, \qquad y = R\sin p,$$

on retrouvera précisément l'équation (43).

L'équation (48), qui détermine le rayon de courbure ρ, pourrait être directement déduite du théorème I. En effet, concevons qu'à partir du point (x, y, z) on porte sur l'hélice et sur sa tangente, prolongées dans le même sens, deux longueurs égales et infiniment petites, désignées par i. Soit $\mathfrak{z}$ la distance comprise entre les extrémités de ces deux longueurs, et supposons que la première aboutisse au point de l'hélice qui a pour coordonnées $x + \Delta x, y + \Delta y, z + \Delta z$. La seconde aboutira sur la tangente en un point dont l'ordonnée sera encore $z + \Delta z$ (*voir* le théorème I de la seizième Leçon), et, par suite, elle aura pour projection sur le plan des x, y

$$\pm \operatorname{tang}\gamma\, \Delta z.$$

Soit I cette même projection. Comme on a généralement

$$z = aRp, \qquad \operatorname{tang}\gamma = \frac{1}{a},$$

on trouvera

$$\text{(51)} \qquad I = \pm \operatorname{tang}\gamma\, \Delta z = \pm R\, \Delta p.$$

Donc la projection dont il s'agit sera équivalente à celle de l'arc $\pm \Delta s$, c'est-à-dire à la projection de la longueur

$$\text{(52)} \qquad i = \pm \Delta s$$

portée sur l'hélice que l'on considère. On peut ajouter que la première projection se comptera sur la tangente au cercle représenté par la formule

$$\text{(53)} \qquad x^2 + y^2 = R^2.$$

Enfin, il est clair que la distance $\mathfrak{z}$, comprise entre deux points correspondant à la même ordonnée, sera parallèle au plan des x, y et ne différera pas de sa projection sur ce plan. Donc, si, dans ce même plan, on porte, à partir du point (x, y), sur le cercle et sur sa tangente prolongés dans le même sens, deux longueurs infiniment petites égales à I, 8 sera la distance comprise entre les extrémités de ces deux longueurs. Cela posé, puisque le rayon de courbure du cercle est précisément le rayon R, on aura, en vertu du théorème I,

$$R = \lim \frac{I^2}{28},$$

et, comme ce théorème donnera encore

$$\rho = \lim \frac{i^2}{28},$$

on en conclura

$$(54) \qquad \frac{\rho}{R} = \lim \frac{i^2}{I^2},$$

puis, en ayant égard aux équations (51), (52) et (37), on trouvera définitivement

$$(55) \qquad \frac{\rho}{R} = \lim \left(\frac{\Delta s}{R\,\Delta p}\right)^2 = \frac{ds^2}{R^2\,dp^2} = 1 + a^2 = \text{coséc}^2\gamma,$$

ce qui s'accorde avec la formule (48).

DIX-HUITIÈME LEÇON.

DÉTERMINATION ANALYTIQUE DU CENTRE DE COURBURE D'UNE COURBE QUELCONQUE. SUR LES DÉVELOPPÉES D'UNE COURBE QUELCONQUE, ET SUR LA SURFACE QUI EST LE LIEU GÉOMÉTRIQUE DE CES DÉVELOPPÉES. SUR LES COURBES QUI SONT OSCULATRICES L'UNE DE L'AUTRE EN UN POINT DONNÉ.

Soit ρ le rayon de courbure d'une courbe quelconque, correspondant au point (x, y, z); soient ξ, η, ζ les coordonnées de l'extrémité de ce rayon, appelée *centre de courbure,* et λ, μ, ν les angles formés avec les demi-axes des coordonnées positives par la droite menée du point (x, y, z) au point (ξ, η, ζ). On aura

$$(1) \qquad \frac{\xi - x}{\rho} = \cos\lambda, \qquad \frac{\eta - y}{\rho} = \cos\mu, \qquad \frac{\zeta - z}{\rho} = \cos\nu.$$

De plus, en vertu de ce qui a été dit (page 309), les angles λ, μ, ν seront déterminés par la formule (35) (seizième Leçon), dans laquelle l'arc s représente la variable indépendante. Or, si l'on a égard à l'équation (24) de la dix-septième Leçon, on reconnaîtra que cette formule peut s'écrire comme il suit

$$(2) \qquad \frac{\cos\lambda}{d^2 x} = \frac{\cos\mu}{d^2 y} = \frac{\cos\nu}{d^2 z} = \frac{\rho}{ds^2},$$

et l'on en tirera

$$(3) \qquad \cos\lambda = \rho\frac{d^2 x}{ds^2}, \qquad \cos\mu = \rho\frac{d^2 y}{ds^2}, \qquad \cos\nu = \rho\frac{d^2 z}{ds^2}.$$

On pourrait encore établir directement ces dernières formules par la méthode qui nous a conduits aux équations (16) de la septième Leçon. Cela posé, on aura, en prenant s pour variable indépendante,

$$(4) \qquad \frac{\xi - x}{d^2 x} = \frac{\eta - y}{d^2 y} = \frac{\zeta - z}{d^2 z} = \frac{\rho^2}{ds^2}.$$

et, par suite,

$$(5) \qquad \xi - x = \rho^2 \frac{d^2 x}{ds^2}, \qquad \eta - y = \rho^2 \frac{d^2 y}{ds^2}, \qquad \zeta - z = \rho^2 \frac{d^2 z}{ds^2}.$$

Si l'on cessait de prendre s pour variable indépendante, on devrait remplacer

$$\frac{d^2 x}{ds^2}, \quad \frac{d^2 y}{ds^2}, \quad \frac{d^2 z}{ds^2}$$

par

$$\frac{d\frac{dx}{ds}}{ds}, \quad \frac{d\frac{dy}{ds}}{ds}, \quad \frac{d\frac{dz}{ds}}{ds},$$

et l'on trouverait en conséquence

$$(6) \qquad \cos\lambda = \rho \frac{d\frac{dx}{ds}}{ds}, \qquad \cos\mu = \rho \frac{d\frac{dy}{ds}}{ds}, \qquad \cos\nu = \rho \frac{d\frac{dz}{ds}}{ds},$$

$$(7) \qquad \xi - x = \rho^2 \frac{d\frac{dx}{ds}}{ds}, \qquad \eta - y = \rho^2 \frac{d\frac{dy}{ds}}{ds}, \qquad \zeta - z = \rho^2 \frac{d\frac{dz}{ds}}{ds},$$

puis, en remettant pour ρ^2 sa valeur tirée de la formule (27) (dix-septième Leçon),

$$(8) \quad \left\{ \begin{aligned} \xi - x &= \frac{ds\,d^2x - dx\,d^2s}{(dy\,d^2z - dz\,d^2y)^2 + (dz\,d^2x - dx\,d^2z)^2 + (dx\,d^2y - dy\,d^2x)^2}\,ds^3, \\ \eta - y &= \frac{ds\,d^2y - dy\,d^2s}{(dy\,d^2z - dz\,d^2y)^2 + (dz\,d^2x - dx\,d^2z)^2 + (dx\,d^2y - dy\,d^2x)^2}\,ds^3, \\ \zeta - z &= \frac{ds\,d^2z - dz\,d^2s}{(dy\,d^2z - dz\,d^2y)^2 + (dz\,d^2x - dx\,d^2z)^2 + (dx\,d^2y - dy\,d^2x)^2}\,ds^3, \end{aligned} \right.$$

ou, ce qui revient au même,

$$(9) \quad \left\{ \begin{aligned} \xi - x &= \frac{dy(dy\,d^2x - dx\,d^2y) + dz(dz\,d^2x - dx\,d^2z)}{(dy\,d^2z - dz\,d^2y)^2 + (dz\,d^2x - dx\,d^2z)^2 + (dx\,d^2y - dy\,d^2x)^2}(dx^2 + dy^2 + dz^2), \\ \eta - y &= \frac{dz(dz\,d^2y - dy\,d^2z) + dx(dx\,d^2y - dy\,d^2x)}{(dy\,d^2z - dz\,d^2y)^2 + (dz\,d^2x - dx\,d^2z)^2 + (dx\,d^2y - dy\,d^2x)^2}(dx^2 + dy^2 + dz^2), \\ \zeta - z &= \frac{dx(dx\,d^2z - dz\,d^2x) + dy(dy\,d^2z - dz\,d^2y)}{(dy\,d^2z - dz\,d^2y)^2 + (dz\,d^2x - dx\,d^2z)^2 + (dx\,d^2y - dy\,d^2x)^2}(dx^2 + dy^2 + dz^2). \end{aligned} \right.$$

Dans le cas particulier où l'on prend x pour variable indépendante, les formules (7) et (9) se réduisent à

$$(10)\quad \left\{\begin{aligned} \xi - x &= -\frac{y'y''+z'z''}{(1+y'^2+z'^2)^2}\rho^2 = -\frac{(y'z''-y''z')^2+z''^2+y''^2}{y'y''+z'z''}(1+y'^2+z'^2),\\ \eta - y &= \frac{z'(z'y''-z''y')+y''}{(1+y'^2+z'^2)^2}\rho^2 = \frac{z'(z'y''-z''y')+y''}{(y'z''-y''z')^2+z''^2+y''^2}(1+y'^2+z'^2),\\ \zeta - z &= \frac{y'(y'z''-y''z')+z''}{(1+y'^2+z'^2)^2}\rho^2 = \frac{y'(y'z''-y''z')+z''}{(y'z''-y''z')^2+z''^2+y''^2}(1+y'^2+z'^2). \end{aligned}\right.$$

On peut employer indifféremment les formules (7), (8), (9) ou (10) pour déterminer les coordonnées ξ, η, ζ du centre de courbure. Ajoutons que ces coordonnées vérifieront en général le système des trois équations

$$(11)\quad \left\{\begin{aligned} &(\xi-x)^2+(\eta-y)^2+(\xi-z)^2=\rho^2,\\ &(\xi-x)\,dx+(\eta-y)\,dy+(\zeta-z)\,dz=0,\\ &(\xi-x)\,d^2x+(\eta-y)\,d^2y+(\zeta-z)\,d^2z-dx^2-dy^2-dz^2=0, \end{aligned}\right.$$

dont les deux premières seront évidemment satisfaites pour tous les points (ξ, η, ζ) situés dans le plan normal et à la distance ρ du point (x, y, z). Quant à la dernière des formules (11), on peut l'établir, soit en ajoutant les formules (8) respectivement multipliées par d^2x, d^2y, d^2z, soit en ajoutant les équations (1) après les avoir multipliées membre à membre par les équations (6), et simplifiant l'équation résultante à l'aide de la formule

$$(\xi-x)\,dx+(\eta-y)\,dy+(\zeta-z)\,dz=0.$$

Il est essentiel d'observer que *l'on retrouve la seconde et la troisième des formules* (11), *lorsqu'on différentie la première et la seconde, en opérant comme si les trois inconnues* ξ, η, ζ *étaient des quantités constantes.*

Quand le point (x, y, z) vient à se déplacer sur la courbe donnée, le centre de courbure se déplace en même temps. Si le premier point se meut d'un mouvement continu sur la courbe dont il s'agit, le second décrira une nouvelle courbe. Or, pour obtenir les équations de cette dernière, il suffira évidemment d'exprimer en fonction d'une seule variable x, ou y, ou z, etc. les valeurs de ξ, η, ζ tirées des formules (7), puis d'éliminer cette variable entre les trois formules. Les deux équations résultant de l'élimination ne renfermeront plus que les trois variables ξ, η, ζ et représenteront précisément la ligne qui sera le lieu géométrique de tous les centres de courbure de la ligne donnée. Pour établir les principales propriétés de cette ligne on différentiera les deux premières des formules (11), en faisant varier toutes les quantités qu'elles renferment. En opérant ainsi on trouvera

$$(\xi - x)\,d\xi + (\eta - y)\,d\eta + (\zeta - z)\,d\zeta = \rho\,d\rho \tag{12}$$

et

$$dx\,d\xi + dy\,d\eta + dz\,d\zeta = 0. \tag{13}$$

Il suit de l'équation (13) que la tangente menée à la nouvelle courbe par le point (ξ, η, ζ) forme un angle droit avec la tangente menée à la courbe donnée par le point (x, y, z). Donc la tangente à la nouvelle courbe est comprise dans le plan normal à la courbe proposée. De plus, si l'on nomme ς l'arc de la nouvelle courbe compris entre un point fixe et le point mobile (ξ, η, ζ), on aura

$$d\xi^2 + d\eta^2 + d\zeta^2 = d\varsigma^2, \tag{14}$$

et l'on tirera de l'équation (12)

$$\frac{d\rho}{d\varsigma} = \frac{\xi - x}{\rho}\frac{d\xi}{d\varsigma} + \frac{\eta - y}{\rho}\frac{d\eta}{d\varsigma} + \frac{\zeta - z}{\rho}\frac{d\zeta}{d\varsigma}. \tag{15}$$

Or, il résulte évidemment de cette dernière formule que le rapport

$$\frac{d\rho}{d\varsigma} \tag{16}$$

est équivalent au cosinus de l'angle aigu ou obtus formé par le rayon de courbure ρ avec la tangente à la nouvelle courbe. Quand la proposée est plane, cette tangente se confond avec le rayon de courbure ou avec son prolongement, et par conséquent le rapport $\frac{d\rho}{d\varsigma}$ se réduit au cosinus d'un angle nul ou au cosinus de l'angle π, c'est-à-dire à ± 1. On a donc alors

$$d\rho = \pm d\varsigma,$$

et l'on en conclut, comme on l'a fait dans la septième Leçon, que l'arc $\pm \Delta\varsigma$ est la différence des rayons de courbure correspondant à ses deux extrémités. Mais il n'en est plus de même quand la courbe donnée cesse d'être plane, et, dans ce cas, le rapport $\frac{d\rho}{d\varsigma}$ obtient généralement une valeur numérique différente de l'unité.

Concevons maintenant qu'un fil inextensible d'une longueur connue soit fixé par une de ses extrémités en un certain point de la courbe proposée, et que ce fil, d'abord appliqué sur la tangente menée à la courbe par le point dont il s'agit, vienne à se mouvoir en demeurant toujours tendu, de telle sorte qu'une partie s'enroule sur l'arc renfermé entre le point fixe et le point variable (x, y, z). L'autre partie, qui restera droite et touchera la courbe donnée au point (x, y, z), sera terminée par un point mobile qui décrira une nouvelle courbe. Cela posé, on se trouvera naturellement conduit à désigner ces deux courbes à l'aide des dénominations déjà employées dans la septième Leçon, page 116. Nous dirons en conséquence que la seconde courbe est une *développante* de la première et que la première est une *développée* de la seconde. Leurs propriétés respectives peuvent être facilement établies par la méthode que nous allons indiquer.

Soient ξ, η, ζ les coordonnées du point de la développante qui correspond au point (x, y, z) de la développée et r la distance entre ces deux points. On aura évidemment

(17) $$\frac{\xi - x}{dx} = \frac{\eta - y}{dy} = \frac{\zeta - z}{dz} = \frac{r}{ds},$$

ou

(18) $$\frac{\xi - x}{dx} = \frac{\eta - y}{dy} = \frac{\zeta - z}{dz} = -\frac{r}{ds},$$

la formule (17) devant être adoptée lorsque la longueur r sera comptée, à partir du point (x, y, z) de la développée, sur la tangente prolongée dans le même sens que l'arc s, et la formule (18) dans le cas contraire. De plus on aura, dans la première hypothèse,

$$r + s = c, \tag{19}$$

$$dr = - ds; \tag{20}$$

et dans la seconde

$$r - s = c, \tag{21}$$

$$dr = ds, \tag{22}$$

c désignant une quantité constante. Par suite, on tirera de la formule (17) ou (18)

$$\frac{\xi - x}{dx} = \frac{\eta - y}{dy} = \frac{\zeta - z}{dz} = - \frac{r}{dr}, \tag{23}$$

ou, ce qui revient au même,

$$\xi - x = - r\frac{dx}{dr}, \quad \eta - y = - r\frac{dy}{dr}, \quad \zeta - z = - r\frac{dz}{dr}. \tag{24}$$

Si l'on différentie ces dernières équations, on trouvera

$$d\xi = - r\, d\frac{dx}{dr}, \quad d\eta = - r\, d\frac{dy}{dr}, \quad d\zeta = - r\, d\frac{dz}{dr}, \tag{25}$$

et comme on aura d'ailleurs

$$dr^2 = ds^2 = dx^2 + dy^2 + dz^2, \tag{26}$$

$$\left(\frac{dx}{dr}\right)^2 + \left(\frac{dy}{dr}\right)^2 + \left(\frac{dz}{dr}\right)^2 = 1, \quad \frac{dx}{dr}d\frac{dx}{dr} + \frac{dy}{dr}d\frac{dy}{dr} + \frac{dz}{dr}d\frac{dz}{dr} = 0,$$

on conclura des équations (25) respectivement multipliées par dx, dy, dz,

$$dx\, d\xi + dy\, d\eta + dz\, d\zeta = 0. \tag{27}$$

Il résulte de cette dernière formule que les tangentes menées par les points (ξ, η, ζ) et (x, y, z) à la développante et à la développée se coupent à angles droits. Donc *la tangente à la développée est toujours normale à la développante.* Cette proposition, que nous avions déjà établie pour les courbes planes, s'étend, comme on le voit, aux courbes à double courbure.

Lorsque la développée est connue, comme nous l'avons supposé dans ce qui précède, il suffit, pour obtenir les équations de la développante, de substituer dans les formules (24) les valeurs de x, y, z exprimées en fonction de s, de remplacer en outre r par $c \mp s$, puis d'éliminer s entre ces mêmes formules. En effet, on parviendra de cette manière à deux équations entre ξ, η et ζ qui représenteront évidemment la courbe décrite par l'extrémité de la longueur r.

Supposons à présent que l'on cherche, non plus une développante, mais une développée de la courbe à laquelle appartiennent les coordonnées variables x, y, z. Si l'on appelle ξ, η, ζ les coordonnées du point de cette développée qui correspond au point (x, y, z) de la développante, et si l'on désigne toujours par r la distance entre ces deux points, on devra, dans la formule (23), remplacer x, y, z par ξ, η, ζ et réciproquement. On aura donc

$$(28) \qquad \frac{x-\xi}{d\xi} = \frac{y-\eta}{d\eta} = \frac{z-\zeta}{d\zeta} = -\frac{r}{dr}$$

et, par conséquent,

$$(29) \qquad d\xi = (\xi - x)\frac{dr}{r}, \qquad d\eta = (\eta - y)\frac{dr}{r}, \qquad d\zeta = (\zeta - z)\frac{dr}{r}.$$

On aura de plus

$$(30) \qquad (\xi - x)^2 + (\eta - y)^2 + (\zeta - z)^2 = r^2.$$

Si l'on différentie trois fois de suite l'équation (30) en prenant l'arc s pour variable indépendante, et ayant égard aux formules (29), on trouvera

$$(31) \qquad \begin{cases} (\xi - x)\,dx + (\eta - y)\,dy + (\zeta - z)\,dz = 0, \\ (\xi - x)\,d^2x + (\eta - y)\,d^2y + (\zeta - z)\,d^2z = ds^2, \end{cases}$$

$$(32) \qquad (\xi - x)\,d(r\,d^2x) + (\eta - y)\,d(r\,d^2y) + (\zeta - z)\,d(r\,d^2z) = 0,$$

puis on en conclura

$$\frac{\xi - x}{dy\,d(r\,d^2z) - dz\,d(r\,d^2y)} = \frac{\eta - y}{dz\,d(r\,d^2x) - dx\,d(r\,d^2z)} = \frac{\zeta - z}{dx\,d(r\,d^2y) - dy\,d(r\,d^2x)}$$

$$= \frac{ds^2}{d^2x[dy\,d(r\,d^2z) - dz\,d(r\,d^2y)] + d^2y[dz\,d(r\,d^2x) - dx\,d(r\,d^2z)] + d^2z[dx\,d(r\,d^2y) - dy\,d(r\,d^2x)]}$$

$$= \pm \frac{r}{\{[dy\,d(r\,d^2z) - dz\,d(r\,d^2y)]^2 + [dz\,d(r\,d^2x) - dx\,d(r\,d^2z)]^2 + [dx\,d(r\,d^2y) - dy\,d(r\,d^2x)]^2\}^{\frac{1}{2}}}$$

$$= \pm \frac{r}{(ds^2\{[d(r\,d^2x)]^2 + [d(r\,d^2y)]^2 + [d(r\,d^2z)]^2\} - [dx\,d(r\,d^2x) + dy\,d(r\,d^2y) + dz\,d(r\,d^2z)]^2)^{\frac{1}{2}}}.$$

On tirera de cette dernière formule, en renversant deux des fractions qu'elle renferme, et élevant chacune d'elles au carré,

$$\frac{ds^2\{[d(r\,d^2x)]^2 + [d(r\,d^2y)]^2 + [d(r\,d^2z)]^2\} - [dx\,d(r\,d^2x) + dy\,d(r\,d^2y) + dz\,d(r\,d^2z)]^2}{r^2}$$

$$= \frac{r^2}{ds^4}(dx\,d^2y\,d^3z - dx\,d^2z\,d^3y + dy\,d^2z\,d^3x - dy\,d^2x\,d^3z + dz\,d^2x\,d^3y - dz\,d^2y\,d^3x)^2;$$

ou, ce qui revient au même,

$$(33)\quad \left\{\begin{aligned} &\left[\left(\frac{d^2x}{ds^2}\right)^2 + \left(\frac{d^2y}{ds^2}\right)^2 + \left(\frac{d^2z}{ds^2}\right)^2\right]\frac{dr^2}{ds^2} \\ &\quad + 2\left(\frac{d^2x}{ds^2}\frac{d^3x}{ds^3} + \frac{d^2y}{ds^2}\frac{d^3y}{ds^3} + \frac{d^2z}{ds^2}\frac{d^3z}{ds^3}\right)r\frac{dr}{ds} \\ &\quad + \left[\left(\frac{d^3x}{ds^3}\right)^2 + \left(\frac{d^3y}{ds^3}\right)^2 + \left(\frac{d^3z}{ds^3}\right)^2 - \left(\frac{dx}{ds}\frac{d^3x}{ds^3} + \frac{dy}{ds}\frac{d^3y}{ds^3} + \frac{dz}{ds}\frac{d^3z}{ds^3}\right)^2\right]r^2 \\ &= \left(\frac{dx\,d^2y\,d^3z - dx\,d^2z\,d^3y + dy\,d^2z\,d^3x - dy\,d^2x\,d^3z + dz\,d^2x\,d^3y - dz\,d^2y\,d^3x}{ds^6}\right)^2 r^4. \end{aligned}\right.$$

Si, dans l'équation (33), on substitue pour x, y, z leurs valeurs exprimées en fonction de s, elle ne renfermera plus que la variable s et l'inconnue r avec le coefficient différentiel $\frac{dr}{ds}$ et sera ce qu'on nomme une *équation différentielle du premier ordre* entre r et s. Or, il résulte des principes du calcul intégral qu'on peut satisfaire à cette équation différentielle en prenant pour r une infinité de fonctions de s correspondant aux diverses valeurs que peut recevoir une certaine constante arbitraire. Si, après avoir déterminé l'une de ces fonctions, on remplace dans les formules (30) et (31) les variables x, y, z, r par la seule variable s, il ne restera plus qu'à éliminer s entre ces formules pour obtenir, entre les coordonnées ξ, η, ζ, deux équations propres à représenter une développée de la courbe que l'on considère. Cela posé, il est clair que cette courbe aura une infinité de développées qui correspondront aux diverses valeurs de r, ou, ce qui revient au même, aux diverses valeurs de la constante arbitraire. Ajoutons que toutes ces développées seront situées sur la surface à laquelle appartiendra l'équation en ξ, η et ζ produite par l'élimination de s entre les formules (31).

La surface dont nous venons de parler, ou le lieu géométrique de toutes les développées, jouit de plusieurs propriétés remarquables que l'on déduit facilement des équations (31), ou, ce qui revient au même, des suivantes

$$(34)\quad \begin{cases} (\xi - x)\dfrac{dx}{ds} + (\eta - y)\dfrac{dy}{ds} + (\zeta - z)\dfrac{dz}{ds} = 0, \\ (\xi - x)\dfrac{d^2x}{ds^2} + (\eta - y)\dfrac{d^2y}{ds^2} + (\zeta - z)\dfrac{d^2z}{ds^2} = 1. \end{cases}$$

D'abord, il est clair que, si l'on attribue à l'arc s et aux quantités qui en dépendent, c'est-à-dire à

$$(35)\qquad x,\ y,\ z,\ \frac{dx}{ds},\ \frac{dy}{ds},\ \frac{dz}{ds};\ \frac{d^2x}{ds^2},\ \frac{d^2y}{ds^2},\ \frac{d^2z}{ds^2},$$

des valeurs déterminées, les équations (34), dans lesquelles ξ, η, ζ resteront seules variables, représenteront deux plans dont la commune intersection sera une droite comprise dans la surface dont il s'agit. Donc cette surface renfermera une infinité de droites correspondant aux diverses valeurs de s et sera du nombre de celles que l'on nomme *surfaces réglées*. On peut observer, d'ailleurs, que la première des équations (31) ou (34) est précisément celle du plan normal mené par le point (x, y, z) à la courbe donnée. Quant à la seconde des équations (34), on peut, en vertu des formules (3), la réduire à

$$(36)\qquad (\xi - x)\cos\lambda + (\eta - y)\cos\mu + (\zeta - z)\cos\nu = \rho,$$

et l'on reconnaît alors immédiatement : 1° qu'elle est vérifiée par les valeurs de ξ, η, ζ tirées des formules (1), c'est-à-dire par les coordonnées du centre de courbure; 2° qu'elle représente le plan mené par ce même centre perpendiculairement au rayon de courbure dont la direction forme, avec les demi-axes des coordonnées positives, les angles λ, μ, ν. Enfin, si l'on pose, pour abréger,

$$(37)\qquad x = \varphi(s), \qquad y = \chi(s), \qquad z = \psi(s),$$

les équations (34) deviendront respectivement

$$(38)\qquad [\xi - \varphi(s)]\,\varphi'(s) + [\eta - \chi(s)]\,\chi'(s) + [\zeta - \psi(s)]\,\psi'(s) = 0,$$

$$(39)\qquad [\xi - \varphi(s)]\,\varphi''(s) + [\eta - \chi(s)]\,\chi''(s) + [\zeta - \psi(s)]\,\psi''(s) = 1,$$

et l'équation (38), qui représente un plan, quand on attribue à s une valeur constante, deviendra évidemment propre à représenter la surface ci-dessus mentionnée, si l'on convient de regarder la quantité s comme une fonction de ξ, η, ζ déterminée par l'équation (39). Cette convention étant admise, il sera facile d'obtenir l'équation différentielle de la même surface. En effet, il suffira, pour y parvenir, de différentier la formule (38), en y faisant varier à la fois les quantités ξ, η, ζ et s. Or, en opérant ainsi, et ayant égard à l'équation (39), dont le premier membre sera précisément le coefficient de ds, on retrouvera pour l'équation différentielle cherchée

$$(40)\qquad \varphi'(s)\,d\xi + \chi'(s)\,d\eta + \psi'(s)\,d\zeta = 0.$$

Il résulte de celle-ci (*voir* la quatorzième Leçon) que les demi-axes des coordonnées positives forment, avec la normale menée par le point (ξ, η, ζ) à la surface réglée, des angles dont les cosinus sont proportionnels, et même égaux, si l'on prolonge la normale dans un sens convenable, aux dérivées

$$\varphi'(s) = \frac{dx}{ds}, \qquad \chi'(s) = \frac{dy}{ds}, \qquad \psi'(s) = \frac{dz}{ds}.$$

Donc cette normale et la tangente menée par le point (x, y, z) à la courbe donnée sont deux droites parallèles. Donc, puisque le plan tangent mené par le point (ξ, η, ζ) à la surface réglée doit renfermer la génératrice de cette surface et, par conséquent, le centre de courbure de la courbe proposée, il coïncidera nécessairement avec le plan mené par ce centre perpendiculairement aux deux droites, c'est-à-dire avec le plan normal à la courbe. Il suit de ces observations que chaque plan normal à la courbe touchera la surface réglée dans tous les points de la génératrice par laquelle il passera. Donc, la surface dont il s'agit, c'est-à-dire le lieu de toutes les développées de la courbe, sera une surface développable.

Il est essentiel de remarquer que l'équation (40) coïncide avec l'équation (27), de laquelle on la déduit, en substituant aux différentielles dx, dy, dz leurs valeurs tirées des formules (37), savoir

$$\varphi'(s)\,ds, \qquad \chi'(s)\,ds, \qquad \psi'(s)\,ds,$$

et supprimant ensuite le facteur ds commun à tous les termes.

Nous observerons en outre que, dans le cas où la variable s cesse d'être indépendante, il suffit, pour obtenir la seconde des équations (31), de différentier la première, puis d'avoir égard à celle-ci et aux formules (29). On peut en conclure que l'équation en ξ, η et ζ, produite par l'élimination de s entre les formules (31), représentera, dans tous les cas possibles, la surface qui sera le lieu géométrique des développées de la courbe donnée. Enfin, comme les formules (31) se confondent avec les deux premières formules (11), on pourra encore affirmer que cette surface passe par la nouvelle courbe qui est le lieu géométrique des centres de courbure de la proposée.

Il serait facile de prouver directement, et sans recourir au calcul, que la surface développable qui touche constamment le plan normal à une courbe quelconque est en même temps le lieu des développées de cette courbe. C'est, en effet, ce que l'on peut démontrer à l'aide des considérations suivantes.

Si l'on fait rouler sur une surface développable le plan tangent à cette surface, avec plusieurs droites menées par un point pris à volonté dans ce plan, chaque droite tracera évidemment sur la surface une développée de cette courbe. Donc la surface développable sera le lieu de toutes les développées; et le plan tangent qui passera par les tangentes aux développées, ou, en d'autres termes, par plusieurs droites normales à la courbe décrite (*voir* la page 322), se confondra nécessairement avec le plan normal à cette courbe. Si, maintenant, on veut que la courbe décrite se réduise à une courbe donnée, il suffira de faire coïncider la surface développable avec celle qui est constamment touchée par le plan normal à la courbe proposée, et de choisir convenablement le point mobile. S'il restait quelques doutes à cet égard, on les éclaircirait à l'aide des principes que nous établirons dans les Leçons de la seconde année.

Pour montrer une application des formules qui précèdent, considérons l'hélice représentée par les équations (38) de la treizième Leçon, savoir

$$(41) \qquad x = R\cos p, \qquad y = R\sin p, \qquad z = aRp.$$

Si l'on prend pour variable indépendante l'arc s, ou, ce qui revient au même, l'angle p, on aura

$$(42) \quad \begin{cases} dx = -R\sin p\,dp, & dy = R\cos p\,dp, & dz = aR\,dp, \\ d^2x = -R\cos p\,dp^2, & d^2y = -R\sin p\,dp^2, & d^2z = 0, \\ d^3x = R\sin p\,dp^3, & d^3y = -R\cos p\,dp^3, & d^3z = 0. \end{cases}$$

On trouvera de plus (*voir* la dix-septième Leçon)

$$(43) \qquad ds = \pm(1+a^2)^{\frac{1}{2}}R\,dp,$$

$$(44) \qquad \rho = (1+a^2)R.$$

Cela posé, les formules (5) donneront

$$(45) \qquad \xi = -a^2R\cos p, \qquad \eta = -a^2R\sin p, \qquad \zeta = aRp.$$

Si l'on élimine p entre ces dernières, on obtiendra entre les coordonnées ξ, η, ζ deux équations propres à représenter la ligne des centres de courbure. Or, comme on tire des formules (45)

$$\frac{\eta}{\xi} = \operatorname{tang}\frac{\zeta}{a\mathrm{R}}, \qquad \xi^2 + \eta^2 = a^4\mathrm{R}^2, \tag{46}$$

il est clair que cette ligne sera une seconde hélice, comprise, ainsi que la première, dans la surface hélicoïde qui a pour équation

$$\frac{y}{x} = \operatorname{tang}\frac{z}{a\mathrm{R}}, \tag{47}$$

et tracée sur un cylindre droit qui a pour base, dans le plan des x, y, un cercle décrit de l'origine comme centre avec un rayon égal au produit $a^2\mathrm{R}$. Nous pouvions aisément prévoir ce résultat, puisque nous savons que, pour obtenir le centre de courbure correspondant à un point (x, y, z) de l'hélice donnée, il suffit (*voir* la dix-septième Leçon) de porter sur la génératrice de la surface hélicoïde, à partir du point (x, y, z), la longueur $\rho = (1 + a^2)\mathrm{R}$, et, par conséquent, à partir de l'axe du cylindre, la longueur $\rho - \mathrm{R} = a^2\mathrm{R}$.

Quant aux formules (30), (31) et (32), elles se réduiront, dans le cas présent, la première à

$$\xi^2 + \eta^2 - 2\mathrm{R}(\xi\cos p + \eta\sin p) + \mathrm{R}^2 + (\zeta - a\mathrm{R}p)^2 = r^2, \tag{48}$$

les deux suivantes à

$$\left\{\begin{aligned} &\xi\sin p - \eta\cos p = a(\zeta - a\mathrm{R}p),\\ &\xi\cos p + \eta\sin p = -a^2\mathrm{R}, \end{aligned}\right. \tag{49}$$

et la dernière à

$$(\xi\cos p + \eta\sin p - \mathrm{R})\,dr + (\eta\cos p - \xi\sin p)\,r\,dp = 0. \tag{50}$$

De plus, l'équation (33) donnera

$$\frac{dr^2}{dp^2} + \frac{a^2}{1 + a^2}r^2 = \frac{a^2}{(1 + a^2)^3}\,\frac{r^4}{\mathrm{R}^2}, \tag{51}$$

et l'on en conclura

$$\frac{dr}{dp} = \pm\frac{ar^2}{\sqrt{1 + a^2}}\left[\frac{1}{(1 + a^2)^2\mathrm{R}^2} - \frac{1}{r^2}\right]^{\frac{1}{2}}, \tag{52}$$

ou, ce qui revient au même,

$$(53)\qquad \frac{a}{\sqrt{1+a^2}}\,dp \pm \frac{d\left[\dfrac{R(1+a^2)}{r}\right]}{\left[1-\dfrac{R^2(1+a^2)^2}{r^2}\right]^{\frac{1}{2}}} = 0.$$

Il est facile de s'assurer que les coordonnées du centre de courbure, c'est-à-dire les valeurs de ξ, η, ζ fournies par les équations (45), vérifient les formules (49). Si, d'ailleurs, on ajoute ces formules, après avoir élevé au carré les deux membres de chacune d'elles, on trouvera

$$(54)\qquad \xi^2+\eta^2 = a^4R^2 + a^2(\zeta - aRp)^2,$$

et, par conséquent,

$$(55)\qquad p = \frac{\zeta}{aR} \mp \left(\frac{\xi^2+\eta^2}{a^4R^2}-1\right)^{\frac{1}{2}};$$

puis, en substituant la valeur précédente de p dans la seconde des formules (49), on obtiendra l'équation

$$(56)\qquad \left\{\begin{aligned} &\left(\xi\cos\frac{\zeta}{aR}+\eta\sin\frac{\zeta}{aR}\right)\cos\left(\frac{\xi^2+\eta^2}{a^4R^2}-1\right)^{\frac{1}{2}} + a^2R \\ &\quad = \pm\left(\eta\cos\frac{\zeta}{aR}-\xi\sin\frac{\zeta}{aR}\right)\sin\left(\frac{\xi^2+\eta^2}{a^4R^2}-1\right)^{\frac{1}{2}}. \end{aligned}\right.$$

Cette dernière équation, étant celle qui résulte de l'élimination de p entre les formules (49), représente la surface développable qui touche constamment le plan normal à l'hélice proposée, et qui est le lieu géométrique des développées de cette courbe. Ajoutons que, pour obtenir les deux équations d'une de ces développées, il suffira de joindre à la formule (56) celle que produit l'élimination de p entre les équations (48) et (55), après qu'on a substitué dans l'équation (48) une des valeurs de r qui vérifient la formule (53). On peut d'ailleurs, dans la recherche dont il est ici question, remplacer la formule (48) par la suivante :

$$(57)\qquad \left(\frac{\xi^2+\eta^2}{a^2}+R^2\right)(1+a^2) = r^2,$$

à laquelle on parvient en combinant la formule (48) avec l'équation (54). Quant à l'équation (53), on pourra la présenter sous la forme

$$(58)\qquad d\left[\frac{a}{\sqrt{1+a^2}}p \pm \arccos\frac{R(1+a^2)}{r}\right] = 0,$$

et l'on en conclura, en raisonnant comme à la page 115,

$$(59)\qquad \Delta\left[\frac{a}{\sqrt{1+a^2}}p \pm \arccos\frac{R(1+a^2)}{r}\right] = 0.$$

Donc la différence finie de l'expression

$$\frac{a}{\sqrt{1+a^2}}p \pm \arccos\frac{R(1+a^2)}{r}$$

s'évanouira, ou, en d'autres termes, cette expression conservera une valeur constante, tandis qu'on fera varier l'angle p. On aura donc, en désignant par ϖ une constante arbitraire,

$$\frac{a}{\sqrt{1+a^2}}p \pm \arccos\frac{R(1+a^2)}{r} = \varpi,$$

ou, ce qui revient au même,

$$(60)\qquad r = \frac{R(1+a^2)}{\cos\left(\varpi - \frac{ap}{\sqrt{1+a^2}}\right)}.$$

Cela posé, la formule (57) donnera

$$(61)\qquad \xi^2+\eta^2 = a^2R^2\left[\frac{1+a^2}{\cos^2\left(\varpi - \frac{ap}{\sqrt{1+a^2}}\right)} - 1\right]$$

Si, dans cette dernière, on substitue la valeur de p tirée de l'équation (54), on trouvera

$$(62)\qquad \frac{a^2(1+a^2)R^2}{\xi^2+\eta^2+a^2R^2} = \left[\cos\left(\varpi - \frac{\zeta}{R\sqrt{1+a^2}} \pm \frac{\sqrt{\xi^2+\eta^2-a^4R^2}}{aR\sqrt{1+a^2}}\right)\right]^2$$

La formule (62), réunie à l'équation (56), détermine, pour chaque valeur particulière de la constante $\mathfrak{S}$, une développée de l'hélice que l'on considère.

Il ne sera pas inutile de remarquer que la plus petite des valeurs de r fournies par l'équation (60) est toujours égale au produit $(1+a^2)\mathrm{R}$, c'est-à-dire au rayon de courbure, et correspond à une infinité de valeurs diverses de l'angle p, dont l'une est équivalente au rapport,

$$\frac{\mathfrak{S}\sqrt{1+a^2}}{a}.$$

Si, pour abréger, on désigne par P ce même rapport, ou, en d'autres termes, si l'on pose

$$\mathrm{P}=\frac{\mathfrak{S}\sqrt{1+a^2}}{a}, \tag{63}$$

les équations (60) et (61) deviendront respectivement

$$r=\frac{\mathrm{R}(1+a^2)}{\cos\dfrac{a(p-\mathrm{P})}{\sqrt{1+a^2}}}, \tag{64}$$

et

$$\xi^2+\eta^2=a^2\mathrm{R}^2\left[\frac{1+a^2}{\cos^2\dfrac{a(p-\mathrm{P})}{\sqrt{1+a^2}}}-1\right] \tag{65}$$

Enfin, si l'on combine l'équation (65) avec l'équation (54), on trouvera

$$\zeta-a\mathrm{R}p=\pm(1+a^2)^{\frac{1}{2}}\mathrm{R}\tang\frac{a(p-\mathrm{P})}{\sqrt{1+a^2}}. \tag{66}$$

On pourrait remplacer les formules (56) et (62) par le système des formules (49) et (66). Si de ces dernières on tire les valeurs de ξ, η et ζ exprimées en fonction de p, on obtiendra trois équations comprises dans la formule

$$\frac{\xi+a^2\mathrm{R}\cos p}{a\sin p}=\frac{\eta+a^2\mathrm{R}\sin p}{-a\cos p}=\frac{\zeta-a\mathrm{R}p}{1}=\pm(1+a^2)^{\frac{1}{2}}\mathrm{R}\tang\frac{a(p-\mathrm{P})}{\sqrt{1+a^2}}, \tag{67}$$

qui peut, à elle seule, représenter chacune des développées de l'hélice.

Il résulte évidemment de l'équation (67) que les coordonnées ξ, η, ζ de chaque développée deviennent infinies, toutes les fois que l'angle p obtient une valeur de la forme

$$(68)\qquad p = \mathrm{P} \pm (2n+1)\frac{\pi}{2}\,\frac{\sqrt{1+a^2}}{a},$$

n désignant un nombre entier quelconque. De plus, tandis que l'angle p converge vers l'une de ces valeurs, le point (ξ, η, ζ) ne cesse pas d'être situé sur la surface développable représentée par l'équation (56), et s'approche indéfiniment de celle des génératrices de la même surface à laquelle appartiennent les équations (49), quand on attribue à p la valeur dont il s'agit. Donc chaque développée sera composée d'une infinité de branches qui s'étendront à l'infini et dont chacune aura pour asymptotes deux génératrices de la surface (56).

Observons encore que, si l'on nomme $\mathcal{R}$ et $\mathcal{P}$ les coordonnées polaires de l'une de ces développées projetée sur le plan des x, y, on aura

$$(69)\qquad \xi = \mathcal{R}\cos\mathcal{P}, \qquad \eta = \mathcal{R}\sin\mathcal{P},$$

et qu'en conséquence les formules (49), réunies à l'équation (66), donneront

$$(70)\qquad \begin{cases} \mathcal{R}\sin(p-\mathcal{P}) = \pm\, a(1+a^2)^{\frac{1}{2}}\mathrm{R}\,\mathrm{tang}\,\dfrac{a(p-\mathrm{P})}{\sqrt{1+a^2}}, \\ \mathcal{R}\cos(p-\mathcal{P}) = -a^2\mathrm{R}. \end{cases}$$

Le système des équations (66) et (70) peut être employé avec avantage dans la recherche des propriétés des développées de l'hélice. Si l'on pose, pour plus de simplicité, $\mathrm{P} = 0$, ces équations se réduiront à

$$(71)\qquad \begin{cases} \zeta - a\mathrm{R}p = \pm\,(1+a^2)^{\frac{1}{2}}\mathrm{R}\,\mathrm{tang}\,\dfrac{ap}{\sqrt{1+a^2}}, \\ \mathcal{R}\sin(p-\mathcal{P}) = \pm\, a(1+a^2)^{\frac{1}{2}}\mathrm{R}\,\mathrm{tang}\,\dfrac{ap}{\sqrt{1+a^2}}, \\ \mathcal{R}\cos(p-\mathcal{P}) = -a^2\mathrm{R}, \end{cases}$$

et représenteront celle des développées sur laquelle est situé le centre de courbure correspondant au point de l'hélice qui coïncide avec l'origine. Ajoutons que, pour revenir des formules (71) aux formules (66) et (70), il suffit évidemment de remplacer les quantités

$$p, \quad \mathfrak{P} \quad \text{et} \quad \zeta$$

par les différences

$$p - \mathrm{P}, \quad \mathfrak{P} - \mathrm{P}, \quad \zeta - a\mathrm{RP}.$$

Or, la substitution de l'angle $p - \mathrm{P}$ à l'angle p, et de l'ordonnée $\zeta - a\mathrm{RP}$ à l'ordonnée ζ, est précisément celle qu'il convient d'effectuer pour que la courbe à laquelle appartiennent les trois coordonnées $\mathfrak{P}$, $\mathfrak{R}$ et ζ se déplace dans l'espace de telle sorte que chaque point décrive d'abord, en tournant autour de l'axe des z, avec un mouvement de rotation direct, si P est positif, l'angle $+\mathrm{P}$, ou avec un mouvement de rotation rétrograde, si P est négatif, l'angle $-\mathrm{P}$, et parcoure ensuite, en glissant sur une parallèle à cet axe, la longueur $a\mathrm{RP}$ dans le sens des z positives, ou la longueur $-a\mathrm{RP}$ dans le sens des z négatives. Donc le déplacement dont il s'agit suffit pour transformer la développée que représentent les formules (71) dans l'une quelconque des autres développées de l'hélice. Donc toutes ces développées sont des courbes semblables entre elles et superposables. Ajoutons que, si l'on attribue à P l'une des valeurs comprises dans la formule

$$\mathrm{P} = \pm(2n+1)\frac{\pi}{2}\frac{\sqrt{1+a^2}}{a}, \tag{72}$$

ce seront les diverses branches de la première développée qui se trouveront, en vertu du déplacement dont nous avons parlé, superposées les unes aux autres. Donc toutes les branches d'une même développée sont semblables entre elles. Ces propriétés remarquables des développées de l'hélice tiennent à la forme régulière de cette courbe, que l'on peut superposer à elle-même en lui imprimant tout à la fois un double mouvement de rotation autour de l'axe des z et de translation parallèlement à cet axe.

On dit que deux courbes à double courbure sont *osculatrices* l'une de l'autre, en un point qui leur est commun, lorsqu'elles ont en ce point, non seulement la même tangente, mais encore le même cercle osculateur, et par conséquent le même plan osculateur, la même normale principale et la même courbure. Alors le contact qui existe entre les deux courbes prend le nom d'*osculation*. Cela posé, on établira facilement la proposition suivante :

THÉORÈME I. — *Concevons que deux courbes à double courbure soient représentées par deux équations entre les coordonnées rectangulaires x, y, z, et que l'on prenne l'abscisse x pour variable indépendante. Pour que les deux courbes soient osculatrices l'une de l'autre en un point commun correspondant à l'abscisse x, il sera nécessaire et il suffira que les ordonnées y, z relatives à cette abscisse et leurs dérivées du premier et du second ordre, c'est-à-dire les six quantités*

$$(1)\qquad y,\quad y'=\frac{dy}{dx},\quad y''=\frac{d^2y}{dx^2};\qquad z,\quad z'=\frac{dz}{dx},\quad z''=\frac{d^2z}{dx^2}$$

conservent, dans le passage d'une courbe à l'autre, les mêmes valeurs numériques et les mêmes signes ([1]).

Démonstration. — En effet, si ces conditions sont remplies, les deux courbes auront évidemment un point commun correspondant à l'abscisse x. De plus, on conclura de ce qui a été dit ci-dessus (seizième Leçon, p. 292) qu'elles ont la même tangente, et des formules (10) qu'elles ont le même centre de courbure. Donc, par

([1]) Ce théorème, qui subsiste généralement lorsque les quantités y, y', y'', z, z', z'' conservent, pour le point commun aux deux courbes, des valeurs finies et fournissent une valeur déterminée du rayon de courbure ρ, est sujet à quelques exceptions. Il pourrait cesser d'être vrai si les mêmes quantités, ou quelques-unes d'entre elles, devenaient infinies. Alors les valeurs de $\xi-x$, $\eta-y$, $\zeta-z$, données par les équations (10) et le rayon de courbure ρ, pourraient se présenter, pour l'une et l'autre courbe, sous la forme $\frac{\infty}{\infty}$, et varier néanmoins dans le passage de la première courbe à la seconde. Au reste, la remarque que nous faisons ici est applicable non seulement aux courbes à double courbure, mais encore aux courbes planes, et par conséquent au théorème I de la huitième Leçon. Effectivement, ce théorème serait en défaut si les courbes proposées se réduisaient aux courbes (50) de la page 152.

suite, elles auront encore le même cercle osculateur. Réciproquement, si les deux courbes sont osculatrices l'une de l'autre au point dont l'abscisse est x, non seulement les quantités

$$y' = \frac{dy}{dx}, \qquad z' = \frac{dz}{dx}$$

devront rester les mêmes dans le passage d'une courbe à l'autre, mais on pourra encore en dire autant du rayon de courbure ρ, ainsi que des coordonnées ξ, η, ζ du centre de courbure, et, par conséquent, des quantités y'', z'', dont les valeurs, déterminées par le moyen des équations (10), se réduisent à

$$(73) \qquad \left\{ \begin{aligned} y'' &= \frac{\eta - y - y'(\xi - x)}{\rho^2}(1 + y'^2 + z'^2), \\ z'' &= \frac{\zeta - z - z'(\xi - x)}{\rho^2}(1 + y'^2 + z'^2). \end{aligned} \right.$$

Corollaire. — Il suit du théorème I que, dans le cas où deux courbes à double courbure sont osculatrices l'une de l'autre, on peut en dire autant de leurs projections sur chacun des plans coordonnés, et même de leurs projections sur un plan quelconque, puisque l'on peut faire coïncider le plan des x, y, par exemple, avec un plan quelconque choisi arbitrairement dans l'espace.

Le théorème I étant démontré, on en déduira sans peine, en raisonnant comme dans la huitième Leçon (p. 128 et 129) une autre proposition que l'on peut énoncer comme il suit :

Théorème II. — *Deux courbes à double courbure étant représentées par deux équations entre les coordonnées x, y, z, pour savoir si ces deux courbes sont osculatrices l'une de l'autre en un point donné, il suffira de prendre pour variable indépendante ou une fonction détermiéne des variables x, y, z, ou l'arc s compté sur chaque courbe à partir d'un point fixe, et d'examiner si, pour le point donné, les mêmes valeurs de*

$$x, \quad y, \quad z, \quad dx, \quad dy, \quad dz, \quad d^2x, \quad d^2y, \quad d^2z$$

peuvent être tirées des équations des deux courbes.

Il est bon d'observer que, dans le cas où l'on prend l'arc s pour variable indépendante, le théorème II se déduit immédiatement des formules (5) et (6) de la seizième Leçon réunies à la formule (28) de la dix-septième Leçon et aux formules (5) de la page 318.

Si, dans le théorème I ou II, on suppose la seconde courbe réduite au cercle suivant lequel se coupent une sphère et un plan représentés par deux équations de la forme

$$(74)\quad \begin{cases} (x-\xi)^2+(y-\eta)^2+(z-\zeta)^2=\rho^2, \\ (x-\xi)\cos L+(y-\eta)\cos M+(z-\zeta)\cos N=0, \end{cases}$$

les conditions propres à exprimer que le point (x, y, z) est un point d'osculation suffiront pour déterminer le rayon du cercle et les coordonnées du centre, c'est-à-dire les quatre inconnues ξ, η, ζ et ρ, avec deux des trois angles L, M, N, qui d'ailleurs sont liés entre eux par l'équation

$$(75)\quad \cos^2 L+\cos^2 M+\cos^2 N=1.$$

En effet, si l'on prend x pour variable indépendante, les valeurs de y, y', y''; z, z', z'' tirées des équations finies de la première courbe et de ses équations dérivées devront satisfaire, en vertu du théorème I, aux équations finies du cercle et à leurs dérivées du premier et du second ordre, c'est-à-dire aux six formules

$$(76)\quad \begin{cases} (x-\xi)^2+(y-\eta)^2+(z-\zeta)^2=\rho^2, \\ x-\xi+(y-\eta)y'+(z-\zeta)z'=0, \\ 1+y'^2+z'^2+(y-\eta)y''+(z-\zeta)z''=0, \end{cases}$$

$$(77)\quad \begin{cases} (x-\xi)\cos L+(y-\eta)\cos M+(z-\zeta)\cos N=0, \\ \cos L+y'\cos M+z'\cos N=0, \\ y''\cos M+z''\cos N=0. \end{cases}$$

Lorsque de ces dernières formules, jointes à l'équation (75), on déduit les valeurs des inconnues L, M, N; ξ, η, ζ et ρ, on retrouve, comme on devait s'y attendre, les équations (15) et (29) de la dix-septième Leçon, et les équations (10) de la page 319.

Si l'on cessait de prendre x pour variable indépendante, alors les équations finies du cercle et ses équations différentielles du premier et du second ordre pourraient être présentées sous les formes

$$(78)\quad \left\{\begin{aligned} &(x-\xi)^2 + (y-\eta)^2 + (z-\zeta)^2 = \rho^2,\\ &(x-\xi)\,dx + (y-\eta)\,dy + (z-\zeta)\,dz = 0,\\ &(x-\xi)\,d^2x + (y-\eta)\,d^2y + (z-\zeta)\,d^2z = -ds^2,\end{aligned}\right.$$

$$(79)\quad \left\{\begin{aligned} &(x-\xi)\cos L + (y-\eta)\cos M + (z-\zeta)\cos N = 0,\\ &\cos L\,dx + \cos M\,dy + \cos N\,dz = 0,\\ &\cos L\,d^2x + \cos M\,d^2y + \cos N\,d^2z = 0,\end{aligned}\right.$$

et devraient être vérifiées par les valeurs de $x, y, z, dx, dy, dz, d^2x, d^2y, d^2z$ tirées des équations de la première courbe. Il importe d'observer que les équations (79) coïncident avec les formules (4) et (16) de la dix-septième Leçon, et les équations (78) avec les formules (11) de la page 319.

DIX-NEUVIÈME LEÇON.

RAYONS DE COURBURE DES SECTIONS FAITES DANS UNE SURFACE PAR DES PLANS NORMAUX. RAYONS DE COURBURE PRINCIPAUX. DES SECTIONS DONT LES COURBURES SONT NULLES, DANS LE CAS OU LES RAYONS DE COURBURE PRINCIPAUX SONT DIRIGÉS EN SENS CONTRAIRES.

Considérons une surface courbe représentée par l'équation

$$u = 0, \tag{1}$$

dans laquelle u désigne une fonction des coordonnées rectangulaires x, y, z. Si, par un point (x, y, z) donné sur cette surface, on fait passer un plan normal, ce plan coupera la surface suivant une certaine courbe que nous nommerons *section normale*. Soient ρ le rayon de courbure de cette courbe relatif au point (x, y, z) et ξ, η, ζ les coordonnées du centre de courbure correspondant. On aura

$$(x-\xi)^2 + (y-\eta)^2 + (z-\zeta)^2 = \rho^2, \tag{2}$$

et, comme le centre de courbure se trouvera évidemment situé sur la normale menée par le point (x, y, z) à la surface proposée, les coordonnées ξ, η, ζ vérifieront nécessairement les équations de la normale ou la formule (11) de la quatorzième Leçon; de sorte qu'on aura encore

$$\frac{x-\xi}{\frac{\partial u}{\partial x}} = \frac{y-\eta}{\frac{\partial u}{\partial y}} = \frac{z-\zeta}{\frac{\partial u}{\partial z}}. \tag{3}$$

Observons, maintenant, que l'équation (2), dans le cas où l'on y considère x, y, z comme seules variables, est l'une des équations du cercle osculateur de la section normale que l'on considère, et qu'en vertu des principes établis dans la dix-huitième Leçon la différentielle du second ordre de cette même équation, savoir

$$(4)\qquad (x-\xi)\,d^2x+(y-\eta)\,d^2y+(z-\zeta)\,d^2z+dx^2+dy^2+dz^2=0,$$

devra être vérifiée par les valeurs de x, y, z, dx, dy, dz, d^2x, d^2y, d^2z tirées des équations de la section normale.

Si, pour plus de commodité, on désigne par s l'arc de cette courbe, les coordonnées x, y, z de la même courbe se trouveront liées à l'arc s par l'équation différentielle

$$(5)\qquad dx^2+dy^2+dz^2=ds^2,$$

en vertu de laquelle la formule (4) pourra être réduite à

$$(6)\qquad (x-\xi)\,d^2x+(y-\eta)\,d^2y+(z-\zeta)\,d^2z=-ds^2.$$

On tirera d'ailleurs de la formule (1) différentiée deux fois de suite

$$(7)\qquad \left\{\begin{aligned}&\frac{\partial u}{\partial x}d^2x+\frac{\partial u}{\partial y}d^2y+\frac{\partial u}{\partial z}d^2z+\frac{\partial^2 u}{\partial x^2}dx^2+\frac{\partial^2 u}{\partial y^2}dy^2+\frac{\partial^2 u}{\partial z^2}dz^2\\&\quad+2\frac{\partial^2 u}{\partial y\,\partial z}dy\,dz+2\frac{\partial^2 u}{\partial z\,\partial x}dz\,dx+2\frac{\partial^2 u}{\partial x\,\partial y}dx\,dy=0,\end{aligned}\right.$$

puis, en posant, pour abréger,

$$(8)\qquad \left\{\begin{aligned}\mathrm{Q}=&\frac{\partial^2 u}{\partial x^2}\frac{dx^2}{ds^2}+\frac{\partial^2 u}{\partial y^2}\frac{dy^2}{ds^2}+\frac{\partial^2 u}{\partial z^2}\frac{dz^2}{ds^2}\\&+2\frac{\partial^2 u}{\partial y\,\partial z}\frac{dy}{ds}\frac{dz}{ds}+2\frac{\partial^2 u}{\partial z\,\partial x}\frac{dz}{ds}\frac{dx}{ds}+2\frac{\partial^2 u}{\partial x\,\partial y}\frac{dx}{ds}\frac{dy}{ds},\end{aligned}\right.$$

on réduira l'équation (7) à la suivante :

$$(9)\qquad \frac{\partial u}{\partial x}d^2x+\frac{\partial u}{\partial y}d^2y+\frac{\partial u}{\partial z}d^2z=-\mathrm{Q}\,ds^2.$$

Si l'on fait, en outre, comme dans la quatorzième Leçon,

$$(10)\qquad \mathrm{R}=\left[\left(\frac{\partial u}{\partial x}\right)^2+\left(\frac{\partial u}{\partial y}\right)^2+\left(\frac{\partial u}{\partial z}\right)^2\right]^{\frac{1}{2}},$$

on conclura sans peine de la formule (3), combinée avec les équations (2), (5), (9) et (10),

$$\frac{x-\xi}{\frac{\partial u}{\partial x}} = \frac{y-\eta}{\frac{\partial u}{\partial y}} = \frac{z-\zeta}{\frac{\partial u}{\partial z}} = \pm \frac{[(x-\xi)^2+(y-\eta)^2+(z-\zeta)^2]^{\frac{1}{2}}}{\left[\left(\frac{\partial u}{\partial x}\right)^2+\left(\frac{\partial u}{\partial y}\right)^2+\left(\frac{\partial u}{\partial z}\right)^2\right]^{\frac{1}{2}}} = \pm \frac{\rho}{R}$$

$$= \frac{(x-\xi)\,d^2x+(y-\eta)\,d^2y+(z-\zeta)\,d^2z}{\frac{\partial u}{\partial x}d^2x+\frac{\partial u}{\partial y}d^2y+\frac{\partial u}{\partial z}d^2z} = \frac{1}{Q}.$$

On aura donc

$$(11) \qquad \frac{x-\xi}{\frac{\partial u}{\partial x}} = \frac{y-\eta}{\frac{\partial u}{\partial y}} = \frac{z-\zeta}{\frac{\partial u}{\partial z}} = \pm \frac{\rho}{R} = \frac{1}{Q},$$

et, par suite,

$$(12) \qquad \frac{1}{\rho} = \pm \frac{Q}{R}.$$

Il est essentiel d'observer que, dans les formules (11) et (12), R représente une fonction connue des coordonnées x, y, z. Quant à la quantité Q, dont la valeur est déterminée par l'équation (8), elle peut être exprimée en fonction des coordonnées x, y, z et des angles que forme avec les demi-axes des coordonnées positives la tangente menée par le point (x, y, z) à la section normale que l'on considère. En effet, si l'on nomme α, β, γ ces mêmes angles, on aura (*voir* la seizième Leçon)

$$(13) \qquad \cos\alpha = \frac{dx}{ds}, \qquad \cos\beta = \frac{dy}{ds}, \qquad \cos\gamma = \frac{dz}{ds},$$

ou bien

$$(14) \qquad \cos\alpha = -\frac{dx}{ds}, \qquad \cos\beta = -\frac{dy}{ds}, \qquad \cos\gamma = -\frac{dz}{ds},$$

et, dans l'un ou l'autre cas, on tirera de l'équation (8)

$$(15) \quad \left\{ \begin{aligned} Q = {} & \frac{\partial^2 u}{\partial x^2}\cos^2\alpha + \frac{\partial^2 u}{\partial y^2}\cos^2\beta + \frac{\partial^2 u}{\partial z^2}\cos^2\gamma \\ & + 2\frac{\partial^2 u}{\partial y\,\partial z}\cos\beta\cos\gamma + 2\frac{\partial^2 u}{\partial z\,\partial x}\cos\gamma\cos\alpha + 2\frac{\partial^2 u}{\partial x\,\partial y}\cos\alpha\cos\beta. \end{aligned} \right.$$

Or, il est clair que le second membre de cette dernière équation se réduit à une fonction connue des variables $x, y, z, \alpha, \beta, \gamma$. Cela posé, si l'on donne, avec le point (x, y, z), la tangente menée par ce point à une section normale faite dans la surface proposée, il suffira évidemment de recourir à la formule (12) pour déterminer le rayon de courbure ρ de cette section normale, et à la formule (11) pour déterminer avec le rayon ρ les coordonnées ξ, η, ζ du centre de courbure.

Lorsqu'on passe d'une section normale à une autre, sans déplacer le point (x, y, z), les angles α, β, γ changent de valeurs, et la même chose a lieu, du moins en général, pour la quantité Q et pour les variables qui en dépendent, savoir : ξ, η, ζ et ρ. S'il arrive que dans ce passage la quantité Q change de signe, alors le rayon de courbure de l'une des sections normales sera déterminé par l'équation

$$\frac{1}{\rho} = \frac{Q}{R}, \tag{16}$$

et celui de l'autre par l'équation

$$\frac{1}{\rho} = -\frac{Q}{R}; \tag{17}$$

car, les quantités ρ et R étant essentiellement positives, on doit nécessairement réduire le double signe $\pm$, qui affecte le second membre de la formule (12), au signe $+$, dans le cas où Q est positif, et au signe $-$, dans le cas contraire. D'autre part, les quantités

$$\frac{\partial u}{\partial x}, \quad \frac{\partial u}{\partial y}, \quad \frac{\partial u}{\partial z},$$

étant indépendantes des angles α, β, γ, on peut affirmer que, si, dans le passage de la première section à la seconde, la quantité Q change de signe, les différences

$$x - \xi, \quad y - \eta, \quad z - \zeta$$

en changeront pareillement. Donc, les centres de courbure des deux sections se trouveront situés, à l'égard du point (x, y, z), l'un d'un côté, l'autre de l'autre, sur la normale menée par ce point à la surface donnée; de sorte que les rayons de courbure des deux sections seront dirigés en sens contraires.

Les rayons de courbure des diverses sections normales qui passent par un même point (x, y, z) ont entre eux des relations qui méritent d'être remarquées. Pour découvrir ces relations, il faut d'abord chercher la loi suivant laquelle le rayon de courbure ρ, déterminé par la formule (12), varie avec les angles α, β, γ, qui sont renfermés dans la valeur de Q. On peut rendre cette loi fort évidente à l'aide d'une construction géométrique qui consiste à porter sur la tangente à chaque section normale, à partir du point (x, y, z), et des deux côtés de ce point, deux longueurs égales au rayon de courbure correspondant, ou à une puissance positive de ce rayon. La courbe qui passera par les extrémités des longueurs ainsi portées sur les diverses tangentes sera évidemment une courbe plane, comprise dans le plan tangent à la surface proposée; et, comme le rayon mené du point (x, y, z) à cette courbe croîtra ou décroîtra en même temps que le rayon de courbure de la section normale tangente au rayon vecteur dont il s'agit, il est clair que la nature de la courbe sera très propre à faire connaître la loi suivant laquelle variera ce rayon de courbure.

Dans le cas particulier où l'on suppose que la longueur portée sur chaque tangente est égale à la racine carrée du rayon de courbure correspondant, la courbe dont nous venons de parler se réduit à une ligne du second degré. Adoptons, en effet, l'hypothèse dont il est ici question, et concevons que l'on désigne par ξ, η, ζ, non plus les coordonnées du centre de courbure, mais celles de l'extrémité d'une longueur égale à $\rho^{\frac{1}{2}}$ portée à partir du point (x, y, z) sur la tangente qui forme avec les demi-axes des coordonnées positives les angles α, β, γ. On trouvera, en admettant que l'origine des coordonnées conserve sa position primitive,

$$\xi - x = \rho^{\frac{1}{2}} \cos\alpha, \qquad \eta - y = \rho^{\frac{1}{2}} \cos\beta, \qquad \zeta - z = \rho^{\frac{1}{2}} \cos\gamma,$$

et, en transportant l'origine au point (x, y, z),

(18) $$\xi = \rho^{\frac{1}{2}} \cos\alpha, \qquad \eta = \rho^{\frac{1}{2}} \cos\beta, \qquad \zeta = \rho^{\frac{1}{2}} \cos\gamma.$$

On tire d'ailleurs de la formule (12)

$$Q\rho = \pm R,$$

puis, en remettant pour Q sa valeur donnée par l'équation (15),

(19) $$\left\{\begin{aligned} &\rho\left[\frac{\partial^2 u}{\partial x^2}\cos^2\alpha + \frac{\partial^2 u}{\partial y^2}\cos^2\beta + \frac{\partial^2 u}{\partial z^2}\cos^2\gamma\right. \\ &\left.\quad + 2\frac{\partial^2 u}{\partial y\,\partial z}\cos\beta\cos\gamma + 2\frac{\partial^2 u}{\partial z\,\partial x}\cos\gamma\cos\alpha + 2\frac{\partial^2 u}{\partial x\,\partial y}\cos\alpha\cos\beta\right] = \pm R. \end{aligned}\right.$$

Donc, en ayant égard aux formules (18), on trouvera définitivement

(20) $$\frac{\partial^2 u}{\partial x^2}\xi^2 + \frac{\partial^2 u}{\partial y^2}\eta^2 + \frac{\partial^2 u}{\partial z^2}\zeta^2 + 2\frac{\partial^2 u}{\partial y\,\partial z}\eta\zeta + 2\frac{\partial^2 u}{\partial z\,\partial x}\zeta\xi + 2\frac{\partial^2 u}{\partial x\,\partial y}\xi\eta = \pm R.$$

Cette dernière équation, dans le cas où l'on y considère ξ, η, ζ comme seules variables, représente une surface du second degré qui renferme la courbe plane ci-dessus mentionnée. On peut remarquer que cette surface a pour centre la nouvelle origine, c'est-à-dire le point (x, y, z); et, comme le plan de la courbe passe aussi par le même point, on est en droit de conclure que la courbe dont il s'agit se réduit à une ligne du second degré qui a encore pour centre le point (x, y, z). Pour obtenir les deux équations de cette ligne, il suffit de joindre à la formule (20) l'équation qui représente le plan tangent mené à la surface donnée par le point (x, y, z), quand on transporte en ce point l'origine des coordonnées, c'est-à-dire l'équation

(21) $$\xi\frac{\partial u}{\partial x} + \eta\frac{\partial u}{\partial y} + \zeta\frac{\partial u}{\partial z} = 0,$$

que l'on déduit de la formule (2) (quatorzième Leçon), en remplaçant ξ, η, ζ par $\xi + x$, $\eta + y$, $\zeta + z$. On pourrait encore établir l'équation (21), en observant que la différentielle de l'équation (1), savoir

(22) $$\frac{\partial u}{\partial x}dx + \frac{\partial u}{\partial y}dy + \frac{\partial u}{\partial z}dz = 0,$$

se réduit, en vertu des formules (13) ou (14), à

$$\frac{\partial u}{\partial x}\cos\alpha + \frac{\partial u}{\partial y}\cos\beta + \frac{\partial u}{\partial z}\cos\gamma = 0, \tag{23}$$

et en éliminant de cette dernière, à l'aide des formules (18), les trois angles α, β, γ. Enfin, si l'on appelle λ, μ, ν les angles que forme avec les demi-axes des coordonnées positives la normale menée par le point (x, y, z) à la surface proposée, on aura

$$\frac{\cos\lambda}{\frac{\partial u}{\partial x}} = \frac{\cos\mu}{\frac{\partial u}{\partial y}} = \frac{\cos\nu}{\frac{\partial u}{\partial z}}, \tag{24}$$

et, par suite, l'équation (21) pourra être présentée sous la forme

$$\xi\cos\lambda + \eta\cos\mu + \zeta\cos\nu = 0. \tag{25}$$

Observons maintenant que les formules (20) et (25) sont entièrement semblables aux équations (1) et (2) de la quinzième Leçon, desquelles on les déduit en remplaçant les coordonnées x, y, z par les coordonnées ξ, η, ζ, et les coefficients

$$\mathrm{A},\quad \mathrm{B},\quad \mathrm{C},\quad \mathrm{D},\quad \mathrm{E},\quad \mathrm{F},\quad \mathrm{K}$$

par les quantités

$$\frac{\partial^2 u}{\partial x^2},\quad \frac{\partial^2 u}{\partial y^2},\quad \frac{\partial^2 u}{\partial z^2},\quad \frac{\partial^2 u}{\partial y\,\partial z},\quad \frac{\partial^2 u}{\partial z\,\partial x},\quad \frac{\partial^2 u}{\partial x\,\partial y},\quad \pm\mathrm{R}.$$

Cela posé, on conclura des principes exposés dans la quinzième Leçon que la ligne représentée par le système des équations (20) et (25) se réduit, en général, à une ellipse ou au système de deux hyperboles conjuguées; mais que, dans certains cas particuliers, elle peut se transformer en un cercle, ou en un point unique, ou en un système de droites parallèles, également distantes du point (x, y, z), ou bien encore en un système de deux droites menées par ce même point. La même conclusion résulte aussi de la forme que prend l'équation (20), lorsque le plan des x, y est parallèle au plan tangent mené par le point (x, y, z). Alors, en effet, l'équation (21) ou (25) se réduit à

$$(26) \qquad \zeta = 0,$$

et, en combinant celle-ci avec la formule (20), on trouve pour l'équation de la ligne ci-dessus mentionnée

$$(27) \qquad \frac{\partial^2 u}{\partial x^2}\xi^2 + 2\frac{\partial^2 u}{\partial x\, \partial y}\xi\eta + \frac{\partial^2 u}{\partial y^2}\eta^2 = \pm R.$$

Or, il est facile de s'assurer que l'équation (27) représentera une ellipse, si la différence

$$(28) \qquad \frac{\partial^2 u}{\partial x^2}\frac{\partial^2 u}{\partial y^2} - \left(\frac{\partial^2 u}{\partial x\, \partial y}\right)^2$$

est positive; deux hyperboles conjuguées, si cette différence devient négative, et deux droites parallèles, si la même différence se réduit à zéro. Ajoutons que l'ellipse se transformera en un cercle, si l'on a

$$(29) \qquad \frac{\partial^2 u}{\partial x^2} = \frac{\partial^2 u}{\partial y^2}, \qquad \frac{\partial^2 u}{\partial x\, \partial y} = 0,$$

et que la condition

$$(30) \qquad R = 0,$$

si elle est vérifiée, réduira l'ellipse au point (x, y, z), ou les deux hyperboles à deux droites menées par ce point. Comme on peut d'ailleurs choisir arbitrairement le plan des x, y, le raisonnement qu'on vient de faire est évidemment applicable à tous les points de la surface proposée.

Pour que l'équation (21) se réduise, comme on vient de le supposer, à l'équation (26), il faut nécessairement que des trois quantités

$$\frac{\partial u}{\partial x}, \quad \frac{\partial u}{\partial y}, \quad \frac{\partial u}{\partial z},$$

les deux premières s'évanouissent, ou que la troisième devienne infinie. Dans le premier cas, on trouve

$$R = \pm \frac{\partial u}{\partial z}, \tag{31}$$

et l'équation (27) devient

$$\frac{\partial^2 u}{\partial x^2}\xi^2 + 2\frac{\partial^2 u}{\partial x\,\partial y}\xi\eta + \frac{\partial^2 u}{\partial y^2}\eta^2 = \pm\frac{\partial u}{\partial z}. \tag{32}$$

Il est essentiel d'observer que, pour chaque section normale, les coordonnées ξ, η du point situé à l'extrémité de la longueur $\rho^{\frac{1}{2}}$ vérifient toujours une seule des équations

$$\frac{\partial^2 u}{\partial x^2}\xi^2 + 2\frac{\partial^2 u}{\partial x\,\partial y}\xi\eta + \frac{\partial^2 u}{\partial y^2}\eta^2 = R, \tag{33}$$

$$\frac{\partial^2 u}{\partial x^2}\xi^2 + 2\frac{\partial^2 u}{\partial x\,\partial y}\xi\eta + \frac{\partial^2 u}{\partial y^2}\eta^2 = -R, \tag{34}$$

qui sont comprises l'une et l'autre dans la formule (27), et qui correspondent la première à l'équation (16), la seconde à l'équation (17). Donc, si, dans le passage d'une section normale à une autre, le premier membre de la formule (27) change de signe, il faudra substituer les équations (34) et (17) aux équations (33) et (16), ou réciproquement; et, par suite, les rayons de courbure de ces deux sections normales seront dirigés en sens contraires. Au reste, cela ne peut arriver que dans le cas où la différence (28) est négative, c'est-à-dire dans le cas où l'équation (27) représente un système de deux hyperboles conjuguées. Alors le plan tangent à la surface donnée divise cette surface en deux parties, et l'une de ces parties renferme les sections normales dont le rayon de courbure se dirige dans un sens, tandis que l'autre comprend les sections normales dont le rayon de courbure est dirigé en sens inverse. Au contraire, lorsque l'équation (27) représente une ellipse, cette équation se réduit, pour toutes les sections normales, à une seule des formules (33), (34). Donc alors toutes les sections normales ont leurs courbures tournées dans le même sens, ce qui suppose que la surface courbe est située tout entière d'un même côté du plan tangent.

Comme le rayon de courbure ρ d'une section normale est le carré du rayon vecteur $\sqrt{(\xi^2 + \eta^2)}$ mené du point (x, y, z) à la ligne (27), on peut affirmer que chacun des deux plans normaux qui passent par les deux axes de cette ligne produit une section normale dont le rayon de courbure est un *maximum* ou un *minimum*. Nous nommerons *sections principales* et *rayons de courbure principaux* les deux sections normales dont il s'agit et leurs rayons de courbure. Cela posé, il est clair que les plans des sections principales se couperont toujours à angles droits, et que les rayons de courbure principaux seront dirigés dans le même sens, si la ligne (27) est une ellipse, mais en sens contraires, si la ligne (27) se transforme en un système de deux hyperboles conjuguées. Ajoutons que ces rayons de courbure représenteront, dans le premier cas, une valeur *minimum* et une valeur *maximum* de la variable ρ, et dans le second cas, deux valeurs *minima* de la même variable. En d'autres termes, si la ligne (27) est une ellipse, les sections principales seront les sections normales de plus grande et de moindre courbure. Mais si l'équation (27) appartient à deux hyperboles, les sections principales seront l'une et l'autre des sections normales de plus grande courbure; seulement, leurs courbures seront dirigées en sens contraires. Dans la même hypothèse les sections normales dont les plans renfermeront les asymptotes communes aux deux hyperboles auront évidemment des courbures nulles, correspondant à des valeurs infinies de ρ. Donc les plans des deux sections dont les courbures s'évanouiront formeront des angles égaux avec les plans des sections principales.

Lorsque, la différence (28) étant positive, les conditions (29) sont vérifiées, l'ellipse représentée par l'équation (27) se change, comme on l'a dit, en un cercle. Alors, toutes les sections normales ayant des courbures égales, on peut désigner sous le nom de *sections principales* deux sections normales quelconques dont les plans se coupent à angles droits.

Lorsque la différence (28) est nulle, la ligne (27) se réduit à un système de droites parallèles, que l'on peut considérer comme représentant une ellipse dont le grand axe est devenu infini. Donc alors les sections principales correspondent à une valeur *minimum* et à une valeur infinie de ρ, en sorte que l'une de ces deux sections a une courbure nulle.

Si la quantité R s'évanouissait, toutes les sections normales auraient des rayons de courbure nuls ou infinis.

Il existe, entre les rayons de courbure principaux et les rayons de courbure de deux sections normales dont les plans se coupent à angles droits, une relation que l'on déduit facilement des théorèmes I et II de la quinzième Leçon. En effet, si l'on remplace les courbes dont il est question dans ces théorèmes par la ligne (27), les carrés des rayons vecteurs menés à ces mêmes courbes se changeront en rayons de courbure de sections normales à la surface donnée, et l'on se trouvera immédiatement conduit à la proposition suivante :

THÉORÈME. — *Si, après avoir mené, par un point (x, y, z) d'une surface courbe, deux plans rectangulaires entre eux et normaux à cette surface, on divise successivement l'unité par chacun des rayons de courbure des deux lignes d'intersection, la somme des quotients sera une quantité constante, pourvu que dans cette somme on prenne toujours avec le signe + les rayons vecteurs dirigés dans un certain sens à partir du point (x, y, z), et avec le signe — les rayons vecteurs dirigés en sens inverse. Par conséquent, la somme dont il s'agit sera égale, au signe près, à la somme ou à la différence des quotients relatifs aux rayons de courbure principaux.*

On peut encore trouver facilement la relation qui existe entre le rayon de courbure d'une section normale quelconque et les angles formés par le plan de cette section avec les plans des sections principales. Pour y parvenir, observons d'abord que, dans le cas où le plan tangent à la surface proposée est représenté par l'équation (26) et devient parallèle au plan des x, y, on a, pour la tangente à chaque section normale,

$$\cos\gamma = 0, \tag{35}$$

$$\cos^2\alpha + \cos^2\beta = 1. \tag{36}$$

Par suite, on tire de la formule (15)

$$Q = \frac{\partial^2 u}{\partial x^2}\cos^2\alpha + 2\frac{\partial^2 u}{\partial x\,\partial y}\cos\alpha\cos\beta + \frac{\partial^2 u}{\partial y^2}\cos^2\beta. \tag{37}$$

La valeur précédente de Q devient encore plus simple quand on suppose les plans des x, z et des y, z parallèles aux plans des sections principales. Alors, en effet, l'équation (27), représentant une ligne du second degré rapportée à ses axes, ne peut plus renfermer le produit des coordonnées ξ, η et doit se réduire à

$$\frac{\partial^2 u}{\partial x^2}\xi^2 + \frac{\partial^2 u}{\partial y^2}\eta^2 = \pm R. \tag{38}$$

On a en conséquence

$$\frac{\partial^2 u}{\partial x\,\partial y} = 0. \tag{39}$$

Or, en vertu de cette dernière condition, la formule (37) devient

$$Q = \frac{\partial^2 u}{\partial x^2}\cos^2\alpha + \frac{\partial^2 u}{\partial y^2}\cos^2\beta. \tag{40}$$

Comme on tire d'ailleurs de la formule (36)

$$\cos^2\beta = 1 - \cos^2\alpha = \sin^2\alpha,$$

il en résulte que l'équation (40) peut s'écrire comme il suit :

$$Q = \frac{\partial^2 u}{\partial x^2}\cos^2\alpha + \frac{\partial^2 u}{\partial y^2}\sin^2\alpha. \tag{41}$$

Cela posé, la formule (12) donnera

$$\frac{1}{\rho} = \pm\frac{1}{R}\left(\frac{\partial^2 u}{\partial x^2}\cos^2\alpha + \frac{\partial^2 u}{\partial y^2}\sin^2\alpha\right). \tag{42}$$

Soient maintenant ρ_0, ρ_1 les rayons de courbure principaux. Comme, pour obtenir ces deux rayons, il suffira de poser successivement, dans la formule (42), $\alpha = 0$, $\alpha = \frac{\pi}{2}$, on trouvera

$$\frac{1}{\rho_0} = \pm\frac{1}{R}\frac{\partial^2 u}{\partial x^2}, \qquad \frac{1}{\rho_1} = \pm\frac{1}{R}\frac{\partial^2 u}{\partial y^2}, \tag{43}$$

et, par suite, l'équation (42) deviendra

$$(44)\qquad \frac{1}{\rho} = \pm \frac{1}{\rho_0}\cos^2\alpha \pm \frac{1}{\rho_1}\sin^2\alpha.$$

Il est essentiel d'observer que $\frac{\partial^2 u}{\partial x^2}$, $\frac{\partial^2 u}{\partial y^2}$ sont des quantités de même signe dans le cas où l'équation (38) représente une ellipse, et des quantités de signes contraires dans le cas où la même équation représente deux hyperboles conjuguées. On en conclut immédiatement que l'équation (44) se réduit, dans le premier cas, à la formule

$$(45)\qquad \frac{1}{\rho} = \frac{1}{\rho_0}\cos^2\alpha + \frac{1}{\rho_1}\sin^2\alpha$$

et, dans le second cas, à la formule

$$(46)\qquad \pm\frac{1}{\rho} = \frac{1}{\rho_0}\cos^2\alpha - \frac{1}{\rho_1}\sin^2\alpha,$$

le premier membre devant être affecté du signe + ou du signe − suivant que le rayon de courbure ρ est dirigé dans le sens du rayon ρ_0 ou dans le sens du rayon ρ_1. Si les dérivées $\frac{\partial^2 u}{\partial x^2}$, $\frac{\partial^2 u}{\partial y^2}$ deviennent égales, la courbe (38) sera un cercle. En même temps, on aura $\rho_1 = \rho_0$, et l'équation (45) donnera, comme on devait s'y attendre, $\frac{1}{\rho} = \frac{1}{\rho_0}$, ou $\rho = \rho_0$.

Si l'une des quantités $\frac{\partial^2 u}{\partial x^2}$, $\frac{\partial^2 u}{\partial y^2}$ s'évanouit, la ligne (38) sera réduite à un système de deux droites parallèles. En même temps l'un des rayons ρ_0, ρ_1 deviendra infini et disparaîtra de la formule (44). Si, pour fixer les idées, on suppose $\frac{\partial^2 u}{\partial y^2} = 0$, on aura $\rho_1 = \infty$, et la formule (44) donnera

$$(47)\qquad \frac{1}{\rho} = \frac{1}{\rho_0}\cos^2\alpha.$$

Alors ρ_0 sera le rayon de courbure de la section normale qui aura pour tangente la perpendiculaire menée aux deux parallèles par le point (x, y, z).

Si l'on ajoute à la valeur de $\frac{1}{\rho}$ donnée par la formule (44) ce que devient cette valeur quand on y remplace α par $\alpha + \frac{\pi}{2}$, on trouvera pour somme

$$\pm \frac{1}{\rho_0} \pm \frac{1}{\rho_1},$$

ce qui s'accorde avec le théorème de la page 349.

Concevons à présent que l'on veuille déterminer dans l'espace, pour un point quelconque (x, y, z) de la surface donnée, les directions des tangentes aux sections de courbure principales et les rayons de courbure principaux. Il suffira évidemment de chercher le *maximum* et le *minimum* ou les deux *minima* du rayon de courbure

$$\rho = \xi^2 + \eta^2 + \zeta^2, \tag{48}$$

en supposant les coordonnées ξ, η, ζ liées entre elles par les équations (20) et (21). Par suite, on reconnaîtra que les valeurs de ξ, η, ζ correspondant aux rayons de courbure principaux doivent vérifier la formule

$$\xi\, d\xi + \eta\, d\eta + \zeta\, d\zeta = 0, \tag{49}$$

après qu'on a éliminé de cette dernière $d\xi$, $d\eta$ et $d\zeta$, à l'aide des équations différentielles

$$\left\{\begin{aligned} &\left(\frac{\partial^2 u}{\partial x^2}\,\xi + \frac{\partial^2 u}{\partial x\,\partial y}\,\eta + \frac{\partial^2 u}{\partial x\,\partial z}\,\zeta\right) d\xi \\ &+ \left(\frac{\partial^2 u}{\partial x\,\partial y}\,\xi + \frac{\partial^2 u}{\partial y^2}\,\eta + \frac{\partial^2 u}{\partial y\,\partial z}\,\zeta\right) d\eta + \left(\frac{\partial^2 u}{\partial x\,\partial z}\,\xi + \frac{\partial^2 u}{\partial y\,\partial z}\,\eta + \frac{\partial^2 u}{\partial z^2}\,\zeta\right) d\zeta = 0, \end{aligned}\right. \tag{50}$$

$$\frac{\partial u}{\partial x}\, d\xi + \frac{\partial u}{\partial y}\, d\eta + \frac{\partial u}{\partial z}\, d\zeta = 0. \tag{51}$$

Cela posé, si l'on ajoute membre à membre les formules (49), (50) et (51), après avoir multiplié la première et la troisième par des facteurs indéterminés $-$ S, $-$ T, on prouvera, en raisonnant comme dans la quinzième Leçon (p. 277), qu'on peut éliminer ces facteurs de manière à faire évanouir dans l'équation résultante les coefficients des différentielles $d\xi$, $d\eta$, $d\zeta$, c'est-à-dire de manière à vérifier les trois équations

$$(52)\quad \left\{\begin{aligned} &\frac{\partial^2 u}{\partial x^2}\,\xi + \frac{\partial^2 u}{\partial x\,\partial y}\eta + \frac{\partial^2 u}{\partial x\,\partial z}\zeta = S\xi + T\frac{\partial u}{\partial x},\\ &\frac{\partial^2 u}{\partial x\,\partial y}\xi + \frac{\partial^2 u}{\partial y^2}\,\eta + \frac{\partial^2 u}{\partial y\,\partial z}\,\zeta = S\eta + T\frac{\partial u}{\partial y},\\ &\frac{\partial^2 u}{\partial x\,\partial z}\xi + \frac{\partial^2 u}{\partial y\,\partial z}\eta + \frac{\partial^2 u}{\partial z^2}\,\zeta = S\zeta + T\frac{\partial u}{\partial z}. \end{aligned}\right.$$

Si l'on ajoute ces dernières, après les avoir respectivement multipliées par les coordonnées ξ, η, ζ, on trouvera, en ayant égard aux formules (20), (21) et (48),

$$(53)\qquad \pm R = S\rho, \qquad S = \frac{\pm R}{\rho} = Q.$$

Le facteur S ne différera donc pas de la quantité précédemment désignée par la lettre Q. En conséquence, les équations (52) pourront être remplacées par les suivantes :

$$(54)\quad \left\{\begin{aligned} &\left(\frac{\partial^2 u}{\partial x^2} - Q\right)\xi + \frac{\partial^2 u}{\partial x\,\partial y}\eta + \frac{\partial^2 u}{\partial x\,\partial z}\zeta = T\frac{\partial u}{\partial x},\\ &\frac{\partial^2 u}{\partial x\,\partial y}\xi + \left(\frac{\partial^2 u}{\partial y^2} - Q\right)\eta + \frac{\partial^2 u}{\partial y\,\partial z}\zeta = T\frac{\partial u}{\partial y},\\ &\frac{\partial^2 u}{\partial x\,\partial z}\xi + \frac{\partial^2 u}{\partial y\,\partial z}\eta + \left(\frac{\partial^2 u}{\partial z^2} - Q\right)\zeta = T\frac{\partial u}{\partial z}, \end{aligned}\right.$$

et l'on en conclura

$$(55)\quad \left\{\begin{aligned} \xi = 8\Bigg\{&\frac{\partial u}{\partial x}\left[\left(\frac{\partial^2 u}{\partial y^2} - Q\right)\left(\frac{\partial^2 u}{\partial z^2} - Q\right) - \left(\frac{\partial^2 u}{\partial y\,\partial z}\right)^2\right]\\ &+ \frac{\partial u}{\partial y}\left[\frac{\partial^2 u}{\partial z\,\partial x}\,\frac{\partial^2 u}{\partial y\,\partial z} - \left(\frac{\partial^2 u}{\partial z^2} - Q\right)\frac{\partial^2 u}{\partial x\,\partial y}\right]\\ &+ \frac{\partial u}{\partial z}\left[\frac{\partial^2 u}{\partial y\,\partial z}\,\frac{\partial^2 u}{\partial x\,\partial y} - \left(\frac{\partial^2 u}{\partial y^2} - Q\right)\frac{\partial^2 u}{\partial z\,\partial x}\right]\Bigg\}, \end{aligned}\right.$$

$$(56)\quad \left\{\begin{aligned} \eta = 8\Bigg\{&\frac{\partial u}{\partial x}\left[\frac{\partial^2 u}{\partial z\,\partial x}\,\frac{\partial^2 u}{\partial y\,\partial z} - \left(\frac{\partial^2 u}{\partial z^2} - Q\right)\frac{\partial^2 u}{\partial x\,\partial y}\right]\\ &+ \frac{\partial u}{\partial y}\left[\left(\frac{\partial^2 u}{\partial z^2} - Q\right)\left(\frac{\partial^2 u}{\partial x^2} - Q\right) - \left(\frac{\partial^2 u}{\partial z\,\partial x}\right)^2\right]\\ &+ \frac{\partial u}{\partial z}\left[\frac{\partial^2 u}{\partial x\,\partial y}\,\frac{\partial^2 u}{\partial z\,\partial x} - \left(\frac{\partial^2 u}{\partial x^2} - Q\right)\frac{\partial^2 u}{\partial y\,\partial z}\right]\Bigg\}, \end{aligned}\right.$$

$$(57)\quad \left\{\begin{aligned} \zeta = 8\Big\{&\frac{\partial u}{\partial x}\left[\frac{\partial^2 u}{\partial y\,\partial z}\frac{\partial^2 u}{\partial x\,\partial y} - \left(\frac{\partial^2 u}{\partial y^2} - Q\right)\frac{\partial^2 u}{\partial z\,\partial x}\right] \\ &+ \frac{\partial u}{\partial y}\left[\frac{\partial^2 u}{\partial x\,\partial y}\frac{\partial^2 u}{\partial z\,\partial x} - \left(\frac{\partial^2 u}{\partial x^2} - Q\right)\frac{\partial^2 u}{\partial y\,\partial z}\right] \\ &+ \frac{\partial u}{\partial z}\left[\left(\frac{\partial^2 u}{\partial x^2} - Q\right)\left(\frac{\partial^2 u}{\partial y^2} - Q\right) - \left(\frac{\partial^2 u}{\partial x\,\partial y}\right)^2\right]\Big\}, \end{aligned}\right.$$

8 désignant un coefficient dont la valeur se déduira de la formule (48). En effet, si l'on combine celle-ci avec les équations (55), (56), (57), on en tirera

$$(58)\qquad 8 = \pm\frac{\rho^{\frac{1}{2}}}{U},$$

U^2 désignant la somme des carrés des coefficients de 8 dans les valeurs de ξ, η, ζ données par les trois équations dont il s'agit. De plus, la substitution de ces valeurs dans la formule (21) produira l'équation

$$(59)\quad \left\{\begin{aligned} 0 = &\left(\frac{\partial u}{\partial x}\right)^2\left[\left(\frac{\partial^2 u}{\partial y^2} - Q\right)\left(\frac{\partial^2 u}{\partial z^2} - Q\right) - \left(\frac{\partial^2 u}{\partial y\,\partial z}\right)^2\right] \\ &+ \left(\frac{\partial u}{\partial y}\right)^2\left[\left(\frac{\partial^2 u}{\partial z^2} - Q\right)\left(\frac{\partial^2 u}{\partial x^2} - Q\right) - \left(\frac{\partial^2 u}{\partial z\,\partial x}\right)^2\right] \\ &+ \left(\frac{\partial u}{\partial z}\right)^2\left[\left(\frac{\partial^2 u}{\partial x^2} - Q\right)\left(\frac{\partial^2 u}{\partial y^2} - Q\right) - \left(\frac{\partial^2 u}{\partial x\,\partial y}\right)^2\right] \\ &+ 2\frac{\partial u}{\partial y}\frac{\partial u}{\partial z}\left[\frac{\partial^2 u}{\partial x\,\partial y}\frac{\partial^2 u}{\partial z\,\partial x} - \frac{\partial^2 u}{\partial y\,\partial z}\left(\frac{\partial^2 u}{\partial x^2} - Q\right)\right] \\ &+ 2\frac{\partial u}{\partial z}\frac{\partial u}{\partial x}\left[\frac{\partial^2 u}{\partial y\,\partial z}\frac{\partial^2 u}{\partial x\,\partial y} - \frac{\partial^2 u}{\partial z\,\partial x}\left(\frac{\partial^2 u}{\partial y^2} - Q\right)\right] \\ &+ 2\frac{\partial u}{\partial x}\frac{\partial u}{\partial y}\left[\frac{\partial^2 u}{\partial z\,\partial x}\frac{\partial^2 u}{\partial y\,\partial z} - \frac{\partial^2 u}{\partial x\,\partial y}\left(\frac{\partial^2 u}{\partial z^2} - Q\right)\right], \end{aligned}\right.$$

qui est du second degré par rapport à Q, et dont les deux racines sont les deux valeurs de Q correspondant aux rayons de courbure principaux. Lorsqu'on aura calculé ces mêmes racines pour un point (x, y, z) de la surface donnée, l'équation (53) fournira immédiatement les valeurs des deux rayons de courbure principaux, et l'on déduira des formules (55), (56), (57) réunies à l'équation (58), les coordonnées ξ, η, ζ de quatre points situés sur les tangentes aux sections principales.

Enfin, si l'on combine les formules (55), (56), (57) et (58) avec les équations (18), on obtiendra les suivantes :

$$(60)\quad \left\{\begin{aligned}\cos\alpha = \pm\frac{1}{U}\Big\{ &\frac{\partial u}{\partial x}\left[\left(\frac{\partial^2 u}{\partial y^2}-Q\right)\left(\frac{\partial^2 u}{\partial z^2}-Q\right)-\left(\frac{\partial^2 u}{\partial y\,\partial z}\right)^2\right]\\ &+\frac{\partial u}{\partial y}\left[\frac{\partial^2 u}{\partial z\,\partial x}\frac{\partial^2 u}{\partial y\,\partial z}-\left(\frac{\partial^2 u}{\partial z^2}-Q\right)\frac{\partial^2 u}{\partial x\,\partial y}\right]\\ &+\frac{\partial u}{\partial z}\left[\frac{\partial^2 u}{\partial y\,\partial z}\frac{\partial^2 u}{\partial x\,\partial y}-\left(\frac{\partial^2 u}{\partial y^2}-Q\right)\frac{\partial^2 u}{\partial z\,\partial x}\right]\Big\},\end{aligned}\right.$$

$$(61)\quad \left\{\begin{aligned}\cos\beta = \pm\frac{1}{U}\Big\{ &\frac{\partial u}{\partial x}\left[\frac{\partial^2 u}{\partial z\,\partial x}\frac{\partial^2 u}{\partial y\,\partial z}-\left(\frac{\partial^2 u}{\partial z^2}-Q\right)\frac{\partial^2 u}{\partial x\,\partial y}\right]\\ &+\frac{\partial u}{\partial y}\left[\left(\frac{\partial^2 u}{\partial z^2}-Q\right)\left(\frac{\partial^2 u}{\partial x^2}-Q\right)-\left(\frac{\partial^2 u}{\partial z\,\partial x}\right)^2\right]\\ &+\frac{\partial u}{\partial z}\left[\frac{\partial^2 u}{\partial x\,\partial y}\frac{\partial^2 u}{\partial z\,\partial x}-\left(\frac{\partial^2 u}{\partial x^2}-Q\right)\frac{\partial^2 u}{\partial y\,\partial z}\right]\Big\},\end{aligned}\right.$$

$$(62)\quad \left\{\begin{aligned}\cos\gamma = \pm\frac{1}{U}\Big\{ &\frac{\partial u}{\partial x}\left[\frac{\partial^2 u}{\partial y\,\partial z}\frac{\partial^2 u}{\partial x\,\partial y}-\left(\frac{\partial^2 u}{\partial y^2}-Q\right)\frac{\partial^2 u}{\partial z\,\partial x}\right]\\ &+\frac{\partial u}{\partial y}\left[\frac{\partial^2 u}{\partial x\,\partial y}\frac{\partial^2 u}{\partial z\,\partial x}-\left(\frac{\partial^2 u}{\partial x^2}-Q\right)\frac{\partial^2 u}{\partial y\,\partial z}\right]\\ &+\frac{\partial u}{\partial z}\left[\left(\frac{\partial^2 u}{\partial x^2}-Q\right)\left(\frac{\partial^2 u}{\partial y^2}-Q\right)-\left(\frac{\partial^2 u}{\partial x\,\partial y}\right)^2\right]\Big\},\end{aligned}\right.$$

qui serviront à déterminer les angles α, β, γ formés par les tangentes aux sections principales avec les demi-axes des coordonnées positives. Il importe d'observer que, dans chacune des trois équations (60), (61) et (62), on devra réduire le double signe $\pm$ au signe $+$, quand la tangente à l'une des sections principales sera prolongée dans un certain sens, et au signe $-$, quand la même tangente sera prolongée en sens inverse.

Ainsi qu'on devait s'y attendre, l'équation (59) est semblable à la formule (145) (quinzième Leçon), de laquelle on la déduit en remplaçant les quantités

$$\cos\lambda,\quad \cos\mu,\quad \cos\nu;\quad A,\quad B;\quad C,\quad D,\quad E,\quad F\quad \text{et}\quad s,$$

par les quantités

$$\frac{\partial u}{\partial x},\quad \frac{\partial u}{\partial y},\quad \frac{\partial u}{\partial z};\quad \frac{\partial^2 u}{\partial x^2},\quad \frac{\partial^2 u}{\partial y^2},\quad \frac{\partial^2 u}{\partial z^2};\quad \frac{\partial^2 u}{\partial y\,\partial z},\quad \frac{\partial^2 u}{\partial z\,\partial x},\quad \frac{\partial^2 u}{\partial x\,\partial y}\quad \text{et}\quad Q.$$

Lorsque les variables x, y, z sont séparées dans l'équation (1), c'est-à-dire lorsque la fonction u se divise en trois parties dont chacune renferme une seule des variables x, y, z, on a, pour tous les points de la surface donnée,

$$(63)\qquad \frac{\partial^2 u}{\partial y\,\partial z}=0,\qquad \frac{\partial^2 u}{\partial z\,\partial x}=0,\qquad \frac{\partial^2 u}{\partial x\,\partial y}=0.$$

Alors les formules (54) deviennent

$$(64)\qquad \left(\frac{\partial^2 u}{\partial x^2}-Q\right)\xi=T\frac{\partial u}{\partial x},\qquad \left(\frac{\partial^2 u}{\partial y^2}-Q\right)\eta=T\frac{\partial u}{\partial y},\qquad \left(\frac{\partial^2 u}{\partial z^2}-Q\right)\zeta=T\frac{\partial u}{\partial z},$$

et, en substituant les valeurs de ξ, η, ζ tirées de ces formules dans l'équation (21), on obtient la suivante :

$$(65)\qquad \frac{\left(\frac{\partial u}{\partial x}\right)^2}{\frac{\partial^2 u}{\partial x^2}-Q}+\frac{\left(\frac{\partial u}{\partial y}\right)^2}{\frac{\partial^2 u}{\partial y^2}-Q}+\frac{\left(\frac{\partial u}{\partial z}\right)^2}{\frac{\partial^2 u}{\partial z^2}-Q}=0.$$

Dans la même hypothèse, on conclut des formules (64) combinées avec l'équation (48)

$$(66)\qquad T=\pm\rho^{\frac{1}{2}}\left[\left(\frac{\frac{\partial u}{\partial x}}{\frac{\partial^2 u}{\partial x^2}-Q}\right)^2+\left(\frac{\frac{\partial u}{\partial y}}{\frac{\partial^2 u}{\partial y^2}-Q}\right)^2+\left(\frac{\frac{\partial u}{\partial z}}{\frac{\partial^2 u}{\partial z^2}-Q}\right)^2\right]^{-\frac{1}{2}},$$

puis, en ayant égard aux formules (18), on trouve

$$(67)\qquad \left\{\begin{aligned} &\frac{\left(\frac{\partial^2 u}{\partial x^2}-Q\right)\cos\alpha}{\frac{\partial u}{\partial x}}=\frac{\left(\frac{\partial^2 u}{\partial y^2}-Q\right)\cos\beta}{\frac{\partial u}{\partial y}}=\frac{\left(\frac{\partial^2 u}{\partial z^2}-Q\right)\cos\gamma}{\frac{\partial u}{\partial z}}\\ &=\pm\left[\left(\frac{\frac{\partial u}{\partial x}}{\frac{\partial^2 u}{\partial x^2}-Q}\right)^2+\left(\frac{\frac{\partial u}{\partial y}}{\frac{\partial^2 u}{\partial y^2}-Q}\right)^2+\left(\frac{\frac{\partial u}{\partial z}}{\frac{\partial^2 u}{\partial z^2}-Q}\right)^2\right]^{-\frac{1}{2}}\end{aligned}\right.$$

Il suffit de joindre cette dernière aux formules (12) et (65) pour déterminer, dans l'hypothèse admise, les directions des tangentes aux sections principales et les rayons de courbure principaux.

Appliquons maintenant les formules que nous venons d'établir à quelques exemples.

Exemple I. — Concevons que la surface donnée se réduise à celle de l'ellipsoïde représenté par l'équation

$$\frac{x^2}{a^2}+\frac{y^2}{b^2}+\frac{z^2}{c^2}=1. \tag{68}$$

On pourra prendre

$$u=\frac{1}{2}\left(\frac{x^2}{a^2}+\frac{y^2}{b^2}+\frac{z^2}{c^2}-1\right),$$

et l'on aura, par suite,

$$\frac{\partial u}{\partial x}=\frac{x}{a^2},\qquad \frac{\partial u}{\partial y}=\frac{y}{b^2},\qquad \frac{\partial u}{\partial z}=\frac{z}{c^2},$$

$$\frac{\partial^2 u}{\partial x^2}=\frac{1}{a^2},\qquad \frac{\partial^2 u}{\partial y^2}=\frac{1}{b^2},\qquad \frac{\partial^2 u}{\partial z^2}=\frac{1}{c^2}.$$

Cela posé, les formules (65), (12) et (67) deviendront

$$\frac{x^2}{a^2(1-Qa^2)}+\frac{y^2}{b^2(1-Qb^2)}+\frac{z^2}{c^2(1-Qc^2)}=0, \tag{69}$$

$$\frac{1}{\rho}=\pm Q\left(\frac{x^2}{a^4}+\frac{y^2}{b^4}+\frac{z^2}{c^4}\right)^{-\frac{1}{2}}, \tag{70}$$

$$\left\{\begin{aligned}&\frac{(1-Qa^2)\cos\alpha}{x}=\frac{(1-Qb^2)\cos\beta}{y}=\frac{(1-Qc^2)\cos\gamma}{z}\\&=\pm\left[\left(\frac{x}{1-Qa^2}\right)^2+\left(\frac{y}{1-Qb^2}\right)^2+\left(\frac{z}{1-Qc^2}\right)^2\right]^{-\frac{1}{2}}\end{aligned}\right. \tag{71}$$

Ces dernières suffisent pour déterminer, en chaque point de l'ellipsoïde, les directions des tangentes aux sections principales et les deux rayons de courbure principaux. De plus, en retranchant l'équation (69) de l'équation (68), on trouvera

$$\frac{x^2}{a^2-\frac{1}{Q}}+\frac{y^2}{b^2-\frac{1}{Q}}+\frac{z^2}{c^2-\frac{1}{Q}}=1. \tag{72}$$

Or, il résulte de la formule (72) que, si, après avoir calculé l'une des valeurs *maximum* ou *minimum* de la variable Q, on construit un nouvel ellipsoïde dont les demi-axes a, b, c soient déterminés par les équations

$$(73) \qquad \mathrm{a}^2 = a^2 - \frac{1}{Q}, \qquad \mathrm{b}^2 = b^2 - \frac{1}{Q}, \qquad \mathrm{c}^2 = c^2 - \frac{1}{Q},$$

ce nouvel ellipsoïde passera encore par le point (x, y, z). On peut remarquer que les sections faites par les plans coordonnés, dans l'ellipsoïde proposé et dans le nouvel ellipsoïde, seront décrites des mêmes foyers ; car on aura

$$(74) \qquad \mathrm{a}^2 - \mathrm{b}^2 = a^2 - b^2, \qquad \mathrm{a}^2 - \mathrm{c}^2 = a^2 - c^2, \qquad \mathrm{b}^2 - \mathrm{c}^2 = b^2 - c^2.$$

Exemple II. — Concevons qu'après avoir tracé, dans le plan des x, y, une courbe représentée par l'équation

$$(75) \qquad y = f(x),$$

on fasse tourner cette courbe autour de l'axe des x. Elle engendrera une surface de révolution, dans laquelle la distance du point (x, y, z) à l'axe des x, savoir $\sqrt{y^2 + z^2}$, sera équivalente, au signe près, à l'ordonnée $f(x)$ de la courbe génératrice. On aura donc, pour tous les points de la surface, $\sqrt{y^2 + z^2} = \pm f(x)$, ou

$$(76) \qquad y^2 + z^2 = [f(x)]^2,$$

et l'on pourra prendre

$$u = \frac{1}{2}\{y^2 + z^2 - [f(x)]^2\}.$$

On trouvera, par suite

$$\frac{\partial u}{\partial x} = -f(x)f'(x), \qquad \frac{\partial u}{\partial y} = y, \qquad \frac{\partial u}{\partial z} = z,$$

$$\frac{\partial^2 u}{\partial x^2} = -\{[f'(x)]^2 + f(x)f''(x)\}, \qquad \frac{\partial^2 u}{\partial y^2} = 1, \qquad \frac{\partial^2 u}{\partial z^2} = 1.$$

Cela posé, on tirera de la formule (65)

$$\frac{[f(x)f'(x)]^2}{Q + [f'(x)]^2 + f(x)f''(x)} + \frac{y^2 + z^2}{Q - 1} = 0,$$

puis, en remettant pour y^2+z^2 sa valeur $[f(x)]^2$, on en conclura

$$(77) \qquad Q = -\frac{f(x)f''(x)}{1+[f'(x)]^2}.$$

On aura, d'ailleurs,

$$(78) \qquad R = \sqrt{y^2+z^2+[f(x)f'(x)]^2} = \pm f(x)\sqrt{1+[f'(x)]^2},$$

et, en conséquence, la formule (12) donnera

$$(79) \qquad \rho = \pm \frac{\{1+[f'(x)]^2\}^{\frac{3}{2}}}{f''(x)}.$$

La valeur précédente de ρ est le rayon de courbure de la courbe génératrice, qui coïncide effectivement avec l'une des sections principales de la surface de révolution. Quant au rayon de courbure de l'autre section principale, il suffira, pour le déterminer, de revenir aux équations (64), qui, dans le cas présent, se réduiront à

$$(80) \qquad \begin{cases} \{Q+[f'(x)]^2+f(x)f''(x)\}\xi = \mathrm{T}f(x)f'(x), \\ (1-Q)\eta = \mathrm{T}y, \qquad (1-Q)\zeta = \mathrm{T}z. \end{cases}$$

En effet, on vérifiera ces trois équations en prenant

$$(81) \qquad Q=1, \qquad \mathrm{T}=0, \qquad \xi = 0.$$

Par suite, la formule (12) donnera pour le rayon de courbure cherché

$$(82) \qquad \rho = \pm R = \pm f(x)\{1+[f'(x)]^2\}^{\frac{1}{2}}.$$

Donc ce rayon de courbure se confondra toujours avec la normale N de la génératrice [*voir* la formule (5), page 56]. De plus, comme la dernière des formules (81), savoir $\xi = 0$, entraînera l'équation

$$(83) \qquad \cos\alpha = 0,$$

il est clair que la section principale, correspondant au rayon de courbure dont il s'agit, aura pour tangente une droite comprise dans un plan perpendiculaire à l'axe des x.

Les formules générales précédemment obtenues se simplifient lorsqu'on suppose l'équation de la surface résolue par rapport à z, et réduite à la forme

$$z = f(x, y). \tag{84}$$

Concevons que dans cette hypothèse on fasse, pour abréger,

$$\left\{\begin{array}{l} \dfrac{\partial f(x, y)}{\partial x} = p, \qquad \dfrac{\partial f(x, y)}{\partial y} = q, \\ \dfrac{\partial^2 f(x, y)}{\partial x^2} = r, \qquad \dfrac{\partial^2 f(x, y)}{\partial x \, \partial y} = s, \qquad \dfrac{\partial^2 f(x, y)}{\partial y^2} = t. \end{array}\right. \tag{85}$$

Alors, en posant

$$u = f(x, y) - z,$$

on trouvera

$$\frac{\partial u}{\partial x} = p, \qquad \frac{\partial u}{\partial y} = q, \qquad \frac{\partial u}{\partial z} = -1;$$

$$\frac{\partial^2 u}{\partial x^2} = r, \qquad \frac{\partial^2 u}{\partial y^2} = t, \qquad \frac{\partial^2 u}{\partial z^2} = 0,$$

$$\frac{\partial^2 u}{\partial y \, \partial z} = 0, \qquad \frac{\partial^2 u}{\partial z \, \partial x} = 0, \qquad \frac{\partial^2 u}{\partial x \, \partial y} = s.$$

Par suite, les formules (10), (15) et (23) donneront

$$R = \sqrt{1 + p^2 + q^2}, \tag{86}$$

$$Q = r \cos^2\alpha + 2s \cos\alpha \cos\beta + t \cos^2\beta, \tag{87}$$

$$p \cos\alpha + q \cos\beta = \cos\gamma, \tag{88}$$

tandis que les formules (20) et (21) se réduiront à

$$r\xi^2 + 2s\xi\eta + t\eta^2 = \pm R, \tag{89}$$

et

$$p\xi + q\eta = \zeta. \tag{90}$$

Telles seront, dans l'hypothèse admise, les deux équations de la courbe plane qu'on obtient en portant, à partir du point (x, y, z), sur la tangente à chaque section normale, des longueurs égales à la racine carrée du rayon de courbure de cette même section. Comme la première de ces équations renferme seulement les coordonnées ξ, η, il est clair qu'elle représente la projection de la courbe sur le plan des x, y; et comme, d'après la forme de l'équation (89), cette projection se réduit évidemment à une ellipse ou à deux hyperboles conjuguées, ou au système de deux droites parallèles, ou enfin au système de deux droites qui se coupent au point (x, y, z), on peut affirmer que la courbe en question se réduira elle-même à l'une des lignes qu'on vient de nommer. On déduira sans peine de cette remarque les diverses conséquences auxquelles nous sommes déjà parvenus en partant des formules (20) et (21).

Quant aux rayons de courbure principaux, ils seront toujours déterminés par la formule (49), de laquelle on devra éliminer $d\xi$, $d\eta$ et $d\zeta$. par le moyen des équations différentielles

$$(91)\qquad (r\xi + s\eta)\,d\xi + (s\xi + t\eta)\,d\eta = 0,$$

$$(92)\qquad p\,d\xi + q\,d\eta = d\zeta.$$

Or, si l'on élimine d'abord $d\zeta$ entre les formules (49) et (92), on aura

$$(\xi + p\zeta)\,d\xi + (\eta + q\zeta)\,d\eta = 0,$$

et l'on conclura de cette dernière, comparée à l'équation (91),

$$(93)\qquad \frac{r\xi + s\eta}{\xi + p\zeta} = \frac{s\xi + t\eta}{\eta + q\zeta} = \frac{\xi(r\xi + s\eta) + \eta(s\xi + t\eta)}{\xi(\xi + p\zeta) + \eta(\eta + q\zeta)}.$$

Si maintenant on a égard aux équations (89), (90) et (48), on trouvera simplement

$$(94)\qquad \frac{r\xi + s\eta}{(1+p^2)\xi + pq\eta} = \frac{s\xi + t\eta}{(1+q^2)\eta + pq\xi} = \pm\frac{R}{\rho} = Q,$$

ou, ce qui revient au même,

$$(95)\qquad \left\{\begin{array}{l} [r - (1+p^2)Q]\,\xi + (s - pqQ)\,\eta = 0, \\ (s - pqQ)\,\xi + [t - (1+q^2)Q]\,\eta = 0. \end{array}\right.$$

Pour déduire des formules (95) la valeur de Q il suffira d'éliminer entre elles les coordonnées ξ, η. En opérant ainsi, on obtiendra l'équation du second degré

$$(96)\qquad [r - (1+p^2)Q][t - (1+q^2)Q] - (s - pqQ)^2 = 0,$$

qui, étant développée, se réduit à

$$(97)\qquad (1+p^2+q^2)Q^2-[(1+p^2)t-2pqs+(1+q^2)r]Q+rt-s^2=0.$$

De plus, la formule (12) donnera

$$(98)\qquad \frac{1}{\rho}=\pm\frac{Q}{\sqrt{1+p^2+q^2}}.$$

Enfin on tirera des équations (95) et (90)

$$(99)\quad \left\{\begin{aligned} &\frac{\xi}{s-pqQ}=\frac{\eta}{(1+p^2)Q-r}=\frac{\zeta}{ps-qr+qQ}\\ &=\pm\frac{\rho^{\frac{1}{2}}\sqrt{1+p^2}}{\{[(1+p^2)s-pqr]^2+(1+p^2+q^2)[(1+p^2)Q-r]^2\}^{\frac{1}{2}}};\end{aligned}\right.$$

et par suite, en ayant égard aux formules (18),

$$(100)\quad \left\{\begin{aligned} &\frac{\cos\alpha}{s-pqQ}=\frac{\cos\beta}{(1+p^2)Q-r}=\frac{\cos\gamma}{ps-qr+qQ}\\ &=\pm\frac{\sqrt{1+p^2}}{\{[(1+p^2)s-pqr]^2+(1+p^2+q^2)[(1+p^2)Q-r]^2\}^{\frac{1}{2}}}.\end{aligned}\right.$$

L'équation (97) fournit évidemment deux valeurs réelles de la quantité Q. En effet, les deux racines de cette équation sont comprises dans la formule

$$(101)\quad Q=\frac{(1+p^2)t-2pqs+(1+q^2)r\pm\{[(1+p^2)t-2pqs+(1+q^2)r]^2-4(1+p^2+q^2)(rt-s^2)\}^{\frac{1}{2}}}{2(1+p^2+q^2)},$$

et, comme on a identiquement

$$(102)\quad \left\{\begin{aligned} &[(1+p^2)t-2pqs+(1+q^2)r]^2-4(1+p^2+q^2)(rt-s^2)\\ &=\frac{\{(1+p^2)[(1+p^2)t-(1+q^2)r]+2pq[pqr-(1+p^2)s]\}^2+4(1+p^2+q^2)[pqr-(1+p^2)s]^2}{(1+p^2)^2},\end{aligned}\right.$$

il en résulte que, dans la formule (101), le polynome renfermé sous le radical est essentiellement positif. Après avoir calculé les deux racines réelles de l'équation (97), il suffira de les substituer dans la formule (98), pour obtenir les valeurs des deux rayons de courbure principaux, et dans la formule (100), pour déterminer les directions des tangentes menées par le point (x, y, z) aux sections principales.

On reconnaît, à la seule inspection de la formule (97), que, dans le cas où l'on a

$$rt - s^2 > 0, \tag{103}$$

les deux valeurs de Q correspondant aux rayons de courbure principaux sont des quantités de même signe. Donc alors ces rayons de courbure sont dirigés dans le même sens et représentent les valeurs maximum et minimum de la variable ρ. Si l'on avait

$$rt - s^2 < 0, \tag{104}$$

les deux racines de l'équation (97) seraient des quantités de signes différents, et les rayons de courbure principaux, dirigés en sens contraires, représenteraient deux valeurs minima de la variable ρ. Enfin, si l'on avait

$$rt - s^2 = 0, \tag{105}$$

l'une des racines de l'équation (97) s'évanouirait, et la valeur maximum de ρ deviendrait infinie; donc alors l'une des sections principales aurait une courbure nulle. Il est aisé de s'assurer que cette circonstance a lieu en chaque point d'une surface développable : par conséquent, les valeurs de r, s, t tirées de l'équation d'une semblable surface vérifient la formule (105), quelles que soient les valeurs attribuées aux coordonnées x, y, z.

Les deux racines de l'équation (97) deviennent égales entre elles, dans le cas où l'expression (102) s'évanouit, ce qui ne peut arriver à moins que l'on n'ait à la fois

$$pqr - (1 + p^2)s = 0, \qquad (1 + p^2)t - (1 + q^2)r = 0,$$

ou, ce qui revient au même,

$$\frac{r}{1 + p^2} = \frac{s}{pq} = \frac{t}{1 + q^2}. \tag{106}$$

Or, dans cette hypothèse, on tire de la formule (101), et même de la formule (96)

$$(107) \qquad Q = \frac{r}{1+p^2} = \frac{s}{pq} = \frac{t}{1+q^2}.$$

Donc alors toutes les valeurs des variables Q et ρ deviennent égales entre elles, ce qui s'accorde avec une remarque déjà faite (p. 348). Alors aussi les valeurs de $\cos\alpha$, $\cos\beta$, $\cos\gamma$, déterminées par les équations (100), deviennent indéterminées.

Pour que les rayons de courbure principaux soient égaux et dirigés en sens contraires, il est nécessaire que, dans l'équation (97), le coefficient de Q s'évanouisse, et que l'on ait en conséquence

$$(108) \qquad (1+p^2)t - 2pqs + (1+q^2)r = 0.$$

Nous ne terminerons par cette Leçon sans rappeler que c'est Euler qui le premier a établi la théorie de la courbure des surfaces, et montré les relations qui existent entre les rayons de courbure des diverses sections faites dans une surface par des plans normaux. Les recherches de cet illustre géomètre, sur l'objet dont il s'agit, ont été insérées dans les *Mémoires* de l'Académie de Berlin (année 1760).

VINGTIÈME LEÇON.

RAYONS DE COURBURE DES DIFFÉRENTES COURBES QUE L'ON PEUT TRACER SUR UNE SURFACE DONNÉE. DES SURFACES QUI SONT OSCULATRICES L'UNE DE L'AUTRE EN UN POINT QUI LEUR EST COMMUN.

Considérons toujours une surface courbe représentée par l'équation

$$(1) \qquad u = 0,$$

dans laquelle u désigne une fonction des coordonnées rectangulaires x, y, z; et concevons que, sur cette même surface, on trace une courbe qui renferme le point (x, y, z). Si l'on nomme s l'arc de cette courbe, et ρ son rayon de courbure correspondant au point (x, y, z), les cosinus des angles formés par ce rayon avec les demi-axes des coordonnées positives seront, en vertu des formules (3) de la dix-huitième Leçon,

$$(2) \qquad \rho\frac{d^2x}{ds^2}, \quad \rho\frac{d^2y}{ds^2}, \quad \rho\frac{d^2z}{ds^2}.$$

Si, de plus, on élève par le point (x, y, z) une normale à la surface courbe, et si l'on fait, pour abréger,

$$(3) \qquad R = \left[\left(\frac{\partial u}{\partial x}\right)^2 + \left(\frac{\partial u}{\partial y}\right)^2 + \left(\frac{\partial u}{\partial z}\right)^2\right]^{\frac{1}{2}},$$

les cosinus des angles compris entre la normale prolongée dans une certaine direction et les demi-axes des coordonnées positives seront respectivement [*voir* les formules (8) de la quatorzième Leçon]

$$(4)\qquad \frac{1}{R}\frac{\partial u}{\partial x},\quad \frac{1}{R}\frac{\partial u}{\partial y},\quad \frac{1}{R}\frac{\partial u}{\partial z}.$$

Cela posé, soit δ l'angle formé par la direction de la normale avec la direction du rayon de courbure. On conclura de la formule (48) des Préliminaires que, pour obtenir $\cos\delta$, il suffit de multiplier les expressions (2) par les expressions (4), et de faire la somme des produits. On aura donc

$$(5)\qquad \cos\delta = \frac{\rho}{R}\,\frac{\frac{\partial u}{\partial x}d^2x + \frac{\partial u}{\partial y}d^2y + \frac{\partial u}{\partial z}d^2z}{ds^2}.$$

Si d'ailleurs on désigne par α, β, γ les angles que forme la tangente à la courbe, prolongée dans un sens ou dans un autre, avec les demi-axes des coordonnées positives, et si l'on différentie deux fois de suite l'équation (1), on en tirera, comme dans la dix-neuvième Leçon,

$$(6)\qquad \frac{\partial u}{\partial x}d^2x + \frac{\partial u}{\partial y}d^2y + \frac{\partial u}{\partial z}d^2z = -\,Q\,ds^2,$$

la valeur de Q étant déterminée par la formule

$$(7)\qquad \left\{\begin{aligned} Q = {} & \frac{\partial^2 u}{\partial x^2}\cos^2\alpha + \frac{\partial^2 u}{\partial y^2}\cos^2\beta + \frac{\partial^2 u}{\partial z^2}\cos^2\gamma \\ & + 2\frac{\partial^2 u}{\partial y\,\partial z}\cos\beta\cos\gamma + 2\frac{\partial^2 u}{\partial z\,\partial x}\cos\gamma\cos\alpha + 2\frac{\partial^2 u}{\partial x\,\partial y}\cos\alpha\cos\beta. \end{aligned}\right.$$

Par conséquent la formule (5) donnera

$$(8)\qquad \cos\delta = -\frac{\rho}{R}Q,\qquad \frac{\cos\delta}{\rho} = -\frac{Q}{R};$$

et l'on en conclura

$$(9)\qquad \rho = -\frac{R}{Q}\cos\delta.$$

Des trois quantités R, Q et δ, comprises dans le second membre de l'équation (9), la première, savoir R, dépend uniquement de la position du point (x, y, z) sur la surface (1). La seconde quantité, savoir Q, dépend à la fois de cette position et de la direction de la tangente menée par le point (x, y, z) à la courbe tracée sur la surface. Quant à la quantité δ, elle représente toujours l'un des deux angles aigu et obtus formés par le plan osculateur de la courbe, ou, ce qui revient au même, par la normale principale de la courbe avec la normale à la surface, cette dernière normale étant prolongée dans un certain sens. Cela posé, il est clair que, si l'on donne, avec le point (x, y, z), la tangente à la courbe et le plan osculateur, les quantités Q et R seront connues, ainsi que la valeur numérique de $\cos\delta$. Donc alors on pourra déterminer, par le moyen de la formule (9), le rayon de courbure ρ. De plus, comme les quantités ρ et R sont essentiellement positives, on peut conclure de l'équation (9) que

$$(10) \qquad \cos\delta \quad \text{et} \quad Q$$

seront toujours des quantités de signes différents. A l'aide de cette remarque, on déterminera immédiatement le signe de $\cos\delta$ et, par conséquent, le sens dans lequel on devra porter le rayon de courbure ρ sur la normale principale de la courbe proposée.

De ce qu'on vient de dire il résulte : 1° que, si deux courbes tracées sur la surface (1) ont le même plan osculateur, elles auront aussi le même rayon de courbure; 2° que, si ces deux courbes ont la même tangente sans avoir le même plan osculateur, leurs rayons de courbure seront proportionnels aux cosinus des angles que leurs normales principales formeront avec la normale à la surface donnée. Dans le cas particulier où le plan osculateur d'une courbe devient un plan normal à cette même surface, on a nécessairement

$$(11) \qquad \cos\delta = \pm 1,$$

le signe + ou − devant être admis suivant que le rayon de courbure est dirigé dans un sens ou dans un autre; et l'équation (9) se réduit à

$$\rho = \mp \frac{R}{Q}. \tag{12}$$

Cette dernière coïncide avec la formule (12) de la dix-neuvième Leçon. Il suffit de la comparer à l'équation (9) pour établir la proposition suivante :

Théorème I. — *Concevons qu'une courbe quelconque étant tracée sur une surface, on mène, par la tangente à la courbe en un point donné* (x, y, z), *un plan normal à la surface. Le rayon de courbure de la courbe sera le produit du rayon de courbure de la section faite par le plan normal et du cosinus de l'angle aigu compris entre ce même plan et le plan osculateur de la courbe.*

On peut aisément vérifier le théorème qui précède dans plusieurs cas particuliers. Ainsi, par exemple, si par un point donné sur une sphère on fait passer un grand cercle et un petit cercle qui aient en ce point la même tangente, on reconnaîtra sans peine que le rayon du petit cercle est équivalent au rayon de la sphère multiplié par le cosinus de l'angle aigu compris entre les plans des deux cercles.

Concevons encore qu'après avoir tracé, dans le plan des x, y, une courbe représentée par l'équation

$$y = f(x), \tag{13}$$

on considère la surface engendrée par la révolution de cette courbe autour de l'axe des x, et que l'on demande le rayon de courbure ρ de la section faite, au point (x, y, z) de la surface, par un plan normal à la courbe génératrice. L'angle aigu compris entre ce plan normal et le plan mené par le point (x, y, z) perpendiculairement à l'axe des x sera évidemment égal à l'inclinaison τ de la courbe génératrice par rapport au même axe. Donc, puisque le second plan coupera la surface de révolution suivant un cercle, le rayon de ce cercle sera équivalent au produit $\rho \cos \tau$. D'ailleurs le rayon dont il s'agit se confondra, au signe près, avec l'ordonnée $f(x)$ de la courbe génératrice. On aura donc

$$(14) \qquad \rho \cos \tau = \pm f(x).$$

Enfin, comme la dernière des formules (6) de la première Leçon donnera

$$(15) \qquad \cos \tau = \frac{1}{\sqrt{1 + [f'(x)]^2}},$$

on tirera de l'équation (14)

$$(16) \qquad \rho = \pm f(x) \sqrt{1 + [f(x)]^2};$$

et l'on se trouvera ainsi ramené à la formule (82) de la Leçon précédente.

Supposons maintenant l'équation (1) résolue par rapport à z, et réduite à la forme

$$(17) \qquad z = f(x, y).$$

Alors, si l'on fait usage des notations adoptées dans la dix-neuvième Leçon, ou, ce qui revient au même, si l'on désigne par

$$(18) \qquad d f(x, y) = p\,dx + q\,dy \quad \text{et} \quad d^2 f(x, y) = r\,dx^2 + 2s\,dx\,dy + t\,dy^2,$$

les différentielles totales de $f(x, y)$, du premier et du second ordre, prises par rapport aux variables x et y considérées comme indépendantes, on aura

$$(19) \qquad R = \sqrt{1 + p^2 + q^2} \quad \text{et} \quad Q = r \cos^2 \alpha + 2s \cos \alpha \cos \beta + t \cos^2 \beta.$$

En conséquence, la formule (8) deviendra

$$(20) \qquad \frac{\cos \delta}{\rho} = - \frac{r \cos^2 \alpha + 2s \cos \alpha \cos \beta + t \cos^2 \beta}{\sqrt{1 + p^2 + q^2}}.$$

Dans cette dernière, δ sera l'angle compris entre le rayon ρ et la normale à la surface proposée, cette normale étant prolongée de manière à former avec les demi-axes des coordonnées positives des angles λ, μ, ν, déterminés par les équations

$$(21)\quad \cos\lambda = \frac{p}{\sqrt{1+p^2+q^2}},\quad \cos\mu = \frac{q}{\sqrt{1+p^2+q^2}},\quad \cos\nu = -\frac{1}{\sqrt{1+p^2+q^2}}.$$

On dit que deux surfaces sont *osculatrices* l'une de l'autre en un point qui leur est commun, lorsqu'elles ont, en ce point, non-seulement le même plan tangent, mais encore des sections principales comprises dans les mêmes plans normaux, et les mêmes rayons de courbure principaux dirigés dans les mêmes sens. Alors, le contact qui existe entre les deux surfaces prend le nom d'*osculation*. Concevons que, dans le même cas, on mène par le point commun aux deux surfaces un plan quelconque. On conclura de la formule (44) (dix-neuvième Leçon), si ce plan est normal aux deux surfaces, et de la proposition énoncée à la page 368, s'il est oblique, qu'il coupe les deux surfaces suivant deux courbes qui ont le même rayon de courbure. Donc, le second membre de la formule (20) et la fraction

$$(22)\qquad \frac{r\cos^2\alpha + 2s\cos\alpha\cos\beta + t\cos^2\beta}{\sqrt{1+p^2+q^2}}$$

devront rester invariables dans le passage de la première surface à la seconde, pour toutes les valeurs des angles α, β propres à vérifier l'équation

$$(23)\qquad \cos^2\alpha + \cos^2\beta + (p\cos\alpha + q\cos\beta)^2 = 1,$$

à laquelle on parvient en combinant l'équation (88) de la dix-neuvième Leçon, avec la formule

$$\cos^2\alpha + \cos^2\beta + \cos^2\gamma = 1.$$

D'ailleurs, les deux surfaces se touchant par hypothèse, les quantités p, q, et par suite le dénominateur de la fraction (22), ne varieront pas dans le passage de l'une à l'autre. Donc il en sera de même du numérateur

$$r\cos^2\alpha + 2s\cos\alpha\cos\beta + t\cos^2\beta. \tag{24}$$

Or, ce numérateur se réduisant, lorsqu'on suppose $\cos\beta = 0$, au produit $r\cos^2\alpha$, et, lorsqu'on suppose $\cos\alpha = 0$, au produit $t\cos^2\beta$, il est évident, 1° que les deux quantités r, t ne changeront pas de valeurs dans le passage dont il s'agit; 2° qu'il en sera encore de même du second terme de l'expression (24) et, par suite, de la quantité s. Ajoutons que les cinq quantités représentées ici par p, q, r, s, t sont précisément les dérivées partielles du premier et du second ordre de la valeur de z fournie par l'équation d'une surface dans le cas où l'on considère x et y comme variables indépendantes. On peut donc énoncer la proposition suivante.

Théorème II. — *Lorsque deux surfaces, représentées par deux équations entre les coordonnées rectangulaires x, y, z, sont osculatrices l'une de l'autre en un point donné, les six quantités*

$$z, \quad p = \frac{\partial z}{\partial x}, \quad q = \frac{\partial z}{\partial y}, \quad r = \frac{\partial^2 z}{\partial x^2}, \quad s = \frac{\partial^2 z}{\partial x\,\partial y}, \quad t = \frac{\partial^2 z}{\partial y^2} \tag{25}$$

conservent, pour le point commun, dans le passage de la première surface à la seconde, les mêmes valeurs numériques et les mêmes signes.

Corollaire I. — On pourrait établir généralement la proposition inverse de celle qui précède, et faire voir que si, pour des valeurs données de x et y, les quantités (25) ne varient pas dans le passage d'une première surface à la seconde, ces deux surfaces seront osculatrices l'une de l'autre. En effet, il est d'abord évident qu'elles auront un point commun dans lequel elles se toucheront. De plus, on conclura de la formule (20) que, si l'on coupe les deux surfaces par un plan quelconque normal ou oblique, les deux courbes d'intersection auront le même rayon de courbure. Donc les deux surfaces auront les mêmes rayons de courbure principaux correspondant aux mêmes plans normaux, et leur point de contact sera un point d'osculation. Toutefois cette conclusion ne serait pas rigoureuse, si la valeur de ρ tirée de l'équation (20) se présentait sous une forme indéterminée; ce qui arriverait, si les valeurs des quantités p, q, r, s, t, ou de quelques-unes d'entre elles, devenaient infinies; et, dans ce dernier cas, les deux surfaces, sans être osculatrices l'une de l'autre, pourraient fournir, pour le point commun, des valeurs égales des dérivées p, q, r, s et t. Cette remarque est analogue à celle que nous avons faite relativement aux conditions qui expriment l'ordre de contact de deux courbes planes (*voir* la p. 153).

Corollaire II. — Pour qu'un point dans lequel deux surfaces se touchent devienne un point d'osculation, il suffit évidemment que, dans le passage d'une surface à l'autre, la courbe du second degré tracée sur le plan tangent, et dont les rayons vecteurs sont égaux aux racines carrées des rayons de courbure des sections normales, ne varie pas. Or, une courbe du second degré est complètement déterminée, quand on connaît le centre et trois rayons vecteurs menés du centre à trois points de la courbe. De plus, étant donné le rayon de courbure d'une section faite dans une surface par un plan oblique, on en déduit immédiatement, à l'aide du théorème I, le rayon de courbure de la section normale qui a la même tangente, et par conséquent l'un des rayons vecteurs de la courbe ci-dessus mentionnée. Donc, *pour qu'un point dans lequel deux surfaces se touchent soit un point d'osculation, il suffit que trois plans menés arbitrairement par ce point coupent chacun les deux surfaces suivant deux courbes osculatrices l'une de l'autre.* Il est bon d'observer que cette condition sera remplie, si les rayons de courbure des sections faites dans la première et dans la seconde surface par des plans parallèles aux plans coordonnés sont égaux et dirigés dans les mêmes sens.

Corollaire III. — Soient maintenant

(26) $$u = 0,$$

(27) $$v = 0$$

les équations de deux surfaces courbes, u, v désignant des fonctions des coordonnées rectangulaires x, y, z. Si l'on différentie l'équation (26), 1° par rapport à x, en regardant z comme fonction de x; 2° par rapport à y, en regardant z comme fonction de y, on obtiendra les deux formules

$$\frac{\partial u}{\partial x} + \frac{\partial u}{\partial z}\frac{\partial z}{\partial x} = 0, \qquad \frac{\partial u}{\partial y} + \frac{\partial u}{\partial z}\frac{\partial z}{\partial y} = 0;$$

puis, en opérant sur chacune de ces dernières comme on vient de le faire sur l'équation $u = 0$, on trouvera

$$\frac{\partial^2 u}{\partial x^2} + 2\frac{\partial^2 u}{\partial x\,\partial z}\frac{\partial z}{\partial x} + \frac{\partial^2 u}{\partial z^2}\left(\frac{\partial z}{\partial x}\right)^2 + \frac{\partial u}{\partial z}\frac{\partial^2 z}{\partial x^2} = 0,$$

$$\frac{\partial^2 u}{\partial x\,\partial y} + \frac{\partial^2 u}{\partial y\,\partial z}\frac{\partial z}{\partial x} + \frac{\partial^2 u}{\partial x\,\partial z}\frac{\partial z}{\partial y} + \frac{\partial^2 u}{\partial z^2}\frac{\partial z}{\partial x}\frac{\partial z}{\partial y} + \frac{\partial u}{\partial z}\frac{\partial^2 z}{\partial x\,\partial y} = 0,$$

$$\frac{\partial^2 u}{\partial y^2} + 2\frac{\partial^2 u}{\partial y\,\partial z}\frac{\partial z}{\partial y} + \frac{\partial^2 u}{\partial z^2}\left(\frac{\partial z}{\partial y}\right)^2 + \frac{\partial u}{\partial z}\frac{\partial^2 z}{\partial y^2} = 0.$$

En d'autres termes, on aura

(28) $$\frac{\partial u}{\partial x} + p\frac{\partial u}{\partial y} = 0, \qquad \frac{\partial u}{\partial y} + q\frac{\partial u}{\partial z} = 0;$$

(29) $$\left\{\begin{aligned} &\frac{\partial^2 u}{\partial x^2} + 2p\frac{\partial^2 u}{\partial x\,\partial z} + p^2\frac{\partial^2 u}{\partial z^2} + r\frac{\partial u}{\partial z} = 0,\\ &\frac{\partial^2 u}{\partial x\,\partial y} + p\frac{\partial^2 u}{\partial y\,\partial z} + q\frac{\partial^2 u}{\partial x\,\partial z} + pq\frac{\partial^2 u}{\partial z^2} + s\frac{\partial u}{\partial z} = 0,\\ &\frac{\partial^2 u}{\partial y^2} + 2q\frac{\partial^2 u}{\partial y\,\partial z} + q^2\frac{\partial^2 u}{\partial z^2} + t\frac{\partial u}{\partial z} = 0.\end{aligned}\right.$$

On trouvera par suite

(30) $$p = -\frac{\dfrac{\partial u}{\partial x}}{\dfrac{\partial u}{\partial z}}, \qquad q = -\frac{\dfrac{\partial u}{\partial y}}{\dfrac{\partial u}{\partial z}};$$

$$(31)\quad \left\{\begin{aligned}
r &= -\frac{\dfrac{\partial^2 u}{\partial x^2}\left(\dfrac{\partial u}{\partial z}\right)^2 - 2\dfrac{\partial^2 u}{\partial x\,\partial z}\dfrac{\partial u}{\partial x}\dfrac{\partial u}{\partial z} + \dfrac{\partial^2 u}{\partial z^2}\left(\dfrac{\partial u}{\partial x}\right)^2}{\left(\dfrac{\partial u}{\partial z}\right)^3},\\
s &= -\frac{\dfrac{\partial^2 u}{\partial x\,\partial y}\left(\dfrac{\partial u}{\partial z}\right)^2 - \dfrac{\partial^2 u}{\partial y\,\partial z}\dfrac{\partial u}{\partial x}\dfrac{\partial u}{\partial z} - \dfrac{\partial^2 u}{\partial x\,\partial z}\dfrac{\partial u}{\partial y}\dfrac{\partial u}{\partial z} + \dfrac{\partial^2 u}{\partial z^2}\dfrac{\partial u}{\partial x}\dfrac{\partial u}{\partial y}}{\left(\dfrac{\partial u}{\partial z}\right)^3},\\
t &= -\frac{\dfrac{\partial^2 u}{\partial y^2}\left(\dfrac{\partial u}{\partial z}\right)^2 - 2\dfrac{\partial^2 u}{\partial y\,\partial z}\dfrac{\partial u}{\partial y}\dfrac{\partial u}{\partial z} + \dfrac{\partial^2 u}{\partial z^2}\left(\dfrac{\partial u}{\partial y}\right)^2}{\left(\dfrac{\partial u}{\partial z}\right)^3}.
\end{aligned}\right.$$

Cela posé, pour que les deux surfaces (26) et (27) soient osculatrices l'une de l'autre en un point commun (x, y, z), il sera nécessaire et il suffira généralement que les valeurs de p, q, r, s, t déduites des équations (30) et (31) ne varient pas quand on y remplacera la fonction u par la fonction v. Or, cette condition sera remplie, si les coordonnées x, y, z du point commun aux deux surfaces vérifient la formule

$$(32)\quad \left\{\begin{aligned}
&\frac{\dfrac{\partial^2 u}{\partial x^2}\left(\dfrac{\partial u}{\partial z}\right)^2 - 2\dfrac{\partial^2 u}{\partial x\,dz}\dfrac{\partial u}{\partial x}\dfrac{\partial u}{\partial z} + \dfrac{\partial^2 u}{\partial z^2}\left(\dfrac{\partial u}{\partial x}\right)^2}{\dfrac{\partial^2 v}{\partial x^2}\left(\dfrac{\partial v}{\partial z}\right)^2 - 2\dfrac{\partial^2 v}{\partial x\,\partial z}\dfrac{\partial v}{\partial x}\dfrac{\partial v}{\partial z} + \dfrac{\partial^2 v}{\partial z^2}\left(\dfrac{\partial v}{\partial x}\right)^2}\\
&\quad= \frac{\dfrac{\partial^2 u}{\partial x\,\partial y}\left(\dfrac{\partial u}{\partial z}\right)^2 - \dfrac{\partial^2 u}{\partial y\,\partial z}\dfrac{\partial u}{\partial x}\dfrac{\partial u}{\partial z} - \dfrac{\partial^2 u}{\partial x\,\partial z}\dfrac{\partial u}{\partial y}\dfrac{\partial u}{\partial z} + \dfrac{\partial^2 u}{\partial z^2}\dfrac{\partial u}{\partial x}\dfrac{\partial u}{\partial y}}{\dfrac{\partial^2 v}{\partial x\,\partial y}\left(\dfrac{\partial v}{\partial z}\right)^2 - \dfrac{\partial^2 v}{\partial y\,\partial z}\dfrac{\partial v}{\partial x}\dfrac{\partial v}{\partial z} - \dfrac{\partial^2 v}{\partial x\,\partial z}\dfrac{\partial v}{\partial y}\dfrac{\partial v}{\partial z} + \dfrac{\partial^2 v}{\partial z^2}\dfrac{\partial v}{\partial x}\dfrac{\partial v}{\partial y}}\\
&\quad= \frac{\dfrac{\partial^2 u}{\partial y^2}\left(\dfrac{\partial u}{\partial z}\right)^2 - 2\dfrac{\partial^2 u}{\partial y\,\partial z}\dfrac{\partial u}{\partial y}\dfrac{\partial u}{\partial z} + \dfrac{\partial^2 u}{\partial z^2}\left(\dfrac{\partial u}{\partial y}\right)^2}{\dfrac{\partial^2 v}{\partial y^2}\left(\dfrac{\partial v}{\partial z}\right)^2 - 2\dfrac{\partial^2 v}{\partial y\,\partial z}\dfrac{\partial v}{\partial y}\dfrac{\partial v}{\partial z} + \dfrac{\partial^2 v}{\partial z^2}\left(\dfrac{\partial v}{\partial y}\right)^2}\\
&\quad= \frac{\left(\dfrac{\partial u}{\partial x}\right)^3}{\left(\dfrac{\partial v}{\partial x}\right)^3} = \frac{\left(\dfrac{\partial u}{\partial y}\right)^3}{\left(\dfrac{\partial v}{\partial y}\right)^3} = \frac{\left(\dfrac{\partial u}{\partial z}\right)^3}{\left(\dfrac{\partial v}{\partial z}\right)^3}.
\end{aligned}\right.$$

Il est important de remarquer, 1° que la formule (32) équivaut à cinq équations distinctes; 2° que, cette formule devant subsister quand on échange entre eux les axes des x, y et z, il est permis de remplacer l'une des fractions qu'elle renferme, par exemple la seconde, par celle qu'on obtiendrait en substituant dans le premier membre la lettre y à la lettre z. Donc, pour que les surfaces (26) et (27) soient osculatrices l'une de l'autre en un point commun (x, y, z), il est nécessaire et il suffit généralement que les coordonnées de ce point vérifient la formule

$$(33)\quad \left\{\begin{aligned} &\frac{\left(\frac{\partial u}{\partial x}\right)^3}{\left(\frac{\partial v}{\partial x}\right)^3} = \frac{\left(\frac{\partial u}{\partial y}\right)^3}{\left(\frac{\partial v}{\partial y}\right)^3} = \frac{\left(\frac{\partial u}{\partial z}\right)^3}{\left(\frac{\partial v}{\partial z}\right)^3} \\ &= \frac{\frac{\partial^2 u}{\partial y^2}\left(\frac{\partial u}{\partial z}\right)^2 - 2\frac{\partial^2 u}{\partial y\,\partial z}\frac{\partial u}{\partial y}\frac{\partial u}{\partial z} + \frac{\partial^2 u}{\partial z^2}\left(\frac{\partial u}{\partial y}\right)^2}{\frac{\partial^2 v}{\partial y^2}\left(\frac{\partial v}{\partial z}\right)^2 - 2\frac{\partial^2 v}{\partial y\,\partial z}\frac{\partial v}{\partial y}\frac{\partial v}{\partial z} + \frac{\partial^2 v}{\partial z^2}\left(\frac{\partial v}{\partial y}\right)^2} \\ &= \frac{\frac{\partial^2 u}{\partial z^2}\left(\frac{\partial u}{\partial x}\right)^2 - 2\frac{\partial^2 u}{\partial z\,\partial x}\frac{\partial u}{\partial z}\frac{\partial u}{\partial x} + \frac{\partial^2 u}{\partial x^2}\left(\frac{\partial u}{\partial z}\right)^2}{\frac{\partial^2 v}{\partial z^2}\left(\frac{\partial v}{\partial x}\right)^2 - 2\frac{\partial^2 v}{\partial z\,\partial x}\frac{\partial v}{\partial z}\frac{\partial v}{\partial x} + \frac{\partial^2 v}{\partial x^2}\left(\frac{\partial v}{\partial z}\right)^2} \\ &= \frac{\frac{\partial^2 u}{\partial x^2}\left(\frac{\partial u}{\partial y}\right)^2 - 2\frac{\partial^2 u}{\partial x\,\partial y}\frac{\partial u}{\partial x}\frac{\partial u}{\partial y} + \frac{\partial^2 u}{\partial y^2}\left(\frac{\partial u}{\partial x}\right)^2}{\frac{\partial^2 v}{\partial x^2}\left(\frac{\partial v}{\partial y}\right)^2 - 2\frac{\partial^2 v}{\partial x\,\partial y}\frac{\partial v}{\partial x}\frac{\partial v}{\partial y} + \frac{\partial^2 v}{\partial y^2}\left(\frac{\partial v}{\partial x}\right)^2}. \end{aligned}\right.$$

On parviendrait directement à cette dernière formule en combinant la condition (47) de la seizième Leçon avec le principe énoncé dans le corollaire II du théorème II, et en exprimant que, dans le passage de la première surface à la seconde, le rayon de courbure ρ d'une section faite par un plan parallèle à l'un des plans coordonnés conserve une valeur invariable déterminée par l'équation (30) de la sixième Leçon, ou par celles qu'on en déduit à l'aide d'un échange opéré entre les coordonnées x, y, z.

VINGT ET UNIÈME LEÇON.

SUR LES DIVERS ORDRES DE CONTACT DES COURBES TRACÉES DANS L'ESPACE.

Considérons deux courbes tracées dans l'espace, qui se touchent en un point donné. Si, du point de contact comme centre, et avec un rayon infiniment petit, désigné par i, on décrit une sphère, la surface de la sphère coupera les deux courbes en deux points très voisins l'un de l'autre, et le rapprochement plus ou moins considérable des deux courbes, à la distance i du point de contact, aura évidemment pour mesure la longueur infiniment petite comprise entre les deux points dont il s'agit, ou, ce qui revient au même, la corde de l'arc de grand cercle renfermé entre les deux courbes. Ajoutons que les rayons menés aux extrémités de cet arc seront dirigés suivant des droites qui formeront des angles très petits avec la tangente commune aux deux courbes; d'où il résulte que l'angle compris entre ces rayons sera lui-même une quantité très petite. Soit ω ce dernier angle. L'arc de grand cercle compris entre les deux courbes aura pour mesure le produit

$$(1) \qquad i\omega,$$

et la corde de cet arc sera équivalente à

$$(2) \qquad 2i\sin\frac{\omega}{2}.$$

Si les deux courbes changent de forme, de telle manière que, se touchant toujours au point donné, elles se rapprochent davantage l'une de l'autre dans le voisinage de ce point, les valeurs de l'expression (2) correspondant à de très petites valeurs de i diminueront nécessairement; ce qui suppose que la fonction de i représentée par ω diminuera elle-même. Si, au contraire, en vertu du changement de forme, le rapprochement des deux courbes devient moindre, les valeurs de ω correspondant à de très petites valeurs de i croîtront nécessairement. On peut donc affirmer que, dans le voisinage du point de contact, *le rapprochement des deux courbes sera plus ou moins considérable, et leur contact plus ou moins intime, suivant que les valeurs de ω correspondant à de très petites valeurs de i seront plus ou moins grandes. De ce principe et du lemme établi à la page* 133 *on déduira immédiatement la proposition suivante.*

THÉORÈME I. — *Si deux courbes se touchent en un point donné* (P), *et que l'on marque sur ces deux courbes deux points* (Q), (R) *situés à la distance infiniment petite i du point de contact, le rapprochement entre les deux courbes dans le voisinage de ce point sera d'autant plus considérable que l'ordre de la quantité infiniment petite ω, destinée à représenter l'angle compris entre les rayons vecteurs $\overline{PQ}$, $\overline{PR}$, sera plus élevé.*

Démonstration. — En effet, si la forme des deux courbes ou de l'une d'entre elles vient à changer, de manière que l'ordre de la quantité infiniment petite ω s'élève, la valeur numérique de ω, dans le voisinage du point de contact, diminuera en vertu du lemme I de la page 133, et par suite le rapprochement entre les deux courbes deviendra plus grand qu'il n'était d'abord.

Le théorème I étant démontré, il est naturel de prendre l'ordre de la quantité infiniment petite ω, considérée comme fonction de la base i, pour indiquer ce qu'on peut appeler l'ordre de contact des deux courbes tracées dans l'espace. Soit a cet ordre. Puisque le rapport

$$\frac{\sin\frac{1}{2}\omega}{\frac{1}{2}\omega}$$

a l'unité pour limite, le produit

$$\omega\frac{\sin\frac{1}{2}\omega}{\frac{1}{2}\omega}=2\sin\frac{\omega}{2}$$

sera encore une quantité infiniment petite de l'ordre a, tandis que les expressions (1) et (2) seront, en vertu du lemme III de la page 135, des quantités infiniment petites de l'ordre $a+1$. On peut donc énoncer la proposition suivante.

Théorème II. — *Lo sque deux courbes se touchent en un point donné* (P), *l'ordre du contact est inférieur d'une unité à l'ordre de la quantité infiniment petite qui représente la distance entre deux points* (Q), (R) *situés sur les deux courbes, également éloignés du point de contact, et dont la distance à ce point est un infiniment petit du premier ordre.*

Il importe d'observer que la droite $\overline{QR}$ menée du point (Q) au point (R), étant la base d'un triangle isocèle, et opposée dans ce triangle au très petit angle ω, sera sensiblement perpendiculaire aux rayons vecteurs $\overline{PQ}$, $\overline{PR}$ et, par suite, à la tangente commune aux deux courbes. Ajoutons que la surface du triangle PQR sera, d'après un théorème connu de Trigonométrie, équivalente à la moitié du produit des côtés égaux $\overline{PQ}$, $\overline{PR}$ par le sinus de l'angle compris entre eux, c'est-à-dire à l'expression·

$$\frac{1}{2}i^2\sin\omega, \tag{3}$$

et par conséquent à une quantité infiniment petite, dont l'ordre $a+2$ surpassera de deux unités l'ordre du contact des deux courbês.

Concevons maintenant que l'on projette les deux courbes et le triangle PQR sur un plan qui ne soit pas sensiblement perpendiculaire au plan de ce triangle. Les deux courbes projetées, ayant la même tangente (en vertu d'un principe énoncé à la p. 205), seront tangentes l'une à l'autre. Désignons par (p), (q), (r) les projections des trois points (P), (Q), (R), par δ l'angle compris entre les plans des triangles PQR, pqr, et par φ, χ, ψ les angles que les droites $\overline{PQ}$, $\overline{PR}$, $\overline{QR}$ forment respectivement avec leurs projections $\overline{pq}$, $\overline{pr}$, $\overline{qr}$. On aura

$$(4)\quad \left\{ \begin{array}{l} \overline{pq} = \overline{PQ}\cos\varphi = i\cos\varphi, \qquad \overline{pr} = \overline{PR}\cos\chi = i\cos\chi, \\ \overline{qr} = \overline{QR}\cos\psi = 2i\sin\frac{\omega}{2}\cos\psi. \end{array} \right.$$

D'ailleurs, on prouve facilement que *la projection de la surface d'un triangle sur un plan quelconque est équivalente à cette surface multipliée par le cosinus de l'angle aigu compris entre le plan du triangle et le plan sur lequel on projette, où, ce qui revient au même, par le cosinus de l'angle aigu compris entre les droites perpendiculaires aux deux plans dont il s'agit* [1]. Donc la surface du triangle pqr aura pour mesure le produit

$$(5)\quad \frac{1}{2} i^2 \sin\omega \cos\delta = i^2 \sin\frac{1}{2}\omega \cos\frac{1}{2}\omega \cos\delta,$$

et le sinus de l'angle pqr sera équivalent au quotient qu'on obtient en divisant le double de cette surface par le produit $\overline{pq} \times \overline{qr}$, c'est-à-dire à la fraction

$$(6)\quad \frac{\cos\frac{1}{2}\omega\cos\delta}{\cos\varphi\cos\psi}.$$

Donc le produit de ce cosinus par la droite $\overline{pq}$, ou la perpendiculaire abaissée du point (p) sur la droite $\overline{qr}$, sera représenté par

$$(7)\quad i\frac{\cos\frac{1}{2}\omega\cos\delta}{\cos\psi}.$$

Or, la valeur de l'angle ω étant très petite, et celles des angles φ, χ, ψ étant sensiblement différentes de $\frac{\pi}{2}$, les quantités

$$\cos\frac{1}{2}\omega, \quad \cos\delta, \quad \cos\varphi, \quad \cos\chi, \quad \cos\psi$$

(1) Pour démontrer ce théorème, que l'on peut étendre à une surface quelconque, il suffit de recourir à la formule (81) des préliminaires, et de faire coïncider le plan sur lequel on projette avec l'un des plans coordonnés.

auront des valeurs sensibles. Cela posé, il suffira de jeter les yeux sur les formules (4) et sur l'expression (7) pour reconnaître : 1° que la distance $\overline{qr}$ est, dans l'hypothèse admise, une quantité infiniment petite de l'ordre $a+1$, et qu'elle forme avec la distance $\overline{pq}$ un angle pqr sensiblement différent de zéro; 2° que la distance du point (p) à la droite $\overline{qr}$ est un infiniment petit du premier ordre. Observons encore que la tangente commune aux deux courbes projetées, se confondant à très peu près avec la droite $\overline{pq}$, formera elle-même avec la sécante $\overline{qr}$ un angle fini et sensible. Donc (en vertu du théorème III de la neuvième Leçon) *les courbes projetées auront entre elles, ainsi que les courbes proposées, un contact de l'ordre a.*

Si le plan du triangle pqr devenait sensiblement perpendiculaire au plan du triangle PQR, mais en continuant de former un angle sensible avec les côtés $\overline{PQ}$, $\overline{PR}$ et, par conséquent, avec la tangente commune aux deux courbes données, le contact entre les deux courbes projetées ne pourrait être que d'un ordre égal ou supérieur au nombre a. Alors, en effet, les distances $\overline{pq}$, $\overline{pr}$ seraient encore des quantités infiniment petites du premier ordre, tandis que la distance $\overline{qr}$ serait infiniment petite de l'ordre $a+1$, ou d'un ordre supérieur. Or, imaginons que, dans cette nouvelle hypothèse, une sphère soit décrite du point (p) comme centre avec un rayon égal à $\overline{pq}$, et que cette sphère coupe la seconde des deux courbes projetées en (s). Si l'on joint le point (s) avec les points (q) et (r), la droite $\overline{rs}$ sera sensiblement parallèle à la tangente commune aux deux courbes projetées, puisque ses extrémités seront situées sur l'une de ces courbes à des distances infiniment petites du point (p). Au contraire, la droite $\overline{qs}$, ou, en d'autres termes, la base du triangle isoscèle pqs, sera sensiblement perpendiculaire à la même tangente. Donc le triangle qrs sera sensiblement rectangle en s, et par suite la longueur $\overline{qs}$, sensiblement égale au produit $\overline{qr}\cos(rqs)$, sera, ainsi que la longueur $\overline{qr}$, un infiniment petit de l'ordre $a+1$, ou d'un ordre supérieur. Donc, en vertu du théorème II de la neuvième Leçon, *l'ordre de contact des deux courbes projetées sera nécessairement égal ou supérieur au nombre a.*

Concevons à présent que, tous les points de l'espace étant rapportés à trois axes coordonnés des x, y et z, on projette successivement les deux courbes données sur le plan des x, y et sur le plan des x, z. Supposons d'ailleurs que l'angle compris entre l'axe des x et la tangente commune aux deux courbes diffère sensiblement d'un angle droit. Cette tangente ne pourra être sensiblement perpendiculaire ni au plan des x, y, ni au plan des x, z, attendu que l'un et l'autre passent par l'axe des x. De plus, ces derniers plans ne pourront être, tous les deux à la fois, sensiblement perpendiculaires au plan du triangle PQR. Car, dans ce cas, leur ligne d'intersection, c'est-à-dire l'axe des x, formerait nécessairement un angle très peu différent de $\frac{\pi}{2}$ avec les droites $\overline{PQ}$, $\overline{PR}$ comprises dans le plan PQR, et, par conséquent, avec la tangente commune aux deux courbes. Cela posé, il résulte des principes ci-dessus établis que, dans l'hypothèse admise, le contact des deux courbes projetées : 1° sur le plan des x, y; 2° sur le plan des x, z, sera toujours de l'ordre a, ou d'un ordre supérieur, et, sur l'un des deux plans au moins, de l'ordre a seulement. On peut donc énoncer la proposition suivante.

Théorème III. — *Pour obtenir l'ordre de contact de deux courbes qui se touchent en un point où la tangente commune ne forme pas un angle droit avec l'axe des x, il suffit de chercher les nombres qui indiquent les ordres de contact des projections des deux courbes sur le plan des x, y et sur le plan des x, z. Chacun de ces nombres, s'ils sont égaux, ou le plus petit d'entre eux, s'ils sont inégaux, indiquera l'ordre de contact des courbes proposées.*

Corollaire I. — Le théorème qui précède subsiste également, dans le cas où les variables x, y, z désignent des coordonnées rectangulaires, et dans le cas où ces variables représentent des coordonnées obliques.

Corollaire II. — Lorsque deux courbes à double courbure se touchent en un point où la tangente ne forme pas un angle droit avec l'axe des x, la détermination de l'ordre du contact se trouve réduite par le théorème III à la recherche de l'ordre de contact de deux courbes planes, c'est-à-dire à un problème résolu dans la neuvième Leçon.

Corollaire III. — Supposons que deux courbes, représentées chacune par deux équations entre les coordonnées rectangulaires ou obliques x, y, z, aient entre elles un point commun correspondant à l'abscisse x, et en ce point une tangente commune non perpendiculaire à l'axe des x, avec un contact de l'ordre a. Soit d'ailleurs n le nombre entier égal ou immédiatement supérieur à a. Enfin, admettons que l'on prenne l'abscisse x pour variable indépendante et que l'on désigne par $y', y'', y''', \ldots, z', z'', z''', \ldots$ les dérivées successives des variables y et z considérées comme fonctions de x. En vertu du théorème III et des principes exposés dans la neuvième Leçon, les quantités

$$(8) \qquad \begin{cases} y, & y', & y'', & \ldots, & y^{(n)}, \\ z, & z', & z'', & \ldots, & z^{(n)} \end{cases}$$

conserveront les mêmes valeurs, pour le point dont il s'agit, dans le passage de la première courbe à la seconde, tandis que chacune des quantités

$$(9) \qquad y^{(n+1)}, \quad z^{(n+1)},$$

ou au moins l'une des deux, changera de valeur.

Corollaire IV. — Lorsque la tangente commune aux deux courbes ne forme pas un angle droit avec l'axe des x, et que l'ordre de contact est un nombre entier, il suffit, pour déterminer cet ordre, de chercher la plus grande valeur qu'on puisse attribuer au nombre entier n, en choisissant ce nombre de manière que les quantités (8) demeurent toutes invariables pour le point de contact dans le passage d'une courbe à l'autre. Cette valeur de n indique précisément l'ordre demandé.

Corollaire V. — Si la tangente commune aux deux courbes formait un angle droit avec l'axe des x, elle ne pourrait être à la fois perpendiculaire au plan des x, y et au plan des x, z. Par suite, elle formerait un angle différent de $\frac{\pi}{2}$ avec l'axe des y et avec l'axe des z, ou au moins avec l'un de ces deux axes. Donc, pour déterminer, dans cette hypothèse, l'ordre de contact des deux courbes à l'aide du théorème III, il suffirait de substituer à l'axe des x l'axe des y ou l'axe des z, et de remplacer, en même temps, le plan des x, z ou des x, y par le plan des y, z.

Le théorème III, à l'aide duquel on fixe aisément l'ordre de contact de deux courbes planes, peut être remplacé par un autre théorème qui n'est sujet à aucune restriction, et que nous allons établir en peu de mots.

Soit toujours (P) le point commun à deux courbes qui se touchent. Soient encore (Q), (R) deux autres points situés sur la première et sur la seconde courbe, également éloignés du point de contact, et dont les distances à ce point se réduisent à une longueur infiniment petite, désignée par i. Enfin, concevons qu'à partir du point (P) on porte sur la seconde courbe un arc PS, qui ait la même longueur que l'arc PQ, qui soit dirigé dans le même sens, et qui aboutisse au point (S). La sécante $\overline{QS}$, en vertu du théorème II de la seizième Leçon, sera sensiblement perpendiculaire, ainsi que la sécante $\overline{QR}$, à la tangente commune. De plus, la corde $\overline{RS}$, étant comprise entre deux points de la seconde courbe très rapprochés du point de contact, sera sensiblement parallèle à cette tangente. Par conséquent, dans le triangle rectiligne QRS, les côtés $\overline{QR}$ et $\overline{QS}$ formeront, avec le troisième côté $\overline{RS}$, des angles dont chacun différera très peu d'un angle droit. Donc, le rapport entre les deux premiers côtés, ou, ce qui revient au même, le rapport entre les sinus des angles opposés, différera très peu de l'unité; et l'on aura, en désignant par I une quantité infiniment petite,

$$\text{(10)} \qquad QS = QR(1 + I) = (1 + I)2i \sin\frac{\omega}{2}\cdot$$

D'autre part, comme le rapport entre l'arc $\overline{PQ}$ et la corde $\overline{PQ} = i$ aura pour limite l'unité, on trouvera encore, en désignant par J une quantité infiniment petite,

$$\text{arc}\,\text{PQ} = (1 + \text{J})i. \tag{11}$$

Cela posé, admettons que, les deux courbes ayant entre elles un contact de l'ordre a, l'on considère le rayon vecteur i comme un infiniment petit du premier ordre. Il est clair que l'arc PQ sera encore un infiniment petit du premier ordre, tandis que la distance $\overline{\text{QS}}$ sera de l'ordre $a+1$. Ajoutons que l'ordre de cette distance ne variera pas (*voir* le Corollaire III du lemme IV de la neuvième Leçon), si l'on prend pour base l'arc PQ, ou une quantité telle que l'arc PQ reste infiniment petit du premier ordre. Ces remarques suffisent pour établir le nouveau théorème que nous allons énoncer.

THÉORÈME IV. — *Pour obtenir l'ordre du contact de deux courbes qui se touchent en un point donné, il suffit de chercher le nombre qui représente l'ordre de la distance infiniment petite comprise entre les extrémités de deux longueurs égales portées sur les deux courbes à partir du point de contact, dans le cas où ces mêmes longueurs deviennent infiniment petites du premier ordre. Le nombre dont il s'agit, diminué d'une unité, indique toujours l'ordre du contact.*

Corollaire I. — Soit i la quantité infiniment petite qui représente chacune des deux longueurs mentionnées dans le théorème IV. Désignons, en outre, par x, y, z et par ξ, η, ζ les coordonnées des points auxquels ces longueurs aboutissent sur la première et la seconde courbe. Enfin, soit

$$\text{8} = [(x-\xi)^2 + (y-\eta)^2 + (z-\zeta)^2]^{\frac{1}{2}} \tag{12}$$

la longueur de la droite menée du point (ξ, η, ζ) au point (x, y, z). Si l'on considère i comme un infiniment petit du premier ordre et si l'on appelle a l'ordre de contact des deux courbes, la distance 8 sera (en vertu du théorème III) un infiniment petit de l'ordre $a+1$. Par suite, le carré de cette distance, ou la somme

$$(13)\qquad (x-\xi)^2+(y-\eta)^2+(z-\zeta)^2$$

sera un infiniment petit de l'ordre $2a+2$, ce qui exige que des trois différences

$$(14)\qquad x-\xi,\quad y-\eta,\quad z-\zeta,$$

l'une au moins soit de l'ordre $a+1$, les deux autres étant du même ordre ou d'un ordre plus élevé. On arriverait à la même conclusion en observant que les valeurs numériques des expressions (14) représentent les projections de la distance $\mathfrak{s}$ sur les axes des x, y et z. En effet, il est aisé de reconnaître qu'*une distance infiniment petite et sa projection sur un axe quelconque sont, en général, des quantités de même ordre. Seulement l'ordre de la projection peut surpasser l'ordre de la distance, dans le cas où celle-ci devient sensiblement perpendiculaire à l'axe*. Mais il est clair que cette dernière condition ne saurait être remplie à la fois pour les trois axes des x, des y et des z.

Corollaire II. — Conservons les mêmes notations que dans le corollaire précédent. Soit toujours a l'ordre de contact des deux courbes données, et désignons par n le nombre entier égal ou immédiatement supérieur à a. Puisque, la quantité i étant regardée comme infiniment petite du premier ordre, l'une des trois différences

$$x-\xi,\quad y-\eta,\quad z-\zeta$$

devra être de l'ordre $a+1$, les deux autres étant du même ordre ou d'un ordre plus élevé; il résulte de ce qui a été dit dans la neuvième Leçon (p. 132 et 133) que, si l'on prend i pour variable indépendante,

$$(15)\qquad \left\{\begin{array}{lllll} x-\xi, & \dfrac{d(x-\xi)}{di}, & \dfrac{d^2(x-\xi)}{di^2}, & \ldots, & \dfrac{d^n(x-\xi)}{di^n},\\ y-\eta, & \dfrac{d(y-\eta)}{di}, & \dfrac{d^2(y-\eta)}{di^2}, & \ldots, & \dfrac{d^n(y-\eta)}{di^n},\\ z-\zeta, & \dfrac{d(z-\zeta)}{di}, & \dfrac{d^2(z-\zeta)}{di^2}, & \ldots, & \dfrac{d^n(z-\zeta)}{di^n},\end{array}\right.$$

s'évanouiront avec i, tandis que chacune des dérivées

$$(16)\qquad \frac{d^{n+1}(x-\xi)}{di^{n+1}},\quad \frac{d^{n+1}(y-\eta)}{di^{n+1}},\quad \frac{d^{n+1}(z-\zeta)}{di^{n+1}},$$

ou du moins l'une d'entre elles, cessera de s'évanouir pour $i=0$. Soient d'ailleurs s et ς les arcs renfermés : 1° entre un point fixe de la première des courbes données et le point mobile (x, y, z); 2° entre un point fixe de la seconde courbe et le point (ξ, η, ζ); et admettons que ces nouveaux arcs soient dirigés dans le même sens que l'arc i. Comme les trois variables i, s et ς différeront entre elles de quantités constantes, on aura

$$(17)\qquad di = ds = d\varsigma;$$

et l'on pourra prendre pour variable indépendante, quand il s'agira de la première courbe, s au lieu de i; quand il s'agira de la seconde courbe, ς au lieu de i. Cela posé, les expressions (15) et (16) deviendront respectivement

$$(18)\qquad \left\{\begin{array}{lllll} x-\xi, & \frac{dx}{ds}-\frac{d\xi}{d\varsigma}, & \frac{d^2x}{ds^2}-\frac{d^2\xi}{d\varsigma^2}, & \ldots, & \frac{d^nx}{ds^n}-\frac{d^n\xi}{d\varsigma^n}, \\ y-\eta, & \frac{dy}{ds}-\frac{d\eta}{d\varsigma}, & \frac{d^2y}{ds^2}-\frac{d^2\eta}{d\varsigma^2}, & \ldots, & \frac{d^ny}{ds^n}-\frac{d^n\eta}{d\varsigma^n}, \\ z-\zeta, & \frac{dz}{ds}-\frac{d\zeta}{d\varsigma}, & \frac{d^2z}{ds^2}-\frac{d^2\zeta}{d\varsigma^2}, & \ldots, & \frac{d^nz}{ds^n}-\frac{d^n\zeta}{d\varsigma^n} \end{array}\right.$$

et

$$(19)\qquad \frac{d^{n+1}x}{ds^{n+1}}-\frac{d^{n+1}x}{d\varsigma^{n+1}},\quad \frac{d^{n+1}y}{ds^{n+1}}-\frac{d^{n+1}\eta}{d\varsigma^{n+1}},\quad \frac{d^{n+1}z}{ds^{n+1}}-\frac{d^{n+1}\zeta}{d\varsigma^{n+1}}.$$

En égalant les quantités (18) à zéro, l'on formera les équations

$$(20)\qquad \left\{\begin{array}{lllll} x=\xi, & \frac{dx}{ds}=\frac{d\xi}{d\varsigma}, & \frac{d^2x}{ds^2}=\frac{d^2\xi}{d\varsigma^2}, & \ldots, & \frac{d^nx}{ds^n}=\frac{d^n\xi}{d\varsigma^n}, \\ y=\eta, & \frac{dy}{ds}=\frac{d\eta}{d\varsigma}, & \frac{d^2y}{ds^2}=\frac{d^2\eta}{d\varsigma^2}, & \ldots, & \frac{d^ny}{ds^n}=\frac{d^n\eta}{d\varsigma^n}, \\ z=\zeta, & \frac{dz}{ds}=\frac{d\zeta}{d\varsigma}, & \frac{d^2z}{ds^2}=\frac{d^2\zeta}{d\varsigma^2}, & \ldots, & \frac{d^nz}{ds^n}=\frac{d^n\zeta}{d\varsigma^n}, \end{array}\right.$$

qui devront toutes se vérifier pour le point de contact des courbes proposées, tandis que, pour le même point, chacune des expressions (19), ou au moins l'une d'entre elles, obtiendra une valeur différente de zéro. Si, maintenant, on observe qu'on peut, sans inconvénient, substituer, quand il s'agit de la seconde courbe, les lettres x, y, z et s aux lettres ξ, η, ζ et ς, on arrivera immédiatement au théorème que nous allons énoncer.

Théorème V. — *Étant proposées deux courbes qui se touchent en un point, si l'on considère les coordonnées x, y, z de chacune d'elles comme des fonctions de l'arc s pris comme variable indépendante, et si l'on suppose cet arc compté sur chaque courbe de telle manière qu'il se prolonge dans le même sens pour les deux courbes au delà du point de contact; non seulement, pour le point dont il s'agit, les variables x, y, z, et leurs dérivées du premier ordre*

$$\frac{dx}{ds}, \quad \frac{dy}{ds}, \quad \frac{dz}{ds},$$

ne changeront pas de valeur dans le passage de la première courbe à la seconde, mais il en sera encore de même des dérivées successives

$$\frac{d^2x}{ds^2}, \quad \frac{d^3x}{ds^3}, \quad \ldots, \quad \frac{d^2y}{ds^2}, \quad \frac{d^3y}{ds^3}, \quad \ldots, \quad \frac{d^2z}{ds^2}, \quad \frac{d^3z}{ds^3}, \quad \ldots,$$

jusqu'à celles dont l'ordre sera indiqué par le nombre entier égal ou immédiatement supérieur à l'ordre du contact. Celles-ci seront les dernières qui rempliront la condition énoncée, en sorte que les trois suivantes, ou au moins l'une des trois, changeront de valeur, quand on passera d'une courbe à l'autre.

Corollaire I. — Si les deux courbes ont entre elles un contact de l'ordre n, n désignant un nombre entier, alors, dans le passage de la première courbe à la seconde, chacune des quantités

$$(21)\qquad \left\{\begin{array}{lllll} x, & \dfrac{dx}{ds}, & \dfrac{d^2x}{ds^2}, & \ldots, & \dfrac{d^nx}{ds^n}, \\ y, & \dfrac{dy}{ds}, & \dfrac{d^2y}{ds^2}, & \ldots, & \dfrac{d^ny}{ds^n}, \\ z, & \dfrac{dz}{ds}, & \dfrac{d^2z}{ds^2}, & \ldots, & \dfrac{d^nz}{ds^n}, \end{array}\right.$$

conservera la même valeur pour le point de contact, tandis que chacune des trois dérivées

$$\frac{d^{n+1}x}{ds^{n+1}},\quad \frac{d^{n+1}y}{ds^{n+1}},\quad \frac{d^{n+1}z}{ds^{n+1}}, \tag{22}$$

ou au moins l'une des trois, prendra une valeur nouvelle.

Corollaire II. — Soit

$$r = \mathcal{F}(x, y, z) \tag{23}$$

une fonction quelconque des trois variables x, y, z. Si l'on considère ces variables elles-mêmes comme des fonctions de s propres à représenter les coordonnées de la première ou de la seconde courbe, r deviendra pareillement fonction de s, et l'on trouvera

$$(24)\left\{\begin{aligned}
\frac{dr}{ds} &= \frac{\partial\mathcal{F}(x,y,z)}{\partial x}\frac{dx}{ds} + \frac{\partial\mathcal{F}(x,y,z)}{\partial y}\frac{dy}{ds} + \frac{\partial\mathcal{F}(x,y,z)}{\partial z}\frac{dz}{ds},\\
\frac{d^2r}{ds^2} &= \frac{\partial\mathcal{F}(x,y,z)}{\partial x}\frac{d^2x}{ds^2} + \frac{\partial\mathcal{F}(x,y,z)}{\partial y}\frac{d^2y}{ds^2} + \frac{\partial\mathcal{F}(x,y,z)}{\partial z}\frac{d^2z}{ds^2}\\
&\quad + \frac{\partial^2\mathcal{F}(x,y,z)}{\partial x^2}\left(\frac{dx}{ds}\right)^2 + \frac{\partial^2\mathcal{F}(x,y,z)}{\partial y^2}\left(\frac{dy}{ds}\right)^2 + \frac{\partial^2\mathcal{F}(x,y,z)}{\partial z^2}\left(\frac{dz}{ds}\right)^2\\
&\quad + 2\frac{\partial^2\mathcal{F}(x,y,z)}{\partial y\,\partial z}\frac{dy}{ds}\frac{dz}{ds} + 2\frac{\partial^2\mathcal{F}(x,y,z)}{\partial z\,\partial x}\frac{dz}{ds}\frac{dx}{ds} + 2\frac{\partial^2\mathcal{F}(x,y,z)}{\partial x\,\partial y}\frac{dx}{ds}\frac{dy}{ds},\\
&\quad + \ldots\ldots\ldots\ldots\ldots\ldots\ldots\ldots\ldots,\\
\frac{d^nr}{ds^n} &= \frac{\partial\mathcal{F}(x,y,z)}{\partial x}\frac{d^nx}{ds^n} + \frac{\partial\mathcal{F}(x,y,z)}{\partial y}\frac{d^ny}{ds^n} + \frac{\partial\mathcal{F}(x,y,z)}{\partial z}\frac{d^nz}{ds^n} + \ldots
\end{aligned}\right.$$

Or de ces dernières équations jointes au corollaire I il résulte que, si les deux courbes proposées ont entre elles un contact de l'ordre n, chacune des quantités

$$(25)\left\{\begin{aligned}
&r = \mathcal{F}(x, y, z),\\
&\frac{dr}{ds} = \frac{\partial\mathcal{F}(x,y,z)}{\partial s},\quad \frac{d^2r}{ds^2} = \frac{\partial^2\mathcal{F}(x,y,z)}{\partial s^2},\quad \ldots,\quad \frac{d^nr}{ds^n} = \frac{\partial^n\mathcal{F}(x,y,z)}{\partial s^n},
\end{aligned}\right.$$

conservera la même valeur pour le point de contact, dans le passage de la première courbe à la seconde. C'est ce qui arrivera, par exemple, si l'on prend pour r le rayon vecteur mené de l'origine au point (x, y, z)

et déterminé par la formule

$$r = \sqrt{x^2 + y^2 + z^2}. \tag{26}$$

Ajoutons que la dérivée

$$\frac{d^{n+1} r}{ds^{n+1}} = \frac{\partial^{n+1} \mathcal{F}(x, y, z)}{\partial s^{n+1}}, \tag{27}$$

déterminée par l'équation

$$\left\{\begin{aligned} \frac{d^{n+1} r}{ds^{n+1}} = {} & \frac{\partial \mathcal{F}(x, y, z)}{\partial x} \frac{d^{n+1} x}{ds^{n+1}} \\ & + \frac{\partial \mathcal{F}(x, y, z)}{\partial y} \frac{d^{n+1} y}{ds^{n+1}} + \frac{\partial^2 \mathcal{F}(x, y, z)}{\partial z} \frac{d^{n+1} z}{ds^{n+1}} + \ldots, \end{aligned}\right. \tag{28}$$

changera ordinairement de valeur quand on passera de la première courbe à la seconde, parce que chacune des expressions (22), ou au moins l'une des trois, prendra une valeur nouvelle. Néanmoins le contraire pourrait avoir lieu dans certains cas particuliers, par exemple si les valeurs de x, y, z relatives au point de contact réduisaient à zéro, dans le second membre de la formule (28), les coefficients des expressions (22), ou au moins le coefficient de celle dont la valeur changerait. La même remarque s'applique aux dérivées

$$\frac{d^{n+2} r}{ds^{n+2}}, \quad \frac{d^{n+3} r}{ds^{n+3}}, \quad \ldots. \tag{29}$$

Corollaire III. — Concevons maintenant que l'on veuille prendre, au lieu de s, la quantité $r = \mathcal{F}(x, y, z)$ pour variable indépendante. Alors on pourra concevoir que, les coordonnées x, y, z étant toujours fonctions de s, s devienne fonction de r; et l'on tirera de l'équation (23), différentiée plusieurs fois par rapport à r,

$$\left\{\begin{aligned} 1 &= \frac{\partial \mathcal{F}(x, y, z)}{\partial s} \frac{ds}{dr}, \\ 0 &= \frac{\partial \mathcal{F}(x, y, z)}{\partial s} \frac{d^2 s}{dr^2} + \frac{\partial^2 \mathcal{F}(x, y, z)}{\partial s^2} \left(\frac{ds}{dr}\right)^2, \\ & \ldots\ldots\ldots\ldots\ldots\ldots\ldots\ldots\ldots\ldots, \\ 0 &= \frac{\partial \mathcal{F}(x, y, z)}{ds} \frac{d^n s}{dr^n} + \ldots. \end{aligned}\right. \tag{30}$$

Or des formules (30) réunies au corollaire II il résulte que, si les deux courbes proposées ont entre elles un contact de l'ordre n, les quantités

$$(31) \qquad \frac{ds}{dr}, \quad \frac{d^2 s}{dr^2}, \quad \ldots, \quad \frac{d^n s}{dr^n},$$

conserveront en général les mêmes valeurs relatives au point de contact, quand on passera de la première courbe à la seconde. En substituant ces valeurs dans les équations

$$(32) \quad \begin{cases} \dfrac{dx}{dr} = \dfrac{dx}{ds}\dfrac{ds}{dr}, & \dfrac{d^2 x}{ds^2} = \dfrac{dx}{ds}\dfrac{d^2 s}{dr^2} + \dfrac{d^2 x}{ds^2}\left(\dfrac{ds}{dr}\right)^2, & \ldots, & \dfrac{d^n x}{dr^n} = \dfrac{dx}{ds}\dfrac{d^n s}{dr^n} + \ldots \\ \dfrac{dy}{dr} = \dfrac{dy}{ds}\dfrac{ds}{dr}, & \dfrac{d^2 y}{ds^2} = \dfrac{dy}{ds}\dfrac{d^2 s}{dr^2} + \dfrac{d^2 y}{ds^2}\left(\dfrac{ds}{dr}\right)^2, & \ldots, & \dfrac{d^n y}{dr^n} = \dfrac{dy}{ds}\dfrac{d^n s}{dr^n} + \ldots \\ \dfrac{dz}{dr} = \dfrac{dz}{ds}\dfrac{ds}{dr}, & \dfrac{d^2 z}{ds^2} = \dfrac{dz}{ds}\dfrac{d^2 s}{dr^2} + \dfrac{d^2 z}{ds^2}\left(\dfrac{ds}{dr}\right)^2, & \ldots, & \dfrac{d^n z}{dr^n} = \dfrac{dz}{ds}\dfrac{d^n s}{dr^n} + \ldots \end{cases}$$

et ayant égard au corollaire I, on parviendra aux conclusions suivantes :

Si les deux courbes proposées ont entre elles un contact de l'ordre n, et si l'on prend $r = \mathfrak{F}(x, y, z)$ pour variable indépendante, non seulement les coordonnées x, y, z, mais encore leurs dérivées jusqu'à celles de l'ordre n, savoir

$$(33) \quad \begin{cases} \dfrac{dx}{dr}, & \dfrac{d^2 x}{dr^2}, & \dfrac{d^3 x}{dr^3}, & \ldots, & \dfrac{d^n x}{dr^n}, \\ \dfrac{dy}{dr}, & \dfrac{d^2 y}{dr^2}, & \dfrac{d^3 y}{dr^3}, & \ldots, & \dfrac{d^n y}{dr^n}, \\ \dfrac{dz}{dr}, & \dfrac{d^2 z}{dr^2}, & \dfrac{d^3 z}{dr^3}, & \ldots, & \dfrac{d^n z}{dr^n}, \end{cases}$$

conserveront généralement les mêmes valeurs relatives au point de contact, quand on passera de la première courbe à la seconde. On doit toutefois excepter certains cas particuliers, dans lesquels les valeurs des expressions (33), ou de quelques-unes d'entre elles, tirées des formules (30) et (32), se présenteraient, pour l'une et l'autre courbe, sous la forme indéterminée $\frac{0}{0}$ ou $\frac{\infty}{\infty}$, et varieraient néanmoins dans le passage d'une courbe à l'autre. Dans tous les autres cas, le corollaire I ne cessera pas d'être vrai, si à la variable s on substitue la variable r

liée par une équation finie quelconque aux coordonnées x, y, z. Seulement, après cette substitution, l'on ne pourra pas toujours affirmer que, pour le point de contact, l'une au moins des trois dérivées

$$\frac{d^{n+1}x}{dr^{n+1}}, \quad \frac{d^{n+1}y}{dr^{n+1}}, \quad \frac{d^{n+1}z}{dr^{n+1}}$$

change de valeur dans le passage de la première courbe à la seconde.

Corollaire IV. — Supposons que, l'ordre du contact des deux courbes données étant égal à n, on prenne toujours r pour variable indépendante, et que l'on désigne par

$$p, \quad q, \quad \ldots$$

de nouvelles fonctions des coordonnées x, y, z. On aura

$$(34) \quad \left\{ \begin{aligned} \frac{dp}{dr} &= \frac{\partial p}{\partial x}\frac{dx}{dr} + \frac{\partial p}{\partial y}\frac{dy}{dr} + \frac{\partial p}{\partial z}\frac{dz}{dr}, \\ \frac{d^2p}{dr^2} &= \frac{\partial p}{\partial x}\frac{d^2x}{dr^2} + \frac{\partial p}{\partial y}\frac{d^2y}{dr^2} + \frac{\partial p}{\partial z}\frac{d^2z}{dr^2} \\ &\quad + \frac{\partial^2 p}{\partial x^2}\left(\frac{dx}{dr}\right)^2 + \frac{\partial^2 p}{\partial y^2}\left(\frac{dy}{dr}\right)^2 + \frac{\partial^2 p}{\partial z^2}\left(\frac{dz}{dr}\right)^2 \\ &\quad + 2\frac{\partial^2 p}{\partial y\,\partial z}\frac{dy}{dr}\frac{dz}{dr} + 2\frac{\partial^2 p}{\partial z\,\partial x}\frac{dz}{dr}\frac{dx}{dr} + 2\frac{\partial^2 p}{\partial x\,\partial y}\frac{dx}{dr}\frac{dy}{dr}, \\ &\cdots\cdots\cdots\cdots\cdots\cdots\cdots\cdots\cdots\cdots \\ \frac{d^np}{dr^n} &= \frac{\partial p}{\partial x}\frac{d^nx}{dr^n} + \frac{\partial p}{\partial y}\frac{d^ny}{dr^n} + \frac{\partial p}{\partial z}\frac{d^nz}{dr^n} + \ldots, \end{aligned} \right.$$

et, comme les expressions (33) conserveront, en général, les mêmes valeurs, relatives au point de contact, dans le passage de la première courbe à la seconde, il est clair qu'on pourra en dire autant, non seulement des fonctions dérivées

$$(35) \qquad \frac{dp}{dr}, \quad \frac{d^2p}{dr^2}, \quad \ldots, \quad \frac{d^np}{dr^n},$$

dont les valeurs seront déterminées par les formules (34), mais encore des différentielles

$$(36) \qquad dp, \quad d^2p, \quad \ldots, \quad d^np.$$

On arriverait à des conclusions semblables en substituant la fonction q à la fonction p. Enfin, on pourrait échanger entre elles les quantités p, q, r de toutes les manières possibles. Ainsi, par exemple, on reconnaîtrait qu'en général les différentielles

$$(37)\qquad \begin{cases} dq, & d^2q, & \ldots, & d^nq, \\ dr, & d^2r, & \ldots, & d^nr, \end{cases}$$

prises par rapport à la variable p considérée comme indépendante, conservent les mêmes valeurs relatives au point de contact, tandis qu'on passe d'une courbe à l'autre.

Corollaire V. — Rien n'empêche de supposer, dans les corollaires II et III,

$$r = x.$$

Alors celles des expressions (33) qui renferment la variable x se réduisent la première à l'unité, les autres à zéro, et celles qui renferment y ou z deviennent respectivement

$$(38)\qquad \begin{cases} \dfrac{dy}{dx}, & \dfrac{d^2y}{dx^2}, & \ldots, & \dfrac{d^ny}{dx^n}, \\ \dfrac{dz}{dx}, & \dfrac{d^2z}{dx^2}, & \ldots, & \dfrac{d^nz}{dx^n}. \end{cases}$$

Donc, si les deux courbes proposées ont entre elles un contact de l'ordre n, et si l'on prend x pour variable indépendante, non seulement les coordonnées y, z, mais encore leurs dérivées successives jusqu'à celles de l'ordre n, conserveront, en général, les mêmes valeurs relatives au point de contact dans le passage de la première courbe à la seconde. Ajoutons que, dans ce passage, les dérivées de l'ordre $n+1$ et les suivantes prendront ordinairement des valeurs nouvelles. Néanmoins, le contraire peut avoir lieu dans certains cas particuliers, conformément à l'observation déjà faite (p. 143) pour le cas où chacune des courbes devient plane.

Lorsque la tangente commune aux deux courbes ne forme pas un angle droit avec l'axe des x, chacune des quantités

$$\frac{d^{n+1}y}{dx^{n+1}}, \quad \frac{d^{n+1}z}{dx^{n+1}}, \tag{39}$$

ou au moins l'une des deux, change nécessairement de valeur dans le passage d'une courbe à l'autre, ainsi qu'on l'a déjà remarqué (*voir* le corollaire III du théorème III).

Nous observerons en finissant qu'on peut toujours choisir l'axe des x de manière qu'il forme, avec la tangente commune à deux courbes données, un angle différent d'un angle droit. Cela posé, si l'on réunit le corollaire III du théorème III au théorème I de la dix-huitième Leçon, l'on en conclura généralement que deux courbes qui ont entre elles un contact du second ordre, ou d'un ordre plus élevé, sont osculatrices l'une de l'autre, et réciproquement que deux courbes osculatrices l'une de l'autre ont toujours entre elles, au point d'osculation, un contact du second ordre ou d'un ordre supérieur à 2.

VINGT-DEUXIÈME LEÇON.

SUR LES DIVERS ORDRES DE CONTACT DES SURFACES COURBES.

Considérons deux surfaces qui se touchent en un point donné (P). Si, par le point (P), on mène un plan normal au deux surfaces, les deux lignes d'intersection seront tangentes l'une à l'autre; et, si l'on fait tourner ce plan autour de la normale, les deux lignes dont il s'agit changeront, en général, de position et de forme. Quant au nombre qui représentera l'ordre de contact de ces deux lignes, il pourra ou demeurer toujours le même, ou changer de valeur avec la position du plan normal. Or, ce nombre, quand il est invariable, ou sa valeur minimum, dans le cas contraire, sert à mesurer ce qu'on appelle l'*ordre de contact* des deux surfaces. Soit a cet ordre; et supposons que, les deux surfaces étant coupées par un plan normal quelconque, c'est-à-dire par un plan qui renferme la normale commune, on nomme (Q), (R) les points où les courbes d'intersection, prolongées dans un certain sens, sont rencontrées par un arc de cercle décrit du point (P) comme centre avec un rayon très petit désigné par i. Si l'on considère ce rayon comme infiniment petit du premier ordre, la distance $\overline{QR}$, variable avec la position du plan normal, sera elle-même une quantité infiniment petite d'un ordre marqué par un nombre constant ou variable, dont $a + 1$ représentera la valeur unique ou la valeur minimum.

Concevons maintenant que par le point (Q), situé sur la première surface, on mène une sécante parallèle à une droite qui forme avec le plan tangent commun aux deux surfaces un angle δ sensiblement différent de zéro, mais inférieur ou tout au plus égal à $\frac{\pi}{2}$, et que cette sécante coupe la seconde surface en (S). Dans le triangle QRS, le côté $\overline{RS}$, sensiblement parallèle au plan tangent, puisqu'il sera compris entre deux points de la seconde surface très rapprochés du point de contact, formera évidemment avec les côtés $\overline{QR}$, $\overline{QS}$ des angles finis, dont le premier différera très peu d'un angle droit, tandis que le second sera égal ou supérieur à δ. Donc, si l'on désigne par I une quantité infiniment petite, et par Δ un angle compris entre les limites δ et $\frac{\pi}{2}$, on aura

$$\overline{QS} = \frac{\sin\left(\frac{\pi}{2} + I\right)}{\sin\Delta}\,\overline{QR}.$$

Or, il résulte de cette dernière formule que la distance infiniment petite $\overline{QS}$ sera, pour toutes les positions du plan normal, de même ordre que la distance $\overline{QR}$. De plus, comme le rapport entre la perpendiculaire abaissée au point (P) sur la droite $\overline{QS}$ ou sur son prolongement et le rayon vecteur $\overline{PQ} = i$ sera équivalent au sinus de l'angle PQS formé par la droite $\overline{QS}$ avec une droite $\overline{PQ}$ sensiblement parallèle au plan tangent, et, par conséquent, à une quantité finie différente de zéro, cette perpendiculaire sera évidemment une quantité infiniment petite du premier ordre. De ces diverses remarques on déduit immédiatement la proposition suivante :

Théorème I. — *L'ordre de contact de deux surfaces, qui se touchent en un point donné* (P), *est inférieur d'une unité à la valeur unique ou à la valeur minimum du nombre qui représente l'ordre de la distance infiniment petite comprise entre les points* (Q), (S) *où elles sont rencontrées par une sécante qui forme avec le plan tangent commun à ces deux surfaces un angle sensible, lorsque l'on considère la distance du point de contact à la sécante dont il s'agit comme un infiniment petit du premier ordre.*

Supposons que l'on ait mené par le point (P) un plan quelconque qui forme un angle sensible avec le plan tangent. Ce plan coupera les deux surfaces suivant deux nouvelles courbes. De plus, on pourra concevoir que la sécante, ci-dessus mentionnée, coïncide avec une droite comprise dans ce même plan; et alors, en comparant le théorème précédent au théorème III de la neuvième Leçon, on établira sans peine une proposition que nous allons énoncer :

Théorème II. — *Lorsque deux surfaces ont entre elles, en un point donné, un contact de l'ordre a, tout plan normal ou oblique, qui forme un angle sensible avec le plan tangent commun à ces deux surfaces, les coupe suivant deux courbes qui ont entre elles un contact de l'ordre a ou d'un ordre supérieur.*

Il importe d'observer ici non seulement que les sections faites, dans les deux surfaces, par un plan normal ou oblique qui renferme le point commun, peuvent avoir entre elles un contact d'un ordre beaucoup plus élevé que le nombre a, mais qu'elles peuvent même, dans certains cas, se confondre entièrement l'une avec l'autre. Alors le nombre qui représente l'ordre de contact des deux sections prend une valeur infinie. Ajoutons que ces deux sections se réduisent quelquefois à une seule droite. On peut offrir pour exemple la génératrice commune à deux surfaces coniques ou cylindriques qui se touchent en un point donné.

Si les deux surfaces sont représentées par deux équations entre les coordonnées rectilignes x, y, z, et si le plan tangent mené par le point commun n'est pas sensiblement parallèle à l'axe des z, alors, en supposant la sécante $\overline{QS}$ parallèle à ce même axe, on déduira immédiatement du théorème I la proposition suivante :

Théorème III. — *Pour obtenir l'ordre de contact de deux surfaces qui se touchent en un point où le plan tangent n'est pas parallèle à l'axe des z, il suffit de mener une ordonnée très voisine du point de contact et de chercher la valeur unique ou la valeur minimum du nombre constant ou variable qui représente l'ordre de la portion infiniment petite d'ordonnée comprise entre les deux surfaces, dans le cas où l'on considère la* *distance du point de contact à l'ordonnée comme infiniment petite du premier ordre. Cette valeur unique ou cette valeur minimum, diminuée d'une unité, indique l'ordre du contact.*

Corollaire I. — Soient

$$z = f(x, y), \tag{1}$$

$$z = F(x, y) \tag{2}$$

les équations des deux surfaces courbes. Elles auront un point commun correspondant à un système de valeurs données des variables x, y, et, en ce point, un plan tangent commun, non parallèle à l'axe des z (*voir* la seizième Leçon, p. 300), si, pour les valeurs proposées de x, y, les formules (1) et (2) fournissent des valeurs égales et finies, non seulement de l'ordonnée z, mais encore de ses dérivées partielles $p = \frac{\partial z}{\partial x}$, $q = \frac{\partial z}{\partial y}$, en sorte que les équations

$$f(x, y) = F(x, y) \tag{3}$$

et

$$\frac{\partial f(x, y)}{\partial x} = \frac{\partial F(x, y)}{\partial x}, \qquad \frac{\partial f(x, y)}{\partial y} = \frac{\partial F(x, y)}{\partial y} \tag{4}$$

soient vérifiées, et que les deux membres de chacune d'elles conservent des valeurs finies. Dans cette hypothèse, la différence

$$F(x, y) - f(x, y), \tag{5}$$

qui s'évanouira pour les valeurs de x et de y relatives au point commun, deviendra infiniment petite, quand les variables x, y recevront des accroissements infiniment petits Δx, Δy; et, si l'on considère la distance

$$\sqrt{\Delta x^2 + \Delta y^2} \tag{6}$$

comme étant un infiniment petit du premier ordre, l'ordre de la quantité infiniment petite, qui représentera la nouvelle valeur de

$$F(x,y)-f(x,y),$$

surpassera d'une unité l'ordre de contact des deux surfaces. Il importe d'ailleurs d'observer que l'expression (6) sera une quantité infiniment petite du premier ordre, si chacun des accroissements Δx, Δy est un infiniment petit de cet ordre, ou si l'un d'eux est du premier ordre, l'autre étant nul ou d'un ordre supérieur.

Corollaire II. — Si les deux surfaces se touchent en un point de l'axe des z, mais de manière que cet axe ne soit pas renfermé dans le plan tangent mené par le point de contact, il suffira, d'après ce qu'on vient de dire, pour déterminer l'ordre du contact, de chercher le nombre qui indiquera l'ordre de la différence $F(x,y)-f(x,y)$, en considérant les deux variables x, y comme des infiniment petits du premier ordre, et de diminuer ce nombre d'une unité. En opérant ainsi, on reconnaîtra que les quatre surfaces représentées par les quatre équations

$$z=x^2+y^2, \qquad z=x^3+y^3, \qquad z=x^2+y^3, \qquad z=x^3+y^2,$$

ont toutes entre elles, à l'origine des coordonnées, un contact du premier ordre, tandis qu'au même point les deux surfaces

$$z=x^n+y^n, \qquad z=x^{n+1}+y^{n+1}$$

ont un contact de l'ordre n, et les deux surfaces

$$z=x^{\frac{4}{3}}+y^{\frac{4}{3}}, \qquad z=x^{\frac{5}{4}}+y^{\frac{5}{4}},$$

un contact de l'ordre $\frac{4}{5}-1=\frac{1}{4}$.

Corollaire III. — Supposons que les surfaces (1) et (2) aient un point commun correspondant aux coordonnées x, y et en ce point un plan tangent commun, non parallèle à l'axe des z, avec un contact de l'ordre a; soit d'ailleurs n le nombre entier égal ou immédiatement supérieur à a. La différence

$$(5) \qquad F(x,y)-f(x,y)$$

s'évanouira; et, si l'on désigne par Δx, Δy des accroissements infiniment petits du premier ordre attribués aux coordonnées x, y, l'expression

$$(7) \qquad F(x+\Delta x, y+\Delta y)-f(x+\Delta x, y+\Delta y)$$

sera (en vertu du corollaire I) un infiniment petit de l'ordre $a+1$. D'ailleurs, pour que les accroissements Δx, Δy soient infiniment petits du premier ordre, il suffira de prendre

$$(8) \qquad \Delta x = \alpha\, dx, \qquad \Delta y = \alpha\, dy,$$

en désignant par α une quantité infiniment petite du premier ordre, et en donnant aux différentielles dx, dy des valeurs finies. Alors l'expression (7) se présentera sous la forme

$$(9) \qquad F(x+\alpha\, dx, y+\alpha\, dy)-f(x+\alpha\, dx, y+\alpha\, dy).$$

Donc, si l'on considère la variable α comme infiniment petite du premier ordre, l'expression (9) sera, dans l'hypothèse admise, un infiniment petit de l'ordre $a+1$, quelles que soient d'ailleurs les valeurs finies attribuées aux différentielles dx et dy.

Concevons maintenant que l'on pose, pour abréger,

$$(10) \qquad F(x+\alpha\, dx, y+\alpha\, dy)-f(x+\alpha\, dx, y+\alpha\, dy)=\psi(\alpha).$$

En vertu de ce qui a été dit (p. 133), $\psi^{(n+1)}(\alpha)$ sera la première des fonctions dérivées

$$\psi(\alpha), \quad \psi'(\alpha), \quad \psi''(\alpha), \quad \ldots$$

qui cessera de s'évanouir avec α; en d'autres termes, $\psi^{(n+1)}(0)$ sera la première des quantités

$$\psi(0), \quad \psi'(0), \quad \psi''(0), \quad \ldots$$

qui obtiendra une valeur différente de zéro. On aura donc

$$(11)\quad \psi(0)=0,\quad \psi'(0)=0,\quad \psi''(0)=0,\quad \ldots,\quad \psi^{(n)}(0)=0.$$

D'ailleurs, en ayant égard aux principes établis dans la quatorzième Leçon de Calcul infinitésimal, on trouvera

$$(12)\quad \left\{\begin{aligned} \psi\,(0) &= F(x,y) - f(x,y),\\ \psi'(0) &= dF(x,y) - df(x,y),\\ \psi''(0) &= d^2F(x,y) - d^2f(x,y),\\ &\ldots\ldots\ldots\ldots\ldots\ldots,\\ \psi^{(n)}(0) &= d^nF(x,y) - d^nf(x,y). \end{aligned}\right.$$

Donc on aura, pour le point commun aux deux surfaces,

$$(13)\quad \left\{\begin{aligned} F(x,y) &= f(x,y),\\ dF(x,y) &= df(x,y),\\ d^2F(x,y) &= d^2f(x,y),\\ &\ldots\ldots\ldots\ldots,\\ d^nF(x,y) &= d^nf(x,y); \end{aligned}\right.$$

ou, ce qui revient au même,

$$(14)\quad \left\{\begin{aligned} &F(x,y)=f(x,y),\\ &\frac{\partial F(x,y)}{\partial x}dx+\frac{\partial F(x,y)}{\partial y}dy=\frac{\partial f(x,y)}{\partial x}dx+\frac{\partial f(x,y)}{\partial y}dy,\\ &\frac{\partial^2 F(x,y)}{\partial x^2}dx^2+2\frac{\partial^2 F(x,y)}{\partial x\,\partial y}dx\,dy+\frac{\partial^2 F(x,y)}{\partial y^2}dy^2\\ &\quad=\frac{\partial^2 f(x,y)}{\partial x^2}dx^2+2\frac{\partial^2 f(x,y)}{\partial x\,\partial y}dx\,dy+\frac{\partial^2 f(x,y)}{\partial y^2}dy^2,\\ &\ldots\ldots\ldots\ldots\ldots\ldots\ldots\ldots\ldots,\\ &\frac{\partial^n F(x,y)}{\partial x^n}dx^n+\frac{n}{1}\frac{\partial^n F(x,y)}{\partial x^{n-1}\,\partial y}dx^{n-1}dy+\ldots+\frac{\partial^n F(x,y)}{\partial y^n}dy^n\\ &\quad=\frac{\partial^n f(x,y)}{\partial x^n}dx^n+\frac{n}{1}\frac{\partial^n f(x,y)}{\partial x^{n-1}\,\partial y}dx^{n-1}dy+\ldots+\frac{\partial^n f(x,y)}{\partial y^n}dy^n. \end{aligned}\right.$$

Ces dernières formules devant subsister, quelles que soient les valeurs finies attribuées aux différentielles dx, dy, entraîneront évidemment les équations

$$(15)\quad \left\{\begin{array}{c} F(x,y)=f(x,y),\\ \dfrac{\partial F(x,y)}{\partial x}=\dfrac{\partial f(x,y)}{\partial x},\qquad \dfrac{\partial F(x,y)}{\partial y}=\dfrac{\partial f(x,y)}{\partial y},\\ \dfrac{\partial^2 F(x,y)}{\partial x^2}=\dfrac{\partial^2 f(x,y)}{\partial x^2},\qquad \dfrac{\partial^2 F(x,y)}{\partial x\,\partial y}=\dfrac{\partial^2 f(x,y)}{\partial x\,\partial y},\qquad \dfrac{\partial^2 F(x,y)}{\partial y^2}=\dfrac{\partial^2 f(x,y)}{\partial y^2},\\ \dotfill\\ \dfrac{\partial^n F(x,y)}{\partial x^n}=\dfrac{\partial^n f(x,y)}{\partial x^n},\qquad \dfrac{\partial^n F(x,y)}{\partial x^{n-1}\,\partial y}=\dfrac{\partial^n f(x,y)}{\partial x^{n-1}\,\partial y},\\ \dots\dots\dots,\qquad \dots\dots\dots,\\ \dfrac{\partial^n F(x,y)}{\partial x\,\partial y^{n-1}}=\dfrac{\partial^n f(x,y)}{\partial x\,\partial y^{n-1}},\qquad \dfrac{\partial^n F(x,y)}{\partial y^n}=\dfrac{\partial^n f(x,y)}{\partial y^n}. \end{array}\right.$$

Par conséquent, lorsque deux surfaces se touchent en un point où le plan tangent n'est pas parallèle à l'axe des z, non seulement pour le point dont il s'agit, l'ordonnée z, considérée comme fonction des deux variables indépendantes x, y, et ses dérivées partielles du premier ordre, savoir

$$(16)\qquad \frac{\partial z}{\partial x},\quad \frac{\partial z}{\partial y},$$

ne changent pas de valeur dans le passage de la première surface à la seconde; mais il en est encore de même des dérivées partielles

$$(17)\quad \left\{\begin{array}{c} \dfrac{\partial^2 z}{\partial x^2},\quad \dfrac{\partial^2 z}{\partial x\,\partial y},\quad \dfrac{\partial^2 z}{\partial y^2},\\ \dfrac{\partial^3 z}{\partial x^3},\quad \dfrac{\partial^3 z}{\partial x^2\,\partial y},\quad \dfrac{\partial^3 z}{\partial x\,\partial y^2},\quad \dfrac{\partial^3 z}{\partial y^3},\\ \dots,\quad \dots\dots,\quad \dots\dots,\quad \dots, \end{array}\right.$$

jusqu'à celles dont l'ordre coïncide avec le nombre entier égal ou immédiatement supérieur à l'ordre du contact : en d'autres termes, si l'on désigne par n ce nombre entier, l'ordonnée z et ses différentielles totales des divers ordres jusqu'à celle de l'ordre n, c'est-à-dire les quantités

$$(18)\qquad z,\quad dz,\quad d^2z,\quad \dots,\quad d^{n-1}z,\quad d^nz,$$

conserveront les mêmes valeurs dans le passage de la première surface à la seconde, quelles que soient les valeurs assignées aux différentielles dx, dy des variables indépendantes.

Corollaire IV. — Si, les deux surfaces ayant un contact de l'ordre a, le plan tangent commun devenait parallèle à l'axe des z, alors, en attribuant aux valeurs des coordonnées x, y qui se rapportent au point de contact des accroissements infiniment petits du premier ordre, on ne trouverait pas généralement, pour les valeurs correspondantes de la différence

$$F(x, y) - f(x, y),$$

un infiniment petit de l'ordre $a + 1$. Néanmoins, on pourrait encore déterminer l'ordre du contact par la méthode dont nous avons fait usage, en substituant l'une des variables x, y à la variable z. Ainsi, par exemple, pour montrer que les deux surfaces

$$z = x^{\frac{1}{3}}(1 - y^2)^{\frac{1}{3}}, \qquad z = x^{\frac{1}{4}}(1 - y^3)^{\frac{1}{4}},$$

qui touchent à l'origine le plan des y, z, ont en ce point un contact du second ordre, il suffira d'observer que leurs équations résolues par rapport à x prennent les formes

$$x = \frac{z^3}{1 - y^2}, \qquad x = \frac{z^4}{1 - y^3},$$

et que la différence

$$\frac{z^4}{1 - y^3} - \frac{z^3}{1 - y^2}$$

est un infiniment petit du troisième ordre, quand on considère y et z comme des infiniment petits du premier ordre. Quant à la différence $F(x, y) - f(x, y)$, elle se réduit dans cet exemple à

$$x^{\frac{1}{4}}(1 - y^3)^{\frac{1}{4}} - x^{\frac{1}{3}}(1 - y^2)^{\frac{1}{3}};$$

et, lorsque l'on considère x et y comme des infiniment petits du premier ordre, elle est une quantité infiniment petite, non plus du second ordre, mais de l'ordre $\frac{1}{4}$ seulement.

Corollaire V. — Lorsque le plan tangent commun aux deux surfaces n'est pas parallèle à l'axe des z, et que l'ordre du contact est un nombre entier, il suffit, pour déterminer cet ordre, de chercher quelle est la dernière des équations

$$(19)\quad F(x,y)=f(x,y),\quad dF(x,y)=df(x,y),\quad d^2F(x,y)=d^2f(x,y),\quad \ldots,$$

qui se trouve vérifiée pour le point de contact, indépendamment des valeurs attribuées aux différentielles dx, dy des variables indépendantes. L'ordre des différentielles totales comprises dans cette dernière équation sera précisément l'ordre demandé.

Nous observerons, en finissant, qu'on peut toujours choisir pour axe des z un axe qui ne soit pas parallèle au plan tangent mené par le point de contact de deux surfaces. Cela posé, si l'on réunit le corollaire III du théorème III au théorème II de la vingtième Leçon, on en conclura généralement que deux surfaces qui ont entre elles un contact du second ordre ou d'un ordre plus élevé sont osculatrices l'une de l'autre et, réciproquement, que deux surfaces osculatrices l'une de l'autre ont toujours entre elles, au point d'osculation, un contact du second ordre ou d'un ordre supérieur à 2.

LEÇONS

SUR

LES APPLICATIONS DU CALCUL INFINITÉSIMAL A LA GÉOMÉTRIE;

PAR M. AUGUSTIN-LOUIS CAUCHY,

INGÉNIEUR EN CHEF DES PONTS ET CHAUSSÉES, PROFESSEUR D'ANALYSE À L'ÉCOLE ROYALE POLYTECHNIQUE, PROFESSEUR ADJOINT À LA FACULTÉ DES SCIENCES, MEMBRE DE L'ACADÉMIE DES SCIENCES, CHEVALIER DE LA LÉGION D'HONNEUR.

TOME II.

A PARIS,

DE L'IMPRIMERIE ROYALE.

Chez DE BURE frères, Libraires du Roi et de la Bibliothèque du Roi, rue Serpente, n.° 7.

1828.

CALCUL INTÉGRAL.

PREMIÈRE LEÇON.

RECTIFICATION DES COURBES PLANES OU A DOUBLE COURBURE.

Considérons une courbe plane, représentée par une équation entre les deux coordonnées rectangulaires x, y, ou bien une courbe à double courbure, représentée par deux équations entre les trois coordonnées rectangulaires x, y, z; et, sur cette courbe, un arc renfermé entre un point fixe (A) et le point mobile dont x est l'abscisse. Si l'on désigne par s cet arc, pris avec le signe + ou avec le signe −, suivant qu'on le suppose porté, à partir du point (A), dans un sens ou dans un autre, et si l'on appelle τ l'inclinaison de la courbe par rapport à l'axe des x, on aura [*voir* dans le Tome I les formules (10) de la cinquième Leçon et (7) de la seizième]

$$\text{séc}\,\tau = \pm \frac{ds}{dx},$$

ou, ce qui revient au même,

$$ds = \pm\, \text{séc}\,\tau\, dx, \tag{1}$$

le signe $\pm$ devant être réduit au signe + dans le cas où l'arc s croît avec l'abscisse x, et au signe − dans le cas contraire. Cela posé, soient (P), (Q) deux points différents de la courbe, respectivement déterminés, le premier par le système des coordonnées x_0, y_0, le second par le système des coordonnées X, Y; et (p) le point mobile qui correspond aux coordonnées variables x, y. Concevons d'ailleurs que l'abscisse x croisse ou décroisse constamment, tandis que le point mobile (p) passe de la position (P) à la position (Q), en décrivant l'arc PQ. Enfin, soient s_0 et S les deux valeurs de s correspondant à $x = x_0$ et à $x = X$. On tirera de l'équation (1), en intégrant les deux membres à partir de $x = x_0$ [*voir* la trente-deuxième Leçon de *Calcul infinitésimal*],

$$(2) \qquad s - s_0 = \pm \int_{x_0}^{x} \text{séc}\,\tau\, dx,$$

puis, en posant $x = X$,

$$(3) \qquad S - s_0 = \pm \int_{x_0}^{X} \text{séc}\,\tau\, dx.$$

C'est à l'aide de la formule (3) que l'on pourra déterminer l'arc PQ, toujours égal à la valeur numérique de la différence $S - s_0$. On trouvera en particulier

$$(4) \qquad S - s_0 = \int_{x_0}^{X} \text{séc}\,\tau\, dx,$$

si les différences $S - s_0$, $X - x_0$ sont des quantités de même signe, et

$$(5) \qquad S - s_0 = -\int_{x_0}^{X} \text{séc}\,\tau\, dx,$$

si les mêmes différences sont des quantités de signes contraires. Si le point (P) coïncidait avec le point (A), s_0 deviendrait nul. Alors, en supposant, pour fixer les idées, les quantités s, S, $x - x_0$, $X - x_0$ positives, on tirerait de la formule (2)

$$(6) \qquad s = \int_{x_0}^{x} \text{séc}\,\tau\, dx,$$

et de la formule (3)

$$(7) \qquad S = \int_{x_0}^{X} \text{séc}\,\tau\, dx.$$

Ajoutons que, si l'on considère l'abscisse x comme variable indépendante, la valeur de séc τ sera déterminée pour une courbe plane (*voir* la première Leçon du Tome I) par l'équation

(8) $$\text{séc}\,\tau = \sqrt{1+y'^2} = \pm\frac{N}{y},$$

N étant la normale. Donc alors la formule (6) donnera

(9) $$s = \int_{x_0}^{x} \sqrt{1+y'^2}\,dx.$$

On trouvera, au contraire, pour une courbe à double courbure (*voir* la seizième Leçon du Tome I),

(10) $$\text{séc}\,\tau = \sqrt{1+y'^2+z'^2},$$

et par suite

(11) $$s = \int_{x_0}^{x} \sqrt{1+y'^2+z'^2}\,dx.$$

Si l'inclinaison τ devient constante, comme il arrive quand la courbe proposée se réduit à une droite ou à une hélice tracée sur un cylindre qui a pour axe l'axe des x, la formule (6) donnera

(12) $$s = \text{séc}\,\tau \int_{x_0}^{x} dx = (x - x_0)\,\text{séc}\,\tau.$$

Or $x - x_0$ représente précisément la projection de l'arc s sur l'axe des x. On peut donc énoncer la proposition suivante :

Théorème. — *Lorsqu'une ligne a, dans tous ses points, la même inclinaison par rapport à l'axe des x, une longueur portée sur cette ligne est équivalente au produit de sa projection sur l'axe des x par la sécante de l'inclinaison.*

Appliquons maintenant la formule (6) à quelques exemples.

Exemple I. — Si la courbe proposée coïncide avec la circonférence de cercle représentée par l'équation

(13) $$x^2 + y^2 = R^2,$$

on aura $N = R$. Par suite, la formule (8) donnera

$$\text{séc}\,\tau = \pm \frac{N}{y} = \frac{R}{\sqrt{R^2 - x^2}}, \tag{14}$$

et l'on tirera de l'équation (6)

$$s = R \int_{x_0}^{x} \frac{dx}{\sqrt{R^2 - x^2}} = R\left(\arc\sin\frac{x}{R} - \arc\sin\frac{x_0}{R}\right). \tag{15}$$

Il était facile de prévoir ce résultat. En effet, la différence

$$\arc\sin\frac{x}{R} - \arc\sin\frac{x_0}{R},$$

entre deux arcs relatifs au cercle qui a pour rayon l'unité, est la mesure de l'angle compris entre les rayons vecteurs menés de l'origine aux points de la circonférence donnée qui ont pour abscisses x_0 et x. Donc le produit de cette différence par le rayon R est la mesure de l'arc compris entre les deux points.

Exemple II. — Considérons une ellipse représentée par l'équation

$$\frac{x^2}{a^2} + \frac{y^2}{b^2} = 1, \tag{16}$$

dans laquelle a désigne la moitié du grand axe et b la moitié du petit axe. On aura, dans ce cas,

$$\frac{x}{a^2} + \frac{yy'}{b^2} = 0, \qquad y'^2 = \frac{b^4 x^2}{a^4 y^2} = \frac{b^2 x^2}{a^2(a^2 - x^2)}, \tag{17}$$

$$\text{séc}\,\tau = \sqrt{\frac{a^4 - (a^2 - b^2)x^2}{a^2(a^2 - x^2)}}. \tag{18}$$

D'ailleurs, si l'on nomme ε l'excentricité de l'ellipse, c'est-à-dire le rapport entre la distance d'un foyer au centre et la moitié du grand axe, on aura (*voir* la onzième Leçon du Tome I)

$$a\varepsilon = \sqrt{a^2 - b^2}. \tag{19}$$

Cela posé, la valeur de sécτ deviendra

$$\text{séc}\,\tau = \sqrt{\frac{a^2 - \varepsilon^2 x^2}{a^2 - x^2}}, \tag{20}$$

et l'on tirera de l'équation (6)

$$(21)\qquad s = \int_{x_0}^{x} \sqrt{\frac{a^2 - \varepsilon^2 x^2}{a^2 - x^2}}\, dx.$$

Si, dans la formule (21), on remplace les limites de l'intégrale relative à x par zéro et a, la valeur de s, réduite à

$$(22)\qquad s = \int_{0}^{a} \sqrt{\frac{a^2 - \varepsilon^2 x^2}{a^2 - x^2}}\, dx,$$

représentera le quart du périmètre de l'ellipse. Donc le périmètre entier aura pour mesure l'expression

$$(23)\qquad 4\int_{0}^{a} \sqrt{\frac{a^2 - \varepsilon^2 x^2}{a^2 - x^2}}\, dx,$$

dans laquelle il suffit de poser $x = at$ pour la ramener à la forme

$$(24)\qquad 4a\int_{0}^{1} \sqrt{\frac{1 - \varepsilon^2 t^2}{1 - t^2}}\, dt.$$

Les intégrales comprises dans les formules (21), (22), (23) et (24) sont du nombre de celles qu'on ne peut exprimer en termes finis; mais diverses méthodes fournissent le moyen d'en calculer des valeurs aussi approchées qu'on le désire.

Exemple III. — Considérons une hyperbole représentée par l'équation

$$(25)\qquad \frac{x^2}{a^2} - \frac{y^2}{b^2} = 1,$$

dans laquelle a, b sont deux quantités positives dont la première désigne la moitié de l'axe réel. On aura, dans ce cas,

$$(26)\qquad \frac{x}{a^2} - \frac{yy'}{b^2} = 0, \qquad y'^2 = \frac{b^4 x^2}{a^4 y^2} = \frac{b^2 x^2}{a^2(x^2 - a^2)},$$

$$(27)\qquad \text{séc}\,\tau = \sqrt{\frac{(a^2 + b^2)x^2 - a^4}{a^2(x^2 - a^2)}}.$$

D'ailleurs, si l'on nomme ε l'excentricité de l'hyperbole, c'est-à-dire le rapport entre la distance d'un foyer au centre et la moitié de l'axe réel, on aura (*voir* la onzième Leçon du Tome I)

$$(28)\qquad a\varepsilon = \sqrt{a^2 + b^2}.$$

Par suite, la valeur de sécτ deviendra

$$(29)\qquad \text{séc}\,\tau = \sqrt{\frac{\varepsilon^2 x^2 - a^2}{x^2 - a^2}},$$

et l'on tirera de l'équation (6)

$$(30)\qquad s = \int_{x_0}^{x} \sqrt{\frac{\varepsilon^2 x^2 - a^2}{x^2 - a^2}}\,dx.$$

Comme les deux fractions

$$\frac{a^2 - \varepsilon^2 x^2}{a^2 - x^2}, \quad \frac{\varepsilon^2 x^2 - a^2}{x^2 - a^2}$$

ne diffèrent pas l'une de l'autre, il est clair que la valeur précédente de s est pareille à celle que fournit l'équation (21). Seulement, dans l'équation (21), le nombre ε, déterminé par la formule (19), est inférieur à l'unité, tandis que dans l'équation (30), le nombre ε, déterminé par la formule (28), devient supérieur à l'unité.

Exemple IV. — Si la courbe proposée coïncide avec la parabole représentée par l'équation

$$(31)\qquad y^2 = 2px,$$

on aura

$$(32)\qquad yy' = p, \qquad y' = \frac{p}{y} = \pm\sqrt{\frac{p}{2x}},$$

$$(33)\qquad \text{séc}\,\tau = \sqrt{1 + \frac{p}{2x}},$$

et par suite

$$(34)\qquad s = \int_{x_0}^{x} \sqrt{1 + \frac{p}{2x}}\,dx.$$

Pour déterminer la valeur de l'intégrale comprise dans le second membre de l'équation (34) on posera

$$\sqrt{1+\frac{p}{2x}}=t \quad \text{ou} \quad x=\frac{p}{2(t^2-1)},$$

et l'on trouvera

$$\int\sqrt{1+\frac{p}{2x}}\,dx=\int t\,dx=tx-\int x\,dt=tx-\frac{p}{2}\int\frac{dt}{t^2-1}$$

$$=tx-\frac{p}{4}l\left(\frac{t-1}{t+1}\right)+\text{const.}$$

$$=x\sqrt{1+\frac{p}{2x}}-\frac{p}{4}l\left(\frac{\sqrt{1+\frac{p}{2x}}-1}{\sqrt{1+\frac{p}{2x}}+1}\right)+\text{const.}$$

Si maintenant on suppose, pour plus de simplicité, $x_0=0$, on tirera de la formule (34)

$$s=x\sqrt{1+\frac{p}{2x}}-\frac{p}{4}l\left(\frac{\sqrt{1+\frac{p}{2x}}-1}{\sqrt{1+\frac{p}{2x}}+1}\right). \tag{35}$$

Telle est la valeur de l'arc de la parabole compris entre le sommet et le point correspondant à l'abscisse x.

Exemple V. — Si la courbe proposée coïncide avec la *logarithmique* que nous avons déjà considérée dans la première Leçon du Tome I, et qui est représentée par l'équation

$$y=al\,x, \tag{36}$$

la caractéristique l indiquant un logarithme pris dans le système dont la base est e, on trouvera

$$\tan g\tau=y'=\frac{a}{x}, \tag{37}$$

et par suite

$$x=a\cot\tau, \qquad dx=-a\frac{d\tau}{\sin^2\tau}. \tag{38}$$

Cela posé, si l'on désigne par τ_0 la valeur de τ correspondant à $x=x_0$, on tirera de l'équation (6)

(39) $$s = -a\int_{\tau_0}^{\tau} \frac{d\tau}{\cos\tau \sin^2\tau}.$$

On a d'ailleurs

$$\frac{1}{\cos\tau\sin^2\tau} = \frac{\cos^2\tau + \sin^2\tau}{\cos\tau\sin^2\tau} = \frac{\cos\tau}{\sin^2\tau} + \frac{1}{\cos\tau},$$

et de plus

$$\int \frac{\cos\tau\, d\tau}{\sin^2\tau} = -\frac{1}{\sin\tau} + \text{const.},$$

$$\int \frac{d\tau}{\cos\tau} = \int \frac{\frac{1}{2}d\tau}{\sin\left(\frac{\pi}{4}+\frac{\tau}{2}\right)\cos\left(\frac{\pi}{4}+\frac{\tau}{2}\right)} = l\,\text{tang}\left(\frac{\pi}{4}+\frac{\tau}{2}\right) + \text{const.}$$

Donc l'équation (39) donnera

(40) $$s = a\left[\frac{1}{\sin\tau} - \frac{1}{\sin\tau_0} - l\,\text{tang}\left(\frac{\pi}{4}+\frac{\tau}{2}\right) + l\,\text{tang}\left(\frac{\pi}{4}+\frac{\tau_0}{2}\right)\right].$$

Si l'on échangeait entre eux les axes des x et des y, l'équation de la logarithmique deviendrait, comme on l'a déjà remarqué (Tome I, deuxième Leçon)

(41) $$y = e^{\frac{x}{a}},$$

et l'on aurait en conséquence

(42) $$\text{tang}\,\tau = y' = \frac{1}{a}e^{\frac{x}{a}}.$$

On trouverait par suite

(43) $$x = a l\,\text{tang}\,\tau - al(a), \qquad dx = a\frac{d\tau}{\sin\tau\cos\tau};$$

puis, en désignant par τ_0 la valeur de τ correspondant à $x = x_0$, on tirerait de l'équation (6)

(44) $$s = a\int_{\tau_0}^{\tau} \frac{d\tau}{\sin\tau\cos^2\tau}.$$

On aurait d'ailleurs

$$\frac{1}{\sin\tau\cos^2\tau} = \frac{1}{\sin\tau} + \frac{\sin\tau}{\cos^2\tau},$$

$$\int \frac{\sin\tau}{\cos^2\tau}d\tau = \frac{1}{\cos\tau} + \text{const.}, \qquad \int \frac{d\tau}{\sin\tau} = \int \frac{\frac{1}{2}d\tau}{\sin\frac{\tau}{2}\cos\frac{\tau}{2}} = l\,\text{tang}\frac{\tau}{2} + \text{const.}$$

Donc l'équation (44) donnerait

$$(45)\qquad s = a\left(\frac{1}{\cos\tau} - \frac{1}{\cos\tau_0} + l\,\text{tang}\frac{\tau}{2} - l\,\text{tang}\frac{\tau_0}{2}\right).$$

Il serait facile d'introduire dans les seconds membres des formules (40) et (45) l'abscisse x à la place de l'inclinaison τ.

Exemple VI. — Considérons encore la courbe représentée par l'équation

$$(46)\qquad y = a\,\frac{e^{\frac{x}{a}} + e^{-\frac{x}{a}}}{2},$$

qui est précisément celle que décrit une chaîne pesante, flexible et homogène, suspendue par ses extrémités à deux points fixes, et qui pour cette raison a reçu le nom de *chaînette*. On aura, pour cette courbe,

$$(47)\qquad y' = \frac{e^{\frac{x}{a}} - e^{-\frac{x}{a}}}{2},$$

et par suite

$$(48)\qquad \text{séc}\,\tau = \frac{e^{\frac{x}{a}} + e^{-\frac{x}{a}}}{2}.$$

Cela posé, en faisant évanouir x_0, on tirera de l'équation (6)

$$(49)\qquad s = \int_0^x \frac{e^{\frac{x}{a}} + e^{-\frac{x}{a}}}{2}\,dx = a\,\frac{e^{\frac{x}{a}} - e^{-\frac{x}{a}}}{2} = ay'.$$

D'ailleurs il est aisé de voir que, dans la courbe (46), le point qui correspond à l'abscisse $x = 0$ est précisément le point le plus bas. Par conséquent, dans cette courbe, l'arc s, compté à partir du point le plus bas, est proportionnel à $y' = \text{tang}\,\tau$, c'est-à-dire à la tangente trigonométrique de l'inclinaison correspondant à l'extrémité du même arc.

Revenons à la formule (1). Si l'on y remplace x par y on devra remplacer en même temps τ par $\frac{\pi}{2} - \tau$. On aura donc

$$(50)\qquad ds = \pm\,\text{coséc}\,\tau\,dy.$$

Cela posé, concevons que l'ordonnée y du point mobile (p) croisse ou décroisse constamment, tandis que ce point décrit l'arc PQ, dont les deux extrémités correspondent aux ordonnées y_0, Y. Alors, en intégrant l'équation (50) à partir de $y = y_0$, on trouvera

$$(51) \qquad s - s_0 = \pm \int_{y_0}^{y} \operatorname{coséc} \tau \, dy,$$

puis, en prenant $y = \mathrm{Y}$,

$$(52) \qquad \mathrm{S} - s_0 = \pm \int_{y_0}^{\mathrm{Y}} \operatorname{coséc} \tau \, dy.$$

On trouvera en particulier

$$(53) \qquad \mathrm{S} - s_0 = \int_{y_0}^{\mathrm{Y}} \operatorname{coséc} \tau \, dy,$$

si les différences $\mathrm{S} - s_0$, $\mathrm{Y} - y_0$ sont des quantités de même signe, et

$$(54) \qquad \mathrm{S} - s_0 = -\int_{y_0}^{\mathrm{Y}} \operatorname{coséc} \tau \, dy,$$

si les mêmes différences sont des quantités de signes contraires. Ajoutons que, si la courbe donnée est plane, on aura, en considérant l'abscisse x comme variable indépendante,

$$(55) \qquad \operatorname{coséc} \tau = \sqrt{1 + \frac{1}{y'^2}}.$$

Par suite, en supposant l'arc s_0 réduit à zéro, et les quantités s, $y - y_0$ affectées du même signe, on tirera de l'équation (51)

$$(56) \qquad s = \int_{y_0}^{y} \sqrt{1 + \frac{1}{y'^2}} \, dy.$$

Pour montrer une application de la formule (56), supposons que l'arc s se compte, à partir de l'origine des coordonnées, sur la branche de cycloïde engendrée par un cercle dont le rayon est R, et représentée par l'équation

$$(57) \qquad x = \mathrm{R} \arccos \frac{\mathrm{R} - y}{\mathrm{R}} - \sqrt{2\mathrm{R}y - y^2}$$

(*voir* p. 60) On aura, dans cette hypothèse,

$$(58)\qquad dx=\sqrt{\frac{y}{2R-y}}dy,\qquad y'=\sqrt{\frac{2R-y}{y}},\qquad 1+\frac{1}{y'^2}=\frac{2R}{2R-y},$$

$$(59)\qquad s=(2R)^{\frac{1}{2}}\int_0^y\frac{dy}{\sqrt{2R-y}}=2(2R)^{\frac{1}{2}}\left[(2R)^{\frac{1}{2}}-(2R-y)^{\frac{1}{2}}\right],$$

et, par suite,

$$(60)\qquad 4R-s=2\sqrt{2R(2R-y)}.$$

Cette dernière équation détermine l'arc s de la cycloïde en fonction de l'ordonnée y, tant que l'extrémité de cet arc demeure comprise entre l'origine et le sommet de la première branche. Si l'on veut que l'extrémité de l'arc s coïncide avec le sommet dont il s'agit, il faudra prendre $y=2R$, et la formule (60) donnera $4R$ pour la valeur de la variable s. Le double de cette valeur, ou $8R$, sera la longueur d'une branche quelconque de la cycloïde, c'est-à-dire de l'arc renfermé entre deux points de rebroussement consécutifs.

Il serait facile d'établir directement la formule (60) en s'appuyant sur les propriétés connues de la cycloïde. En effet, concevons que l'on fasse rouler à la fois sur l'axe des x, et sur une parallèle à cet axe menée par le sommet de la cycloïde, deux cercles décrits avec des rayons égaux, et qui touchent constamment au même point la parallèle dont il s'agit. Pendant que l'extrémité de l'un des rayons du premier cercle décrira la cycloïde proposée, l'extrémité d'un rayon parallèle, partant du centre du second cercle, mais dirigé en sens inverse, décrira une seconde cycloïde qui sera la développante de la première (*voir* la septième Leçon, Tome I). Cela posé, soient x, y les coordonnées d'un point situé sur la cycloïde proposée, entre l'origine et le sommet de la première branche. Soient de plus ξ, η les coordonnées d'un point correspondant situé sur la seconde cycloïde, s l'arc de la première compris entre l'origine et le point (x, y), et ρ la distance de ce dernier point au point (ξ, η). La distance ρ exprimera, non seulement le rayon de courbure de la cycloïde développante correspondant au point (ξ, η), mais encore l'arc de la cycloïde développée compris entre le point (x, y)

et le sommet de la première branche. Par suite on aura évidemment, si le point (x, y) se confond avec l'origine,

$$(61) \qquad s = 0, \qquad \rho = 4R;$$

si le point (x, y) se confond avec le sommet de la première branche,

$$(62) \qquad s = 4R, \qquad \rho = 0;$$

et en général

$$(63) \qquad 4R - s = \rho.$$

Ajoutons que le rayon de courbure ρ, étant divisé en deux parties égales par la base de la seconde cycloïde, sera égal au double de la corde comprise dans le cercle générateur de la première entre le point (x, y) et l'extrémité supérieure du diamètre parallèle à l'axe des y. Donc, puisque cette même corde est une moyenne géométrique entre le diamètre $2R$ et sa partie supérieure $2R - y$, on aura

$$(64) \qquad \rho = 2\sqrt{2R(2R - y)}.$$

Or, des formules (63) et (64) combinées entre elles on déduit immédiatement l'équation (60).

Si l'on échangeait l'un contre l'autre les axes des x et des y, l'équation (60) se trouverait remplacée par la suivante :

$$(65) \qquad 4R - s = 2\sqrt{2R(2R - x)}.$$

On démontre facilement à l'aide de cette dernière quelques propriétés remarquables que la Mécanique a fait découvrir dans la cycloïde.

Les formules (4) et (5) deviendraient l'une et l'autre inexactes si l'on ne pouvait passer du point (P) au point (Q), en suivant la courbe donnée, sans faire tantôt croître et tantôt décroître l'abscisse x. Concevons, pour fixer les idées, que

$$s_1, \quad s_2, \quad \ldots, \quad s_{m-1}, \quad s_m$$

désignent de nouvelles valeurs de l'arc s tellement choisies que les quantités

(66) $$s_0,\quad s_1,\quad s_2,\quad \ldots,\quad s_{m-1},\quad s_m,\quad S$$

forment une suite croissante ou décroissante. Supposons d'ailleurs que l'abscisse x croisse ou décroisse constamment, pendant que le point mobile (p) passe de l'extrémité (P) de l'arc s_0 à l'extrémité de l'arc s_1, ou de l'extrémité de l'arc s_1 à l'extrémité de l'arc s_2, ou de l'extrémité de l'arc s_2 à l'extrémité de l'arc s_3, etc., ou enfin de l'extrémité de l'arc S_m à l'extrémité (Q) de l'arc S. Alors on ne pourra plus calculer immédiatement la valeur de la différence $S - s_0$, à l'aide de la formule (4), ni à l'aide de la formule (5); mais on pourra évidemment déterminer, par une formule toute pareille, chacune des différences

(67) $$s_1 - s_0,\quad s_2 - s_1,\quad s_3 - s_2,\quad \ldots,\quad S - s_m,$$

et il ne restera plus qu'à les ajouter les unes aux autres pour obtenir la valeur de $S - s_0$, et par suite la longueur de l'arc PQ.

Si l'on voulait appliquer à la détermination de l'arc PQ des formules semblables, non plus aux équations (4) et (5), mais aux équations (53) et (54), alors il faudrait choisir les arcs $s_1, s_2, \ldots, s_m$ ci-dessus mentionnés, de manière que l'ordonnée y fût constamment croissante ou constamment décroissante, tandis que le point mobile (p) passerait de l'extrémité de l'arc s_0 à l'extrémité de l'arc s_1, ou de l'extrémité de l'arc s_1 à l'extrémité de l'arc s_2, etc., ou enfin de l'extrémité de l'arc s_m à l'extrémité de l'arc S.

Concevons, par exemple, qu'il s'agisse d'évaluer l'arc S compris entre l'origine et un point quelconque de la cycloïde représentée par l'équation

(68) $$x = \operatorname{arc}\cos\left(\left(\frac{R - y}{R}\right)\right) \pm \sqrt{2Ry - y^2},$$

dans laquelle le radical doit être affecté du signe + ou du signe − suivant que l'angle ω déterminé par la formule

(69) $$\omega = \operatorname{arc}\cos\left(\left(\frac{R - y}{R}\right)\right)$$

a pour sinus une quantité négative ou positive (*voir* la deuxième Leçon du Tome I). Supposons d'ailleurs l'arc s_0 nul, l'arc S positif, et désignons par X, Y les coordonnées de l'extrémité de cè dernier arc. On prendra pour extrémités des arcs $s_1, s_2, \ldots, s_m$ les sommets et les points de rebroussement de la cycloïde compris entre l'origine et le point (X, Y), puis, en appliquant les formules (53) et (54) à la détermination des différences (67), on obtiendra les résultats que nous allons indiquer.

D'abord il est clair que chacun des arcs

$$s_1, \quad s_2 - s_1, \quad s_3 - s_2, \quad \ldots, \quad s_m - s_{m-1}$$

sera compris entre deux points correspondant l'un à l'ordonnée $y = 0$, l'autre à l'ordonnée $y = 2R$, tandis que l'arc

$$S - s_m$$

sera compris entre un point correspondant à l'une de ces deux ordonnées et le point (X, Y). De plus, on tirera de la formule (68)

$$(70) \qquad dx = \pm \frac{y}{\sqrt{2Ry - y^2}} dy, \qquad y' = \pm \sqrt{\frac{2R - y}{y}}, \qquad \operatorname{coséc}\tau = \sqrt{\frac{2R}{2R - y}}.$$

Cela posé, si l'on admet, pour fixer les idées, que la quantité S soit positive, on tirera de la formule (53)

$$(71) \qquad s_1 = s_3 - s_2 = s_5 - s_4 = \ldots = \int_0^{2R} \sqrt{\frac{2R}{2R - y}} dy = 4R,$$

et de la formule (54)

$$(72) \qquad s_2 - s_1 = s_4 - s_3 = s_6 - s_5 = \ldots = -\int_{2R}^{0} \sqrt{\frac{2R}{2R - y}} dy = 4R.$$

Quant à la valeur de $S - s_m$, qui devra être déterminée par la formule (53) si m est un nombre pair, et par la formule (54) si m est un nombre impair, elle sera, dans le premier cas,

$$(73) \qquad S - s_m = \int_0^{Y} \sqrt{\frac{2R}{2R - y}} dy = 4R - 2\sqrt{2R(2R - y)},$$

et dans le second

$$(74)\qquad S - s_m = -\int_{2R}^{Y} \sqrt{\frac{2R}{2R-y}}\,dy = 2\sqrt{2R(2R-y)}.$$

Si maintenant on ajoute les uns aux autres les arcs

$$s_1,\quad s_2 - s_1,\quad s_3 - s_2,\quad \ldots,\quad s_m - s_{m-1},\quad S - s_m,$$

on trouvera, pour des valeurs paires de m,

$$(75)\qquad S = 4(m+1)R - 2\sqrt{2R(2R-y)},$$

et pour des valeurs impaires de m,

$$(76)\qquad S = 4mR + 2\sqrt{2R(2R-y)};$$

ce qu'il était facile de prévoir.

Lorsque les intégrales comprises dans les formules générales que nous avons établies ne peuvent s'obtenir en termes finis, il faut, comme nous l'avons déjà dit, recourir à des méthodes d'approximation. L'une des plus simples consiste à développer

$$\text{séc}\,\tau = \sqrt{1+y'^2} \qquad \text{ou} \qquad \text{coséc}\,\tau = \sqrt{1+\frac{1}{y'^2}}$$

en une série convergente dont chaque terme, multiplié par dx ou par dy, devienne immédiatement intégrable. On y parvient, dans plusieurs cas, en faisant usage de l'une des deux formules

$$(77)\qquad \text{coséc}\,\tau = (1+y'^2)^{\frac{1}{2}} = 1 + \frac{1}{2}y'^2 - \frac{1.1}{2.4}y'^4 + \frac{1.1.3}{2.4.6}y'^6 - \ldots,$$

$$(78)\qquad \text{coséc}\,\tau = \left(1+\frac{1}{y'^2}\right)^{\frac{1}{2}} = 1 + \frac{1}{2}\left(\frac{1}{y'}\right)^2 - \frac{1.1}{2.4}\left(\frac{1}{y'}\right)^4 + \frac{1.1.3}{2.4.6}\left(\frac{1}{y'}\right)^6 - \ldots,$$

dont la première subsiste pour des valeurs de y'^2 inférieures à l'unité, et la seconde pour des valeurs de y'^2 supérieures à l'unité. Ainsi, par exemple, à l'aide de ces formules, on pourra développer en série convergente un arc d'ellipse ou d'hyperbole, pourvu qu'aucun des points de la courbe qui correspondent à $y'^2 = 1$ ne se trouve renfermé entre les extrémités de cet arc.

Une autre méthode à l'aide de laquelle on peut facilement évaluer un arc d'ellipse ou d'hyperbole consiste à développer le second membre de la formule (21) ou (30) suivant les puissances ascendantes ou descendantes de l'excentricité. Supposons d'abord qu'il s'agisse d'évaluer un arc d'ellipse. Si, pour y parvenir, on emploie la formule (21), il est clair que la valeur numérique de x restera toujours inférieure à la constante a. Cela posé, on pourra prendre

$$x = a\cos\varphi, \tag{79}$$

et, en désignant par φ_0 la valeur de φ correspondant à $x = x_0$, on tirera de la formule (21)

$$s = -a\int_{\varphi_0}^{\varphi}\sqrt{1-\varepsilon^2\cos^2\varphi}\,d\varphi. \tag{80}$$

Si maintenant on développe suivant les puissances ascendantes de ε le radical

$$\sqrt{1-\varepsilon^2\cos^2\varphi} = (1-\varepsilon^2\cos^2\varphi)^{\frac{1}{2}},$$

on obtiendra l'équation

$$\left\{\begin{aligned}&\sqrt{1-\varepsilon^2\cos^2\varphi}\\ &\quad = 1 - \frac{\varepsilon^2}{2}\cos^2\varphi - \frac{1}{2}\frac{\varepsilon^4}{4}\cos^4\varphi - \frac{1.3}{2.4}\frac{\varepsilon^6}{6}\cos^6\varphi - \frac{1.3.5}{2.4.6}\frac{\varepsilon^8}{8}\cos^8\varphi - \ldots,\end{aligned}\right. \tag{81}$$

dont le second membre comprend une série qui est toujours convergente, puisqu'on a, par hypothèse, $\varepsilon < 1$; et l'on trouvera, par suite,

$$\left\{\begin{aligned}&s = a(\varphi_0-\varphi) + \frac{\varepsilon^2}{2}a\int_{\varphi_0}^{\varphi}\cos^2\varphi\,d\varphi\\ &\qquad + \frac{1}{2}\frac{\varepsilon^4}{4}a\int_{\varphi_0}^{\varphi}\cos^4\varphi\,d\varphi + \frac{1.3}{2.4}\frac{\varepsilon^6}{6}a\int_{\varphi_0}^{\varphi}\cos^6\varphi\,d\varphi + \ldots.\end{aligned}\right. \tag{82}$$

On a d'ailleurs généralement

$$\cos\varphi = \frac{1}{2}\left(e^{\varphi\sqrt{-1}} + e^{-\varphi\sqrt{-1}}\right),$$

et l'on en conclut, en désignant par n un nombre entier quelconque,

$$\cos^{2n}\varphi = \frac{1}{2^{2n}}\left(e^{\varphi\sqrt{-1}} + e^{-\varphi\sqrt{-1}}\right)^{2n},$$

ou, ce qui revient au même,

$$(83)\quad \left\{ \begin{aligned} \cos^{2n}\varphi = \frac{1}{2^{2n-1}}\Big[& \cos 2n\varphi + \frac{2n}{1}\cos(2n-2)\varphi \\ & + \frac{2n(2n-1)}{1.2}\cos(2n-4)\varphi + \ldots + \frac{1}{2}\,\frac{1.2.3\ldots 2n}{(1.2\ldots n)(1.2\ldots n)}\Big], \end{aligned} \right.$$

puis, en multipliant par $d\varphi$, et intégrant à partir de $\varphi = \varphi_0$,

$$(84)\quad \left\{ \begin{aligned} & \int_{\varphi_0}^{\varphi} \cos^{2n}\varphi\, d\varphi \\ & = \frac{1}{2^{2n-1}}\Big[\frac{\sin 2n\varphi - \sin 2n\varphi_0}{2n} + \frac{2n}{1}\,\frac{\sin(2n-2)\varphi - \sin(2n-2)\varphi_0}{2n-2} + \ldots \\ & \qquad + \frac{1}{2}\,\frac{1.2.3\ldots 2n}{(1.2\ldots n)(1.2\ldots n)}(\varphi - \varphi_0)\Big] \end{aligned} \right.$$

Il résulte de la dernière formule qu'on peut exprimer en termes finis chacune des intégrales comprises dans le second membre de l'équation (62) Donc cette équation donnera pour valeur de l'arc s la somme d'une série convergente dont il sera facile de calculer chaque terme.

Il est bon d'observer que, dans les formules précédentes, l'angle φ, déterminé par l'équation

$$\cos\varphi = \frac{x}{a},$$

est précisément l'angle compris entre le demi-axe des x positives et le rayon vecteur mené de l'origine au point où l'ordonnée correspondant à l'abscisse x rencontre la circonférence du cercle qui a pour diamètre le grand axe $2a$ de l'ellipse proposée.

Si l'on voulait rendre l'arc s équivalent au quart du périmètre de l'ellipse, il faudrait supposer l'intégrale qui, dans la formule (21), représente ce même arc, prise entre les limites o et a de la variable x, auxquelles correspondent les limites $\frac{\pi}{2}$ et o de la variable φ. Alors on tirerait de l'équation (84)

$$\begin{aligned} \int_{\frac{\pi}{2}}^{0} \cos^{2n}\varphi\, d\varphi &= -\int_0^{\frac{\pi}{2}} \cos^{2n}\varphi\, d\varphi \\ &= -\frac{1}{2^{2n}}\,\frac{1.2.3\ldots 2n}{(1.2\ldots n)(1.2\ldots n)}\,\frac{\pi}{2} = -\frac{1.2.3\ldots 2n}{(2.4\ldots 2n)(2.4\ldots 2n)}\,\frac{\pi}{2}, \end{aligned}$$

ou plus simplement

(85) $$\int_{\frac{\pi}{2}}^{0} \cos^{2n}\varphi\, d\varphi = -\frac{1.3.5\ldots(2n-1)}{2.4.6\ldots 2n}\,\frac{\pi}{2}.$$

En conséquence, les équations (82) et (84) donneraient

(86) $$\left\{\begin{aligned} s &= a\int_0^{\frac{\pi}{2}} \sqrt{1-\varepsilon^2\cos^2\varphi}\, d\varphi \\ &= \frac{a\pi}{2}\left[1-\left(\frac{1}{2}\varepsilon\right)^2-\frac{1}{3}\left(\frac{1.3}{2.4}\varepsilon^2\right)^2-\frac{1}{5}\left(\frac{1.3.5}{2.4.6}\varepsilon^3\right)^2-\frac{1}{7}\left(\frac{1.3.5.7}{2.4.6.8}\varepsilon^4\right)^2-\ldots\right]\end{aligned}\right.$$

Donc, si l'on désigne par P le périmètre de l'ellipse, on aura non seulement

(87) $$P = 4a\int_0^{\frac{\pi}{2}} \sqrt{1-\varepsilon^2\cos^2\varphi}\, d\varphi,$$

mais encore

(88) $$P = 2a\pi\left[1-\left(\frac{1}{2}\varepsilon\right)^2-\frac{1}{3}\left(\frac{1.3}{2.4}\varepsilon^2\right)^2-\frac{1}{5}\left(\frac{1.3.5}{2.4.6}\varepsilon^3\right)^2-\frac{1}{7}\left(\frac{1.3.5.7}{2.4.6.8}\varepsilon^4\right)^2-\ldots\right].$$

Lorsque l'ellipse se change en un cercle décrit du rayon R, on a $\varepsilon = 0$, $a = R$, et l'équation (88) donne, comme on devait le prévoir,

$$P = 2\pi R.$$

Ajoutons que les différents produits renfermés entre parenthèses dans le second membre de cette équation sont précisément les différents termes dont se compose le développement de $(1-\varepsilon)^{-\frac{1}{2}}$, attendu que l'on a généralement (en vertu de la formule du binome)

(89) $$(1-\varepsilon)^{-\frac{1}{2}} = 1+\frac{1}{2}\varepsilon+\frac{1.3}{2.4}\varepsilon^2+\frac{1.3.5}{2.4.6}\varepsilon^3+\frac{1.3.5.7}{2.4.6.8}\varepsilon^4+\ldots.$$

Supposons maintenant qu'il s'agisse de calculer un arc d'hyperbole. Si, pour y parvenir, on emploie la formule (30), il est clair que la valeur numérique de x restera toujours supérieure à la constante a. Cela posé, on pourra prendre

(90) $$x = \frac{a}{\cos\varphi};$$

et, en désignant par φ_0 la valeur de φ correspondant à $x = x_0$, on tirera de la formule (30)

$$(91) \qquad s = a\int_{\varphi_0}^{\varphi} \sqrt{\varepsilon^2 - \cos^2\varphi}\,\frac{d\varphi}{\cos^2\varphi}.$$

Si maintenant on développe la fraction

$$\frac{\sqrt{\varepsilon^2 - \cos^2\varphi}}{\cos^2\varphi} = \frac{\varepsilon}{\cos^2\varphi}\left(1 - \frac{\cos^2\varphi}{\varepsilon^2}\right)^{\frac{1}{2}}$$

suivant les puissances descendantes de ε, on obtiendra l'équation

$$(92) \qquad \left\{\begin{aligned} &\frac{\sqrt{\varepsilon^2 - \cos^2\varphi}}{\cos^2\varphi} \\ &= \frac{\varepsilon}{\cos^2\varphi} - \frac{1}{2\varepsilon} - \frac{1}{2}\frac{1}{4\varepsilon^3}\cos^2\varphi - \frac{1.3}{2.4}\frac{1}{6\varepsilon^5}\cos^4\varphi - \frac{1.3.5}{2.4.6}\frac{1}{8\varepsilon^7}\cos^6\varphi - \ldots, \end{aligned}\right.$$

dont le second membre comprend une série toujours convergente, attendu qu'on a, dans l'hyperbole, $\varepsilon > 1$. On trouvera, par suite,

$$(93) \qquad \left\{\begin{aligned} s = {} & a\varepsilon(\operatorname{tang}\varphi - \operatorname{tang}\varphi_0) - \frac{a}{2\varepsilon}(\varphi - \varphi_0) - \frac{1}{2}\frac{a}{4\varepsilon^3}\int_{\varphi_0}^{\varphi}\cos^2\varphi\,d\varphi \\ & - \frac{1.3}{2.4}\frac{a}{6\varepsilon^5}\int_{\varphi_0}^{\varphi}\cos^4\varphi\,d\varphi - \frac{1.3.5}{2.4.6}\frac{a}{8\varepsilon^7}\int_{\varphi_0}^{\varphi}\cos^6\varphi\,d\varphi - \ldots. \end{aligned}\right.$$

Or, il résulte de la formule (84) qu'on peut exprimer en termes finis chacune des intégrales comprises dans le second membre de l'équation (93). Donc cette équation donnera pour valeur de s la somme d'une série convergente dont il sera facile de calculer chaque terme. Si l'on fait coïncider l'origine de l'arc s avec le sommet de l'hyperbole correspondant à l'abscisse $x = a$, on devra supposer $\varphi_0 = 0$, et la formule (93) se réduira simplement à la suivante :

$$(94) \qquad \left\{\begin{aligned} s = {} & a\varepsilon\operatorname{tang}\varphi - \frac{a}{2\varepsilon}\varphi - \frac{1}{2}\frac{a}{4\varepsilon^3}\int_0^{\varphi}\cos^2\varphi\,d\varphi \\ & - \frac{1.3}{2.4}\frac{a}{6\varepsilon^5}\int_0^{\varphi}\cos^4\varphi\,d\varphi - \frac{1.3.5}{2.4.6}\frac{a}{8\varepsilon^7}\int_0^{\varphi}\cos^6\varphi\,d\varphi - \ldots. \end{aligned}\right.$$

Il est bon d'observer que, dans les formules précédentes, l'angle φ, déterminé par l'équation

$$\cos\varphi = \frac{a}{x},$$

est précisément l'angle compris entre le demi-axe des x positives et le rayon vecteur mené de l'origine au point où le cercle qui a pour diamètre l'axe réel $2a$ de l'hyperbole proposée se trouve touché par une droite qui coupe l'axe des x au point dont x est l'abscisse.

Comme les asymptotes de l'hyperbole (18) sont représentées par l'équation

$$(95) \qquad \frac{x^2}{a^2} - \frac{y^2}{b^2} = 0,$$

il est clair que, si l'on nomme r la distance comptée sur une asymptote entre l'origine et un point quelconque correspondant à l'abscisse x, on aura

$$r^2 = x^2 + \frac{b^2 x^2}{a^2} = \frac{a^2 + b^2}{a^2} x^2 = \varepsilon^2 x^2,$$

et par suite, en supposant x positif,

$$(96) \qquad r = \varepsilon x = \frac{a\varepsilon}{\cos\varphi}.$$

Si, de la valeur précédente de r, on retranche l'arc s, déterminé par la formule (94), en ayant égard à l'équation

$$\frac{1}{\cos\varphi} - \operatorname{tang}\varphi = \frac{1 - \sin\varphi}{\cos\varphi} = \frac{\cos\varphi}{1 + \sin\varphi},$$

on trouvera

$$(97) \quad \left\{ \begin{aligned} r - s = {} & a\varepsilon \frac{\cos\varphi}{1 + \sin\varphi} + \frac{a}{2\varepsilon}\varphi + \frac{1}{2}\frac{a}{4\varepsilon^3}\int_0^\varphi \cos^2\varphi \, d\varphi \\ & + \frac{1.3}{2.4}\frac{a}{6\varepsilon^5}\int_0^\varphi \cos^4\varphi \, d\varphi + \frac{1.3.5}{2.4.6}\frac{a}{8\varepsilon^7}\int_0^\varphi \cos^6\varphi \, d\varphi + \ldots. \end{aligned} \right.$$

Si maintenant on suppose $\varphi = \frac{\pi}{2}$, l'équation (97) fournira la valeur de $r - s$ correspondant à

$$x = \frac{a}{\cos\frac{\pi}{2}} = \infty,$$

c'est-à-dire, à très peu près, la différence entre deux longueurs très considérables portées, la première sur l'asymptote à partir de l'origine, la seconde sur l'hyperbole à partir du sommet, de manière que leurs extrémités répondent à la même abscisse. Donc, si l'on désigne par D la différence dont il s'agit, on aura, sans erreur sensible, lorsque x acquerra une très grande valeur, ou, ce qui revient au même, lorsque les extrémités des deux longueurs seront deux points très rapprochés l'un de l'autre,

$$(98)\qquad D = \frac{a\pi}{4\varepsilon}\left[1 + \frac{1}{2}\left(\frac{1}{2}\,\frac{1}{\varepsilon}\right)^2 + \frac{1}{3}\left(\frac{1.3}{2.4}\,\frac{1}{\varepsilon^2}\right)^2 + \frac{1}{4}\left(\frac{1.3.5}{2.4.6}\,\frac{1}{\varepsilon^3}\right)^2 + \dots\right]$$

On peut encore, dans la détermination des arcs d'ellipse ou d'hyperbole, employer d'autres équations que nous allons faire connaître. On tire évidemment des formules (20) et (29), pour l'une et l'autre courbe,

$$\text{séc}^2\tau = \frac{1}{\cos^2\tau} = \frac{\varepsilon^2 x^2 - a^2}{x^2 - a^2},$$

et par suite

$$(99)\qquad x^2 = \frac{a^2(1-\cos^2\tau)}{1-\varepsilon^2\cos^2\tau},\qquad x = \pm\frac{a\sin\tau}{\sqrt{1-\varepsilon^2\cos^2\tau}},\qquad dx = \pm\frac{a(1-\varepsilon^2)\cos\tau\,d\tau}{(1-\varepsilon^2\cos^2\tau)^{\frac{3}{2}}},$$

$$(100)\qquad ds = \pm\,\text{séc}\,\tau\,dx = \pm\frac{a(1-\varepsilon^2)\,d\tau}{(1-\varepsilon^2\cos^2\tau)^{\frac{3}{2}}}.$$

Cela posé, si l'on admet que, pour des valeurs croissantes de l'inclinaison τ, l'arc s croisse dans l'ellipse et décroisse dans l'hyperbole, et si l'on désigne par τ_0 l'inclinaison correspondant à l'origine de l'arc s, on trouvera pour l'ellipse

$$(101)\qquad s = a(1-\varepsilon^2)\int_{\tau_0}^{\tau}\frac{d\tau}{(1-\varepsilon^2\cos^2\tau)^{\frac{3}{2}}},$$

et pour l'hyperbole

$$(102)\qquad s = -\,a(1-\varepsilon^2)\int_{\tau_0}^{\tau}\frac{d\tau}{(1-\varepsilon^2\cos^2\tau)^{\frac{3}{2}}}$$

Les seconds membres des formules (101) et (102) peuvent être, aussi bien que ceux des formules (80) et (91), développés en séries convergentes ordonnées suivant les puissances ascendantes ou descendantes de l'excentricité. Si l'on développe en particulier le second membre de la formule (101), et si l'on suppose les intégrales prises entre les limites $\tau = 0$, $\tau = \frac{\pi}{2}$, on obtiendra une valeur de s égale au quart du périmètre de l'ellipse, et l'on reconnaîtra que le périmètre entier P peut être présenté sous la forme

$$(103)\qquad P = 2a\pi(1-\varepsilon^2)\left[1 + 3\left(\frac{1}{2}\varepsilon\right)^2 - 5\left(\frac{1.3}{2.4}\varepsilon^2\right)^2 + 7\left(\frac{1.3.5}{2.4.6}\varepsilon^3\right)^2 + \ldots\right].$$

Il est facile de s'assurer que cette dernière valeur de P ne diffère pas de celle que fournit l'équation (88).

Lorsque, dans la première des équations (99), on remet pour x sa valeur $a\cos\varphi$ tirée de la formule (79), on trouve

$$(104)\qquad 1 - \cos^2\varphi - \cos^2\tau + \varepsilon^2\cos^2\varphi\cos^2\tau = 0,$$

et par suite, dans le cas où $\cos\varphi$ est positif,

$$(105)\qquad \cos\varphi = \frac{\sin\tau}{\sqrt{1-\varepsilon^2\cos^2\tau}}$$

Cela posé, on aura

$$d(\varepsilon^2\cos\varphi\cos\tau) = d\left(\frac{\varepsilon^2\cos\tau\sin\tau}{\sqrt{1-\varepsilon^2\cos^2\tau}}\right) = -\sqrt{1-\varepsilon^2\cos^2\tau}\,d\tau + \frac{(1-\varepsilon^2)\,d\tau}{(1-\varepsilon^2\cos^2\tau)^{\frac{3}{2}}},$$

et l'on en conclura

$$(1-\varepsilon^2)\int_{\tau_0}^{\tau}\frac{d\tau}{(1-\varepsilon^2\cos^2\tau)^{\frac{3}{2}}} = \varepsilon^2(\cos\varphi\cos\tau - \cos\varphi_0\cos\tau_0) + \int_{\tau_0}^{\tau}\sqrt{1-\varepsilon^2\cos^2\tau}\,d\tau.$$

Donc l'équation (101) pourra être ramenée à la forme

$$(106)\qquad s = a\varepsilon^2(\cos\varphi\cos\tau - \cos\varphi_0\cos\tau_0) + a\int_{\tau_0}^{\tau}\sqrt{1-\varepsilon^2\cos^2\tau}\,d\tau.$$

Cette dernière suppose, comme l'équation (101), $\tau > \tau_0$. Alors le produit

$$a\int_{\tau_0}^{\tau}\sqrt{1-\varepsilon^2\cos^2\tau}\,d\tau$$

est évidemment positif et représente, en vertu de la formule (80), l'arc renfermé entre les points de l'ellipse qui ont pour abscisses les deux quantités $a\cos\tau$, $a\cos\tau_0$. Donc, si l'on désigne cet arc par ς, on aura

$$s = a\varepsilon^2(\cos\varphi\cos\tau - \cos\varphi_0\cos\tau_0) + \varsigma,$$

ou, ce qui revient au même,

$$(107) \qquad s - \varsigma = a\varepsilon^2(\cos\varphi\cos\tau - \cos\varphi_0\cos\tau_0).$$

Si, pour plus de commodité, on appelait ξ et ξ_0 les abscisses de l'extrémité de l'arc ς, on aurait simplement

$$(108) \qquad s - \varsigma = \varepsilon^2 \frac{x\xi - x_0\xi_0}{a}.$$

Ainsi *l'on peut évaluer en termes finis la différence qui existe entre deux arcs d'ellipse tellement choisis que les inclinaisons des tangentes menées par les deux extrémités de l'un de ces arcs soient respectivement égales aux inclinaisons des deux rayons vecteurs menés du centre de l'ellipse aux points où la circonférence de cercle décrite sur le grand axe comme diamètre est coupée par les ordonnées qui renferment les extrémités du second arc.*

Lorsqu'on suppose $\tau_0 = 0$, on a évidemment $\varphi_0 = \frac{\pi}{2}$ et $x_0 = 0$. Alors l'équation (108) se réduit à

$$(109) \qquad s - \varsigma = \varepsilon^2 \frac{x\xi}{a},$$

et la proposition qu'elle renferme coïncide avec un théorème découvert par un géomètre italien, le comte de Fagnano. Observons d'ailleurs que, dans tous les cas, les abscisses x et ξ relatives aux extrémités des arcs s et ς doivent vérifier la condition

$$(110) \qquad a^4 - a^2(x^2 + \xi^2) + \varepsilon^2 x^2 \xi^2 = 0,$$

que l'on déduit immédiatement de la formule (104), en y remplaçant $\cos\varphi$ par $\frac{x}{a}$ et $\cos\tau$ par $\frac{\xi}{a}$.

Nous établirons, en finissant, une proposition qui peut être utile dans la recherche de la valeur approchée d'un arc de courbe, et que l'on peut énoncer comme il suit :

THÉORÈME II. — *Lorsqu'un arc de courbe n'est rencontré qu'en un seul point par chacun des plans perpendiculaires à un axe donné, le rapport entre cet arc et sa projection sur l'axe dont il s'agit est une moyenne entre les sécantes des diverses inclinaisons de l'arc par rapport à ce même axe.*

Démonstration. — En effet, si l'on prend l'axe donné pour axe des x, l'arc s que l'on considère sera déterminé par l'équation (7), pourvu que l'on nomme x_0, X les abscisses des points extrêmes, et τ l'inclinaison correspondant au point mobile dont l'abscisse est x. Or, si l'on a égard à la formule (14) de la vingt-troisième Leçon de *Calcul infinitésimal*, on tirera de l'équation (7)

$$S = (X - x_0)\,\text{séc}\,T, \tag{111}$$

T désignant une moyenne entre les diverses valeurs de l'inclinaison τ; et il est clair que la formule (111) entraîne le théorème II.

DEUXIÈME LEÇON

QUADRATURE DES SURFACES PLANES.

Considérons une courbe plane dont l'équation en coordonnées rectangulaires se présente sous la forme

$$(1) \qquad y = f(x).$$

Soient (P) et (Q) deux points fixes de cette courbe, qui répondent, le premier à l'abscisse x_0, le second à l'abscisse X. Soit, de plus, (p) le point mobile dont x est l'abscisse; et cherchons l'aire comprise entre la courbe, l'axe des x et les deux ordonnées correspondant aux deux abscisses x_0, x. Cette aire sera une fonction de x, que nous désignerons par u, et qui s'évanouira pour $x = x_0$. De plus, si l'on suppose $x > x_0$, et si l'on nomme Δx un accroissement positif, mais très petit, attribué à la variable x, l'accroissement correspondant de la fonction u, ou Δu, représentera l'élément de surface renfermé entre la courbe, l'axe des x et les deux ordonnées $f(x)$, $f(x + \Delta x)$. Cela posé, soit (q) le point de la courbe qui répond à l'abscisse $x + \Delta x$. L'ordonnée d'un point quelconque de l'arc pq sera évidemment de la forme $f(x + \theta\,\Delta x)$, θ désignant un nombre inférieur à l'unité. Par suite, les ordonnées des deux points situés sur le même arc, l'un à la plus petite distance de l'axe des x, l'autre à la plus grande, seront de la forme

$$(2) \qquad f(x + \theta_1\,\Delta x), \quad f(x + \theta_2\,\Delta x),$$

θ_1, θ_2 étant des nombres inférieurs à l'unité. Or, les valeurs numériques de ces ordonnées représenteront évidemment les hauteurs des rectangles inscrits et circonscrits à l'élément de surface Δu, tandis que les aires de ces rectangles seront mesurées par les valeurs numériques des produits

$$(3)\qquad \Delta x\, f(x+\theta_1\,\Delta x),\quad \Delta x\, f(x+\theta_2\,\Delta x).$$

Donc, si l'on emploie la notation

$$\mathrm{M}(a, a', a'', \ldots)$$

pour désigner une moyenne entre plusieurs quantités a, a', a'' (*voir* l'*Analyse algébrique*, p. 29) (¹), on aura

$$(4)\qquad \Delta u = \pm\,\mathrm{M}[\Delta x\, f(x+\theta_1\,\Delta x),\ \Delta x\, f(x+\theta_2\,\Delta x)],$$

ou, ce qui revient au même,

$$(5)\qquad \frac{\Delta u}{\Delta x} = \pm\,\mathrm{M}[f(x+\theta_1\,\Delta x),\ f(x+\theta_2\,\Delta x)];$$

puis, en faisant converger Δx vers la limite zéro, on en conclura

$$(6)\qquad \frac{du}{dx} = \pm f(x) = \pm y,$$

et par conséquent

$$(7)\qquad du = \pm\, y\, dx.$$

Si maintenant on intègre l'équation (7) à partir de $x = x_0$, on trouvera

$$(8)\qquad u = \pm\int_{x_0}^{x} y\, dx,$$

puis, en désignant par U la valeur de u correspondant à $x = \mathrm{X}$,

$$(9)\qquad \mathrm{U} = \pm\int_{x_0}^{\mathrm{X}} y\, dx.$$

La fonction u croissant par hypothèse avec l'abscisse x, il faudra évidemment, dans les seconds membres des formules précédentes, réduire le double signe au signe $+$, lorsque l'ordonnée $y = f(x)$ sera positive,

(¹) *Œuvres de Cauchy*, S. II, T. III.

et au signe $-$, dans le cas contraire. Dans le premier cas, les équations (8) et (9) donneront

$$u = \int_{x_0}^{x} y\,dx, \tag{10}$$

$$U = \int_{x_0}^{X} y\,dx. \tag{11}$$

Appliquons maintenant la formule (10) à quelques exemples.

Exemple I. — Si la courbe proposée coïncide avec la circonférence de cercle décrite du rayon R, et représentée par l'équation

$$x^2 + y^2 = R^2, \tag{12}$$

on trouvera, pour la valeur positive de y,

$$y = \sqrt{R^2 - x^2}, \tag{13}$$

et, par suite, la formule (10) donnera

$$u = \int_{x_0}^{x} \sqrt{R^2 - x^2}\,dx. \tag{14}$$

Pour déterminer la valeur de l'intégrale qui précède, on posera

$$\sqrt{R^2 - x^2} = tx \qquad \text{ou} \qquad x^2 = \frac{R^2}{1 + t^2},$$

et l'on en conclura

$$\begin{aligned}\int \sqrt{R^2 - x^2}\,dx &= \int tx\,dx = \frac{1}{2} tx^2 - \frac{1}{2}\int x^2\,dt = \frac{1}{2} tx^2 - \frac{1}{2} R^2 \int \frac{dt}{1+t^2}\\ &= \frac{1}{2} tx^2 - \frac{1}{2} R^2 \operatorname{arc\,tang} t + \text{const.}\\ &= \frac{1}{2} x\sqrt{R^2 - x^2} - \frac{1}{2} R^2 \operatorname{arc\,tang} \frac{\sqrt{R^2 - x^2}}{x} + \text{const.}\end{aligned}$$

Si maintenant on pose, pour plus de simplicité, $x_0 = 0$, on tirera de la formule (14), en attribuant à la variable x une valeur positive,

$$\left\{\begin{aligned} u &= \frac{1}{2} x\sqrt{R^2 - x^2} + \frac{1}{2} R^2 \left(\frac{\pi}{2} - \operatorname{arc\,tang} \frac{\sqrt{R^2 - x^2}}{x}\right)\\ &= \frac{1}{2} x\sqrt{R^2 - x^2} + \frac{1}{2} R^2 \operatorname{arc\,tang} \frac{x}{\sqrt{R^2 - x^2}},\end{aligned}\right. \tag{15}$$

ou, ce qui revient au même,

$$(16)\qquad u = \frac{1}{2}xy + \frac{1}{2}R^2 \operatorname{arc\,tang}\frac{x}{y}.$$

Il est facile de vérifier directement l'équation (16). En effet, dans le cercle représenté par l'équation (12), l'angle compris entre le rayon dirigé dans le sens des y positives et le rayon mené du centre au point (x, y) a pour mesure l'expression $\operatorname{arc\,tang}\frac{x}{y}$. Donc l'arc de cercle et le secteur circulaire qui correspondent à ce même angle sont équivalents aux produits

$$R \operatorname{arc\,tang}\frac{x}{y}, \qquad \frac{1}{2}R.R \operatorname{arc\,tang}\frac{x}{y} = \frac{1}{2}R^2 \operatorname{arc\,tang}\frac{x}{y}.$$

Or, si à l'aire du secteur on ajoute celle du triangle rectangle construit avec l'abscisse x et l'ordonnée y, c'est-à-dire le produit $\frac{1}{2}xy$, il est clair qu'on obtiendra pour somme la surface u comprise entre l'arc de cercle, l'axe des x, l'axe des y et l'ordonnée y.

Si, dans la formule (16), on suppose $x = R$, il faudra supposer en même temps $y = 0$, et la valeur de u, réduite à

$$(17)\qquad \frac{\pi}{4}R^2,$$

représentera la surface du quart de cercle. Donc la surface du cercle entier aura pour mesure le produit

$$(18)\qquad \pi R^2,$$

ainsi qu'on le démontre en géométrie.

Exemple II. — Considérons l'ellipse construite avec les axes $2a$, $2b$, et représentée par l'équation

$$(19)\qquad \frac{x^2}{a^2} + \frac{y^2}{b^2} - 1.$$

On trouvera, pour la valeur positive de y,

$$(20)\qquad y = \frac{b}{a}\sqrt{a^2 - x^2}.$$

Par suite, la formule (10) deviendra

$$u = \frac{b}{a}\int_{x_0}^{x} \sqrt{a^2 - x^2}\, dx. \tag{21}$$

Or, en comparant cette dernière à l'équation (14), on reconnaît immédiatement que l'aire comprise entre l'ellipse proposée, l'axe des x et deux ordonnées correspondant aux abscisses x_0, x, est le produit du rapport $\frac{b}{a}$ par l'aire qu'on obtiendrait en substituant à l'ellipse une circonférence décrite sur l'axe $2a$ comme diamètre. Si l'on pose, pour plus de simplicité, $x_0 = 0$, et l'abscisse x positive, l'aire comprise entre l'axe des x et la circonférence dont il s'agit sera, en vertu de la formule (15),

$$\frac{1}{2} x\sqrt{a^2 - x^2} + \frac{1}{2} a^2 \operatorname{arc\,tang} \frac{x}{\sqrt{a^2 - x^2}}. \tag{22}$$

On aura donc

$$u = \frac{1}{2}\frac{b}{a} x\sqrt{a^2 - x^2} + \frac{1}{2} ab \operatorname{arc\,tang} \frac{x}{\sqrt{a^2 - x^2}}, \tag{23}$$

ou, ce qui revient au même,

$$u = \frac{1}{2} xy + \frac{1}{2} ab \operatorname{arc\,tang} \frac{bx}{ay}. \tag{24}$$

Si, de la surface u, on retranche la surface du triangle rectangle construit sur l'abscisse x et l'ordonnée y, c'est-à-dire le produit $\frac{1}{2}xy$, le reste, savoir,

$$\frac{1}{2} ab \operatorname{arc\,tang} \frac{bx}{ay} \quad \text{ou} \quad \frac{1}{2} ab \operatorname{arc\,tang} \frac{\left(\frac{x}{a}\right)}{\left(\frac{y}{b}\right)} \tag{25}$$

représentera évidemment le secteur elliptique compris entre le rayon dirigé dans le sens des y positives et le rayon mené du centre au point (x, y). Ajoutons que la surface du quart de l'ellipse sera la valeur de u ou de l'expression (25), correspondant à $x = a$, $y = 0$. Donc cette surface aura pour produit

$$\frac{\pi}{4} ab,$$

et celle de l'ellipse entière sera

$$\pi ab. \tag{26}$$

Exemple III. — Considérons l'hyperbole représentée par l'une des équations

$$\frac{x^2}{a^2} - \frac{y^2}{b^2} = 1, \tag{27}$$

$$\frac{y^2}{b^2} - \frac{x^2}{a^2} = 1, \tag{28}$$

a et b étant deux quantités positives. On trouvera, pour la valeur positive de y,

$$y = \frac{b}{a}\sqrt{x^2 \mp a^2}. \tag{29}$$

Par suite, la formule (10) donnera

$$u = \frac{b}{a}\int_{x^0}^{x} \sqrt{x^2 \mp a^2}\, dx. \tag{30}$$

Pour déterminer la valeur de l'intégrale qui précède, on fera

$$\sqrt{x^2 \mp a^2} = tx, \qquad x^2 = \pm \frac{a^2}{1 - t^2},$$

et l'on en conclura

$$\begin{aligned}\int \sqrt{x^2 \mp a^2}\, dx &= \int tx\, dx = \frac{1}{2} tx^2 - \frac{1}{2}\int x^2\, dt = \frac{1}{2} tx^2 \mp \frac{1}{2} a^2 \int \frac{dt}{1 - t^2} \\ &= \frac{1}{2} tx^2 \mp \frac{1}{8} a^2\, l\left(\frac{1 + t}{1 - t}\right)^2 + \text{const.} \\ &= \frac{1}{2} x\sqrt{x^2 \mp a^2} - \frac{1}{8} a^2\, l\left(\frac{x + \sqrt{x^2 \mp a^2}}{x - \sqrt{x^2 \mp a^2}}\right)^2 + \text{const.}\end{aligned}$$

Si l'on considère en particulier l'hyperbole (27), dont l'axe réel est $2a$, et si l'on pose $x_0 = a$, en attribuant à x une valeur positive, on tirera de l'équation (30)

$$u = \frac{1}{2}\frac{b}{a} x\sqrt{x^2 - a^2} - \frac{1}{4} ab\, l\left(\frac{x + \sqrt{x^2 - a^2}}{x - \sqrt{x^2 - a^2}}\right), \tag{31}$$

ou, ce qui revient au même,

$$(32)\qquad u = \frac{1}{2}xy - \frac{1}{4}ab\,l\left(\frac{\frac{x}{a}+\frac{y}{b}}{\frac{x}{a}-\frac{y}{b}}\right) = \frac{1}{2}xy - \frac{1}{2}ab\,l\left(\frac{x}{a}+\frac{y}{b}\right).$$

Telle est la valeur de l'aire comprise entre l'axe des abscisses, l'ordonnée y et l'arc d'hyperbole dont les deux extrémités coïncident, d'une part, avec le sommet de la courbe correspondant à $x = a$, de l'autre, avec le point (x, y). Si l'on retranche cette aire de la surface du triangle rectangle construit avec les coordonnées x, y, le reste, savoir,

$$(33)\qquad \frac{1}{2}ab\,l\left(\frac{x}{a}+\frac{y}{b}\right) \quad \text{ou} \quad \frac{1}{2}ab\,l\left(\frac{1}{\frac{x}{a}-\frac{y}{b}}\right)$$

représentera le secteur hyperbolique compris entre le rayon dirigé dans le sens des x positives et le rayon mené du centre au point (x, y). Dans le cas où ce dernier point s'éloigne à une distance infinie de l'origine des coordonnées, l'expression (33) ou la surface du secteur devient elle-même infinie. Ajoutons que, si l'on désigne par ξ, η les coordonnées de l'asymptote qui s'approche indéfiniment de l'hyperbole prolongée du côté des x et y positives, on aura

$$(34)\qquad \frac{\eta}{b} = \frac{\xi}{a}.$$

Donc, en supposant $\eta = y$, on trouvera

$$\frac{y}{b} = \frac{\xi}{a},$$

et l'on réduira l'expression (33) ou la surface du secteur hyperbolique à la forme

$$(35)\qquad \frac{1}{2}ab\,l\left(\frac{a}{x-\xi}\right) = -\frac{1}{2}ab\,l\left(\frac{x-\xi}{a}\right).$$

Donc *cette surface est équivalente, au signe près, à la moitié du produit des demi-axes a et b par le logarithme hyperbolique du rapport qu'on obtient en comparant à la moitié a de l'axe réel la longueur* $x - \xi$ *comptée, sur une parallèle à cet axe, entre la courbe et son asymptote.*

Si l'on considérait une hyperbole équilatère représentée par l'équation

$$(36) \qquad x^2 - y^2 = R^2,$$

la surface du secteur hyperbolique, ou l'expression (33), se réduirait à

$$(37) \qquad \frac{1}{2} R^2 \, l\left(\frac{x+y}{R}\right).$$

Si la même hyperbole était rapportée non plus à ses axes, mais à ses asymptotes, son équation deviendrait

$$(38) \qquad xy = \frac{1}{2} R^2 \quad \text{ou} \quad y = \frac{1}{2} \frac{R^2}{x};$$

et l'on tirerait de l'équation (10)

$$(39) \qquad u = \frac{1}{2} R^2 \int_{x_0}^{x} \frac{dx}{x} = \frac{1}{2} R^2 \, l\left(\frac{x}{x_0}\right).$$

Exemple III. — Si l'on considère la parabole représentée par l'équation

$$(40) \qquad y^2 = 2px,$$

la valeur positive de y sera

$$(41) \qquad y = (2p)^{\frac{1}{2}} x^{\frac{1}{2}},$$

et l'on tirera de l'équation (10), en supposant, pour abréger, $x_0 = 0$,

$$(42) \qquad u = (2p)^{\frac{1}{2}} \int_0^x x^{\frac{1}{2}} \, dx = \frac{2}{3} (2p)^{\frac{1}{2}} x^{\frac{3}{2}},$$

ou, ce qui revient au même,

$$(43) \qquad u = \frac{2}{3} xy.$$

Ainsi, *l'aire comprise entre l'axe de la parabole, un arc de cette courbe qui a le sommet pour origine, et une coordonnée perpendiculaire à l'axe, est égale aux deux tiers de la surface du rectangle circonscrit.* On peut en conclure immédiatement que *l'aire comprise entre l'arc de la parabole, la tangente menée par le sommet, et une droite parallèle à l'axe, a pour mesure le tiers de la surface du rectangle dont il s'agit.*

Exemple IV. — Si l'on considère la courbe représentée par l'équation

$$y = \mathrm{A}x^a \tag{44}$$

A et a étant deux constantes réelles, on tirera de la formule (10), en supposant, pour abréger, $x_0 = 0$,

$$u = \mathrm{A}\int_0^x x^a\,dx = \frac{\mathrm{A}}{a+1}x^{a+1}, \tag{45}$$

ou, ce qui revient au même,

$$u = \frac{xy}{a+1}. \tag{46}$$

Si l'on suppose la constante a positive, l'équation (44) représentera une *parabole* du degré a, dans laquelle le sommet ou le point d'inflexion coïncidera précisément avec l'origine et la tangente menée par le sommet avec l'axe des x, ou avec l'axe des y, suivant que l'on aura $a > 1$ ou $a < 1$. Cela posé, on déduira de la formule (46) les deux propositions suivantes :

Dans toute parabole dont le degré surpasse l'unité, la surface comprise entre un arc compté à partir du sommet ou du point d'inflexion, la tangente menée par ce point, et une droite perpendiculaire à cette tangente, est à la surface du rectangle circonscrit comme l'unité au nombre $1 + a$.

Dans toute parabole dont le degré a reste inférieur à l'unité, la surface comprise entre un arc compté à partir du sommet ou du point d'inflexion, la tangente menée par ce sommet, et une droite perpendiculaire à cette tangente, est à la surface du rectangle circonscrit comme le nombre a au nombre $a + 1$.

Si l'on supposait $a = 2$, la courbe (44) deviendrait une parabole du second degré, et la formule (46), réduite à

$$u = \frac{1}{3} xy, \tag{47}$$

exprimerait la proposition énoncée à la fin de l'exemple III.

Si l'on supposait $a = 1$, la courbe (44) se changerait en une droite passant par l'origine, et la formule (46), réduite à

$$u = \frac{1}{2} xy,$$

indiquerait que l'aire du triangle construit avec l'abscisse x et l'ordonnée y est la moitié de l'aire du rectangle qui a la même base et la même hauteur.

Exemple V. — Si l'on considère la logarithmique représentée par l'équation

$$y = a\,lx, \tag{48}$$

dans laquelle a désigne une constante positive, on tirera de la formule (10), en supposant $x_0 = 1$ et $x > 1$,

$$u = a \int_1^x lx\,dx. \tag{49}$$

D'ailleurs on trouvera, en intégrant par parties,

$$\int lx\,dx = x\,lx - \int dx = x\,lx - x + \text{const}.$$

On aura donc

$$u = a(x\,lx - x + 1). \tag{50}$$

Telle est la surface comprise entre un arc de logarithmique compté à partir du point où cette courbe coupe l'axe des abscisses, ce même axe, et l'ordonnée correspondant à l'abscisse x. Si le point (x, y) s'éloigne à une distance infinie de l'origine, la surface dont il s'agit deviendra elle-même infinie.

Si l'on voulait déterminer l'aire comprise entre le demi-axe des y négatives, la partie de la logarithmique qui a ce demi-axe pour asymptote et l'axe des x, il faudrait recourir à l'équation (9), réduire, dans cette équation, le double signe qui affecte le second membre au signe — et poser en outre $x_0 = 0$, $X = 1$. En opérant ainsi, et observant que le produit $x\,lx$ s'évanouit avec la variable x, conformément à la remarque faite dans la septième Leçon de *Calcul infinitésimal*, on trouvera pour valeur de l'aire demandée,

$$U = -a\int_0^1 lx\,dx = a. \tag{51}$$

Cette aire n'est donc pas infinie, comme la surface renfermée entre une hyperbole et son asymptote; mais elle est équivalente au nombre a c'est-à-dire que ce nombre représente la limite vers laquelle converge sans cesse l'aire comprise entre l'axe des x, la logarithmique prolongée du côté des y négatives, et une ordonnée de la même courbe, tandis que cette ordonnée s'approche indéfiniment de l'axe des y.

Si l'équation de la logarithmique était présentée sous la forme

$$y = e^{\frac{x}{a}}, \tag{52}$$

on tirerait de la formule (10)

$$u = \int_{x_0}^{x} e^{\frac{x}{a}}\,dx = a\left(e^{\frac{x}{a}} - e^{\frac{x_0}{a}}\right). \tag{53}$$

En prenant, dans l'équation précédente, pour limites de l'intégration $x_0 = -\infty$, $x_0 = 0$, on réduirait la fonction u à l'aire U déterminé par la formule (51).

Exemple VI. — Si, en supposant la constante a positive, on considère la chaînette représentée par l'équation

$$y = a\,\frac{e^{\frac{x}{a}} + e^{-\frac{x}{a}}}{2}, \tag{54}$$

et si l'on fait, pour abréger, $x_0 = 0$, on tirera de la formule (10)

$$u = a^2\,\frac{e^{\frac{x}{a}} - e^{-\frac{x}{a}}}{2}. \tag{55}$$

Telle est la surface comprise entre l'axe des abscisses, la chaînette et les deux ordonnées a, y correspondant aux deux variables o et x. D'ailleurs, si l'on désigne par s l'arc renfermé entre ces deux ordonnées, on aura (*voir* la première Leçon)

$$(56) \qquad s = a\frac{e^{\frac{x}{a}} - e^{-\frac{x}{a}}}{2}.$$

Par conséquent, la formule (55) donnera

$$(57) \qquad u = as.$$

Donc l'*aire comprise entre l'arc des abscisses, l'arc s compté sur la chaînette à partir du point le plus bas, et les deux ordonnées extrêmes de cet arc, est équivalente à l'aire du rectangle qui aurait pour base l'arc s, et pour hauteur l'ordonnée du point le plus bas.*

Dans plusieurs cas, on facilite l'évaluation des aires u et U en remplaçant, dans les formules (8), (9), (10) et (11), la variable x par une autre variable. Concevons, pour fixer les idées, que l'aire u soit comprise entre l'axe des x et la cycloïde décrite par un cercle dont le rayon est R, et représentée par les équations

$$(58) \qquad x = R(\omega - \sin\omega), \qquad y = R(1 - \cos\omega)$$

que nous avons obtenues dans la seconde Leçon du Tome I. On aura

$$dx = y\,d\omega,$$

et l'on tirera de l'équation (11), en désignant par ω_0 la valeur de ω correspondant à $x = x_0$,

$$(59) \qquad u = \int_{\omega_0}^{\omega} y^2\,d\omega = R^2\int_{\omega_0}^{\omega}(1 - \cos\omega)^2\,d\omega.$$

Si l'on veut que l'aire u commence à l'origine des coordonnées, il faudra poser $\omega_0 = 0$, et la formule (59) donnera

$$(60) \qquad u = R^2\int_{\omega_0}^{\omega}(1 - \cos\omega)^2\,d\omega = R^2\int_{0}^{\omega}(1 - 2\cos\omega + \cos^2\omega)\,d\omega.$$

On a d'ailleurs

$$\cos^2\omega = \frac{1+\cos 2\omega}{2}.$$

On trouvera, par suite,

(61) $$u = R^2\int_0^\omega \left(\frac{3}{2} - 2\cos\omega + \frac{1}{2}\cos 2\omega\right) d\omega,$$

ou, ce qui revient au même,

(62) $$u = R^2\left(\frac{3}{2}\omega - 2\sin\omega + \frac{1}{4}\sin 2\omega\right).$$

Comme, dans les équations précédentes, ω représente l'angle que décrit en tournant le rayon du cercle générateur de la cycloïde, il est clair qu'il suffira de poser $\omega = 2\pi$ pour déduire de la formule (62) l'aire comprise entre l'axe des x et la première branche de cycloïde. Donc, si l'on désigne par U cette aire, on aura

(63) $$U = 3\pi R^2.$$

On peut donc affirmer que *l'aire comprise entre la base d'un cycloïde et l'une des branches de cette courbe est équivalente au triple de la surface du cercle générateur.*

Concevons à présent que u désigne l'aire comprise, d'une part, entre deux courbes planes représentées par les équations

(64) $$y = f(x),$$
(65) $$y = F(x),$$

et, d'autre part, entre les ordonnées correspondant aux abscisses x_0, x. Si l'on attribue à l'abscisse x un accroissement très petit Δx, l'aire u recevra un accroissement analogue représenté par Δu. Cela posé, soient (p), (q) les deux points de la courbe (64), et (r), (s) les deux points de la courbe (65) qui répondent aux abscisses x, $x+\Delta x$. Admettons d'ailleurs que, pour ces mêmes abscisses et pour toutes les abscisses intermédiaires, la différence

(66) $$F(x) - f(x)$$

reste positive. Enfin désignons par θ et Θ deux nombres variables, mais renfermés entre les limites o et 1. Les ordonnées de deux points choisis arbitrairement sur les arcs pq, rs, pourront être représentées par

$$(67) \qquad \mathrm{f}(x+\theta\,\Delta x), \quad \mathrm{F}(x+\Theta\,\Delta x),$$

et si l'on nomme $ȣ$ l'aire du rectangle compris, d'une part, entre les parallèles menées par ces deux points à l'axe des x, d'autre part, entre les ordonnées correspondant aux abscisses x, $x+\Delta x$, on trouvera

$$(68) \qquad ȣ = \Delta x[\mathrm{F}(x+\Theta\,\Delta x) - \mathrm{f}(x+\theta\,\Delta x)].$$

Or, l'aire $ȣ$ du rectangle sera évidemment supérieure à l'aire Δu de la surface $pqrs$, si le rectangle est circonscrit à cette même surface, c'est-à-dire si les valeurs assignées aux nombres θ et Θ fournissent la plus grande valeur possible de l'ordonnée $\mathrm{F}(x+\Theta\Delta x)$, et la plus petite valeur possible de l'ordonnée $\mathrm{f}(x+\theta\Delta x)$. Au contraire, l'aire $ȣ$ deviendra évidemment inférieure à Δu, si le rectangle est inscrit à la surface, c'est-à-dire si les valeurs assignées aux nombres Θ et θ fournissent la plus petite valeur possible de l'ordonnée $\mathrm{F}(x+\Theta\Delta x)$ et la plus grande valeur possible de l'ordonnée $\mathrm{f}(x+\theta\,\Delta x)$. Donc, pendant que l'on fera varier θ et Θ entre les limites o et 1, la différence

$$(69) \qquad \Delta u - ȣ = \Delta u - \Delta x[\mathrm{F}(x+\Theta\,\Delta x) - \mathrm{f}(x+\theta\,\Delta x)]$$

sera tantôt positive, tantôt négative. Il est aisé d'en conclure que, si $\mathrm{f}(x)$ et $\mathrm{F}(x)$ représentent des fonctions continues de x, on pourra choisir les nombres θ et Θ de manière à vérifier l'équation

$$(70) \qquad \Delta u = \Delta x[\mathrm{F}(x+\Theta\,\Delta x) - \mathrm{f}(x+\theta\,\Delta x)].$$

En effet, si la différence (69) obtient une valeur négative dans le cas où l'on a $\theta=\theta_0$, $\Theta=\Theta_0$, et une valeur positive dans le cas où l'on a $\theta=\theta_1$, $\Theta=\Theta_1$, pour faire passer cette différence de la première valeur à la seconde, il suffira de poser

$$(71) \qquad \theta=\theta_1+(\theta_1-\theta_0)t, \qquad \Theta=\Theta_0+(\Theta_1-\Theta_0)t,$$

puis de faire varier t entre les limites $t=0$, $t=1$. Or il est clair que l'expression (69), se trouvant alors transformée en une fonction continue de t, ne pourra passer du positif au négatif sans devenir nulle dans l'intervalle, pour une valeur de t qui sera comprise entre les limites 0, 1, et à laquelle correspondra une valeur de chacun des nombres θ, Θ, comprise entre les mêmes limites.

L'équation (70) étant vérifiée, on en tirera, en divisant les deux membres par Δx,

$$\frac{\Delta u}{\Delta x} = [\mathrm{F}(x + \Theta\,\Delta x) - \mathrm{f}(x + \theta\,\Delta x)]. \tag{72}$$

Si, dans cette dernière formule, on fait converger Δx vers la limite zéro, on trouvera

$$\frac{du}{dx} = \mathrm{F}(x) - \mathrm{f}(x), \tag{73}$$

ou, ce qui revient au même,

$$du = [\mathrm{F}(x) - \mathrm{f}(x)]\,dx. \tag{74}$$

L'équation (74) suppose que, dans le voisinage de l'abscisse x, la différence $\mathrm{F}(x) - \mathrm{f}(x)$ est positive. Si cette condition n'était pas remplie, l'équation (74) devrait être remplacée par la suivante :

$$du = [\mathrm{f}(x) - \mathrm{F}(x)]\,dx. \tag{75}$$

On aura donc généralement

$$du = \pm[\mathrm{F}(x) - \mathrm{f}(x)]\,dx, \tag{76}$$

le double signe devant être réduit au signe $+$ ou au signe $-$, suivant que la différence $\mathrm{F}(x) - \mathrm{f}(x)$ sera positive ou négative. Si, pour abréger, on désigne par

$$f(x) = \pm[\mathrm{F}(x) - \mathrm{f}(x)] \tag{77}$$

la valeur numérique de la différence (66), la formule (76) deviendra

$$du = f(x)\,dx, \tag{78}$$

et l'on en conclura, en intégrant à partir de $x = x_0$,

$$u = \int_{x_0}^{x} f(x)\,dx. \tag{79}$$

Enfin, si l'on nomme U l'aire comprise, d'une part, entre les courbes (64) et (65), d'autre part, entre les ordonnées correspondant aux abscisses x_0, X, U sera évidemment la valeur de u correspondant à $x = X$, et l'on aura en conséquence

(80) $$U = \int_{x_0}^{X} f(x)\,dx.$$

Les équations (79) et (80) sont entièrement semblables aux formules (10) et (11). Seulement, dans ces équations, $f(x)$ ne représente plus l'ordonnée d'une seule courbe, mais la longueur de la section linéaire faite, dans la surface U ou u, par un plan perpendiculaire à l'axe des x et correspondant à l'abscisse x. Cette longueur est ce qu'on pourrait appeler l'*ordonnée de la surface u* ou U. Elle est toujours équivalente à la valeur numérique de la différence entre les ordonnées des deux courbes qui limitent cette même surface.

Si les courbes (64) et (65) se coupent en deux points différents, et si l'on suppose que, dans la formule (80), x_0, X représentent les abscisses de ces mêmes points, l'aire désignée par U sera celle qui se trouve renfermée entre les deux courbes. Il en serait encore de même si les deux courbes se touchaient aux points qui ont pour abscisses x_0 et X. Enfin il pourrait arriver que

$$y = \mathrm{f}(x), \qquad y = \mathrm{F}(x)$$

fussent deux valeurs de y tirées d'une seule équation

(81) $$\mathcal{F}(x, y) = 0$$

propre à représenter une courbe fermée de toutes parts. Alors, pour déduire de la formule (80) la surface limitée par cette courbe, il suffirait de remplacer x_0 et X par la plus petite et la plus grande des abscisses qui correspondent aux différents points de la courbe, ou, ce qui revient au même, par les abscisses des deux points de l'axe des x qui comprennent entre eux la projection de la courbe sur cet axe. Le plus ordinairement ces abscisses appartiendront aux points de la courbe où la tangente devient parallèle à l'axe des y. Néanmoins, le contraire pourrait avoir lieu, si la courbe représentée par l'équation (81) offrait des points saillants ou des points de rebroussement.

Pour montrer une application des principes que nous venons d'établir, supposons que l'on demande l'aire comprise dans la courbe fermée à laquelle appartient l'équation

$$x^{2m} + y^{2m} = 1, \tag{82}$$

m étant un nombre entier quelconque. Cette équation, résolue par rapport à l'ordonnée y, fournira deux valeurs de cette ordonnée, savoir

$$y = -(1 - x^{2m})^{\frac{1}{2m}}, \qquad y = (1 - x^{2m})^{\frac{1}{2m}}; \tag{83}$$

et la différence entre ces deux valeurs sera

$$f(x) = 2(1 - x^{2m})^{\frac{1}{2m}}. \tag{84}$$

De plus, comme on tirera de l'équation (82)

$$\frac{dy}{dx} = -\left(\frac{x}{y}\right)^{2m-1}, \tag{85}$$

il est clair que la tangente à la courbe deviendra parallèle à l'axe des y, quand on aura $y = 0$, et par conséquent $x = -1$ ou $x = +1$. Il est d'ailleurs facile de s'assurer que les deux valeurs précédentes de l'abscisse x sont la plus petite et la plus grande de toutes celles qui correspondent aux différents points de la courbe (82). Cela posé, on trouvera pour l'aire demandée

$$U = \int_{-1}^{1} f(x)\,dx = 2\int_{-1}^{1} (1 - x^{2m})^{\frac{1}{2m}}\,dx. \tag{86}$$

La valeur précédente de U peut encore être présentée sous la forme

$$U = 4\int_{0}^{1} (1 - x^{2m})^{\frac{1}{2m}}\,dx. \tag{87}$$

Si l'on suppose en particulier $m = 1$, la courbe (82) se trouvera réduite à un cercle dont le rayon sera l'unité, et l'on aura, comme on devait s'y attendre,

$$U = \pi.$$

Si, à la courbe (82), on substitue celle que représente l'équation

(88) $$x^{\frac{2m}{2n+1}} + y^{\frac{2m}{2n+1}} = 1,$$

alors, en opérant toujours de la même manière, on trouvera pour l'aire comprise dans l'intérieur de la courbe

(89) $$U = 2\int_{-1}^{1}\left(1 - x^{\frac{2m}{2n+1}}\right)^{\frac{2n+1}{2m}} dx.$$

Mais, en supposant le nombre m inférieur ou tout au plus égal à n, on reconnaîtra que les abscisses -1 et $+1$ appartiennent à des points de rebroussement de la courbe où la tangente, au lieu d'être parallèle à l'axe des y, devient parallèle à l'axe des x.

Si l'on prenait en particulier $m = 1$, on tirerait de la formule (89)

(90) $$U = 2\int_{-1}^{1}\left(1 - x^{\frac{2}{2n+1}}\right)^{\frac{2n+1}{2}} dx = 4\int_{0}^{1}\left(1 - x^{\frac{2}{2n+1}}\right)^{\frac{2n+1}{2}} dx.$$

Pour déterminer la valeur précédente de U, il suffit de poser

(91) $$x = \sin^{2n+1}\varphi.$$

En effet, on aura par suite

(92) $$\left\{\begin{aligned} U &= 4(2n+1)\int_0^{\frac{\pi}{2}} \cos^{2n+2}\varphi \sin^{2n}\varphi \, d\varphi \\ &= (8n+4)\int_0^{\frac{\pi}{2}} \cos^{2n+2}\varphi (1-\cos^2\varphi)^n \, d\varphi, \end{aligned}\right.$$

puis, en développant la puissance $(1-\cos^2\varphi)^n$, et ayant égard à la formule (85) de la première Leçon, on trouvera

(93) $$\left\{\begin{aligned} U = (4n+2)\pi \Bigg[& \frac{1.3.5\ldots(2n+1)}{2.4.6\ldots(2n+2)} - \frac{n}{1}\,\frac{1.3.5\ldots(2n+3)}{2.4.6\ldots(2n+4)} \\ & + \frac{n(n-1)}{1.2}\,\frac{1.3.5\ldots(2n+5)}{2.4.6\ldots(2n+6)} - \ldots \Bigg]. \end{aligned}\right.$$

Si l'on supposait à la fois $m = 1$ et $n = 1$, l'équation (88) se réduirait à

$$(94) \qquad x^{\frac{2}{3}} + y^{\frac{2}{3}} = 1,$$

et l'on tirerait de la formule (92)

$$(95) \qquad U = 12\int_0^{\frac{\pi}{2}} (\cos^4\varphi - \cos^6\varphi)\,d\varphi = 6\pi\left(\frac{1.3}{2.4} - \frac{1.3.5}{2.4.6}\right) = \frac{1.3}{2.4}\pi = \frac{3}{8}\pi.$$

Il est encore essentiel d'observer que la formule (80) subsiste dans le cas même où chacune des fonctions $f(x)$, $F(x)$ changerait de forme avec l'abscisse x, de manière à représenter successivement, non pas l'ordonnée d'une seule courbe, mais les ordonnées de plusieurs courbes ou même de plusieurs droites tracées à la suite les unes des autres dans le plan des x, y. Concevons, pour fixer les idées, que, la fonction $F(x)$ étant l'ordonnée de la parabole représentée par l'équation

$$(96) \qquad y = 1 - x^2,$$

la fonction $f(x)$ se confonde, pour des valeurs négatives de x, avec l'ordonnée de la droite

$$(97) \qquad y = -\frac{3}{2}x,$$

et, pour des valeurs positives de x, avec l'ordonnée de la droite

$$(98) \qquad y = \frac{5}{6}x.$$

Alors, on aura, pour $x < 0$,

$$(99) \qquad f(x) = 1 - x^2 + \frac{3}{2}x,$$

et pour $x > 0$,

$$(100) \qquad f(x) = 1 - x^2 - \frac{5}{6}x.$$

De ces deux valeurs de $f(x)$ la première s'évanouit pour $x = -\frac{1}{2}$, et la seconde pour $x = \frac{2}{3}$. Cela posé, si l'on veut déterminer l'aire comprise, du côté des y positives, entre la parabole (96) et les droites (97),

(98), il suffira de prendre, dans la formule (80),

$$x_0 = -\frac{1}{2}, \qquad X = \frac{2}{3},$$

puis d'avoir égard aux équations (99) et (100). En opérant de cette manière on trouvera

(101)
$$\left\{ \begin{aligned} U &= \int_{-\frac{1}{2}}^{\frac{2}{3}} f(x)\,dx = \int_{-\frac{1}{2}}^{0} f(x)\,dx + \int_{0}^{\frac{2}{3}} f(x)\,dx \\ &= \int_{-\frac{1}{2}}^{0} \left(1 - x^2 + \frac{3}{2}x\right) dx + \int_{0}^{\frac{2}{3}} \left(1 - x^2 - \frac{5}{6}x\right) dx, \end{aligned} \right.$$

et, par conséquent,

(102)
$$U = \frac{1}{2} - \frac{1}{24} - \frac{3}{16} + \frac{2}{3} - \frac{8}{81} - \frac{5}{27} = \frac{847}{1296}.$$

On déduirait avec la même facilité, de la formule (80), l'aire comprise dans un polygone convexe qui aurait pour côtés des portions de droites ou même des arcs de courbes.

Concevons enfin que la surface U se compose de plusieurs parties tellement disposées que la section linéaire faite dans cette surface par un plan perpendiculaire à l'axe des x et correspondant à l'abscisse x se transforme en un système de plusieurs longueurs distinctes représentées par $f_1(x), f_2(x), f_3(x), \ldots$, et comprises, la première entre deux lignes données, la seconde entre deux autres lignes, etc. Si l'on admet toujours que cette surface soit limitée, dans le sens des x négatives et dans le sens des x positives, par les ordonnées qui correspondent aux abscisses x_0 et X, on aura encore

(80)
$$U = \int_{x_0}^{X} f(x)\,dx,$$

pourvu que l'on prenne

(103)
$$f(x) = f_1(x) + f_2(x) + f_3(x) + \ldots.$$

La même remarque s'applique au cas où la surface U serait comprise dans une courbe fermée qui se replierait sur elle-même, de manière à être rencontrée en plus de deux points par les ordonnées correspondant à certaines abscisses. Alors l'équation de la courbe, résolue par rapport à l'ordonnée y, fournirait, pour chaque valeur de x, un nombre pair des valeurs réelles de cette ordonnée; et, après avoir rangé ces valeurs réelles par ordre de grandeur, il suffirait de retrancher successivement la première de la deuxième, la troisième de la quatrième, etc., pour obtenir les quantités ci-dessus désignées par $f_1(x)$, $f_2(x)$, ..., c'est-à-dire les quantités dont la somme serait précisément la section linéaire $f(x)$.

Après avoir expliqué comment on parvient, dans tous les cas, à évaluer la section linéaire faite dans une surface quelconque par un plan perpendiculaire à l'axe des x, nous allons établir quelques propositions qui sont d'une grande utilité dans la quadrature des surfaces planes.

Théorème I. — *Si les sections linéaires faites, dans deux surfaces planes, par un système de plans parallèles les uns aux autres, sont entre elles dans un rapport constant, les deux surfaces seront entre elles dans le même rapport.*

Démonstration. — Supposons les différents points de chaque surface rapportés à deux axes rectangulaires des x et y, qui soient compris dans le plan de cette même surface, et dont le second soit de plus renfermé dans l'un des plans parallèles que l'on considère. Si l'on nomme $f(x)$ et $\mathfrak{f}(x)$ les sections linéaires faites dans les deux surfaces par l'un de ces plans, savoir, par celui qui correspond à l'abscisse x, on aura, par hypothèse,

$$(104) \qquad \mathfrak{f}(x) = a f(x),$$

a désignant un rapport constant. Soient d'ailleurs x_0 et X les limites entre lesquelles x doit rester comprise, pour que le plan correspondant à cette abscisse et perpendiculaire à l'axe des x rencontre les deux surfaces. En vertu de la formule (80), la première surface sera évidemment mesurée par l'intégrale

$$\int_{x_0}^{X} f(x)\,dx,$$

tandis que la seconde surface sera mesurée par l'intégrale

$$\int_{x_0}^{X} \mathfrak{f}(x)\,dx.$$

Or, on tirera de l'équation (104)

$$(105)\qquad \int_{x_0}^{X} \mathfrak{f}(x)\,dx = a\int_{x_0}^{X} f(x)\,dx,$$

et il est clair que cette dernière formule comprend le théorème énoncé.

Corollaire I. — Supposons que l'on trace, dans le plan des x, y, deux courbes fermées dont la première soit représentée par l'équation

$$(106)\qquad \mathfrak{F}(x, y) = 0,$$

et la seconde par une autre équation de la forme

$$(107)\qquad \mathfrak{F}\left(x, \frac{y}{b}\right) = 0,$$

b désignant une quantité constante. Il est clair que, pour chaque valeur de l'abscisse x, on tirera des équations des deux courbes des valeurs correspondantes de y qui seront entre elles dans le rapport de 1 à b. Par suite, les limites x_0, X, entre lesquelles l'abscisse x devra rester comprise, pour que l'ordonnée y conserve des valeurs réelles, ne varieront pas, quand on substituera la seconde surface à la première. De plus, si l'on désigne par

$$(108)\qquad y_0,\quad y_1,\quad y_2,\quad y_3,\quad \ldots$$

les diverses valeurs réelles de y que fournit l'équation (106) pour une abscisse donnée, celles que fournira, pour la même abscisse, l'équation (107) seront évidemment

$$(109) \qquad by_0, \quad by_1, \quad by_2, \quad by_3, \quad \ldots.$$

Si d'ailleurs on suppose les quantités (108) rangées par ordre de grandeur, les longueurs précédemment désignées par $f_1(x)$, $f_2(x)$, ... seront évidemment, pour la courbe (106),

$$(110) \qquad f_1(x) = y_1 - y_0, \qquad f_2(x) = y_3 - y_2, \qquad \ldots,$$

et en conséquence la section linéaire $f(x)$ de la surface, comprise dans l'intérieur de cette courbe sera déterminée par la formule

$$(111) \qquad f(x) = y_1 - y_0 + y_3 - y_2 + \ldots.$$

On trouvera au contraire, pour la section linéaire $\mathfrak{f}(x)$ de la surface comprise dans la courbe (107),

$$(112) \quad \mathfrak{f}(x) = by_1 - by_0 + by_3 - by_2 + \ldots = b(y_1 - y_0 + y_3 - y_2 + \ldots).$$

On aura donc

$$(113) \qquad \mathfrak{f}(x) = bf(x).$$

Cela posé, on conclura du théorème I que les surfaces courbes renfermées dans les courbes (106) et (107) sont entre elles dans le rapport de 1 à b.

Corollaire II. — En raisonnant comme on vient de le faire, mais échangeant l'une contre l'autre les deux ordonnées x, y, on prouverait que les surfaces comprises dans la courbe (106) et dans celle qui a pour équation

$$(114) \qquad \mathfrak{F}\left(\frac{x}{a}, y\right) = 0$$

sont entre elles dans le rapport de l'unité à la constante a. Ajoutons qu'on obtiendrait évidemment le même rapport en comparant l'une à l'autre les surfaces comprises dans les deux courbes représentées par les deux équations

$$\mathfrak{F}\left(x, \frac{y}{b}\right) = 0, \tag{115}$$

$$\mathfrak{F}\left(\frac{x}{a}, \frac{y}{b}\right) = 0. \tag{116}$$

Corollaire III. — Si l'on compare directement l'une à l'autre les deux surfaces comprises dans les courbes (106) et (116), on conclura des corollaires I et II qu'elles sont entre elles dans le rapport de l'unité au produit ab. On peut donc énoncer la proposition suivante :

Théorème II. — *Pour déterminer l'aire comprise dans une courbe plane fermée de toutes parts, et représentée par une équation de la forme*

$$\mathfrak{F}\left(\frac{x}{a}, \frac{y}{b}\right) = 0, \tag{117}$$

il suffit de mesurer l'aire comprise dans la courbe dont l'équation serait

$$\mathfrak{F}(x, y) = 0, \tag{106}$$

et de multiplier cette dernière par le produit des deux constantes a et b.

Corollaire I. — Si la courbe (116) se réduit à l'ellipse (19), l'équation (106) deviendra

$$x^2 + y^2 = 1 \tag{118}$$

et représentera un cercle qui aura pour rayon l'unité. Or, l'aire comprise dans ce même cercle étant égale à π, on conclura du théorème II que l'aire de l'ellipse a pour mesure le produit

$$\pi ab; \tag{26}$$

ce que l'on savait déjà.

Corollaire II. — Si l'équation (115) se réduit à

$$\left(\frac{x}{a}\right)^{\frac{2m}{2n+1}} + \left(\frac{y}{b}\right)^{\frac{2m}{2n+1}} = 1, \tag{119}$$

a, b désignant deux quantités positives, et m, n deux nombres entiers, la courbe représentée par cette équation renfermera une surface qui aura pour mesure le produit de l'expression (93) par les deux constantes a et b.

Corollaire III. — D'après ce qu'on a dit dans la septième Leçon du Tome I, la développée de l'ellipse (19) est représentée par l'équation

$$(120)\qquad \left(\frac{x}{A}\right)^{\frac{2}{3}}+\left(\frac{y}{B}\right)^{\frac{2}{3}}=1,$$

dans laquelle A, B désignent deux quantités positives, déterminées par la formule

$$Aa=Bb=\pm(a^2-b^2).$$

Or, on conclut du théorème I que la surface comprise dans cette développée est équivalente au produit des constantes A, B par la surface comprise dans la courbe (94), et par conséquent à

$$(121)\qquad \frac{3}{8}\pi AB=\frac{3}{8}\pi\frac{(a^2-b^2)^2}{ab}.$$

Corollaire IV. — Lorsque dans l'équation (117) on suppose $b=a$, cette équation, réduite à la forme

$$(122)\qquad \mathfrak{F}\left(\frac{x}{a},\frac{y}{a}\right)=0,$$

représente une courbe *semblable* à la courbe (106), et dont les dimensions sont à celles de l'autre courbe comme le nombre a est à l'unité. Cela posé, il résulte évidemment du théorème II que *les aires comprises dans deux courbes semblables sont entre elles comme les carrés des dimensions de ces deux courbes.*

Nous terminerons cette Leçon en établissant un dernier théorème que l'on peut énoncer comme il suit :

THÉORÈME III. — *Le rapport entre deux surfaces planes est toujours une quantité moyenne entre les diverses valeurs que peut acquérir le rapport des sections linéaires faites, dans ces deux surfaces, par un plan mobile qui demeure constamment parallèle à un plan donné.*

Démonstration. — Supposons les différents points de chaque surface rapportés à deux axes rectangulaires des x et y, qui demeurent compris dans le plan de cette même surface, et dont le second coïncide avec la droite suivant laquelle elle est coupée par le plan donné. Soient d'ailleurs $f(x)$ et $\mathfrak{f}(x)$ les sections linéaires faites dans les deux surfaces par le plan mobile et correspondant à l'abscisse x. Enfin admettons que ce plan ne puisse rencontrer l'une des surfaces sans rencontrer l'autre; et soient x_0, X les limites entre lesquelles l'abscisse x doit rester comprise pour que le plan mobile rencontre effectivement les deux surfaces dont il s'agit Le rapport de l'une des surfaces à l'autre sera

$$(123)\qquad \frac{\int_{x_0}^{X} \mathfrak{f}(x)\,dx}{\int_{x_0}^{X} f(x)\,dx}.$$

D'ailleurs, si l'on pose, pour abréger,

$$(124)\qquad \int_{x_0}^{x} \mathfrak{f}(x)\,dx = \mathfrak{F}(x), \qquad \int_{x_0}^{x} f(x)\,dx = \mathrm{F}(x),$$

on aura

$$(125)\qquad \mathfrak{F}(x_0) = 0, \qquad \mathrm{F}(x_0) = 0,$$

$$(126)\qquad \mathfrak{F}'(x) = \mathfrak{f}(x), \qquad \mathrm{F}'(x) = f(x);$$

et la formule (1) de l'addition placée à la suite des Leçons sur le Calcul infinitésimal donnera

$$(127)\qquad \frac{\int_{x_0}^{X} \mathfrak{f}(x)\,dx}{\int_{x_0}^{X} f(x)\,dx} = \frac{\mathfrak{F}(X)}{\mathrm{F}(X)} = \frac{\mathfrak{F}'[x_0 + \theta(X - x_0)]}{\mathrm{F}'[x_0 + \theta(X - x_0)]} = \frac{\mathfrak{f}[x_0 + \theta(X - x_0)]}{f[x_0 + \theta(X - x_0)]},$$

θ désignant un nombre inférieur à l'unité. Or la fraction

$$\frac{\mathfrak{f}[x_0 + \theta(X - x_0)]}{f[x_0 + \theta(X - x_0)]}$$

est évidemment l'une des valeurs que peut acquérir le rapport

$$\frac{\mathfrak{f}(x)}{f(x)}$$

des sections linéaires faites dans les deux surfaces tandis que x varie entre les limites x_0, X, et par conséquent une quantité comprise entre la plus petite et la plus grande de ces mêmes valeurs. Donc la formule (127) entraîne le théorème III. Nous ajouterons que la formule (127) est renfermée dans l'équation (13) de la vingt-troisième Leçon du *Calcul infinitésimal* [1]. En effet, si l'on remplace, dans cette équation, $f(x)$, $\chi(x)$ et $\varphi(x)$ par $\mathfrak{f}(x)$, $f(x)$ et $\frac{\mathfrak{f}(x)}{f(x)}$, on en tirera

$$\frac{\int_{x_0}^{X} \mathfrak{f}(x)\,dx}{\int_{x_0}^{X} f(x)\,dx} = \frac{\mathfrak{f}(\xi)}{f(\xi)}, \tag{128}$$

ξ désignant une valeur de x comprise entre les limites x_0, X, c'est-à-dire une valeur de la forme $x_0 + \theta(X - x)$.

Si, pour certaines valeurs de l'abscisse, le plan mobile perpendiculaire à l'axe des x ne rencontrait plus que l'une des deux surfaces proposées, on pourrait encore démontrer, comme on vient de le faire, le théorème III. Seulement, il faudrait alors désigner par x_0 et X les limites entre lesquelles l'abscisse x devrait rester comprise pour que le point mobile rencontrât au moins l'une des deux surfaces, et considérer chacune des sections linéaires $\mathfrak{f}(x)$, $f(x)$ comme prenant une valeur nulle toutes les fois que la surface correspondante cesserait d'être coupée par le plan dont il s'agit.

Corollaire I. — Deux surfaces planes sont équivalentes lorsqu'un plan mobile, constamment parallèle à un plan donné, coupe ces deux surfaces suivant des sections linéaires qui restent toujours égales entre elles.

(1) *OEuvres de Cauchy*, S. II, T. IV, p. 519.

Corollaire II. — Si, dans l'équation (128), on pose $f(x) = 1$, on trouvera

$$\int_{x_0}^{X} f(x)\,dx = \int_{x_0}^{X} dx = X - x_0,$$

et, par suite,

$$(129) \qquad \int_{x_0}^{X} f(x)\,dx = (X - x_0) f(\xi).$$

Or la longueur $X - x_0$ représente évidemment la projection linéaire de la surface (80) sur l'axe des x, tandis que $f(\xi)$ représente une quantité moyenne entre les sections linéaires faites dans cette surface par un plan perpendiculaire au même axe. Cela posé, comme on peut prendre pour axe des x une droite quelconque tracée à volonté dans le plan de la surface que l'on considère, il est clair que la formule (128) entraîne la proposition suivante :

THÉORÈME IV. — *Le rapport entre une surface plane et sa projection sur un axe tracé dans le plan qui la renferme est toujours une moyenne entre les diverses longueurs qui représentent les sections faites dans cette surface par des plans perpendiculaires à l'axe dont il s'agit.*

TROISIÈME LEÇON.

QUADRATURE DES SURFACES COURBES.

Nous avons observé, dans la seizième Leçon du Tome I, qu'il paraît convenable de faire servir à la mesure de la longueur d'un très petit arc de courbe, passant par un point donné, la droite qui s'en rapproche le plus dans le voisinage du point dont il s'agit; et nous avons admis en conséquence qu'un très petit arc de courbe se confond sensiblement avec sa projection sur la tangente menée par un de ses points, c'est-à-dire que le rapport du petit arc à sa projection se réduit sensiblement à l'unité. Nous aurons recours, pour la quadrature des surfaces courbes, à un principe analogue; et nous ferons servir à la mesure d'une petite portion de surface courbe, passant par un point donné, le plan qui se rapproche le plus de la surface dans le voisinage de ce point, en admettant qu'*un élément de surface courbe dont les deux dimensions sont très petites se confond sensiblement avec sa projection sur le plan tangent mené par un de ses points;* c'est-à-dire que *le rapport du petit élément à sa projection se réduit sensiblement à l'unité.*

Ce principe étant adopté, considérons une surface dont l'équation en coordonnées rectangulaires se présente sous la forme

$$(1) \qquad z = f(x, y).$$

Soit (p) le point de la surface qui a pour coordonnées (x, y) et τ l'inclinaison en ce point, c'est-à-dire l'angle aigu compris entre le plan tangent mené par le point (p) et le plan des x, y. Enfin, concevons que l'on projette sur ces deux plans un élément de surface désigné par ω, dont les deux dimensions soient très petites, et qui renferme le point (p). Si par un point quelconque de l'élément ω on mène un troisième plan perpendiculaire aux deux premiers, ce troisième plan coupera l'élément suivant un petit arc de courbe, et les deux projections de l'élément suivant deux sections linéaires qui seront elles-mêmes les projections de l'arc dont il s'agit ou de la corde comprise entre ses extrémités. Or, cette corde formera des angles très petits avec les plans tangents menés à la surface proposée : 1° par l'une des extrémités de l'arc, 2° par un point très voisin, par exemple par le point (p). D'ailleurs, si l'on nomme δ le dernier de ces angles, celui que formera la même corde avec le plan des x, y sera évidemment $\tau \pm \delta$; et, par suite, les deux projections de la corde, ou les sections linéaires faites dans les deux projections de l'élément ω seront entre elles dans le rapport des deux quantités $\cos\delta$, $\cos(\tau \pm \delta)$. Donc, en vertu du théorème III de la deuxième Leçon, la projection de l'élément ω sur le plan des x, y aura pour mesure le produit d'une quantité moyenne entre les diverses valeurs du rapport

$$\frac{\cos(\tau \pm \delta)}{\cos\delta}$$

par la projection du même élément sur le plan qui touche au point (p) la surface donnée; et comme, en vertu du principe adopté, cette projection pourra être représentée par

$$\omega(1+i),$$

i désignant une quantité très petite, nous sommes en droit de conclure que la projection de l'élément ω sur le plan des x, y sera équivalente à un produit de la forme

$$\omega\frac{\cos(\tau \pm \delta)}{\cos\delta}(1+i).$$

D'autre part, les deux quantités $\pm\delta$ et i étant l'une et l'autre très petites, si l'on désigne par I une troisième quantité très peu différente de zéro, on trouvera

$$\frac{\cos(\tau \pm \delta)}{\cos\delta}(1+i) = \cos\tau + \mathrm{I};$$

et, puisqu'on peut faire coïncider le plan des x, y avec un plan quelconque, on sera évidemment conduit à la proposition suivante :

THÉORÈME I. — *Soit* ω *un élément de surface dont les deux dimensions soient très petites, et* τ *l'angle aigu compris entre le plan tangent mené par le point* (p) *et un autre plan tracé arbitrairement; la projection de l'élément* ω *sera de la forme*

$$\omega(\cos\tau + I), \tag{2}$$

I *désignant une quantité très petite.*

Soient maintenant (P), (p) deux points de la surface (1), le premier fixe et correspondant aux coordonnées x_0, y_0; le second mobile et correspondant aux coordonnées variables x, y. Si, par chacun des points (P), (p), on mène deux plans respectivement perpendiculaires aux axes des x et des y, les quatre plans ainsi construits couperont la surface (1) suivant quatre courbes, et l'aire comprise entre ces quatre courbes variera en même temps que la position du point (p). Cette aire sera donc une fonction des coordonnées x, y. Ajoutons qu'elle donnera pour projection sur le plan des x, y un rectangle dont les côtés seront respectivement égaux aux valeurs numériques des différences $x - x_0$, $y - y_0$. Désignons par $\varphi(x, y)$ l'aire dont il s'agit, et par u sa projection sur le plan des x, y. On aura, en supposant, pour fixer les idées, $x > x_0$ et $y > y_0$,

$$u = (x - x_0)(y - y_0). \tag{3}$$

Soient d'ailleurs Δx, Δy des accroissements très petits attribués aux variables x, y, et (q) le point de la surface (1) qui correspond aux coordonnées $x + \Delta x$, $y + \Delta y$. Enfin, concevons que l'on indique par la lettre x ou y, placée au bas de la caractéristique Δ, l'accroissement que reçoit une fonction de x et y, quand on y fait croître x de Δx ou y de Δy. Les deux expressions

$$\Delta_x \varphi(x, y), \tag{4}$$

$$\Delta_x u = (y - y_0)\Delta x \tag{5}$$

représenteront les accroissements des aires $\varphi(x, y)$ et u correspondant à l'accroissement Δx de la variable x. De plus, les accroissements que recevront les expressions (4) et (5), quand on fera croître y de Δy, ou les deux quantités

$$\Delta_y \Delta_x \varphi(x, y), \tag{6}$$

$$\Delta_y \Delta_x u = \Delta x \, \Delta y \tag{7}$$

représenteront évidemment : 1° l'aire comprise, sur la surface (1), entre quatre plans menés par les points (p), (q) perpendiculairement aux axes des x et y ; 2° le petit rectangle auquel se réduit la projection de cette aire sur le plan des x, y. Cela posé, si l'on désigne toujours par τ l'inclinaison de la surface (1) au point (p), par ω l'aire $\Delta_y\Delta_x \varphi(x, y)$ dont les deux dimensions sont très petites, et par I une quantité peu différente de zéro, on aura, en vertu du théorème I,

$$\Delta_y \Delta_x u = \omega(\cos\tau + \mathrm{I}) = (\cos\tau + \mathrm{I}) \, \Delta_y \Delta_x \varphi(x, y),$$

et l'on en conclura, en remettant pour $\Delta_x\Delta_y u$ sa valeur tirée de la formule (7),

$$\frac{\Delta_y \Delta_x \varphi(x, y)}{\Delta y \, \Delta x} = \frac{1}{\cos\tau + \mathrm{I}}. \tag{8}$$

Si, dans la formule (8), on fait décroître indéfiniment la valeur numérique de Δy, on obtiendra, en passant aux limites, l'équation

$$\frac{\partial_y \Delta_x \varphi(x, y)}{\partial y \, \Delta x} = \frac{1}{\cos\tau + \mathrm{I}}, \tag{9}$$

que l'on pourra écrire plus simplement comme il suit :

$$\frac{\partial \Delta_x \varphi(x, y)}{\partial y} = \frac{\Delta x}{\cos\tau + \mathrm{I}}, \tag{10}$$

et dans laquelle la quantité I conservera une valeur très petite. Enfin, si, dans la formule (9), on fait décroître indéfiniment la valeur de x, on en tirera, en passant aux limites,

$$\frac{\partial_y \partial_x \varphi(x, y)}{\partial y \, \partial x} = \frac{1}{\cos\tau}, \tag{11}$$

ou, ce qui revient au même,

$$\frac{\partial^2 \varphi(x, y)}{\partial x\, \partial y} = \text{séc}\,\tau. \tag{12}$$

On déduit aisément de l'équation (12) la valeur de l'aire $\varphi(x, y)$. En effet, cette aire s'évanouit en même temps que sa projection sur le plan des x, y, non seulement pour $y = y_0$, quel que soit x, mais encore pour $x = x_0$, quel que soit y. On aura donc généralement

$$\Phi(x, y_0) = 0, \tag{13}$$

$$\Phi(x_0, y) = 0, \tag{14}$$

et, par suite,

$$\frac{\partial \varphi(x, y_0)}{\partial x} = 0, \tag{15}$$

$$\frac{\partial \varphi(x_0, y)}{\partial y} = 0. \tag{16}$$

Cela posé, si l'on intègre l'équation (12) : 1° par rapport à y et à partir de $y = y_0$, 2° par rapport à x et à partir de $x = x_0$, on trouvera successivement, en ayant égard aux formules (15) et (14),

$$\frac{\partial \varphi(x, y)}{\partial x} = \int_{y_0}^{y} \text{séc}\,\tau\, dy \tag{17}$$

et

$$\varphi(x, y) = \int_{x_0}^{x} \int_{y_0}^{y} \text{séc}\,\tau\, dy\, dx. \tag{18}$$

Si, dans la dernière équation, on remplace les coordonnées x, y du point mobile (p) par les coordonnées X, Y d'un point fixe (Q) situé sur la surface proposée, cette équation fournira la valeur de l'aire $\varphi(X, Y)$ comprise entre quatre plans menés par les points (P), (Q) perpendiculairement aux axes des x et y, et si, pour abréger, on désigne par A l'aire dont il s'agit, on aura

$$A = \int_{x_0}^{X} \int_{y_0}^{Y} \text{séc}\,\tau\, dy\, dx. \tag{19}$$

Quant à la valeur de sécτ, on peut la déterminer immédiatement par la formule (24) de la quatorzième Leçon du Tome I. Donc, si la différentielle de l'équation (1) est présentée sous la forme

$$dz = p\,dx + q\,dy, \tag{20}$$

on aura

$$\text{séc}\,\tau = \sqrt{1 + p^2 + q^2}. \tag{21}$$

Il est important d'observer que, dans les équations (18) et (19), on peut sans inconvénient intervertir l'ordre des intégrations relatives aux deux variables x et y. Nous ajouterons que, si l'on intègre l'équation (10) par rapport à la variable y et entre les limites $y = y_0$, $y = Y$, on en tirera

$$\Delta_x \varphi(x, Y) = \Delta x \int_{y_0}^{Y} \frac{1}{\cos\tau + 1}\,dy. \tag{22}$$

Cette dernière formule détermine la valeur de l'aire $\Delta_x \varphi(x, y)$, qui a pour projection sur le plan des x, y un rectangle compris entre deux parallèles à l'axe des x, séparées l'une de l'autre par une distance égale à $Y - y_0$, et deux parallèles à l'axe des y, dont la distance très petite est représentée par Δx.

Concevons à présent que l'on coupe la surface (1) : 1° par deux plans perpendiculaires à l'axe des x, l'un fixe et correspondant à l'abscisse x_0, l'autre mobile et correspondant à l'abscisse x; 2° par deux surfaces cylindriques dont les génératrices soient parallèles à l'axe des z, et dont les équations soient de la forme

$$y = f(x), \tag{23}$$

$$y = F(x). \tag{24}$$

On obtiendra quatre courbes d'intersection, et l'aire comprise entre ces quatre courbes variera évidemment avec la position du plan mobile. Cette aire sera donc une fonction de l'abscisse x. Si on la désigne par $\psi(x)$, et si l'on nomme Δx un accroissement très petit attribué à la variable x, l'expression $\Delta\psi(x)$ représentera une petite surface dont la projection sur le plan des x, y sera renfermée, d'une part, entre deux petits arcs *pq*, *rs* mesurés sur les courbes représentées par les équations (23) et (24); d'autre part, entre deux plans perpendiculaires à l'axe des x et correspondant aux abscisses x, $x+\Delta x$. Cela posé, soient θ et Θ deux nombres qui varient d'une manière quelconque entre les limites 0 et 1. On reconnaîtra, en raisonnant comme dans la deuxième Leçon, que, parmi les valeurs numériques du produit

$$\Delta x[\mathrm{F}(x+\Theta\,\Delta x)-\mathrm{f}(x+\theta\,\Delta x)] \tag{25}$$

qui correspondent aux diverses valeurs des nombres θ, Θ, la plus petite et la plus grande représentent les aires des rectangles inscrits et circonscrits à la projection de la surface $\Delta\,\psi(x)$, par conséquent les projections de deux nouvelles aires, mesurées sur la surface (1), et dont l'une est inférieure, l'autre supérieure à l'aire $\Delta\,\psi(x)$. Ajoutons que chacune de ces nouvelles aires, étant comprise entre quatre plans perpendiculaires à l'axe des x ou à l'axe des y et correspondant aux abscisses x, $x+\Delta x$, ou à des ordonnées de la forme

$$\mathrm{f}(x+\theta\,\Delta x),\quad \mathrm{F}(x+\Theta\,\Delta x),$$

sera mesurée par un produit semblable au second membre de l'équation (22), et de la forme

$$\Delta x\int_{\mathrm{f}(x+\theta\,\Delta x)}^{\mathrm{F}(x+\Theta\,\Delta x)}\frac{1}{\cos\tau+1}\,dy, \tag{26}$$

si, pour plus de commodité, on suppose la différence $\mathrm{F}(x)-\mathrm{f}(x)$ positive. Donc le rapport

$$\frac{\Delta\,\psi(x)}{\Delta x} \tag{27}$$

sera une quantité moyenne entre deux intégrales de la forme

$$\int_{\mathrm{f}(x+\theta\,\Delta x)}^{\mathrm{F}(x+\Theta\,\Delta x)}\frac{1}{\cos\tau+1}\,dy. \tag{28}$$

D'ailleurs, si l'on fait décroître indéfiniment la valeur numérique de Δx, la quantité I s'approchera indéfiniment de zéro, et les diverses valeurs de l'intégrale (28) convergeront vers une seule et même limite, savoir,

$$(29)\qquad \int_{f(x)}^{F(x)} \text{séc}\,\tau\, dy.$$

Donc la limite du rapport (27), ou la fonction dérivée $\frac{d\psi(x)}{dx}$, sera équivalente à l'expression (29), et l'on trouvera

$$(30)\qquad \frac{d\psi(x)}{dx} = \int_{f(x)}^{F(x)} \text{séc}\,\tau\, dy.$$

Enfin, comme on a évidemment

$$(31)\qquad \psi(x_0) = 0,$$

on tirera de l'équation (30), intégrée à partir de $x = x_0$,

$$(32)\qquad \psi(x) = \int_{x_0}^{x} \int_{f(x)}^{F(x)} \text{séc}\,\tau\, dy\, dx.$$

Si, dans l'équation (32), on remplace l'abscisse variable x par une abscisse déterminée X, on en tirera

$$(33)\qquad \psi(X) = \int_{x_0}^{X} \int_{f(x)}^{F(x)} \text{séc}\,\tau\, dy\, dx.$$

Si, de plus, on désigne l'aire $\psi(X)$ par A, et les deux fonctions $f(x)$, $F(x)$ par y_0 et Y, on aura simplement

$$(34)\qquad A = \int_{x_0}^{X} \int_{y_0}^{Y} \text{séc}\,\tau\, dy\, dx.$$

Cette dernière formule suppose que la différence

$$(35)\qquad Y - y_0 = F(x) - f(x)$$

reste constamment positive entre les limites x_0, X de la variable x, et fournit la valeur de l'aire comprise, sur la surface (1), d'une part, entre deux plans perpendiculaires à l'axe des x, et représentés par les équations

$$x = x_0, \tag{36}$$

$$x = X; \tag{37}$$

d'autre part, entre deux surfaces cylindriques dont les génératrices sont parallèles à l'axe des z, et dont les équations sont respectivement

$$y = y_0, \tag{38}$$

$$y = Y. \tag{39}$$

Ajoutons que, les limites de l'intégration relative à y étant des fonctions de x dans les formules (32), (33) et (34), il n'est pas permis d'y renverser, comme dans les formules (18) et (19), l'ordre des intégrations.

Dans le cas particulier où la surface (1) coïncide avec le plan des x, y, on a

$$\tau = 0, \qquad \text{séc}\,\tau = 1, \qquad \int_{f(x)}^{F(x)} \text{séc}\,\tau\, dy = \int_{f(x)}^{F(x)} dy = F(x) - f(x).$$

En même temps les aires $\psi(x)$ et $A = \psi(X)$ se réduisent aux surfaces planes que nous avons désignées par u et U dans la deuxième Leçon (p. 446), et l'on tire en conséquence des formules (33) et (34)

$$u = \int_{x_0}^{x} [F(x) - f(x)]\, dx, \tag{40}$$

$$U = \int_{x_0}^{X} [F(x) - f(x)]\, dx. \tag{41}$$

La formule (41) peut encore s'écrire comme il suit :

$$U = \int_{x_0}^{X}\int_{y_0}^{Y} dy\, dx = \int_{x_0}^{X} (Y - y_0)\, dx. \tag{42}$$

Les trois équations précédentes ne diffèrent pas des formules (79) et (80) de la deuxième Leçon.

Lorsque la surface (1) ne coïncide pas avec le plan des x, y, alors les aires u et U, déterminées par les équations (40) et (41) ou (42), sont évidemment les projections des aires $\psi(x)$ et $A = \psi(X)$ sur le plan des x, y.

La formule (34) donne lieu à des remarques semblables à celles que nous avons faites dans la deuxième Leçon sur la formule (80) Ainsi, par exemple, si les courbes représentées, dans le plan des x, y, par les équations (38) et (39), se coupent en deux points différents, et si l'on suppose que, dans la formule (34), x_0, X désignent les abscisses de ces mêmes points, la surface A sera celle dont la projection U sur le plan des x, y se réduit à l'aire comprise entre les deux courbes, et par conséquent elle sera renfermée entre les deux surfaces cylindriques qui ont pour bases les deux courbes dont il s'agit. Il en serait encore de même si les deux courbes se touchaient aux points qui ont pour abscisses x_0, X. En effet, il pourrait arriver que

$$y = y_0, \qquad y = Y$$

fussent deux valeurs de y tirées d'une seule équation

$$\mathcal{F}(x, y) = 0 \tag{43}$$

propre à représenter une courbe fermée de toutes parts. Alors il suffirait de remplacer x_0 et X par la plus grande et la plus petite des abscisses qui correspondent aux différents points de la courbe pour que l'aire A, déterminée par la formule (34), fût précisément l'aire mesurée sur la surface (1), et renfermée dans l'intérieur de la courbe suivant laquelle cette surface est coupée par la surface cylindrique que représente l'équation (43).

Si, à la surface (1), on substituait une surface fermée qui ne pût être coupée qu'en deux points par une sécante quelconque parallèle à l'axe des z, alors, pour déduire de la formule (34) l'aire totale de cette nouvelle surface, il suffirait de faire coïncider l'équation (43) avec celle qui représenterait la surface cylindrique circonscrite à la nouvelle surface et engendrée par une droite parallèle à l'axe des z, puis de partager l'aire demandée en deux autres aires limitées par la courbe qui serait le lieu géométrique des points communs à la surface cylindrique et à la surface fermée. Le plus ordinairement, les points dont il s'agit ne différeront pas de ceux pour lesquels le plan tangent à la surface fermée devient parallèle à l'axe des z, et par conséquent la surface cylindrique ci-dessus mentionnée sera représentée par l'équation

$$\cos\tau = 0$$

ou

$$(44) \qquad \frac{1}{\sqrt{1+p^2+q^2}} = 0.$$

Néanmoins, le contraire pourrait avoir lieu si les sections faites dans la surface fermée par des plans parallèles à l'axe des z offraient des points saillants ou des points de rebroussement. Ajoutons que, dans l'hypothèse admise, l'équation de la surface fermée fournira pour chaque valeur de x deux valeurs positives de sécτ, que l'on devra substituer l'une après l'autre dans la formule (34), afin d'obtenir les deux aires dont la somme sera équivalente à l'aire cherchée.

Il est encore essentiel d'observer que les formules (34) et (42) subsistent dans le cas même où chacune des fonctions

$$y_0 = \mathrm{f}(x), \qquad \mathrm{Y} = \mathrm{F}(x)$$

changerait de forme avec l'abscisse x, de manière à représenter successivement, non pas l'ordonnée d'une courbe, mais les ordonnées de plusieurs courbes ou même de plusieurs droites tracées à la suite les unes des autres dans le plan des x, y. Ainsi l'on pourrait déduire de la formule (34) l'aire mesurée sur la surface (1) et renfermée dans l'intérieur d'un prisme qui aurait pour base un polygone convexe tracé dans le plan des x, y.

Concevons enfin que la projection de l'aire A sur le plan des x, y, c'est-à-dire la surface U, se compose de plusieurs parties tellement disposées que la section linéaire faite dans cette surface par un plan perpendiculaire à l'axe des x et correspondant à l'abscisse x se transforme en un système de plusieurs longueurs distinctes les unes des autres, et comprises, la première entre deux lignes données, la deuxième entre deux autres lignes, etc. Alors, pour déterminer l'aire A, il suffira de la partager en plusieurs parties dont chacune puisse être calculée à l'aide de la formule (80). Supposons, pour fixer les idées, que les quantités

$$(45) \qquad y_0, \quad y_1, \quad y_2, \quad y_3, \quad \ldots,$$

rangées par ordre de grandeur, soient des fonctions de x propres à représenter constamment, entre les limites $x = x_0$, $x = \mathrm{X}$, les ordonnées des diverses lignes qui comprennent entre elles les différentes parties de l'aire U. On partagera l'aire A en autant de parties correspondantes, lesquelles, en vertu de la formule (34), seront mesurées par les intégrales doubles

$$(46) \qquad \int_{x_0}^{\mathrm{X}} \int_{y_0}^{y_1} \text{séc}\,\tau\, dy\, dx, \quad \int_{x_0}^{\mathrm{X}} \int_{y_2}^{y_3} \text{séc}\,\tau\, dy\, dx, \quad \ldots,$$

et, en ajoutant toutes ces intégrales, on obtiendra la valeur de A. On aura donc

$$(47) \qquad \mathrm{A} = \int_{x_0}^{\mathrm{X}} \int_{x_0}^{y_1} \text{séc}\,\tau\, dy\, dx + \int_{x_0}^{\mathrm{X}} \int_{y_2}^{y_3} \text{séc}\,\tau\, dy\, dx + \ldots,$$

ou, ce qui revient au même,

$$(48) \qquad \mathrm{A} = \int_{x_0}^{\mathrm{X}} \left(\int_{y_0}^{y_1} \text{séc}\,\tau\, dy + \int_{y_2}^{y_3} \text{séc}\,\tau\, dy + \ldots \right) dx.$$

Dans la même hypothèse, la projection de l'aire A, ou la surface U, sera évidemment déterminée par l'équation

$$(49) \qquad \mathrm{U} = \int_{x_0}^{\mathrm{X}} \left(\int_{y_0}^{y_1} dy + \int_{y_2}^{y_3} dy + \ldots \right) dx,$$

que l'on peut réduire à

$$(50) \qquad \mathrm{U} = \int_{x_0}^{\mathrm{X}} (y_1 - y_0 + y_3 - y_2 + \ldots)\, dx,$$

et qui s'accorde avec la formule (80) de la deuxième Leçon, dans le cas où l'on y substitue la valeur de $f(x)$ tirée de l'équation (103).

Les formules (34) et (48) deviendraient inexactes, s'il s'agissait d'évaluer l'aire comprise dans un contour quelconque sur une surface rencontrée en plusieurs points par des droites parallèles à l'axe des z. Mais alors, par des procédés analogues à celui dont nous avons fait usage (p. 419), on décomposerait l'aire demandée en plusieurs autres dont chacune pourrait être facilement déterminée à l'aide de la formule (34) ou (48).

Il nous reste à montrer quelques applications de ces mêmes formules.

Nous observerons d'abord que l'on a, en vertu de la formule (14) de la vingt-troisième Leçon de *Calcul infinitésimal,*

$$\int_{y_0}^{Y} \text{séc}\,\tau\, dy = (Y - y_0)\,\text{séc}\,t,$$

t désignant une quantité moyenne entre les diverses valeurs que reçoit l'angle τ, tandis que y varie entre les limites y_0, Y. Cela posé, on pourra remplacer l'équation (34) par la suivante :

$$A = \int_{x_0}^{X} (Y - y_0)\,\text{séc}\,t\, dx,$$

puis, en ayant égard à la formule (13) de la vingt-troisième Leçon de *Calcul infinitésimal,* on trouvera définitivement

$$A = \text{séc}\,T \int_{x_0}^{X} (Y - y_0)\, dx$$

ou, ce qui revient au même,

(51) $$A = U\,\text{séc}\,T,$$

T désignant une moyenne entre les diverses valeurs de t qui correspondent aux diverses valeurs de x, et par conséquent une moyenne entre les diverses inclinaisons de la surface A par rapport au plan des x, y. Comme on peut d'ailleurs prendre pour plan des x, y un plan quelconque, il est clair que la formule (51) entraîne la proposition suivante :

Théorème II. — *Le rapport entre une surface courbe et sa projection sur un plan quelconque est une moyenne entre les sécantes des diverses inclinaisons de la surface par rapport au plan dont il s'agit.*

Cette proposition pourrait être facilement déduite du premier théorème. En effet, si l'on décompose la surface donnée et sa projection en éléments correspondants dont chacun ait des dimensions très petites, on conclura d'une formule connue et du théorème I que le rapport entre la surface courbe et sa projection est une moyenne entre les rapports qu'on obtient lorsqu'on divise les divers éléments de la surface courbe par leurs projections respectives, et que par suite ce rapport est de la forme

$$\frac{1}{\cos T + I},$$

T représentant une moyenne entre les diverses valeurs de τ calculées pour les divers éléments, et I une quantité très petite. Or, cette conclusion devant subsister tandis que les dimensions des éléments et la quantité I décroissent et s'approchent de la limite zéro, il est clair que le rapport de la surface courbe à sa projection doit se réduire à une quantité de la forme $\frac{1}{\cos T} = \operatorname{séc} T$.

Lorsque l'inclinaison τ devient constante on peut, dans la formule (34) ou (48), faire passer le facteur $\operatorname{séc}\tau$ en dehors des deux signes d'intégration relatifs aux variables y et x, et l'on tire de cette formule, comparée à l'équation (42) ou (50),

$$A = U \operatorname{séc} T. \tag{52}$$

On peut donc énoncer la proposition suivante :

Théorème III. — *Lorsqu'une surface a dans tous ses points la même inclinaison par rapport au plan des x, y, une aire mesurée sur cette* *surface est équivalente au produit de sa projection sur le plan des x, y par la sécante de l'inclinaison.*

Cette proposition, que l'on peut déduire directement, et sans calcul, du théorème II, ne diffère pas, lorsque la surface donnée est plane, de la proposition déjà énoncée à la page 379 du Tome I. Elle est d'ailleurs applicable à la quadrature de plusieurs surfaces courbes, par exemple à l'évaluation d'une aire mesurée sur la surface d'un cône droit qui aurait pour base un cercle tracé dans le plan des x, y, et pour axe une parallèle à l'axe des z. Supposons, pour fixer les idées, que l'aire dont il s'agit se réduise à celle du tronc de cône qui a pour base des cercles décrits avec les rayons r_0 et R. La surface U sera la différence entre les surfaces de ces deux cercles. On aura donc

$$u = \pi R^2 - \pi r_0^2 = \pi(R^2 - r_0^2) \tag{53}$$

et, par suite,

$$A = U \operatorname{séc}\tau = \pi(R^2 - r_0^2)\operatorname{séc}\tau,$$

ou, ce qui revient au même,

$$A = \frac{2\pi R + 2\pi r_0}{2}(R - r_0)\operatorname{séc}\tau. \tag{54}$$

Or, l'apothème du tronc de cône, ayant pour projection sur le plan des x, y la différence $R - r_0$ entre les rayons des deux cercles, et formant l'angle τ avec le plan horizontal, est évidemment représenté par le produit $(R - r_0)\operatorname{séc}\tau$, tandis que $2\pi R$ et $2\pi r_0$ représentent les circonférences des deux cercles. Par conséquent, la formule (54) nous ramène à une proposition déjà connue, et dont voici l'énoncé :

THÉORÈME IV. — *Si l'on coupe un cône droit et à base circulaire par deux plans perpendiculaires à son axe, la surface du tronc de cône renfermé entre ces deux plans sera équivalente au produit de son apothème par la demi-somme des circonférences des bases.*

Corollaire — Si le plan de la plus petite base vient à passer par le sommet du cône, cette base disparaîtra, et la surface déterminée par le théorème qui précède sera précisément la *surface du cône, équivalente à la moitié du produit de l'apothème par la circonférence de la base.*

Lorsque l'équation (1) se réduit à la forme

$$z = f(x), \tag{55}$$

ou, en d'autres termes, lorsque la surface (1) se réduit à une surface cylindrique dont la génératrice est parallèle à l'axe des y, on a

$$\text{séc}\,\tau = \sqrt{1 + [f'(x)]^2}. \tag{56}$$

Alors, séc τ étant fonction de la seule variable x, on peut effectuer dans la formule (34) l'intégration relative à y, et l'on trouve ainsi

$$\int_{y_0}^{Y} \text{séc}\,\tau\, dy = (Y - y_0)\,\text{séc}\,\tau, \tag{57}$$

$$A = \int_{x_0}^{X} (Y - y_0)\,\text{séc}\,\tau\, dx. \tag{58}$$

Dans la même hypothèse, on tirerait de la formule (48)

$$A = \int_{x_0}^{X} (y_1 - y_0 + y_3 - y_2 + \ldots)\,\text{séc}\,\tau\, dx. \tag{59}$$

On peut aisément, à l'aide de ces dernières formules, déterminer une aire A mesurée sur la surface d'un cylindre droit. Si l'on cherche en particulier l'aire comprise entre deux génératrices et deux courbes planes renfermées dans des plans parallèles au plan des x, z, il faudra supposer que, dans la formule (58), y_0 et Y se réduisent à des quantités constantes, et l'on tirera de cette formule

$$A = \int_{x_0}^{X} \text{séc}\,\tau\, dx. \tag{60}$$

D'ailleurs, $Y - y_0$ exprimera la distance qui sépare les deux plans. De plus, l'inclinaison τ de la surface cylindrique par rapport au plan des x, y, n'étant autre chose que l'inclinaison, par rapport à l'axe des x, de la courbe qui sert de base au cylindre dans le plan des x, z, l'intégrale

$$\int_{x_0}^{X} \text{séc}\,\tau\, dx$$

représentera évidemment l'arc S compté sur cette courbe, ou sur une courbe renfermée, dans un plan parallèle au plan des x, z, entre les génératrices données. On peut donc énoncer la proposition suivante :

Théorème V. — *L'aire mesurée, sur la surface d'un cylindre droit, entre deux génératrices et deux courbes renfermées dans des plans parallèles au plan de la base, est équivalente au produit de la distance entre ces deux plans par l'arc renfermé sur l'une des courbes entre les deux génératrices.*

A la vérité, la démonstration que nous avons donnée du théorème V n'est immédiatement applicable qu'aux surfaces cylindriques dont les équations sont semblables à l'équation (55), c'est-à-dire à des surfaces cylindriques que chaque parallèle à l'axe des z rencontre en un seul point. Mais, pour étendre le même théorème à des aires mesurées sur des cylindres droits de forme quelconque, il suffira de partager celles-ci en plusieurs portions dont chacune soit renfermée entre deux génératrices convenablement choisies. En conséquence, on pourra énoncer cette nouvelle proposition :

Théorème VI. — *L'aire mesurée, sur une surface cylindrique qui a pour base une courbe fermée, entre deux plans perpendiculaires aux génératrices, est le produit de la distance entre ces deux plans par le périmètre de sa base.*

Considérons maintenant la surface du cylindre droit représenté par l'équation

$$x^2 - Rx + z^2 = 0, \tag{61}$$

et cherchons la partie de cette surface qui est renfermée dans l'intérieur de la sphère décrite de l'origine comme centre avec le rayon R.

Cette sphère, dont un rayon coïncide avec un diamètre du cercle qui sert de base au cylindre dans le plan des x, y, et dont l'équation est

(62) $$x^2+y^2+z^2=R^2,$$

coupe le cylindre suivant une courbe qui a pour projection sur le plan des x, y la parabole

(63) $$y^2=R(R-x).$$

Or, comme les deux valeurs de y fournies par l'équation (63) sont respectivement

(64) $$y=-\sqrt{R(R-x)},$$

(65) $$y=\sqrt{R(R-x)},$$

il résulte évidemment de la formule (58) que l'aire mesurée sur la surface cylindrique du côté des z positives, et limitée par la courbe d'intersection du cylindre avec la sphère, est équivalente à l'intégrale

(66) $$\int_0^R 2\sqrt{R(R-x)}\,\text{séc}\,\tau\,dx,$$

τ désignant l'inclinaison de la surface cylindrique, au point dont l'abscisse est x, par rapport au plan des x, y. D'ailleurs, la sécante de cette inclinaison sera donnée par la formule (56), si l'on prend pour $f(x)$ la valeur positive de z tirée de l'équation (61), savoir,

(67) $$z=\sqrt{Rx-x^2}.$$

On aura donc

(68) $$\text{séc}\,\tau=\sqrt{1+\frac{(\frac{1}{2}R-x)^2}{Rx-x^2}}=\frac{\frac{1}{2}R}{\sqrt{Rx-x^2}},$$

et par suite l'intégrale (66) deviendra

(69) $$R^{\frac{3}{2}}\int_0^R\frac{dx}{\sqrt{x}}=2R^2.$$

En doublant cette dernière quantité, on obtiendra l'aire A mesurée sur la surface cylindrique et dans l'intérieur de la sphère, non seulement du côté des z positives, mais encore du côté des z négatives; et l'on trouvera ainsi

$$A = 4R^2. \tag{70}$$

Si l'on cherchait la portion de la surface de la sphère comprise dans l'intérieur du cylindre du côté des y positives et du côté des z positives, il faudrait recourir à la formule (34), et poser dans cette formule

$$x_0 = 0, \qquad X = R, \qquad y_0 = \sqrt{R(R-x)}, \qquad Y = \sqrt{R^2 - x^2}.$$

Ajoutons que, si l'on différentie l'équation de la sphère, 1° par rapport à x, et en considérant z comme fonction de x; 2° par rapport à y, et en considérant z comme fonction de y, on en tirera

$$x + z\frac{\partial z}{\partial x} = 0, \qquad y + z\frac{\partial z}{\partial y} = 0,$$

$$p = \frac{\partial z}{\partial x} = -\frac{x}{z}, \qquad q = \frac{\partial z}{\partial y} = -\frac{y}{z};$$

et qu'en conséquence la valeur de $\text{séc}\,\tau$ déterminée par la formule (21) devra être réduite à

$$\text{séc}\,\tau = \sqrt{1 + \frac{x^2}{z^2} + \frac{y^2}{z^2}} = \frac{R}{z} = \frac{R}{\sqrt{R^2 - x^2 - y^2}}. \tag{71}$$

Cela posé, on trouvera pour l'aire demandée

$$R\int_0^R \int_{\sqrt{R^2 - Rx}}^{\sqrt{R^2 - x^2}} \frac{1}{\sqrt{R^2 - x^2 - y^2}}\,dy\,dx. \tag{72}$$

On aura d'ailleurs généralement

$$\int \frac{dy}{\sqrt{R^2 - x^2 - y^2}} = \arcsin \frac{y}{\sqrt{R^2 - x^2}} + \mathfrak{C},$$

$\mathfrak{C}$ désignant une quantité indépendante de y, et par suite

$$\int_{\sqrt{R^2 - Rx}}^{\sqrt{R^2 - x^2}} \frac{dy}{\sqrt{R^2 - x^2 - y^2}} = \frac{\pi}{2} - \arcsin\left(\frac{R}{R+x}\right)^{\frac{1}{2}} = \arccos\left(\frac{R}{R+x}\right)^{\frac{1}{2}}.$$

Donc l'aire demandée sera équivalente à l'intégrale simple

$$(73)\qquad R\int_0^R \arc\cos\left(\frac{R}{R+x}\right)^{\frac{1}{2}} dx.$$

Pour évaluer cette même intégrale, il suffit de faire

$$(74)\qquad s = \arc\cos\left(\frac{R}{R+x}\right)^{\frac{1}{2}},$$

ou, ce qui revient au même,

$$(75)\qquad x = R\,\text{tang}^2 s.$$

Alors en effet on trouve

$$\int \arc\cos\left(\frac{R}{R+x}\right)^{\frac{1}{2}} dx = \int s\,dx = sx - \int x\,ds = sx - R\int\left(\frac{1}{\cos^2 s} - 1\right) ds$$
$$= (x+R)s - R\,\text{tang}\,s + \text{const.}$$

et, par suite,

$$(76)\qquad R\int_0^R \arc\cos\left(\frac{R}{R+x}\right)^{\frac{1}{2}} dx = \left(\frac{\pi}{2} - 1\right)R^2.$$

En doublant cette dernière quantité, on obtiendra la portion de la surface sphérique interceptée par le cylindre du côté des y positives, et correspondant à des valeurs, soit positives, soit négatives, de l'ordonnée z. Donc, si l'on désigne par A la portion de surface dont il s'agit, on aura

$$(77)\qquad A = (\pi - 2)R^2 = (1,1415\ldots)R^2.$$

Concevons encore qu'après avoir tracé dans le plan des x, y une courbe représentée par l'équation

$$(78)\qquad y = f(x),$$

on fasse tourner cette courbe autour de l'axe des x. Elle engendrera une surface de révolution dont l'équation sera

$$(79)\qquad y^2 + z^2 = [f(x)]^2$$

(*voir* t. I, p. 358); et la portion de cette surface située du côté des z positives entre deux plans perpendiculaires à l'axe des x sera [en vertu de la formule (34)] exprimée par la valeur numérique de l'intégrale double

$$\int_{x_0}^{X}\int_{-f(x)}^{f(x)} \operatorname{séc}\tau\, dy\, dx, \tag{80}$$

pourvu que l'on désigne par x_0, X les abscisses correspondant aux deux plans donnés, et que la fonction $f(x)$ ne change pas de signe entre les limites $x = x_0$, $x = X$. Quant à la valeur de sécτ, elle se déduira des équations (21) et (79); et comme la dernière de ces équations, différentiée successivement par rapport à x et par rapport à y, donnera

$$z\frac{\partial z}{\partial x} = f(x)f'(x), \qquad y + z\frac{\partial z}{\partial y} = 0,$$

$$p = \frac{\partial z}{\partial x} = \frac{f(x)f'(x)}{z}, \qquad q = \frac{\partial z}{\partial y} = -\frac{y}{z},$$

on aura évidemment

$$\operatorname{séc}\tau = \left\{1 + \left[\frac{f(x)f'(x)}{z}\right]^2 + \left(\frac{y}{z}\right)^2\right\}^{\frac{1}{2}} = \pm\frac{f(x)\sqrt{1+[f'(x)]^2}}{\sqrt{[f(x)]^2 - y^2}}. \tag{81}$$

D'ailleurs on reconnaîtra facilement : 1° que la valeur numérique de l'intégrale

$$\int_{-f(x)}^{f(x)} \frac{dx}{\sqrt{[f(x)]^2 - y^2}}$$

se réduit toujours au nombre π; 2° que la valeur numérique du produit

$$f(x)\sqrt{1+[f'(x)]^2}$$

est précisément la normale N de la courbe (78). En conséquence l'intégrale (80) pourra être réduite à

$$\pi\int_{x_0}^{X} \mathrm{N}\, dx.$$

En doublant celle-ci, on obtiendra l'aire totale comprise sur la surface de révolution entre les deux plans qui correspondent aux abscisses x_0, X. Donc, si l'on désigne par A l'aire dont il s'agit, on aura

$$(82) \qquad A = 2\pi \int_{x_0}^{X} N\,dx.$$

La formule (82) étant ainsi démontrée pour le cas où la fonction $f(x)$ conserve constamment le même signe entre les limites x_0, X, il suffirait, pour l'établir dans le cas contraire, de partager l'aire A en plusieurs parties correspondant aux diverses portions de la courbe (78) qui sont situées de part et d'autre de l'axe des x. Chacune de ces parties serait encore le produit du nombre 2π par une intégrale semblable à celle que renferme l'équation (82), mais prise entre des limites différentes; et en ajoutant les nouvelles intégrales, on trouverait pour somme

$$\int_{x_0}^{X} N\,dx.$$

Au reste, on peut démontrer directement une formule qui comprend l'équation (82), à l'aide des considérations suivantes.

Soit $\psi(x)$ l'aire mesurée sur la surface de révolution (79) entre deux plans fixes qui, passant par l'axe des x, comprennent entre eux l'angle φ, et deux plans perpendiculaires à cet axe, qui correspondent, le premier à l'abscisse constante x_0, le second à l'abscisse variable x. Concevons d'ailleurs que l'on désigne par τ non plus l'inclinaison de la surface (79) au point (x, y, z) par rapport au plan des x, y, mais l'inclinaison de la courbe (78), au point dont x est l'abscisse, par rapport à l'axe des x. Si l'on attribue à la variable x l'accroissement très petit Δx, l'accroissement correspondant de l'aire $\psi(x)$, savoir, $\Delta\psi(x)$, sera une petite portion de surface dont l'inclinaison par rapport au plan des y, z restera sensiblement la même en tous les points et différera très peu de $\frac{\pi}{2} - \tau$. Donc, en vertu du théorème II, le rapport qu'on obtiendra en divisant cette portion de surface par sa projection sur le plan des y, z différera très peu de $\text{séc}\left(\frac{\pi}{2} - \tau\right) = \frac{1}{\sin\tau}$. Or la projection dont il s'agit sera évidemment la différence entre les surfaces des deux secteurs circulaires que traceraient des rayons équivalents aux ordonnées y et $y+\Delta y$ de la courbe génératrice en décrivant l'angle φ autour de l'origine. Cette projection sera donc représentée par

$$(83)\qquad \frac{\varphi}{2}(y+\Delta y)^2-\frac{\varphi}{2}y^2=y\varphi\,\Delta y\left(1+\frac{\Delta y}{2y}\right);$$

et comme on aura sensiblement

$$\frac{\Delta y}{\Delta x}=\frac{dy}{dx}=\pm\,\text{tang}\tau,$$

on pourra réduire l'expression (83) à la forme

$$(84)\qquad \pm\,y\varphi\,\text{tang}\tau\,\Delta x(1+i),$$

i désignant une quantité très petite. Cela posé, il suffira, pour obtenir l'aire $\Delta\psi(x)$, de multiplier l'expression (84) par un facteur très peu différent de $\frac{1}{\sin\tau}\cdot$ On aura donc

$$\Delta\psi x=\pm\,y\varphi\frac{\text{tang}\tau}{\sin\tau+1}(1+i)\,\Delta x,$$

ou, ce qui revient au même,

$$(85)\qquad \frac{\Delta\psi(x)}{\Delta x}=\pm\,y\varphi\,\text{séc}\tau\frac{\sin\tau}{\sin\tau+1}(1+i),$$

I désignant encore une quantité très petite; et l'on en conclura, en faisant converger Δx vers zéro,

$$(86)\qquad \frac{d\psi(x)}{dx}=\pm\,y\varphi\,\text{séc}\tau.$$

Si dans cette dernière formule on substitue au produit $\pm\,y\,\text{séc}\tau$ la longueur qu'il représente, c'est-à-dire la normale N de la courbe génératrice, on aura simplement

$$(87)\qquad \frac{d\psi(x)}{dx}=\text{N}\varphi;$$

puis, en intégrant l'équation (87) à partir de $x = x_0$, on trouvera

$$(88) \qquad \psi(x) = \varphi \int_{x_0}^{x} \mathrm{N}\, dx.$$

Si l'on veut évaluer l'aire engendrée par la révolution complète de l'arc mesuré sur la courbe (78) entre les points qui ont pour abscisses x_0 et X, il faudra supposer dans la formule (88) $\varphi = 2\pi$. Alors on obtiendra l'équation

$$(89) \qquad \psi(x) = 2\pi \int_{x_0}^{x} \mathrm{N}\, dx,$$

qui peut être remplacée, quand y reste positive, par l'une quelconque des suivantes :

$$(90) \qquad \psi(x) = 2\pi \int_{x_0}^{x} y \operatorname{séc}\tau\, dx,$$

$$(91) \qquad \psi(x) = 2\pi \int_{x_0}^{x} y\sqrt{1+y'^2}\, dx.$$

Ajoutons que si dans la formule (89) on pose $\varphi = 2\pi$, elle fournira pour l'aire $\mathrm{A} = \psi(\mathrm{X})$ la même valeur que l'équation (82).

Il est bon d'observer que l'aire $\Delta\psi(x)$ déterminée par la formule (85) diffère très peu de l'aire $\pm y\varphi \operatorname{séc}\tau\, \Delta x$ mesurée sur la surface du tronc de cône que décrit, en tournant autour de l'axe des x, la petite longueur $\operatorname{séc}\tau\, \Delta x$ comptée sur la droite qui touche la courbe (78) au point (x, y); c'est-à-dire que le rapport entre l'aire $\Delta\psi(x)$ et l'aire du tronc de cône diffère très peu de l'unité.

Appliquons maintenant les formules (82), (89), etc. à quelques exemples.

Exemple I. — Si la courbe (78) se transforme en une droite menée parallèlement à l'axe des x par un point situé à la distance R de ce même axe, A représentera la surface latérale d'un cylindre engendré par la révolution de cette droite autour de l'axe, et dont la hauteur sera précisément $\mathrm{X} - x_0$. Comme on aura d'ailleurs $\mathrm{N} = \mathrm{R}$, on tirera de l'équation (82)

$$A = 2\pi R(X - x_0). \tag{92}$$

Il résulte de cette dernière formule que *la surface latérale d'un cylindre droit à base circulaire est le produit de la hauteur du cylindre par la circonférence de sa base.* Cette proposition bien connue est d'ailleurs comprise, comme cas particulier, dans le théorème VI.

Exemple II. — Si la courbe (78) coïncide avec une circonférence de cercle dont le rayon soit égal à R et dont le centre soit situé sur l'axe des x, la valeur de A déterminée par la formule (82) représentera l'aire d'une zone sphérique qui aura pour hauteur $X - x_0$. De plus, on trouvera encore $N = R$, et par conséquent l'équation (82) se réduira, comme dans l'exemple précédent, à la formule (92). Or on conclura de cette formule que, *pour obtenir la surface d'une zone sphérique, il suffit de multiplier la hauteur de la zone par la circonférence d'un grand cercle.* Cette dernière proposition est une de celles que l'on démontre dans les éléments de géométrie. Lorsque la hauteur de la zone devient égale au diamètre de la sphère sur laquelle cette zone est tracée, la proposition qu'on vient de rappeler détermine l'aire totale de la sphère, et l'on reconnaît ainsi que *la surface de la sphère équivaut à quatre fois la surface d'un grand cercle.*

Exemple III. — Concevons que la courbe (78) coïncide avec l'ellipse qui a pour axes les longueurs $2a$, $2b$, et qui est représentée par l'équation

$$\frac{x^2}{a^2} + \frac{y^2}{b^2} = 1. \tag{93}$$

La formule (79), réduite à

$$\frac{x^2}{a^2} + \frac{y^2 + z^2}{b^2} = 1, \tag{94}$$

représentera un ellipsoïde de révolution, et l'on trouvera

$$N = \frac{b}{a}\sqrt{a^2 - \left(1 - \frac{b^2}{a^2}\right)x^2}.$$

Si l'on suppose d'ailleurs $a > b$, on aura, en désignant par ε l'excentricité de l'ellipse,

$$a\varepsilon = \sqrt{a^2 - b^2}; \tag{95}$$

par suite, la valeur de N deviendra

$$\mathrm{N} = \frac{b}{a}\sqrt{a^2 - \varepsilon^2 x^2}. \tag{96}$$

Donc alors on tirera de l'équation (82).

$$\mathrm{A} = 2\pi \frac{b\varepsilon}{a} \int_{x_0}^{\mathrm{X}} \sqrt{\frac{a^2}{\varepsilon^2} - x^2}\, dx. \tag{97}$$

Or, en vertu de la formule (21) (deuxième Leçon), le produit

$$2\frac{b\varepsilon}{a} \int_{x_0}^{\mathrm{X}} \sqrt{\frac{a^2}{\varepsilon^2} - x^2}\, dx \tag{98}$$

exprimera l'aire comprise entre les ordonnées correspondant aux abscisses x_0, x, dans l'ellipse dont l'équation sera

$$\frac{\varepsilon^2 x^2}{a^2} + \frac{y^2}{b^2} = 1 \tag{99}$$

et dont les axes, représentés par les longueurs $2\frac{a}{\varepsilon}$, $2b$, seront dirigés suivant les mêmes droites que ceux de l'ellipse donnée. Cela posé, la formule (97) entraînera évidemment la proposition suivante :

Théorème VII. — *Si l'on fait tourner une ellipse autour de son grand axe, la surface de la zone engendrée par la révolution d'un arc de cette ellipse sera le produit du nombre π par la surface comprise entre les plans qui renfermeront les deux bases de la zone dans une seconde ellipse que l'on déduira de la première en faisant croître le grand axe dans un rapport inverse de l'excentricité.*

Lorsque la hauteur de la zone coïncide avec le grand axe de l'ellipse donnée, le théorème précédent détermine l'aire totale de l'ellipsoïde de révolution; et l'on trouve pour la valeur de cette aire, en ayant égard aux formules de la page 435,

$$(100)\qquad A = 2\pi b^2 + 2\pi \frac{ab}{\varepsilon} \operatorname{arc\,tang} \frac{a\varepsilon}{b}.$$

Si l'on supposait $a < b$, on aurait, en désignant toujours par ε l'excentricité de l'ellipse (93),

$$(101)\qquad b\varepsilon = \sqrt{b^2 - a^2}$$

et, par suite,

$$(102)\qquad N = \frac{b^2\varepsilon}{a^2}\sqrt{\frac{a^4}{b^2\varepsilon^2} + x^2}.$$

Donc alors on tirerait de l'équation (82)

$$(103)\qquad A = 2\pi \frac{b^2\varepsilon}{a^2}\int_{x_0}^{X} \sqrt{\frac{a^4}{b^2\varepsilon^2} + x^2}\, dx.$$

Or, en vertu de la formule (30) de la deuxième Leçon, le produit

$$(104)\qquad 2\frac{b^2\varepsilon}{a^2}\int_{x_0}^{X} \sqrt{\frac{a^4}{b^2\varepsilon^2} + x^2}\, dx$$

exprimera évidemment l'aire comprise entre les ordonnées correspondant aux abscisses x_0, X, dans l'hyperbole dont l'équation sera

$$(105)\qquad \frac{y^2}{b^2} - \frac{b^2\varepsilon^2 x^2}{a^4} = 1$$

et dont les axes, représentés par les longueurs $2\frac{a^2}{b\varepsilon}$, $2b$, seront dirigés suivant les mêmes droites que ceux de l'ellipse donnée. On peut donc énoncer la proposition suivante :

Théorème VIII. — *Si l'on fait tourner une ellipse autour de son petit axe, la surface de la zone engendrée par la révolution d'un arc de cette ellipse sera le produit du nombre* π *par la surface comprise entre les deux plans qui renfermeront les deux bases de la zone dans une hyperbole dont l'axe réel coïncidera précisément avec le petit axe de l'ellipse, et dont le second axe sera équivalent au carré du grand axe de l'ellipse divisé par le carré du petit axe et par l'excentricité.*

Lorsque la hauteur de la zone coïncide avec le petit axe $2a$ de l'ellipse donnée, on déduit du théorème précédent ou de l'équation (103) l'aire totale de l'ellipsoïde de révolution, et l'on trouve pour la valeur de cette aire, en ayant égard à la première formule de la page 436,

$$\text{(106)} \qquad A = 2\pi b^2 + \frac{\pi a^2}{\varepsilon} l \frac{1+\varepsilon}{1-\varepsilon}.$$

Exemple IV. — Concevons que la courbe (78) coïncide avec l'hyperbole représentée par l'une des équations

$$\text{(107)} \qquad \frac{x^2}{a^2} - \frac{y^2}{b^2} = 1,$$

$$\text{(108)} \qquad \frac{y^2}{b^2} - \frac{x^2}{a^2} = 1.$$

La formule (79), réduite à l'une des suivantes,

$$\text{(109)} \qquad \frac{x^2}{a^2} - \frac{y^2+z^2}{b^2} = 1,$$

$$\text{(110)} \qquad \frac{y^2+z^2}{b^2} - \frac{x^2}{a^2} = 1,$$

représentera un hyperboloïde de révolution à deux nappes distinctes ou à une seule nappe, et l'on trouvera

$$\text{(111)} \qquad N = \frac{b}{a}\left[\left(1+\frac{b^2}{a^2}\right)x^2 \mp a^2\right]^{\frac{1}{2}}.$$

D'ailleurs, si l'on fait, pour abréger,

$$\text{(112)} \qquad a\varepsilon = \sqrt{a^2+b^2},$$

la valeur de N deviendra

$$\text{(113)} \qquad N = \frac{b}{a}\sqrt{\varepsilon^2 x^2 \mp a^2}.$$

Donc l'équation (82) donnera

$$\text{(114)} \qquad A = 2\pi\frac{b\varepsilon}{a}\int_{x_0}^{x}\sqrt{x^2 \mp \frac{a^2}{\varepsilon^2}}\,dx.$$

Or, en vertu de la formule (30) de la deuxième Leçon, le produit

$$(115)\qquad 2\frac{b\varepsilon}{a}\int_{x_0}^{x}\sqrt{x^2 \mp \frac{a^2}{\varepsilon^2}}\,dx$$

exprimera l'aire comprise entre les ordonnées correspondant aux abscisses x_0, X, dans l'une des hyperboles représentées par les équations

$$(116)\qquad \frac{\varepsilon^2 x^2}{a^2} - \frac{y^2}{b^2} = 1,$$

$$(117)\qquad \frac{y^2}{b^2} - \frac{\varepsilon^2 x^2}{a^2} = 1.$$

Cela posé, comme la constante ε désignera évidemment l'excentricité de l'hyperbole (107), la formule (114) entraînera la proposition suivante :

Théorème IX. — *Si l'on fait tourner une hyperbole autour de son axe réel, la surface de la zone engendrée par la révolution d'un arc de cette hyperbole sera le produit du nombre π par la surface comprise entre les deux plans qui renfermeront les deux bases de la zone dans une seconde hyperbole que l'on déduira de la première en faisant décroître l'axe réel dans un rapport inverse de l'excentricité.*

Exemple V. — Concevons que la courbe (78) coïncide avec la parabole

$$(118)\qquad y^2 = 2px,$$

p étant une quantité positive. L'équation (79), réduite à

$$(119)\qquad y^2 + z^2 = 2px,$$

représentera un paraboloïde de révolution, et l'on trouvera

$$(120)\qquad \mathrm{N} = \sqrt{2px + p^2}.$$

On aura, par suite,

$$x = \frac{\mathrm{N}^2 - p^2}{2p}, \qquad dx = \frac{1}{p}\,\mathrm{N}\,d\mathrm{N},$$

et la formule (89) donnera

$$(121) \qquad \psi(x) = \frac{2\pi}{p}\int_{N_0}^{N} N^2\,dN = \frac{2\pi}{3p}(N^3 - N_0^3),$$

N_0 désignant la valeur de N correspondant à $x = x_0$. Par conséquent l'aire engendrée par la révolution complète d'un arc de parabole qui tourne autour de l'axe de cette courbe est le tiers du produit qu'on obtient en multipliant le rapport entre le nombre 2π et le paramètre par la différence entre les cubes des normales relatives aux deux extrémités de l'arc. Si l'on suppose en particulier $x_0 = 0$, on trouvera $N_0 = p$, et la formule (121) donnera

$$(122) \qquad \psi(x) = \frac{2\pi}{3}\left(\frac{N^3}{p} - p^2\right).$$

Exemple VI. — Concevons que la courbe (78) coïncide avec l'hyperbole

$$(123) \qquad xy = \frac{1}{2}R^2.$$

L'équation (79), réduite à

$$(124) \qquad x^2(y^2 + z^2) = \frac{1}{4}R^4,$$

représentera une surface du quatrième degré, et l'on tirera de la formule (90)

$$(125) \qquad \psi(x) = \pi R^2 \int_{x_0}^{x} \text{séc}\,\tau\,\frac{dx}{x}.$$

De plus on conclura de la formule (123)

$$y' = -\tang\tau = -\frac{1}{2}\frac{R^2}{x^2}$$

et, par suite,

$$x^2 = \frac{R^2}{2\tang\tau}, \qquad lx = lR - \frac{1}{2}l2 - \frac{1}{2}l\tang\tau, \qquad \frac{dx}{x} = -\frac{1}{2}\frac{d\tau}{\sin\tau\cos\tau}.$$

Par conséquent, si l'on nomme τ_0 la valeur de τ correspondant à $x = x_0$, la formule (125) donnera

$$(126) \qquad \psi(x) = -\frac{1}{2}\pi R^2 \int_{\tau_0}^{\tau} \frac{d\tau}{\sin\tau\cos^2\tau}.$$

De cette dernière, comparée à la formule (44) de la première Leçon, on déduit immédiatement la proposition suivante :

L'aire engendrée par la révolution complète d'un arc de l'hyperbole (123) *tournant autour de l'axe des x est le produit de la surface du demi-cercle décrit avec le rayon* R *par un arc mesuré sur la logarithmique*

$$y = e^x, \tag{127}$$

et tellement choisi que l'inclinaison de la logarithmique, en chacun des points situés aux extrémités du second arc, coïncide avec l'inclinaison de l'hyperbole dans l'un des points situés aux extrémités du premier arc.

Cette proposition suffit pour déterminer l'aire engendrée par l'arc de l'hyperbole; et d'ailleurs on tire de l'équation (126) combinée avec les formules de la page 414

$$\psi(x) = \frac{1}{2}\pi R^2\left(\frac{1}{\cos\tau_0} - \frac{1}{\cos\tau} + l\,\mathrm{tang}\frac{\tau_0}{2} - l\,\mathrm{tang}\frac{\tau}{2}\right). \tag{128}$$

Exemple VII. — Lorsque la courbe (78) se réduit à la logarithmique représentée par l'équation

$$y = e^{\frac{x}{a}}, \tag{129}$$

la formule (91) donne

$$\psi(x) = 2\pi\int_{x_0}^{x} e^{\frac{x}{a}}\sqrt{1+y'^2}\,dx. \tag{130}$$

De plus, on tire de l'équation (129)

$$y' = \frac{1}{a}e^{\frac{x}{a}}$$

et, par suite,

$$dy' = \frac{1}{a^2}e^{\frac{x}{a}}\,dx, \qquad e^{\frac{x}{a}}\,dx = a^2\,dy'.$$

Cela posé, la valeur de $\psi(x)$ peut être réduite à

$$\psi(x) = 2\pi a^2\int_{y'_0}^{y'}\sqrt{1+y'^2}\,dy', \tag{131}$$

y'_0 désignant la valeur de y' correspondant à $x = x_0$. Si maintenant on a égard à une formule de la page 436, on trouvera

$$\int\sqrt{1+y'^2}\,dy' = \frac{1}{2}y'\sqrt{1+y'^2} + \frac{1}{4}l\frac{\sqrt{1+y'^2}+y'}{\sqrt{1+y'^2}-y'} + \text{const.}$$

$$= \frac{1}{2}\frac{\sin\tau}{\cos^2\tau} + \frac{1}{2}l\frac{1+\sin\tau}{1-\sin\tau} + \text{const.},$$

et la formule (131) donnera

(132) $$\psi(x) = \pi a^2\left[\frac{\sin\tau}{\cos^2\tau} + l\,\text{tang}\left(\frac{\pi}{4}+\frac{\tau}{2}\right) - \frac{\sin\tau_0}{\cos^2\tau_0} - l\,\text{tang}\left(\frac{\pi}{4}+\frac{\tau_0}{2}\right)\right].$$

Exemple VIII. — Lorsque la courbe (78) se réduit à la chaînette représentée par l'équation

(133) $$y = a\frac{e^{\frac{x}{a}} + e^{-\frac{x}{a}}}{2},$$

on trouve

(134) $$N = \frac{a}{4}\left(e^{\frac{x}{a}} + e^{-\frac{x}{a}}\right)^2$$

et l'on tire de la formule (89), en supposant, pour abréger, $x_0 = 0$,

(135) $$\psi(x) = \pi a\int_0^x\left(1 + \frac{e^{\frac{2x}{a}} + e^{-\frac{2x}{a}}}{2}\right)dx,$$

ou, ce qui revient au même,

(136) $$\psi(x) = \pi a\left[x + \frac{a}{4}\left(e^{\frac{2x}{a}} - e^{-\frac{2x}{a}}\right)\right].$$

Exemple IX. — Si la courbe (78) se réduit à la cycloïde représentée par le système des équations

(137) $$x = R(\omega - \sin\omega), \qquad y = R(1-\cos\omega)$$

(*voir* la deuxième Leçon du Tome I), on aura

$$\sqrt{1+y'^2}\,dx = \sqrt{dx^2+dy^2} = 2^{\frac{1}{2}}R(1-\cos\omega)^{\frac{1}{2}}d\omega$$

et l'on tirera de la formule (91), en supposant l'angle ω renfermé entre les limites o, 2π,

(138) $$\psi(x) = 2^{\frac{3}{2}}\pi R^2 \int_{\omega_0}^{\omega} (1 - \cos\omega)^{\frac{3}{2}} d\omega = 8\pi R^2 \int_{\omega_0}^{\omega} \sin^3 \frac{\omega}{2} d\omega.$$

On trouvera d'ailleurs

$$8 \sin^3 \frac{\omega}{2} = \left(\frac{e^{\frac{\omega}{2}\sqrt{-1}} - e^{-\frac{\omega}{2}\sqrt{-1}}}{\sqrt{-1}} \right)^3 = 6 \sin \frac{\omega}{2} - \sin \frac{3\omega}{2}.$$

Cela posé, si l'on fait, pour plus de commodité, $\omega_0 = 0$, la valeur de $\psi(x)$ deviendra

(139) $$\psi(x) = 4\pi R^2 \left(\frac{8}{3} - 3\cos\frac{\omega}{2} + \frac{1}{3}\cos\frac{3\omega}{2} \right).$$

Si l'on veut obtenir, en particulier, l'aire A décrite par une branche de la cycloïde, on devra prendre, dans la formule (139), $\omega = 2\pi$, et l'on trouvera

(140) $$A = \frac{64}{3}\pi R^2 = \frac{\pi}{3}(8R)^2.$$

En terminant cette Leçon nous démontrerons deux théorèmes qui peuvent être utiles dans l'évaluation des aires mesurées sur des surfaces de révolution. Si l'on fait tourner, autour de l'axe des x, non plus la courbe (78), mais celle qui est représentée par l'équation

(141) $$y = b + f(x),$$

b désignant une constante positive, la normale de cette nouvelle courbe sera équivalente, non plus au produit

$$f(x)\sqrt{1 + [f'(x)]^2},$$

mais au suivant

$$[b + f(x)]\sqrt{1 + [f'(x)]^2}.$$

En conséquence il suffira de substituer ce dernier produit à la lettre N dans le second membre de l'équation (82) pour obtenir l'aire engendrée par la révolution complète de l'arc mesuré sur la courbe (141) entre les points qui correspondent aux abscisses x_0, X; et si l'on désigne cette nouvelle aire par B, on trouvera

$$(142)\quad \begin{cases} B = 2\pi \int_{x_0}^{X} f(x)\sqrt{1+[f'(x)]^2}\,dx + 2\pi b \int_{x_0}^{X} \sqrt{1+[f'(x)]^2}\,dx \\ \quad = A + 2\pi b \int_{x_0}^{X} \sqrt{1+[f'(x)]^2}\,dx. \end{cases}$$

D'ailleurs, si l'on appelle S l'arc compris sur le cercle (78) entre les points correspondants aux abscisses x_0, X, on aura, en vertu de la formule (9) de la première Leçon,

$$S = \int_{x_0}^{X} \sqrt{1+[f'(x)]^2}\,dx.$$

Cela posé, l'équation (142) donnera

$$(143)\qquad B = A + 2\pi b S.$$

Cette dernière formule comprend le théorème que nous allons énoncer :

Théorème X. — *Si l'on fait successivement tourner un arc de courbe,* 1° *autour d'un axe choisi arbitrairement,* 2° *autour d'un axe parallèle séparé du premier par la distance b, la différence entre les deux surfaces de révolution engendrées dans les deux hypothèses sera le produit de l'arc générateur par la circonférence que décrirait un point du second axe tournant autour du premier, pourvu toutefois que les deux axes ne rencontrent pas l'arc générateur et soient situés d'un même côté par rapport à cet arc.*

Si, dans les équations (141), (142), (143), on remplaçait la constante positive b par la constante négative $-b$, et si l'on supposait d'ailleurs la condition

$$(144)\qquad f(x) < b$$

remplie pour toutes les valeurs de x renfermées entre les limites x_0, X, le second membre de la formule (143) deviendrait $A - 2\pi b S$, et représenterait, non plus l'aire B, mais cette aire prise avec le signe —

On aurait donc alors

$$A + B = 2\pi b S, \tag{145}$$

et par suite on pourrait énoncer la proposition suivante :

THÉORÈME XI. — *Les mêmes choses étant posées que dans le théorème X, si les deux axes de révolution sont situés, par rapport à l'arc générateur, le premier d'un côté, le second de l'autre côté, la somme des surfaces de révolution engendrées sera le produit de l'arc générateur par la circonférence que décrirait un point du second axe tournant autour du premier.*

A l'aide des théorèmes X et XI, que l'on peut étendre au cas même où l'arc de courbe donné serait rencontré en plusieurs points par des plans perpendiculaires à l'axe de rotation, on déterminera sans peine l'aire B de la zone engendrée par un arc de cercle S tournant autour d'un axe. En effet, soit R le rayon du cercle, b la distance du centre à l'axe, et H la hauteur de la zone. Concevons d'ailleurs, pour fixer les idées, qu'un second axe, mené par le centre du cercle parallèlement à l'axe donné, ne rencontre pas l'arc S. Si l'on nomme A la portion de surface sphérique engendrée par l'arc de cercle tournant autour du second axe, on aura, en vertu de la formule (92),

$$A = 2\pi R H$$

et, par suite, la formule (143) ou (145) donnera

$$B = 2\pi(bS + RH) \tag{146}$$

ou

$$B = 2\pi(bS - RH). \tag{147}$$

Si l'arc de cercle devient égal à la demi-circonférence, on trouvera

$$H = 2R, \qquad S = \pi R$$

et les équations (146), (147), réduites à

$$B = 2\pi R(\pi b + 2R), \tag{148}$$

$$B = 2\pi R(\pi b - 2R), \tag{149}$$

fourniront deux valeurs de B, dont la somme, savoir $4\pi^2 bR$, sera l'aire totale de la surface que l'on nomme *surface annulaire*. On prouvera de même que *toute courbe qui a un centre, en tournant autour d'un axe qui ne la rencontre pas, engendre une surface équivalente au produit de son périmètre par la circonférence que décrit le centre autour de cet axe.*

QUATRIÈME LEÇON.

CUBATURE DES SOLIDES.

Le problème de la cubature des solides consiste à déterminer le volume compris sous une enveloppe donnée. Pour arriver plus facilement à la solution générale de ce problème, nous examinerons d'abord le cas où il s'agit d'évaluer le volume d'un cylindre droit à base quelconque. Dans ce cas particulier, la question peut être immédiatement résolue à l'aide du théorème que nous allons énoncer :

THÉORÈME I. — *Le volume* V, *compris dans le cylindre droit dont* U *représente la base et* H *la hauteur, est équivalent au produit de cette base et de cette hauteur; en sorte qu'on a*

$$V = HU. \tag{1}$$

Démonstration. — Supposons tous les points de l'espace rapportés à trois axes rectangulaires des x, y, z, et plaçons le cylindre de manière que, sa génératrice étant parallèle à l'axe des z, le plan de sa base coïncide avec le plan des x, y. Concevons d'ailleurs que l'on coupe le volume V par un plan perpendiculaire à l'axe des x et correspondant à l'abscisse x. Enfin soient $f(x)$ la section linéaire faite dans la base U par le plan coupant, v la portion du volume V qui se trouve située par rapport à ce plan du côté des x négatives, et u la portion correspondante de la base U. Si l'on attribue à x un accroissement infiniment petit Δx, le volume v recevra un accroissement analogue représenté par Δv. Or il est facile de reconnaître : 1° que la base Δu du volume Δv restera comprise entre deux rectangles, l'un inscrit, l'autre circonscrit, dont les aires seront mesurées par des produits de la forme

$$(2)\qquad [f(x)+\mathrm{I}]\,\Delta x,$$

$$(3)\qquad [f(x)+\mathrm{J}]\,\Delta x,$$

I, J désignant deux quantités infiniment petites; 2° que le volume Δv sera lui-même compris entre deux parallélépipèdes qui auront pour hauteur H et pour bases les deux aires dont il s'agit. Donc la valeur du volume Δv sera une moyenne entre les deux expressions

$$(4)\qquad \mathrm{H}[f(x)+\mathrm{I}]\,\Delta x,$$

$$(5)\qquad \mathrm{H}[f(x)+\mathrm{J}]\,\Delta x,$$

ou, en d'autres termes, on aura

$$(6)\qquad \Delta v = \mathrm{H}[f(x)+i]\,\Delta x,$$

i désignant une nouvelle quantité infiniment petite comprise entre I et J. Si maintenant on divise par Δx les deux membres de l'équation (6), on en tirera

$$(7)\qquad \frac{\Delta v}{\Delta x} = \mathrm{H}[f(x)+i];$$

puis, en faisant converger Δx vers la limite zéro, on trouvera

$$(8)\qquad \frac{dv}{dx} = \mathrm{H}f(x),$$

ou, ce qui revient au même,

$$(9)\qquad dv = \mathrm{H}f(x)\,dx.$$

Cela posé, soient x_0, X la plus petite et la plus grande des valeurs de x qui correspondent aux différents points du volume v, ou de sa base u. Les fonctions u, v s'évanouiront pour $x = x_0$; et, en intégrant les deux membres de l'équation (9) à partir de $x = x_0$, on obtiendra la formule

$$(10)\qquad v = \mathrm{H}\int_{x_0}^{x} f(x)\,dx;$$

puis, en prenant $x = X$, on en conclura

$$V = H\int_{x_0}^{X} f(x)\,dx. \tag{11}$$

D'ailleurs, en vertu des équations (79) et (80) de la deuxième Leçon, les intégrales que renferment les formules (10) et (11) sont précisément les valeurs des aires u et U. Donc la première de ces formules peut être réduite à

$$v = Hu, \tag{12}$$

et la seconde coïncide avec l'équation (1).

La démonstration qui précède devrait être modifiée, si la section linéaire $f(x)$, faite dans la surface U par un plan perpendiculaire à l'axe des x, se transformait en un système de plusieurs longueurs distinctes représentées par $f_1(x)$, $f_2(x)$, $f_3(x)$, ... et comprises, la première entre deux lignes données, la seconde entre deux autres lignes, etc. Mais alors on pourrait aisément diviser le volume V en plusieurs parties V_1, V_2, V_3, ..., et la base U en parties correspondantes U_1, U_2, U_3, ..., de manière que les raisonnements ci-dessus employés fussent suffisants pour établir les équations

$$V_1 = HU_1, \qquad V_2 = HU_2, \qquad V_3 = HU_3, \qquad \ldots;$$

et, en ajoutant ces dernières membre à membre, on retrouverait encore la formule (1).

Supposons à présent que l'on cherche le volume V terminé par une enveloppe quelconque. Soit $F(x)$ l'aire de la section faite dans le volume V par un plan perpendiculaire à l'axe des x et correspondant à l'abscisse x, et nommons toujours v la portion du volume V qui se trouve située, par rapport au plan coupant, du côté des x négatives. Si l'on attribue à l'abscisse x un accroissement infiniment petit Δx, le volume v recevra un accroissement analogue Δv compris entre deux sections représentées, la première par $F(x)$, la seconde par $F(x) + \Delta F(x)$; et il est clair que, si l'on projette sur le plan de la première section, non pas la surface entière qui enveloppe extérieurement le volume V, mais seulement la zone ou portion de surface qui répond au volume Δv, cette zone ainsi projetée sera comprise entre deux courbes très voisines qui formeront les périmètres des bases de deux cylindres droits, l'un inscrit, l'autre circonscrit au volume Δv. Il résulte d'ailleurs du théorème III de la deuxième Leçon que les surfaces renfermées dans les deux courbes dont il s'agit différeront très peu de la surface $F(x)$: car ces trois surfaces, coupées par un plan quelconque parallèle à l'axe des x, fourniront évidemment trois sections linéaires dont les différences seront infiniment petites. Cela posé, les solidités des cylindres inscrits et circonscrits au volume Δv se trouveront représentées par des produits de la forme

(13) $$[F(x)+I]\,\Delta x,$$

(14) $$[F(x)+J]\,\Delta x,$$

I, J désignant des quantités infiniment petites; et l'on aura par suite

(15) $$\Delta v = [F(x)+i]\,\Delta x,$$

i désignant une nouvelle quantité infiniment petite, intermédiaire entre I et J. Si, après avoir divisé par Δx les deux membres de la formule (15), on fait converger Δx vers la limite zéro, on en conclura

(16) $$\frac{dv}{dx} = F(x),$$

ou, ce qui revient au même,

(17) $$dv = F(x)\,dx.$$

Enfin, si l'on nomme x_0 et X la plus petite et la plus grande des valeurs de x qui correspondent aux différents points du volume V, c'est-à-dire, en d'autres termes, les limites entre lesquelles l'abscisse x doit rester comprise pour qu'un plan perpendiculaire à l'axe des x et correspondant à cette abscisse rencontre le volume V, on tirera de l'équation (17) intégrée à partir de $x = x_0$

(18) $$v = \int_{x_0}^{x} F(x)\,dx;$$

puis, en posant $x = X$, on obtiendra la formule

$$V = \int_{x_0}^{X} F(x)\,dx. \tag{19}$$

La formule (19) subsiste évidemment dans le cas même où l'aire $F(x)$ de la section faite dans le volume V par un plan perpendiculaire à l'axe des x se change en une somme de plusieurs aires $F_1(x)$, $F_2(x)$, $F_3(x)$, ..., terminées par divers contours. Alors le volume V est la somme de plusieurs volumes représentés par les intégrales

$$\int_{x_0}^{X} F_1(x)\,dx, \quad \int_{x_0}^{X} F_2(x)\,dx, \quad \int_{x_0}^{X} F_3(x)\,dx, \quad \ldots,$$

dans chacune desquelles la fonction sous le signe $\int$ a constamment ou une valeur positive ou une valeur nulle, tandis que l'abscisse x varie entre les limites x_0, X. Cela posé, on aura tout à la fois, dans le cas dont il s'agit,

$$F(x) = F_1(x) + F_2(x) + F_3(x) + \ldots,$$

$$V = \int_{x_0}^{X} F_1(x)\,dx + \int_{x_0}^{X} F_2(x)\,dx + \int_{x_0}^{X} F_3(x)\,dx + \ldots;$$

et l'on en conclura encore

$$V = \int_{x_0}^{X} F(x)\,dx.$$

Comme, dans la formule (19), $F(x)$ représente l'aire d'une surface plane comprise dans un plan parallèle à l'un des plans coordonnés, il est clair que la valeur de $F(x)$ pourra toujours être facilement déterminée à l'aide des principes établis dans la deuxième Leçon.

Supposons, pour fixer les idées, que, x_0, X étant deux quantités constantes, y_0, Y deux fonctions de la variable x, et z_0, Z deux fonctions des variables x, y, on demande le volume renfermé, d'une part, entre les deux surfaces courbes représentées par les équations

$$z = z_0, \tag{20}$$

$$z = Z; \tag{21}$$

d'autre part, entre les deux surfaces cylindriques représentées par les équations

$$y = y_0, \tag{22}$$

$$y = Y; \tag{23}$$

d'autre part, enfin, entre les deux plans

$$x = x_0, \tag{24}$$

$$x = X. \tag{25}$$

La section $F(x)$ faite dans ce volume par un plan parallèle au plan des y, z et correspondant à une valeur particulière de l'abscisse x sera comprise entre quatre lignes, savoir : deux courbes et deux droites parallèles à l'axe des z. Ajoutons que, pour obtenir les équations de ces quatre lignes, il suffira de regarder l'abscisse x comme constante dans les formules (20), (21), (22) et (23). Cela posé, si l'on nomme $f(x, y)$ la section linéaire faite dans la surface $F(x)$ par un plan perpendiculaire à l'axe des y et correspondant à une valeur particulière de y, on aura évidemment

$$f(x, y) = Z - z_0; \tag{26}$$

et la formule (80) de la deuxième Leçon, ainsi que la formule (42) de la troisième Leçon, donnera

$$F(x) = \int_{y_0}^{Y} f(x, y)\, dy, \tag{27}$$

ou, ce qui revient au même,

$$F(x) = \int_{y_0}^{Y} (Z - z_0)\, dy = \int_{y_0}^{Y} \int_{z_0}^{Z} dz. \tag{28}$$

En conséquence l'équation (19) pourra être présentée sous l'une des formes

$$V = \int_{x_0}^{X} \int_{y_0}^{Y} f(x, y)\, dy\, dx, \tag{29}$$

$$V = \int_{x_0}^{X} \int_{y_0}^{Y} \int_{z_0}^{Z} dz\, dy\, dx = \int_{x_0}^{X} \int_{y_0}^{Y} (Z - z_0)\, dy\, dx. \tag{30}$$

Il est bon d'observer que la fonction $f(x, y)$ renfermée sous le signe d'intégration dans la formule (29) est précisément la section linéaire faite dans le volume V par le moyen de deux plans perpendiculaires aux axes des x et des y. De plus on reconnaîtra sans peine que la formule (29) s'étend au cas même où cette section linéaire, cessant d'être limitée par les surfaces (20) et (21), se transformerait en une somme de plusieurs longueurs distinctes, représentées par

$$f_1(x, y), \quad f_2(x, y), \quad f_3(x, y), \quad \ldots$$

et comprises, la première entre deux surfaces données, la seconde entre deux autres surfaces, etc.

On pourrait encore établir la formule (29) par des raisonnements semblables à ceux que nous avons employés dans la troisième Leçon. En effet, supposons d'abord que les quantités y_0, Y se réduisent à des quantités constantes, c'est-à-dire indépendantes de la variable x. Alors le volume désigné par V sera compris d'une part entre les surfaces (20) et (21), d'autre part entre les quatre plans menés perpendiculairement aux axes des x et y par deux droites parallèles à l'axe des z, dont la première correspondra aux coordonnées x_0, y_0, la seconde aux coordonnées X, Y. Or, si l'on remplace la seconde parallèle par une troisième qui corresponde à des coordonnées quelconques x, y, le volume V se changera en un volume variable qui sera fonction de x et de y. Représentons ce dernier par $\varphi(x, y)$, et soient Δx, Δy des accroissements infiniment petits attribués aux coordonnées x, y. Le volume très petit désigné par

$$\Delta_y \Delta_x \varphi(x, y)$$

sera évidemment une quantité moyenne entre les solidités de deux parallélépipèdes rectangles, l'un inscrit, l'autre circonscrit, et par conséquent entre deux produits de la forme

$$[f(x, y) + \mathrm{I}]\,\Delta x\,\Delta y, \quad [f(x, y) + \mathrm{J}]\,\Delta x\,\Delta y,$$

I, J étant deux quantités infiniment petites. On aura donc

$$\Delta_y \Delta_x \varphi(x, y) = [f(x, y) + i]\,\Delta x\,\Delta y, \tag{31}$$

i désignant encore une quantité infiniment petite moyenne entre I et J. Si dans l'équation (31) on fait converger d'abord Δy et ensuite Δx vers la limite zéro, on obtiendra deux autres équations de la forme

$$\frac{\partial \Delta_x \varphi(x, y)}{\partial y} = [f(x, y) + i]\,\Delta x, \tag{32}$$

$$\frac{\partial^2 \varphi(x, y)}{\partial x\, \partial y} = f(x, y); \tag{33}$$

puis, en intégrant la formule (33), 1° par rapport à y à partir de $y = y_0$, 2° par rapport à x à partir de $x = x_0$, et observant que la fonction $\varphi(x, y)$ doit s'évanouir, non seulement pour $x = x_0$, quel que soit y, mais encore pour $y = y_0$, quel que soit x, on trouvera

$$\varphi(x, y) = \int_{x_0}^{x} \int_{y_0}^{y} f(x, y)\, dy\, dx. \tag{34}$$

Enfin, si dans l'équation (34) on pose $x = X$, $y = Y$, on obtiendra l'équation (29), qui se trouvera ainsi démontrée pour le cas particulier où y_0, Y se réduisent à des quantités constantes.

Concevons maintenant que l'on veuille revenir de ce cas particulier au cas général. On commencera par intégrer la formule (32) par rapport à la variable y entre les limites y_0, Y. On établira ainsi l'équation

$$\Delta_x \varphi(x, Y) = \Delta x \int_{y_0}^{Y} [f(x, y) + i]\, dy, \tag{35}$$

qui détermine le volume $\Delta_x \varphi(x, Y)$ compris d'une part entre les surfaces (20) et (21), d'autre part entre quatre plans parallèles deux à deux, savoir : deux plans perpendiculaires à l'axe des y, séparés l'un de l'autre par une distance égale à $Y - y_0$, et deux plans perpendiculaires à l'axe des x, dont la distance très petite est représentée par Δx. On supposera ensuite que, dans les équations (22) et (23), y_0, Y cessent de représenter des quantités constantes et deviennent fonctions de x; puis on désignera par $v = \psi(x)$ la partie du volume V retranchée par un plan perpendiculaire à l'axe des x, qui correspond à l'abscisse x, et située par rapport à ce plan du côté des x négatives. Alors on prouvera sans peine que le volume $\Delta\psi(x)$ est une quantité moyenne entre deux autres volumes semblables à celui que détermine l'équation (35), et représentés par des produits de la forme

$$\Delta x \int_{y_0+\mathrm{I}}^{\mathrm{Y}+\mathrm{J}} [f(x, y) + i]\, dy, \tag{36}$$

I ou J désignant une moyenne entre les divers accroissements que reçoit y_0 ou Y tandis que l'on attribue à l'abscisse x divers accroissements infiniment petits et renfermés entre les limites o, Δx. Donc le rapport

$$\frac{\Delta\psi(x)}{\Delta x} \tag{37}$$

sera intermédiaire entre deux intégrales de la forme

$$\int_{y_0+\mathrm{I}}^{\mathrm{Y}+\mathrm{J}} [f(x, y) + i]\, dy \tag{38}$$

et dans chacune desquelles i, I, J seront des quantités infiniment petites. D'ailleurs, si l'on fait décroître indéfiniment la valeur numérique de Δx, les deux intégrales dont il s'agit convergeront l'une et l'autre vers une seule limite, savoir

$$\int_{y_0}^{\mathrm{Y}} f(x, y)\, dy. \tag{39}$$

Donc la limite du rapport (37), ou la fonction dérivée $\frac{d\psi(x)}{dx}$, sera équivalente à l'expression (39); et l'on aura

$$\frac{d\psi(x)}{dx} = \int_{y_0}^{\mathrm{Y}} f(x, y)\, dy. \tag{40}$$

En intégrant cette dernière équation à partir de $x = x_0$, et observant que $\psi(x)$ doit s'évanouir avec la différence $x - x_0$, on en conclura

$$\psi(x) = \int_{x_0}^{x} \int_{y_0}^{\mathrm{Y}} f(x, y)\, dy\, dx; \tag{41}$$

puis, en posant dans la formule (41) $x = \mathrm{X}$, on retrouvera l'équation (29), qui sera ainsi démontrée pour le cas même où les seconds membres des équations (22) et (23) deviennent des fonctions de la variable x.

La formule (29) donne lieu à des remarques semblables à celles que nous avons déjà faites sur la formule (80) de la deuxième Leçon et sur la formule (34) de la troisième. Ainsi, par exemple, si les surfaces cylindriques représentées par les équations (22) et (23) se coupent suivant deux génératrices, et si l'on suppose que, dans la formule (29), x_0, X désignent précisément les abscisses des points situés sur les génératrices dont il s'agit, le volume V sera limité dans tous les sens, ou par les surfaces courbes (20) et (21), ou par les surfaces cylindriques (22) et (23). Il en serait encore de même si les deux surfaces cylindriques se touchaient suivant les génératrices correspondant aux abscisses x_0, X. Ces deux surfaces cylindriques se réduiraient à une seule si les deux fonctions y_0, Y représentaient deux valeurs de y tirées d'une seule équation entre y et x. Enfin, dans cette dernière hypothèse, il pourrait arriver : 1° que les surfaces (20) et (21), étant distinctes l'une de l'autre, se coupassent suivant une courbe tracée sur la surface cylindrique; 2° que z_0 et Z fussent les deux valeurs de z tirées d'une seule équation

$$\mathfrak{F}(x, y, z) = 0 \tag{42}$$

propre à représenter une surface convexe et fermée de toutes parts, à laquelle la surface cylindrique se trouverait circonscrite. Dans le premier cas, le volume V serait limité dans tous les sens par les surfaces (20) et (21); dans le second cas, V désignerait le volume compris dans la surface (42).

Si l'on supposait, dans l'équation (20), $z_0 = 0$, alors le volume V déterminé par la formule (29) serait celui qui se trouve limité, dans le sens des x, par les deux plans (24) et (25); dans le sens des y, par les surfaces cylindriques (21) et (22); enfin, dans le sens des z, par le plan des x, y et par la surface

$$z = f(x, y). \tag{43}$$

Il nous reste à montrer quelques applications des formules ci-dessus établies.

Supposons d'abord qu'après avoir tracé, dans l'un des plans (24) et (25), une ligne ou un contour quelconque qui renferme une aire égale à B, on promène sur les différents points de ce contour une droite qui reste toujours parallèle à elle-même, sans être parallèle au plan des y, z. Cette droite engendrera une surface cylindrique; et, si l'on coupe le volume V renfermé dans cette surface entre les plans (24) et (25) par un autre plan perpendiculaire à l'axe des x, la section obtenue sera une nouvelle surface plane que l'on pourra superposer à la surface B. On aura donc généralement, dans cette hypothèse,

(44) $$F(x) = B;$$

et la formule (19) donnera

(45) $$V = B\int_{x_0}^{X} dx = B(X - x_0).$$

Si, pour abréger, on désigne par H la distance des deux plans (24) et (25), on aura simplement

(46) $$V = BH.$$

Cette dernière équation comprend un théorème que l'on peut énoncer comme il suit :

Théorème II. — *Le volume* V *compris dans un cylindre oblique dont* B *représente la base et* H *la hauteur est équivalent au produit de cette base et de cette hauteur.*

Considérons maintenant une surface conique dont le sommet coïncide avec l'origine des coordonnées. Concevons d'ailleurs que l'on prenne pour base de cette surface une courbe plane dont le plan soit perpendiculaire à l'axe des x et coupe le demi-axe des x positives à la distance 1 de l'origine. Enfin soient η, ζ les coordonnées variables de la courbe dont il s'agit, et

(47) $$f(\eta, \zeta) = 0$$

son équation La génératrice qui passera par le point (η, ζ) de cette courbe sera évidemment représentée par les deux formules

$$\frac{y}{x} = \eta, \qquad \frac{z}{x} = \zeta. \tag{48}$$

Or, si entre ces dernières et la formule (47) on élimine η et ζ, il est clair que l'équation résultante, savoir

$$f\left(\frac{y}{x}, \frac{z}{x}\right) = 0, \tag{49}$$

sera vérifiée pour tous les points de toutes les génératrices. Elle représentera donc la surface conique. Cela posé, soit A l'aire comprise dans la courbe (47). Comme la section faite dans la surface conique par un plan perpendiculaire à l'axe des x sera la courbe plane que représente l'équation (49) quand on attribue à l'abscisse x une valeur constante, et, par conséquent, une courbe semblable à la base de la surface conique, on conclura du théorème II de la deuxième Leçon (corollaire IV) que l'aire comprise dans cette courbe est équivalente au produit Ax^2. On aura donc, dans le cas présent,

$$F(x) = Ax^2, \tag{50}$$

et le volume V du tronc de cône renfermé entre les deux plans $x = x_0$, $x = X$ sera déterminé par l'équation

$$V = A\int_{x_0}^{X} x^2\,dx = \frac{A(X^3 - x_0^3)}{3}. \tag{51}$$

Si l'on veut obtenir en particulier le volume du cône terminé par la surface (49) et par le plan $x = X$, on devra poser, dans l'équation (51), $x_0 = 0$, et l'on trouvera pour le volume cherché

$$V = \frac{1}{3}AX^3. \tag{52}$$

D'ailleurs, si l'on nomme H la hauteur du cône et B la base comprise dans le plan qui le termine, on aura évidemment

$$H = X, \qquad B = F(X) = AX^2.$$

Par conséquent l'équation (52) deviendra

(53) $$V = \frac{1}{3} BH.$$

Cette dernière comprend un théorème que l'on peut énoncer comme il suit :

THÉORÈME III. — *Le volume compris dans un cône à base quelconque est le tiers du produit qu'on obtient en multipliant la base par la hauteur.*

Revenons au tronc de cône dont l'équation (51) détermine le volume. Si l'on désigne par b et B les bases qui terminent ce tronc de cône, et par H sa hauteur, on aura évidemment

$$H = X - x_0, \qquad b = A x_0^2, \qquad B = A X^2.$$

Par conséquent l'équation (51) donnera

(54) $$V = \frac{1}{3} H(B + b + \sqrt{Bb}),$$

et l'on pourra énoncer ce théorème :

THÉORÈME IV. — *Le volume* V *d'un tronc de cône compris entre deux plans parallèles est le tiers du produit qu'on obtient en multipliant la hauteur par la somme de trois surfaces respectivement équivalentes aux deux bases du tronc de cône et à une moyenne proportionnelle entre ces deux bases.*

Il est clair que les théorèmes I et II s'étendent au cas même où la courbe (47) se transformerait en un système de plusieurs lignes droites ou courbes et, par suite, au cas où le cône que l'on considère serait remplacé par une pyramide à base quelconque. On se trouve ainsi ramené à des théorèmes que l'on démontre dans la géométrie élémentaire.

Concevons encore que, après avoir tracé dans le plan des x, y une courbe représentée par l'équation

(55) $$y = f(x),$$

on fasse tourner cette courbe autour de l'axe des x. Elle engendrera une surface de révolution dans laquelle la section faite par un plan perpendiculaire à l'axe des x sera précisément un cercle qui aura pour rayon l'ordonnée de la courbe génératrice. Donc, si l'on désigne par y cette ordonnée, la surface du cercle, ou la valeur de $F(x)$, sera déterminée par la formule

$$F(x) = \pi y^2.$$

Cela posé, le volume V compris dans la surface de révolution entre les plans (24) et (25) deviendra [en vertu de l'équation (19)]

$$(56) \qquad V = \pi \int_{x_0}^{X} y^2 \, dx.$$

Si l'on remplace le plan perpendiculaire à l'axe des x et correspondant à l'abscisse X par un plan parallèle correspondant à l'abscisse variable x, alors, à la place du volume V, on obtiendra le volume v déterminé par la formule (18), de laquelle on tirera dans le cas présent

$$(57) \qquad v = \pi \int_{x_0}^{x} y^2 \, dx.$$

Appliquons cette dernière formule à quelques exemples.

Exemple I. — Si la courbe (55) coïncide avec le cercle représenté par l'équation

$$(58) \qquad x^2 + y^2 = R^2,$$

on tirera de l'équation (57), en posant, pour plus de commodité, $x_0 = 0$,

$$(59) \qquad v = \pi \int_0^x (R^2 - x^2) \, dx = \pi x \left(R^2 - \frac{1}{3} x^2 \right) = \frac{2}{3} \pi R^2 x + \frac{1}{3} \pi y^2 x.$$

Il résulte de la formule (59) que *le volume d'un segment sphérique compris entre deux plans parallèles dont l'un passe par le centre de la sphère surpasse le volume du cône construit sur la hauteur du segment et sur sa plus petite base d'une quantité précisément égale à la surface de la zone qui enveloppe le segment multipliée par le tiers du rayon de la sphère.*

Si la hauteur x de ce même segment devient égale au rayon R, le volume V se réduira simplement au produit $\frac{2}{3}\pi R^3$, et le double de ce produit, ou la quantité

$$\frac{4}{3}\pi R^3, \tag{60}$$

représentera le volume de la sphère, ainsi qu'on le démontre en géométrie.

Exemple II. — Si la courbe (55) coïncide avec la parabole représentée par l'équation

$$y^2 = 2px, \tag{61}$$

on tirera de la formule (57), en posant $x_0 = 0$,

$$v = \pi p \int_0^x 2x\,dx = \pi p x^2 = \frac{1}{2}\pi y^2 x. \tag{62}$$

Il résulte de la formule (62) que *le solide engendré par la révolution de la parabole* (61) *prolongée jusqu'au point dont l'abscisse est x a pour mesure la moitié du produit de sa hauteur x par la surface πy^2 du cercle qui lui sert de base, ou, en d'autres termes, la moitié du volume du cylindre circonscrit.*

Exemple III. — Si la courbe (55) se réduit à celle que représente l'équation

$$y = A x^a, \tag{63}$$

A et a étant deux constantes réelles, on tirera de la formule (57), en posant, pour plus de commodité, $x_0 = 0$,

$$v = \pi A^2 \int_0^x x^{2a}\,dx = \pi A^2 \frac{x^{2a+1}}{2a+1} = \frac{1}{2a+1}\pi y^2 x. \tag{64}$$

Si la constante a est positive, l'équation (63) représentera une parabole du degré a, et l'on conclura de la formule (64) que *le solide engendré par la révolution de cette parabole prolongée à partir de l'origine jusqu'au point dont x désigne l'abscisse renferme un volume qui est au volume du cylindre circonscrit comme l'unité au nombre* $2a+1$. Dans le cas particulier où l'on suppose $a=\frac{1}{2}$, on se trouve ramené au troisième exemple.

Exemple IV. — Si la courbe (55) coïncide avec la logarithmique représentée par l'équation

$$(65) \qquad y = a\,\mathrm{l}x,$$

on tirera de la formule (57), en posant $x_0 = 0$,

$$(66) \qquad v = \pi a^2 \int_0^x (\mathrm{l}x)^2\,dx = \pi a^2 x[(\mathrm{l}x)^2 - 2\,\mathrm{l}x + 2].$$

Si l'équation de la logarithmique était présentée sous la forme

$$(67) \qquad y = e^{\frac{x}{a}},$$

alors on trouverait, en supposant toujours $x_0 = 0$,

$$(68) \qquad v = \pi \int_0^x e^{\frac{2x}{a}}\,dx = \frac{\pi a}{2}\left(e^{\frac{2x}{a}} - 1\right) = \frac{\pi a}{2}(y^2 - 1).$$

Exemple V. — Si la courbe (55) coïncide avec la chaînette représentée par l'équation

$$(69) \qquad y = a\,\frac{e^{\frac{x}{a}} + e^{-\frac{x}{a}}}{2},$$

on tirera de l'équation (57), en posant $x_0 = 0$,

$$(70) \qquad v = \frac{\pi a^2}{4}\int_0^x \left(e^{\frac{2x}{a}} + 2 + e^{-\frac{2x}{a}}\right) dx = \frac{\pi a^2}{2}\left[x + \frac{a}{4}\left(e^{\frac{2x}{a}} - e^{-\frac{2x}{a}}\right)\right].$$

Quelquefois on facilite l'évaluation des volumes v et V en remplaçant dans les formules (56) et (57) la variable x par une autre variable. Concevons, pour fixer les idées, que la courbe (55) se réduise à la cycloïde représentée par les équations (58) de la deuxième Leçon.

Alors on trouvera

$$dx = y\,d\omega, \qquad y^2\,dx = y^3\,d\omega = R^3(1-\cos\omega)^3\,d\omega,$$

et, en désignant par ω_0 la valeur de ω correspondant à $x = x_0$, on tirera de l'équation (57)

(71) $$v = \pi R^3 \int_{\omega_0}^{\omega} (1-\cos\omega)^3\,d\omega.$$

Si l'on suppose en particulier $x_0 = 0$, on aura nécessairement $\omega_0 = 0$ et, par suite,

(72) $$v = \pi R^3 \int_{0}^{\omega} (1-\cos\omega)^3\,d\omega.$$

On a d'ailleurs

$$(1-\cos\omega)^3 = 2^3\sin^6\frac{\omega}{2} = \frac{1}{(-2)^3}\left(e^{\frac{\omega}{2}\sqrt{-1}} - e^{-\frac{\omega}{2}\sqrt{-1}}\right)^6$$
$$= \frac{1}{4}(10 - 15\cos\omega + 6\cos2\omega - \cos3\omega).$$

Donc la formule (72) donnera

(73) $$v = \frac{\pi R^3}{4}\left(10\omega - 15\sin\omega + 3\sin2\omega - \frac{1}{3}\sin3\omega\right).$$

Comme, dans les équations précédentes, ω représente l'angle que décrit en tournant le rayon du cercle générateur de la cycloïde, il est clair qu'il suffira de poser $\omega = 2\pi$ pour déduire de la formule (73) le volume du solide engendré par la révolution de la première branche de la cycloïde. Donc, si l'on désigne par V ce volume, on aura

(74) $$V = 5\pi^2 R^3.$$

Si l'on faisait tourner, autour de l'axe des x, non plus une seule courbe représentée par l'équation (55), mais deux courbes représentées par deux équations de la forme

(75) $$y = y_0,$$

(76) $$y = Y,$$

y_0 et Y étant deux fonctions de la variable x dont les valeurs fussent toujours positives entre les limites $x = x_0$, $x = X$, le volume compris d'une part entre les surfaces engendrées par la révolution de ces deux courbes, d'autre part entre les plans (24) et (25), aurait évidemment pour mesure, non plus le second membre de l'équation (56), mais la différence des intégrales

$$\pi\int_{x_0}^{X} Y^2\,dx, \quad \pi\int_{x_0}^{X} y_0^2\,dx;$$

de sorte qu'en désignant par V ce volume on trouverait

$$(77)\qquad V = \pi\int_{x_0}^{X}(Y^2 - y_0^2)\,dx = 2\pi\int_{x_0}^{X}\int_{y_0}^{Y} y\,dy\,dx.$$

Pour déduire directement l'équation (77) de la formule (19) il suffit d'observer que le volume dont il s'agit en ce moment, étant coupé par un plan perpendiculaire à l'axe des x, donne pour section une zone comprise entre deux circonférences de cercle dont les rayons coïncident avec les ordonnées y_0, Y. On a en conséquence, dans le cas présent,

$$(78)\qquad F(x) = \pi Y^2 - \pi y_0^2 = \pi(Y^2 - y_0^2).$$

Or, si l'on substitue la valeur précédente de $F(x)$ dans la formule (19), on retrouvera l'équation (77). Il est bon de remarquer que le volume V déterminé par l'équation (77) est précisément celui qu'engendre, en tournant autour de l'axe des x, la surface plane U renfermée dans le plan des x, y, d'une part entre les courbes (75) et (76), d'autre part entre les deux ordonnées correspondant aux abscisses x_0 et X. Cela posé, concevons que tous les points de la surface U s'éloignent de l'axe des x de manière que la distance de chacun d'eux à cet axe croisse de la quantité b, ou, ce qui revient au même, concevons que l'on fasse tourner la surface U autour d'une droite parallèle à l'axe des x et située à la distance b de cet axe. Il est clair que le nouveau solide engendré par la révolution de la surface U offrira un volume équivalent à la différence

$$\pi\int_{x_0}^{X}[(Y+b)^2 - (y_0+b)^2]\,dx = \pi\int_{x_0}^{X}(Y^2 - y_0^2)\,dx + 2\pi b\int_{x_0}^{X}(Y - y_0)\,dx,$$

et, par conséquent, à la somme

(79) $$V + 2\pi b U.$$

Il serait aisé de reconnaître qu'on arriverait encore à la même conclusion si la surface U était limitée dans tous les sens par les courbes (75) et (76), ou comprise, soit dans une seule courbe, soit dans un contour formé par un système de plusieurs lignes. D'ailleurs le produit $2\pi b$ représente évidemment la circonférence du cercle qui a pour rayon la distance b, et l'axe des x peut coïncider avec une droite quelconque tracée arbitrairement dans le plan de la surface U, mais en dehors de cette surface. On pourra donc énoncer la proposition suivante :

Théorème V. — *Si l'on fait tourner une surface plane : 1° autour d'un axe situé dans le plan de cette surface, mais qui ne la traverse pas; 2° autour d'un axe parallèle, plus éloigné de la surface dont il s'agit, et situé à la distance b du premier, les valeurs des solides engendrés par la révolution de la surface autour du second et du premier axe donneront pour différence un volume égal au produit de cette même surface par la circonférence du cercle dont le rayon coïncide avec la distance entre les deux axes.*

Concevons maintenant que la surface plane U soit divisible en deux parties symétriques par une droite menée parallèlement à l'axe des x et à la distance b de cet axe. Dans ce cas, les équations (75) et (76) se présenteront sous les formes

(80) $$y = b - f(x),$$

(81) $$y = b + f(x),$$

et la formule (77) donnera

$$V = \pi \int_{x_0}^{X} \{[b + f(x)]^2 - [b - f(x)]^2\} dx,$$

ou, ce qui revient au même,

(82) $$V = 4\pi b \int_{x_0}^{X} f(x)\, dx;$$

et, comme on aura d'ailleurs

$$U = \int_{x_0}^{X} \{[b + f(x)] - [b - f(x)]\} dx = 2\int_{x_0}^{X} f(x)\, dx,$$

on trouvera encore

$$V = 2\pi b U. \tag{83}$$

On prouverait facilement que la formule (83) subsiste lorsque la surface U est comprise ou dans une seule courbe fermée de toutes parts, ou dans un contour quelconque, pourvu que cette courbe ou ce contour soit divisible en deux parties symétriques par la droite $y = b$. On peut donc énoncer le théorème suivant :

Théorème VI. — *Lorsqu'une surface plane est divisible par un axe en deux parties symétriques, le solide engendré par la révolution de cette surface autour d'un second axe parallèle au premier, et tracé dans le plan de la surface, mais de manière qu'il ne la traverse pas, est équivalent au produit de la même surface par la circonférence du cercle qui a pour rayon la distance entre les deux axes.*

Ainsi, par exemple, le solide qu'engendre la révolution de l'ellipse

$$\frac{x^2}{a^2} + \frac{y^2}{b^2} = 1 \tag{84}$$

autour de la tangente menée par l'une des extrémités de l'axe $2b$ est équivalent au produit qu'on obtient en multipliant la surface πab de l'ellipse par la circonférence $2\pi b$ que décrit le centre de cette courbe. Donc le volume V de ce solide est déterminé par l'équation

$$V = 2\pi^2 ab^2. \tag{85}$$

On pourrait encore déduire de l'équation (19) un théorème digne de remarque et dont voici l'énoncé :

Théorème VII. — *Étant donnés deux plans parallèles à un axe avec un contour fermé dans l'un de ces deux plans, si l'on fait mouvoir une droite de manière qu'elle passe successivement par les différents points de ce contour, et forme toujours un angle droit avec l'axe que l'on considère, le volume V du solide compris entre la surface courbe engendrée par la droite et les deux plans donnés sera le produit de sa hauteur par la demi-somme des surfaces planes qui lui servent de base.*

Démonstration. — Prenons l'axe donné pour axe des x, et soit b la distance des deux plans parallèles à cet axe. Si l'on coupe le volume V par un plan perpendiculaire au même axe et correspondant à l'abscisse x, la section $F(x)$ qui en résultera sera évidemment un trapèze dans lequel les côtés parallèles se réduiront aux sections linéaires faites par le plan coupant dans les deux bases du volume V. Donc, si l'on désigne par $f(x)$ et par $\mathfrak{f}(x)$ les deux sections linéaires dont il s'agit, on aura

$$F(x) = \frac{b}{2}[f(x) + \mathfrak{f}(x)],$$

et la formule (19) donnera

$$(86) \qquad V = b\frac{\int_{x_0}^{x} f(x)\,dx + \int_{x_0}^{x} \mathfrak{f}(x)\,dx}{2}.$$

Or l'équation (86) fournit immédiatement le théorème VII.

Pour montrer une application de la formule (29), supposons que l'on demande le volume V renfermé entre le plan des x, y, une surface cylindrique dont la génératrice soit parallèle à l'axe des z, et la surface du paraboloïde hyperbolique que représente la formule (86) de la quatorzième Leçon du Tome I, savoir

$$(87) \qquad xy = cz.$$

On trouvera dans ce cas

$$f(x, y) = \frac{1}{c}xy,$$

et par conséquent la formule (29) donnera

$$(88) \qquad V = \frac{1}{c}\int_{x_0}^{X}\int_{y_0}^{Y} xy\,dy\,dx = \frac{1}{2c}\int_{x_0}^{X}(Y^2 - y_0^2)\,x\,dx.$$

Si la base de la surface cylindrique se réduit au cercle représenté par l'équation

$$(x-a)^2+(y-b)^2=R^2, \tag{89}$$

a et b désignant des quantités positives et plus grandes que le rayon R, on aura

$$y_0=b-\sqrt{R^2-(x-a)^2},$$
$$Y=b+\sqrt{R^2-(x-a)^2}, \qquad Y^2-y_0^2=4b\sqrt{R^2-(x-a)^2},$$
$$x_0=a-R, \qquad X=a+R,$$

et, par suite,

$$V=2\frac{b}{c}\int_{a-R}^{a+R}\sqrt{R^2-(x-a)^2}\,x\,dx; \tag{90}$$

puis on en conclura, en posant $x-a=Rt$,

$$V=2\frac{b}{c}R^2\int_{-1}^{+1}(a+Rt)\sqrt{1-t^2}\,dt. \tag{91}$$

D'ailleurs on a évidemment

$$\int_{-1}^{+1}t\sqrt{1-t^2}\,dt=0,$$

tandis que l'intégrale

$$\int_{-1}^{+1}\sqrt{1-t^2}\,dt,$$

représentant la moitié de la surface du cercle qui a pour rayon l'unité, est équivalente à $\frac{\pi}{2}$. Cela posé, on tirera évidemment de l'équation (91)

$$V=\pi R^2\frac{bc}{a}. \tag{92}$$

Donc *le volume* V *sera le produit de sa base* πR^2 *par une quatrième proportionnelle aux trois longueurs* a, b *et* c.

Si l'on substituait à la surface cylindrique qui a pour base le cercle (89) un système de quatre plans perpendiculaires aux axes des x et des y, alors il faudrait, dans l'équation (88), réduire les quantités y_0, Y à des quantités constantes, et l'on trouverait

(93) $$V = \frac{1}{4c}(X^2 - x_0^2)(Y^2 - y_0^2),$$

ou, ce qui revient au même,

(94) $$V = (X - x_0)(Y - y_0)\frac{x_0 y_0 + x_0 Y + X y_0 + XY}{4c}.$$

D'ailleurs le produit $(X - x_0)(Y - y_0)$ représente évidemment, dans le cas que nous considérons ici, la surface du rectangle qui sert de base au volume V. De plus, si l'on pose

(95) $$z_1 = \frac{x_0 y_0}{c}, \qquad z_2 = \frac{x_0 Y}{c}, \qquad z_3 = \frac{X y_0}{c}, \qquad z_4 = \frac{XY}{c},$$

z_1, z_2, z_3, z_4 désigneront évidemment les quatre ordonnées du paraboloïde hyperbolique correspondant aux quatre sommets de ce rectangle, et l'équation (94) donnera

(96) $$V = (X - x_0)(Y - y_0)\frac{z_1 + z_2 + z_3 + z_4}{4}.$$

Ajoutons que, pour construire le paraboloïde hyperbolique, il suffira (*voir* la quatorzième Leçon du Tome I) de tracer le quadrilatère gauche dont les sommets coïncident avec les extrémités des ordonnées z_1, z_2, z_3, z_4, et de faire mouvoir sur deux côtés opposés de ce quadrilatère une droite qui reste constamment comprise dans un plan parallèle aux deux autres côtés. Cela posé, on déduira de la formule (96) la proposition suivante :

Théorème VIII. — *Si, après avoir tracé sur les quatre faces latérales d'un prisme droit à base rectangulaire un quadrilatère gauche, on fait mouvoir une droite sur deux côtés opposés de ce quadrilatère, de manière qu'elle reste constamment parallèle aux plans des faces qui renferment les deux autres côtés, le volume compris entre la surface engendrée par cette droite et le rectangle qui sert de base au prisme sera le produit du rectangle dont il s'agit par le quart de la somme des quatre longueurs comptées sur les arêtes du prisme entre les sommets du rectangle et ceux du quadrilatère.*

Au reste, le théorème VIII se trouve évidemment compris, comme cas particulier, dans le théorème VII.

Aux diverses propositions ci-dessus établies on peut en joindre plusieurs autres qui sont d'une grande utilité dans l'évaluation des volumes, et que nous allons faire connaître.

Nous observerons d'abord que la formule (19) peut être remplacée par le théorème dont voici l'énoncé :

THÉORÈME IX. — *Pour déterminer le volume* V *compris sous une enveloppe donnée, il suffit de mener un axe quelconque et de tracer, dans un plan fixe passant par cet axe, une courbe auxiliaire telle que la section faite dans le volume par un plan mobile perpendiculaire à l'axe soit toujours équivalente au rectangle construit sur une ligne donnée b et sur la section linéaire faite par le plan mobile dans la surface renfermée entre l'axe et la courbe. Si l'on suppose cette surface limitée, dans le sens de l'axe, par les deux droites suivant lesquelles le plan mobile, parvenu aux deux positions extrêmes qu'il peut prendre, coupe le plan fixe, et si on la multiplie par la longueur b, le produit sera précisément la mesure du volume proposé.*

Démonstration. — En effet, si l'axe que l'on considère est pris pour axe des x, et si l'on nomme toujours $F(x)$ la section faite dans le volume par un plan mobile perpendiculaire à cet axe et correspondant à l'abscisse x, $\frac{F(x)}{b}$ sera l'ordonnée de la courbe auxiliaire, ou, en d'autres termes, la section linéaire faite par le même plan mobile dans la surface renfermée entre l'axe et la courbe; et cette surface [en vertu de la formule (11) de la deuxième Leçon] sera équivalente à l'intégrale

$$\int_{x_0}^{X} \frac{F(x)}{b}\,dx = \frac{1}{b}\int_{x_0}^{X} F(x)\,dx. \tag{97}$$

Or, si l'on multiplie l'intégrale (97) par la longueur b, on obtiendra évidemment pour produit la valeur de V déterminée par la formule (19).

Corollaire I. — Si le volume V se trouve renfermé dans un cône ou dans une pyramide à base quelconque, et si l'on prend pour axe des abscisses une droite perpendiculaire à la base, la section $F(x)$ sera proportionnelle au carré de x, et la courbe auxiliaire sera une parabole qui aura pour axe l'axe des ordonnées. Or, en vertu de ce qui a été dit dans la deuxième Leçon, la surface comprise entre l'axe des x, la parabole et une ordonnée de cette courbe, sera le tiers du rectangle circonscrit. Cela posé, on conclura immédiatement du théorème IX que le volume compris dans un cône ou dans une pyramide à base quelconque est le tiers du volume renfermé dans un cylindre ou dans un prisme circonscrit, c'est-à-dire dans un cylindre ou dans un prisme construit avec la même base et la même hauteur. On est ainsi ramené immédiatement au théorème III.

Corollaire II. — Si la section $F(x)$ se réduit à un trapèze dont les côtés parallèles représentent les sections linéaires faites dans deux surfaces planes dont les plans soient parallèles à l'axe donné, et si l'on suppose que la longueur b désigne précisément la distance des deux plans, l'ordonnée de la courbe auxiliaire sera précisément la demi-somme des sections linéaires dont nous venons de parler; d'où l'on conclura sans peine que l'aire comprise entre l'axe des x et la courbe auxiliaire est la demi-somme des deux surfaces planes. Cela posé, on déduira immédiatement du théorème IX le théorème VII précédemment démontré.

On déterminerait avec la même facilité, par le moyen du théorème IX, le volume compris entre deux plans dans une sphère, dans un hyperboloïde, dans un ellipsoïde, etc. Ajoutons qu'à l'aide de ce théorème, ou des équations (19) et (29), on peut encore établir les propositions suivantes :

Théorème X. — *Si les sections faites dans deux volumes par un système de plans parallèles les uns aux autres sont entre elles dans un rapport constant, les deux volumes seront entre eux dans le même rapport.*

Démonstration. — Supposons les différents points de l'espace rapportés à trois axes rectangulaires des x, y, z, et l'axe des x perpendiculaire aux plans parallèles dont nous venons de parler. Si l'on nomme $F(x)$ et $\mathfrak{F}(x)$ les sections faites dans les deux volumes par un de ces plans, savoir, par celui qui correspond à l'abscisse x, on aura, par hypothèse,

$$\mathfrak{F}(x) = c\,F(x), \tag{98}$$

c désignant un rapport constant. Soient d'ailleurs x_0 et X les limites entre lesquelles l'abscisse x doit rester comprise pour que le plan correspondant à cette abscisse et perpendiculaire à l'axe des x rencontre les deux volumes. En vertu de la formule (19), le premier volume sera évidemment mesuré par l'intégrale

$$\int_{x_0}^{X} F(x)\,dx,$$

tandis que le second volume sera mesuré par l'intégrale

$$\int_{x_0}^{X} \mathfrak{F}(x)\,dx.$$

Or on tire de l'équation (98)

$$\int_{x_0}^{X} \mathfrak{F}(x)\,dx = c\int_{x_0}^{X} F(x)\,dx, \tag{99}$$

et il est clair que cette dernière formule comprend le théorème énoncé.

Corollaire I. — Deux volumes sont équivalents lorsqu'un plan mobile, constamment parallèle à un plan donné, coupe ces deux volumes suivant des sections qui restent toujours égales entre elles.

Corollaire II. — Supposons que l'on désigne par a, b, c trois constantes positives, et comparons entre eux les volumes renfermés entre deux plans perpendiculaires à l'axe des x : 1° dans la sphère représentée par l'équation

$$x^2 + y^2 + z^2 = a^2; \tag{100}$$

2° dans l'ellipsoïde représenté par l'équation

$$\frac{x^2}{a^2}+\frac{y^2}{b^2}+\frac{z^2}{c^2}=1. \tag{101}$$

On reconnaîtra facilement que les sections faites dans ces deux volumes par un même plan perpendiculaire à l'axe des x et correspondant à l'abscisse x se réduisent, la première à un cercle qui a pour rayon le radical

$$(a^2-x^2)^{\frac{1}{2}}$$

et pour surface le produit

$$\pi(a^2-x^2), \tag{102}$$

la seconde à une ellipse qui a pour demi-axes les quantités

$$\frac{b}{a}(a^2-x^2)^{\frac{1}{2}}, \quad \frac{c}{a}(a^2-x^2)^{\frac{1}{2}}$$

et pour surface le produit

$$\frac{\pi bc}{a^2}(a^2-x^2). \tag{103}$$

Or, comme les expressions (103) et (102) sont entre elles dans le rapport de $\frac{bc}{a^2}$ à l'unité, on conclura du théorème X que les volumes compris dans l'ellipsoïde et dans la sphère entre deux plans quelconques perpendiculaires à l'axe des x conservent entre eux le même rapport. Donc, si l'on nomme v le segment compris dans l'ellipsoïde entre le plan des y, z et un plan parallèle correspondant à l'abscisse x, on trouvera, en ayant égard à la formule (59),

$$v=\frac{\pi bc}{a^2}x\left(a^2-\frac{1}{3}x^2\right). \tag{104}$$

Si la hauteur x du segment devient égale au demi-axe a, le volume v se réduira simplement au produit $\frac{2}{3}\pi abc$, et le double de ce produit, ou la quantité

$$\frac{4}{3}\pi abc, \tag{105}$$

représentera le volume entier de l'ellipsoïde.

Théorème XI. — *Étant donnés deux volumes terminés par deux enveloppes, si les longueurs interceptées par ces enveloppes sur une droite qui se meut en restant parallèle à un certain axe sont entre elles dans un rapport constant, les deux volumes seront entre eux dans le même rapport.*

Démonstration. — Rapportons toujours les différents points de l'espace à trois axes rectangulaires des x, y, z, et admettons que le dernier coïncide avec l'axe auquel la droite mobile doit être parallèle. A chaque position de cette droite correspondra un système déterminé de valeurs des coordonnées x, y. Cela posé, soient $f(x, y)$, $\mathfrak{f}(x, y)$ les longueurs interceptées sur la droite dont il s'agit par les enveloppes des deux volumes. On aura, par hypothèse,

$$\mathfrak{f}(x, y) = cf(x, y), \tag{106}$$

c désignant un rapport constant. Soient d'ailleurs x_0, X des quantités constantes, et y_0, Y des fonctions de x, tellement choisies que les équations

$$y = y_0, \tag{22}$$
$$y = \mathrm{Y}, \tag{23}$$
$$x = x_0, \tag{24}$$
$$x = \mathrm{X} \tag{25}$$

représentent les surfaces cylindriques et les plans entre lesquels la droite mobile doit rester comprise pour rencontrer les deux volumes. En vertu de la formule (29), le premier volume sera évidemment mesuré par l'intégrale double

$$\int_{x_0}^{\mathrm{X}}\int_{y_0}^{\mathrm{Y}} f(x, y)\,dy\,dx,$$

tandis que le second volume sera mesuré par l'intégrale double

$$\int_{x_0}^{\mathrm{X}}\int_{y_0}^{\mathrm{Y}} \mathfrak{f}(x, y)\,dy\,dx.$$

Or on tirera de l'équation (106)

$$\int_{x_0}^{X}\int_{y_0}^{Y} \mathfrak{f}(x, y)\, dy\, dx = c\int_{x_0}^{X}\int_{y_0}^{Y} f(x, y)\, dy\, dx; \tag{107}$$

et il est clair que cette dernière formule comprend le théorème énoncé.

La démonstration précédente se trouverait en défaut si chacun des volumes proposés pouvait être traversé en plusieurs points par une droite parallèle à l'axe des x ou à l'axe des y. Mais alors il serait facile de décomposer les deux volumes en parties correspondantes, dont le rapport, fixé à l'aide des raisonnements que nous venons de faire, serait égal à c; et, puisqu'il suffit de faire croître ou décroître les différentes parties d'une somme dans le rapport de 1 à c pour que cette somme croisse ou décroisse dans le même rapport, il est clair qu'on se trouverait encore amené à reconnaître l'exactitude du théorème XI.

Nota. — Il importe d'observer que le théorème XI subsiste dans le cas même où chacune des longueurs $f(x, y)$, $\mathfrak{f}(x, y)$ se transformerait en un système de plusieurs longueurs comprises, la première entre deux surfaces données, la seconde entre deux autres surfaces, etc.

Corollaire I. — Supposons que l'on projette sur le plan des x, y deux surfaces fermées, dont la première soit représentée par l'équation

$$\mathfrak{F}(x, y, z) = 0, \tag{108}$$

et la seconde par une autre équation de la forme

$$\mathfrak{F}\left(x, y, \frac{z}{c}\right) = 0. \tag{109}$$

Il est clair que, pour chaque système de valeurs attribuées aux coordonnées x, y, on tirera des équations (108) et (109) des valeurs correspondantes de z qui seront entre elles dans le rapport de 1 à c. Par suite, les limites entre lesquelles x et y devront rester comprises pour que z conserve des valeurs réelles ne varieront pas quand on substituera la seconde surface à la première. De plus, si l'on désigne par

$$z_0, \quad z_1, \quad z_2, \quad z_3, \quad \ldots \tag{110}$$

les diverses valeurs réelles de z que fournit l'équation (108) pour une abscisse donnée, celles que fournira pour la même abscisse l'équation (109) seront évidemment

$$(111) \qquad cz_0, \quad cz_1, \quad cz_2, \quad cz_3, \quad \ldots.$$

Si d'ailleurs on suppose les quantités (110) rangées par ordre de grandeur, la longueur totale $f(x, y)$, comptée dans l'intérieur de la surface (108) sur une ordonnée parallèle à l'axe des z, sera évidemment

$$(112) \qquad f(x, y) = z_1 - z_0 + z_3 - z_2 + \ldots.$$

Au contraire, la somme $\mathfrak{f}(x, y)$ des longueurs interceptées sur la même ordonnée par la surface (109) se déduira de la formule

$$(113) \quad \mathfrak{f}(x, y) = cz_1 - cz_0 + cz_3 - cz_2 + \ldots = c(z_1 - z_0 + z_3 - z_2 + \ldots).$$

On aura donc

$$(106) \qquad \mathfrak{f}(x, y) = cf(x, y);$$

et l'on conclura du théorème XI que les volumes renfermés dans les surfaces (106) et (107) sont entre eux dans le rapport de 1 à c.

Corollaire II. — En raisonnant comme on vient de le faire, mais échangeant entre elles les coordonnées x, y, z, on prouverait que les volumes renfermés dans la surface (108) et dans celle qui a pour équation

$$(114) \qquad \mathfrak{F}\left(\frac{x}{a}, y, z\right) = 0,$$

ou

$$(115) \qquad \mathfrak{F}\left(x, \frac{y}{b}, z\right) = 0,$$

a, b désignant deux constantes positives, sont entre eux dans le rapport de 1 à a, ou de 1 à b.

Corollaire III. — Si l'on compare successivement l'un à l'autre les volumes renfermés dans les quatre surfaces représentées par les équations

(108) $$\mathcal{F}(x, y, z) = 0,$$

(114) $$\mathcal{F}\left(\frac{x}{a}, y, z\right) = 0,$$

(116) $$\mathcal{F}\left(\frac{x}{a}, \frac{y}{b}, z\right) = 0,$$

(117) $$\mathcal{F}\left(\frac{x}{a}, \frac{y}{b}, \frac{z}{c}\right) = 0,$$

on conclura du corollaire précédent que les rapports du second volume au premier, du troisième au second et du quatrième au troisième sont mesurés par les nombres a, b, c. Donc le rapport du quatrième volume au premier aura pour mesure le produit abc. On peut donc énoncer la proposition suivante :

Théorème XII. — *Pour déterminer le volume compris dans une surface courbe fermée de toutes parts et représentée par une équation de la forme*

(117) $$\mathcal{F}\left(\frac{x}{a}, \frac{y}{b}, \frac{z}{c}\right) = 0,$$

dans laquelle a, b, c désignent trois constantes positives, il suffit d'évaluer le volume compris dans la surface courbe dont l'équation serait

(108) $$\mathcal{F}(x, y, z) = 0$$

et de multiplier ce volume par le produit des trois constantes a, b, c.

Corollaire I. — Si la surface (117) se réduit à celle de l'ellipsoïde (101), l'équation (108) deviendra

(118) $$x^2 + y^2 + z^2 = 1$$

et représentera une sphère qui aura pour rayon l'unité. Or, le volume compris dans cette sphère étant égal à $\frac{4}{3}\pi$, on conclura du théorème XII que le volume de l'ellipsoïde a pour mesure le produit

(105) $$\frac{4}{3}\pi abc,$$

ce que l'on savait déjà.

Corollaire II. — Si, dans l'équation (117), on suppose $c = b = a$, cette équation, réduite à la forme

$$\mathcal{F}\left(\frac{x}{a}, \frac{y}{a}, \frac{z}{a}\right) = 0, \tag{119}$$

représentera l'enveloppe d'un solide semblable à celui que termine la surface (108), et les dimensions du second solide seront à celles du premier comme le nombre a est à l'unité. Cela posé, il résulte évidemment du théorème XII que *les volumes compris dans deux solides semblables sont entre eux comme les cubes de leurs dimensions respectives.*

THÉORÈME XIII. — *Le rapport entre deux volumes est toujours une quantité moyenne entre les diverses valeurs que peut acquérir le rapport des sections faites dans ces deux volumes par un plan mobile qui demeure constamment parallèle à un plan donné.*

Démonstration. — Supposons les différents points de l'espace rapportés à trois axes rectangulaires des x, y, z, dont les deux derniers soient compris dans le plan donné. Nommons $F(x)$ et $\mathcal{F}(x)$ les sections faites dans les deux volumes par le plan mobile, et correspondant à l'abscisse x. Enfin soient x_0, X les limites entre lesquelles l'abscisse x doit demeurer comprise pour que le plan mobile rencontre les deux volumes ou au moins l'un d'entre eux. Si, pour chaque valeur de x renfermée entre les valeurs extrêmes x_0, X, le plan mobile rencontre toujours les deux volumes, ceux-ci se trouveront mesurés par les intégrales

$$\int_{x_0}^{X} F(x)\,dx, \quad \int_{x_0}^{X} \mathcal{F}(x)\,dx.$$

D'ailleurs, si, dans l'équation (13) de la vingt-troisième Leçon du *Calcul infinitésimal*, on remplace les fonctions $f(x)$, $\chi(x)$ et $\varphi(x)$ par $\mathcal{F}(x)$, $F(x)$ et $\frac{\mathcal{F}(x)}{F(x)}$, on en tirera

$$\frac{\int_{x_0}^{X} \mathcal{F}(x)\,dx}{\int_{x_0}^{X} F(x)\,dx} = \frac{\mathcal{F}(\xi)}{F(\xi)}, \tag{120}$$

ξ désignant une valeur de x comprise entre les limites x_0, X. Or la fraction

$$\frac{\mathcal{F}(\xi)}{\mathrm{F}(\xi)}$$

est évidemment l'une des valeurs que peut acquérir le rapport

$$\frac{\mathcal{F}(x)}{\mathrm{F}(x)}$$

des sections faites dans les deux volumes, tandis que x varie depuis $x = x_0$ jusqu'à $x = \mathrm{X}$, et par conséquent une quantité comprise entre la plus petite et la plus grande de ces valeurs. Donc la formule (120) entraîne, dans l'hypothèse admise, le théorème XIII.

Si, pour certaines valeurs de l'abscisse x, le plan mobile ne rencontrait plus que l'un des deux volumes proposés, on pourrait encore démontrer comme on vient de le faire le théorème XIII; seulement il faudrait alors considérer chacune des sections $\mathrm{F}(x)$, $\mathcal{F}(x)$ comme prenant une valeur nulle toutes les fois que la surface correspondante cesserait d'être coupée par le plan mobile.

Si au théorème que nous venons d'établir on joint le théorème III de la deuxième Leçon, on déduira immédiatement une proposition nouvelle dont voici l'énoncé :

Théorème XIV. — *Le rapport entre les volumes renfermés dans deux enveloppes distinctes est une quantité moyenne entre les diverses valeurs que peut acquérir le rapport des longueurs interceptées par ces deux enveloppes sur une droite mobile qui demeure constamment parallèle à un axe donné.*

Si, dans l'équation (120), on pose $\mathcal{F}(x) = 1$, on trouvera

$$\int_{x_0}^{\mathrm{X}} \mathcal{F}(x)\,dx = \int_{x_0}^{\mathrm{X}} dx = \mathrm{X} - x_0$$

et, par suite,

$$(121) \qquad \int_{x_0}^{\mathrm{X}} \mathrm{F}(x)\,dx = (\mathrm{X} - x_0)\,\mathrm{F}(\xi).$$

Or la longueur $X - x_0$ représente évidemment la projection linéaire du volume (19) sur l'axe des x, tandis que $F(\xi)$ représente une quantité moyenne entre les sections faites dans ce volume par des plans perpendiculaires au même axe. Cela posé, comme on peut prendre pour axe des x un axe quelconque, il est clair que la formule (121) entraîne la proposition suivante :

Théorème XV. — *Le rapport entre un volume et sa projection sur un axe quelconque est une quantité moyenne entre les aires des différentes sections faites dans ce volume par des plans perpendiculaires à l'axe.*

Si l'on projette le volume V déterminé par l'équation (19) ou (29) non plus sur un axe, mais sur un plan, on obtiendra, au lieu du théorème XV, la proposition suivante :

Théorème XVI. — *Le rapport entre un volume et sa projection sur un plan quelconque est une moyenne entre les diverses valeurs que peut acquérir la somme des longueurs interceptées par l'enveloppe de ce volume sur une sécante mobile qui demeure constamment perpendiculaire au plan donné.*

Démonstration. — Pour démontrer cette proposition il suffit d'appliquer à la formule (29) les raisonnements que nous avons appliqués, dans la page 471 de la troisième Leçon, à la formule (34) et à l'aide desquels nous avons établi le théorème II de la page 472.

FIN DU TOME V DE LA SECONDE SÉRIE.

TABLE DES MATIÈRES

DU TOME CINQUIÈME.

SECONDE SÉRIE.

MÉMOIRES DIVERS ET OUVRAGES.

II. — OUVRAGES CLASSIQUES.

LEÇONS SUR LES APPLICATIONS DU CALCUL INFINITÉSIMAL A LA GÉOMÉTRIE.

CALCUL INTÉGRAL.

FIN DE LA TABLE DES MATIÈRES DU TOME V DE LA SECONDE SÉRIE.